国家职业教育药学专业教学资源库配套教材

高等职业教育药学专业课-岗-证一体化新形态系列教材

常用制药设备使用与维护

U0181276

主 编 杨宗发
庞心宇
蒋 猛

高等教育出版社·北京

内容提要

本教材参照最新专业教学标准和职业标准，结合药物制剂岗位需求与药物制剂设备发展现状，根据高职高专药学类相关专业学生特点与培养要求编写而成。以药物制剂生产过程各岗位所需要的知识和技能为依据，以生产流程为主线，主要介绍常见的固体制剂、半固体制剂、液体制剂、气体制剂和无菌制剂等生产过程制剂设备的结构及工作原理、设备操作和维护规程，同时还介绍了制药设备确认与验证。教材突出设备的标准化操作规程和常见故障排除，引导学生在掌握专用设备的基础上，较多地认识相关设备；插入大量对接岗位的设备操作实例，提升学生岗位实践能力。

本教材配套有一体化的数字资源，包括动画、微课、习题等，学习者可通过扫描二维码在线观看学习，也可登录智慧职教（www.icve.com.cn）平台，在“药物制剂设备使用与维护”数字课程页面学习。教师可通过职教云（zjy2.icve.com.cn）平台一键导入该数字课程，开展线上线下混合式教学。

本教材的编写突出知识性、实践性和应用性，理论知识做到“必需、够用”，技能的培养注重体现“以专业人才培养目标为依据，以岗位需求为导向，以增强学生就业创业能力为核心，以职业能力培养为根本”的职业教育理念。本教材可以作为高职高专药学类、食品药品类及制药类相关专业教学用书，也可作为药品生产企业员工培训教材并供相关技术人员参考。

图书在版编目（CIP）数据

常用制药设备使用与维护 / 杨宗发，庞心宇，蒋猛主编. --北京：高等教育出版社，2021.1
ISBN 978-7-04-054477-0

Ⅰ. ①常… Ⅱ. ①杨… ②庞… ③蒋… Ⅲ. ①制药工业－化工设备－高等职业教育－教材 Ⅳ. ① TQ460.3

中国版本图书馆CIP数据核字（2020）第115737号

CHANGYONG ZHIYAO SHEBEI SHIYONG YU WEIHU

策划编辑 吴 静　责任编辑 吴 静　封面设计 王 鹏　版式设计 张 杰
插图绘制 黄云燕　责任校对 刘 莉　责任印制 田 甜

出版发行 高等教育出版社
社　　址 北京市西城区德外大街4号
邮政编码 100120
印　　刷 北京市白帆印务有限公司
开　　本 787mm×1092mm 1/16
印　　张 22.75
字　　数 490千字
购书热线 010-58581118
咨询电话 400-810-0598
网　　址 http://www.hep.edu.cn
http://www.hep.com.cn
网上订购 http://www.hepmall.com.cn
http://www.hepmall.com
http://www.hepmall.cn
版　　次 2021年1月第1版
印　　次 2021年1月第1次印刷
定　　价 59.00元

本书如有缺页、倒页、脱页等质量问题，请到所购图书销售部门联系调换
版权所有 侵权必究
物 料 号 54477-00

“智慧职教”信息化教学支持说明

与本书配套的国家资源库示范课程“药物制剂设备使用与维护”数字课程资源已在高等教育出版社“智慧职教”（www.icve.com.cn）平台上线。教师可以通过“职教云”免费一键导入本书配套的数字课程，通过个性化的改造，快速构建自己的SPOC，全程开展混合式信息化教学，完美打造“智慧课堂”。

一、三步打造教师个性化 SPOC

第1步：开通“职教云”SPOC专属云空间。未注册教师可登录“职教云”（zjy2.icve.com.cn）实名注册教师账号。

第2步：登录后进入“教师空间”，点击“新增课程”并完善基本信息，点击进入新增的课程，再点击上方“课程设计”栏并点击进入“从资源库导入课程”，搜索“药物制剂设备使用与维护”，点击“查看”后选择“导入”即引用成功。此时，在“我的课程”页面显示已经生成了属于您自己的“药物制剂设备使用与维护”课程。

第3步：教师根据教学设计需要对该数字课程进行更改名称、调整章节顺序、增添资源、删减素材等个性化改造之后，可以让学生注册并加入课程（也可直接批量导入未注册的学生账号），进行分班管理。

二、用云课堂 APP 开启信息化课堂教学

“云课堂”APP无缝对接“职教云”，下载并安装“云课堂”APP后即刻开启您的信息化教学之旅。“云课堂”APP具备课前、课中、课后的翻转课堂教学应用模式，支持无线投屏、手势签到、随堂测验、课堂提问、讨论答疑、头脑风暴、实物展台等功能，可实现交流互动立体化、教学决策数据化、评价反馈即时化、资源推送智能化。

国家职业教育药学专业教学资源库配套系列教材编审专家委员会

顾　　问

陈芬儿（复旦大学教授，中国工程院院士）

文历阳（华中科技大学教授，全国卫生职业教育教指委副主任委员）

姚文兵（中国药科大学教授，全国食品药品职业教育教指委副主任委员）

主任委员

朱照静（重庆医药高等专科学校）

副主任委员

陈国忠（江苏医药职业学院）

任文霞（浙江医药高等专科学校）

乔跃兵（沧州医学高等专科学校）

张彦文（天津医学高等专科学校）

委　　员

陈俊荣（沧州医学高等专科学校）

勾秋芬（乐山职业技术学院）

贾　雷（淄博职业学院）

李　明（济南护理职业学院）

刘　芳（天津医学高等专科学校）

马　艳（老百姓大药房（江苏）有限公司）

王　宁（江苏医药职业学院）

夏培元（陆军军医大学第一附属医院）

徐建功（全国食品药品职业教育教指委）

杨丽珠（漳州卫生职业学院）

余　军（太极集团）

朱　珠（北京协和医院）

葛卫红（南京大学医学院附属鼓楼医院）

郭幼红（泉州医学高等专科学校）

江永南（广东食品药品职业学院）

李克健（重庆市药师协会）

吕　洁（辽宁医药职业学院）

彭攸灵（湖南中医药高等专科学校）

王　文（四川中医药高等专科学校）

向　敏（苏州卫生职业技术学院）

杨大坚（重庆市中药研究院）

杨元娟（重庆医药高等专科学校）

赵立彦（铁岭卫生职业学院）

秘　　书

杨宗发（重庆医药高等专科学校）

吴　静（高等教育出版社）

《常用制药设备使用与维护》编写人员

主　编　杨宗发　庞心宇　蒋　猛

副主编　韦丽佳　龚　伟　张　密

编　者（以姓氏笔画为序）

马改霞（廊坊卫生职业学院）
王　咏（江苏医药职业学院）
韦丽佳（重庆医药高等专科学校）
田永云（山东三江医药有限公司）
刘　健（天津生物工程职业技术学院）
刘艺萍（重庆医药高等专科学校）
李文婷（楚雄医药高等专科学校）
杨宗发（重庆医药高等专科学校）
张　密（铁岭卫生职业学院）
罗仁瑜（山东药品食品职业学院）
庞心宇（湖南食品药品职业学院）
赵威彧（天津医学高等专科学校）
侯晓军（重庆市中医院）
高莉丽（河南应用技术职业学院）
黄　璇（云南技师学院）
龚　伟（重庆三峡医药高等专科学校）
章　斌（雅安职业技术学院）
蒋　猛（太极集团西南药业股份有限公司）

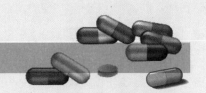

总　序

重庆医药高等专科学校朱照静教授领衔的“国家职业教育药学专业教学资源库”2016年获教育部立项，按照现代药学服务“以患者为中心”“以学生为中心”的设计理念，整合国内48家高职院校、医药企业、医疗机构、行业学会、信息平台的优质教学资源，采用“互联网+教育”技术，设计建设了泛在药学专业教学资源库。该资源库有丰富的视频、音频、微课、动画、虚拟仿真、PPT、图片、文本等素材，建设有专业园地、技能训练、课程中心、微课中心、培训中心、素材中心、医药特色资源等七大主题资源模块，其中医药特色资源包括药师考试系统、医院药学虚拟仿真系统、药品安全科普、医药健康数据查询系统、行业院企资源，构筑了立体化、信息化、规模化、个性化、模块化的全方位专业教学资源应用平台，实现了线上线下、虚实结合、泛在的学习环境。

为进一步应用、固化和推广国家职业教育药学专业教学资源库成果，不断提升药学专业人才培养的质量和水平，国家职业教育药学专业教学资源库建设委员会、全国药学专业课程联盟和高等教育出版社组织编写了国家职业教育药学专业教学资源库配套新形态一体化系列教材。

该系列教材充分利用职业教育药学专业教学资源库的教学资源和智慧职教平台，以专业教学资源库为主线、智慧职教平台为纽带，整体研发和设计了纸质教材、在线课程与课堂教学三位一体的新形态一体化系列教材，支撑药学类专业的智慧教学。

本系列教材具有编者队伍强大、教改基础深厚、示范效应显著、配套资源丰富、纸质教材与在线资源一体化设计的鲜明特点，学生可在课堂内外、线上线下享受无限的知识学习，实现个性化学习。

本系列教材是专业教学资源库建设成果应用、固化和推广的具体体现，具有典型的代表性、引领性和示范性。同时，可推动教师教学和学生学习方式方法的重大变革，进一步推进“时时可学、处处能学”和“能学、辅教”资源库建设目标，更好地发挥优质教学资源的辐射作用，体现我国教育公平，满足经济不发达地区的社会、经济发展需要，可更好地服务于人才培养质量与水平的提升，使广大青年学子在追求卓越的路上，不断地成长、成才与成功！

复旦大学教授、中国工程院院士 陈凯先

2019年5月

前　言

《常用制药设备使用与维护》是根据国家职业教育药学专业教学资源库建设委员会、全国药学专业课程联盟和高等教育出版社 2018 年 11 月在重庆召开的国家职业教育药学专业教学资源库配套新形态一体化系列教材编写会议精神，为进一步应用、固化和推广国家职业教育药学专业教育资源库建设成果，满足高职高专药学类、食品药品类专业职业教育的需要而编写的。

本教材以药物制剂生产过程各岗位所需要的知识和技能为依据，以生产流程为主线，主要介绍常见的固体制剂、半固体制剂、液体制剂、气体制剂和无菌制剂等生产过程制剂设备的结构及工作原理、设备操作和维护规程，同时还介绍了制药设备确认与验证。此外，为了使学生对中药制药和生物制药相关生产知识有所了解，增加了中药前处理设备和生物制药等常见制药设备，供大家选学。

“常用制药设备使用与维护”是一门实践性很强的专业课，我们在教材的编写中突出知识性、实践性和应用性，理论知识做到“必需、够用”，技能的培养注重体现“以专业人才培养目标为依据，以岗位需求为导向，以增强学生就业创业能力为核心，以职业能力培养为根本”的职业教育理念。设置“岗位对接”模块，采用“以项目引领、任务驱动”为主线的模式，科学删减和引进新的内容，增强教材的科学性、实用性和趣味性。教材突出设备的标准化操作规程和常见故障排除，引导学生在掌握专用设备的基础上，较多地认识相关设备。

本教材是团队合作的结晶，编者们反复磋商、数易其稿，最终由主编杨宗发、副主编韦丽佳统稿。编写人员及分工如下：杨宗发，第一章；李文婷，第二章；韦丽佳，第三章；龚伟，第四章；章斌，第五章；田永云，第六章；刘艺萍，第七章；罗仁瑜，第八章；张密，第九章；黄璇，第十章；蒋猛，第十一章；马改霞，第十二章；王咏，第十三章；侯晓军，第十四章；高莉丽，第十五章；庞心宇，第十六章；刘健，第十七章；赵威彧，第十八章。

本教材内容丰富，特色鲜明，突出实践，重在应用，充分体现了职业教育的特点。本书适用于全国高职高专药学类和食品药品类专业教学，也可以作为制药类相关专业教材和药品生产企业员工培训教材。

本教材是在参考其他同类制药设备教材及有关设备说明书、操作规程等基础上编写出来的。在编写过程中得到了高等教育出版社、编者所在单位领导及有关药品生产企业领导和技术人员的大力支持，在此谨向这些单位及个人表示衷心感谢。

因编者水平所限，疏漏不足之处在所难免，敬请广大读者批评指正，以利再版时改正和提高。

主编

2020 年 5 月

目　录

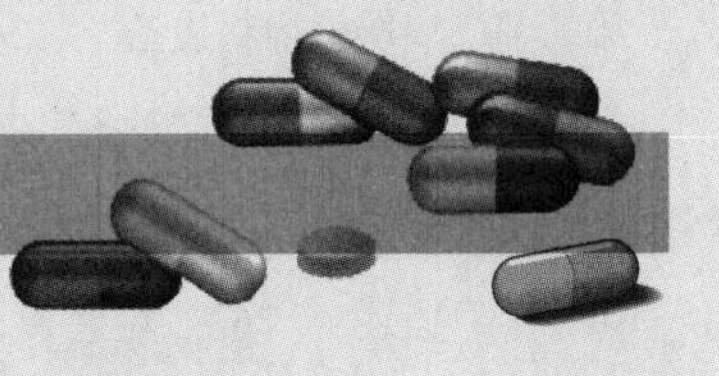

第一章　绪论　1

第一节　认识制药设备　1

第二节　制药设备的 GMP 管理　4

第三节　智能工厂　8

第二章　中药前处理设备　13

第一节　中药炮制设备　14

第二节　中药提取设备　21

第三节　中药浓缩设备　28

第四节　中药分离纯化设备　36

第三章　散剂生产设备　47

第一节　概述　48

第二节　粉碎设备　49

第三节　过筛设备　56

第四节　混合设备　59

第四章　颗粒剂生产设备　65

第一节　概述　65

第二节　制粒设备　67

第三节　干燥设备　73

第五章　胶囊剂生产设备　84

第一节　概述　84

第二节　硬胶囊剂充填设备　87

第三节　软胶囊剂生产设备　94

第六章　片剂生产设备　101

第一节　概述　101

第二节　压片设备　103

第三节　包衣设备　113

第七章　丸剂生产设备　120

第一节　概述　120

第二节　塑制法制丸设备　123

第三节　滴制法制丸设备　125

第八章　制药用水生产设备　129

第一节　概述　129

第二节　纯化水生产设备　131

第三节　注射用水生产设备　141

第九章　灭菌设备和空气净化设备　147

第一节　灭菌工艺　147

第二节　干热灭菌设备　149

第三节　湿热灭菌设备　154

第四节　空气净化设备　160

第十章　小容量注射剂生产设备　168

第一节　小容量注射剂生产工艺　168

第二节　配液设备　171

第三节　洗瓶设备　174

第四节　灌封设备　181

第五节　灭菌检漏设备　188

第六节　印字设备　191

第十一章　大容量注射剂生产设备　195

第一节　概述　195

第二节　玻瓶大容量注射剂生产设备　204

第三节　塑瓶大容量注射剂生产设备　213

第四节　软袋大容量注射剂生产设备　219

第十二章　粉针剂生产设备　229

第一节　概述　229

第二节　分装设备　234

第三节　冻干设备　240

第四节　轧盖设备　250

第十三章　口服液体制剂生产设备　255

第一节　概述　255

第二节 口服液灌封设备 256
第三节 糖浆剂的生产设备 264
第十四章 软膏剂生产设备 267
第一节 概述 267
第二节 制膏设备 269
第三节 软膏灌封设备 274
第十五章 栓剂生产设备 280
第一节 概述 280
第二节 栓剂灌封设备 282
第十六章 药品包装设备 290
第一节 概述 290
第二节 袋包装设备 293
第三节 瓶包装设备 297
第四节 泡罩包装设备 305
第五节 外包装设备 314
第十七章 生物制药生产设备 321
第一节 培养基生产设备 321
第二节 生物反应器设备 326
第十八章 制药设备验证与确认 335
第一节 概述 335
第二节 设备确认 339
第三节 实施验证的一般程序 343
参考文献 350

二维码视频及动画资源目录

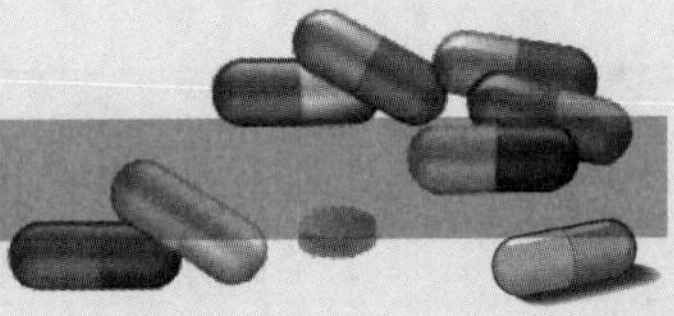

序号	资源标题	章	页码
1	剁刀式切药机	二	17
2	旋转式切药机	二	18
3	中药饮片炒药机	二	19
4	多级逆流提取机组工艺原理	二	25
5	多功能提取罐	二	26
6	升膜式蒸发器	二	30
7	降膜式蒸发器	二	31
8	刮板式薄膜蒸发器	二	32
9	球形浓缩器	二	34
10	板框式压滤机	二	39
11	万能粉碎机工作过程	三	49
12	锤击式粉碎机	三	50
13	球磨机	三	51
14	振动磨	三	52
15	振动磨超微粉碎机	三	52
16	胶体磨	三	53
17	万能粉碎机的使用与操作	三	55
18	旋振筛结构、工作原理	三	56
19	摇动筛	三	58
20	槽形混合机	三	60
21	双螺旋锥形混合机	三	61
22	V 形混合机	三	61
23	二维运动混合机	三	62
24	三维运动混合机	三	62
25	高速混合制粒机	四	68
26	沸腾制粒机	四	69
27	沸腾制粒机工作过程	四	69
28	离心喷雾干燥工作过程	四	70
29	GHL-10 型高速混合制粒机操作	四	73
30	高效沸腾干燥机工作过程	四	76
31	螺旋振动干燥工作过程	四	77
32	气流干燥机工作过程	四	77
33	真空干燥箱工作过程	四	79
34	FL-50 型沸腾干燥机操作	四	81

续表

序号	资源标题	章	页码
35	全自动胶囊充填机的结构与原理	五	88
36	全自动胶囊充填机的使用与操作	五	92
37	胶囊抛光机	五	92
38	滚模式软胶囊机的系统组成及工艺流程	五	95
39	滚模式软胶囊机的主机压丸生产操作	五	96
40	滚模式软胶囊机的操作	五	97
41	单冲压片机	六	104
42	旋转式压片机的结构与原理	六	105
43	旋转式压片机操作	六	106
44	高速旋转式压片机的基本结构	六	106
45	高效包衣机	六	114
46	搓丸机的结构与工作原理	七	124
47	搓丸机的使用与操作	七	124
48	多功能滴丸机的结构与工作原理	七	125
49	多功能滴丸机的使用与操作	七	126
50	反渗透	八	133
51	纯化水机	八	134
52	层流式干热灭菌机结构原理	九	152
53	脉动式真空灭菌柜的结构	九	157
54	脉动式真空灭菌柜的使用	九	158
55	配液罐	十	171
56	洗瓶机	十	178
57	安瓿拉丝封口原理	十	185
58	灭菌检漏岗位仿真软件	十	189
59	玻瓶大容量注射剂生产设备	十一	204
60	软袋大容量注射剂生产设备	十一	219
61	轧盖机	十二	251
62	回转式灌装机	十三	260
63	口服液灌封机的操作	十三	263
64	三辊研磨机	十四	270
65	均质器工作过程	十四	271
66	ZJR-150 均质乳化机	十四	272
67	B·GFW-40 软膏灌装封尾机	十四	277
68	电子数粒机的运行	十六	303
69	铝塑泡罩包装机的结构及工作原理	十六	308
70	铝塑自动装盒生产线	十六	318
71	小型发酵罐实罐灭菌	十七	331

第一章 绪论

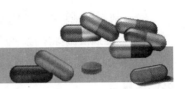

学习目标

1. 了解制药设备国家分类目录，掌握制药设备管理相关知识。
2. 熟悉制药设备企业分类目录，设备标准操作规程。
3. 了解制药设备参数，GMP 对制药设备的要求，制药设备常见材料。
4. 学会识别不同制药机械代码与型号，识别常见制药设备主要参数。

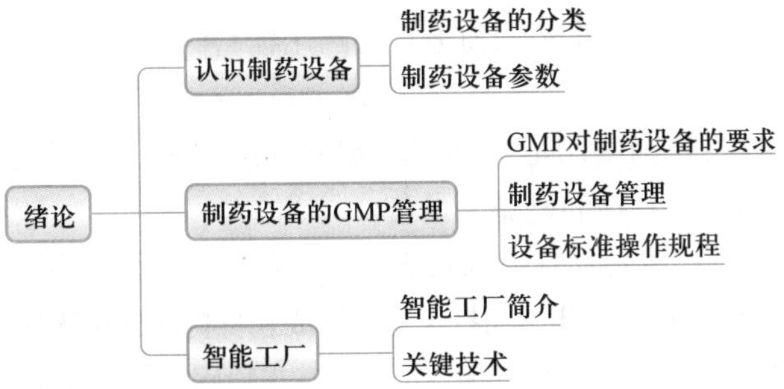

第一节 认识制药设备

药物制剂生产的过程主要包括原辅料的粉碎、筛分、混合、有效成分的提取与纯化、干燥、制粒、胶囊充填、压片、包衣、制丸等单元操作，以及其他制剂的均化、配制、过滤、洗瓶、干燥、灭菌、灌封和包装等单元操作，每个单元操作都需要一系列特定的制药机械设备来完成。

一、制药设备的分类

（一）按国家标准分类

1. 制药机械的分类　按《制药机械　术语》（GB/T 15692—2008）将制药机械分为 8 类。

（1）原料药机械及设备：利用生物、化学及物理方法，实现物质转化，制取医药原料的机械及工艺设备。

（2）制剂机械及设备：将药物原料制成各种剂型药品的机械及设备，分为以下13类。

1）颗粒剂机械：将药物或药物与适宜的药用辅料混合制成颗粒状制剂的机械及设备。

2）片剂机械：将药物或药物与适宜的药用辅料混匀压制成各种片状固体制剂的机械及设备。

3）胶囊剂机械：将药物或药物与适宜的药用辅料充填于空心胶囊或密封于软质囊材中的机械。

4）粉针剂机械：将无菌粉末药物定量分装于抗生素玻璃瓶内，或将无菌药液定量灌入抗生素玻璃瓶，再用冷冻干燥法制成粉末并盖封的机械及设备。

5）小容量注射剂机械及设备：制成50mL以下装量无菌注射液的机械及设备。

6）大容量注射剂机械及设备：制成50mL及以上装量无菌注射剂的机械及设备。

7）丸剂机械：将药物或适宜的药用辅料以适当的方法制成滴丸、糖丸、小丸(水丸)等丸剂的机械及设备。

8）栓剂机械：将药物与适宜的基质制成供腔道给药的栓剂的机械及设备。

9）软膏剂机械：将药物与适宜的基质混合制成外用制剂的机械及设备。

10）口服液体制剂机械：将药物与适宜的药用辅料制成供口服的液体制剂的机械及设备。

11）气雾剂机械：将药物与适宜的抛射剂共同灌注于具有特制阀门的耐压容器中，制作成以雾状喷出的药物的机械及设备。

12）眼用制剂机械：将药物制成滴眼剂和眼膏剂的机械及设备。

13）药膜剂机械：将药物和药用辅料与适宜的成膜材料制成膜状制剂的机械及设备。

（3）药用粉碎机械：以机械力、气流、研磨的方式粉碎药物的机械。

（4）饮片机械：通过净制、切制、炮炙、干燥等方法改变中药材的形态和性状来制取中药饮片的机械及设备。

（5）制药用水、气(汽)设备：采用适宜的方法，制取制药用水和制药工艺用气(汽)的机械及设备。

（6）药品包装机械：完成药品直接包装和药品包装物外包装及药包材制造的机械及设备。

（7）药物检测设备：检测各种药物质量的仪器与设备。

（8）其他制药机械及设备：与制药生产相关的其他机械及设备。

2. 制药机械代码与型号 《制药机械产品分类及编码》(GB/T 28258—2012)是我国制药机械标准化工作中的一项重要基础标准，属于国家标准；《制药机械产品型号编制方法》(JB/T 20188—2017)是一项行业标准，此标准的制定是为了加强制药机械的生产管理、产品销售、设备选型及国内外技术交流。制药机械产品型号由主型号和辅助型号组成。主型号有制药机械分类名称代号、产品型式代号、产品功能及特征代号，辅助型号有主要参数、改进设计顺序号，其格式为：Ⅰ、Ⅱ、Ⅲ、Ⅳ、Ⅴ型+设备名称。

Ⅰ为制药机械分类名称代号：按GB/T 15692—2008国家标准有8类。其中原料药机械及设备为L，制剂机械及设备为Z，药用粉碎机械为F，饮片机械为Y，制药用水、气(汽)设备为S，药用包装机械为B，药物检测设备为J，其他制药机械及设备为Q。

Ⅱ为产品型式代号：以机器工作原理、用途及结构形式分类。如旋转压片机代号为ZP。

Ⅲ为产品功能及特征代号：用有代表性汉字的第一个拼音字母表示。用于区别同一种类型产品的不同形式。由一至两个符号组成；当只有一种形式时，此项可省略。如异型旋转压片机代号为ZPY。

Ⅳ为主要参数：制药机械产品的主要参数有机器规格、包装尺寸、容积、生产能力、适应规格等。一般用数字表示；表示两个以上参数时，用斜线隔开。

Ⅴ为改进设计顺序号：用A、B、C……表示。第一次设计的产品不编顺序号。

制药机械产品型号举例如图1-1。

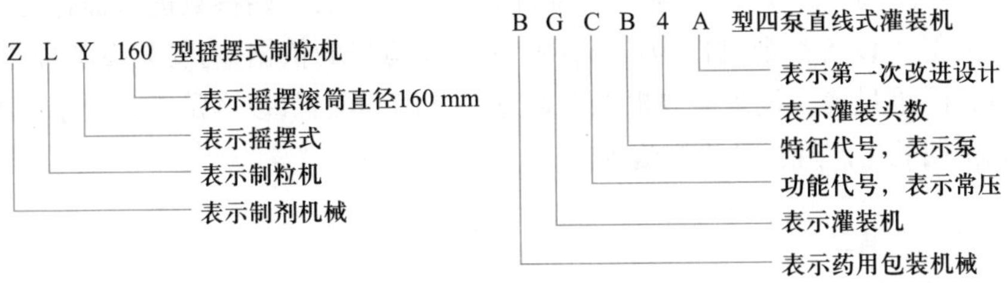

图1-1　制药机械产品型号举例

（二）制药企业的设备管理分类

制药企业将设备分类是设备管理的一项基础工作，目的是为了明确管理范围，统计和分析设备的构成情况及能力等，以便进行分级管理和实施重点维修，从而保证设备的良好状态和利用效率。一般将生产设备按以下三种方式分类：

1. 按维修类别分类

(1) 维修的重点设备：即生产中的关键设备、没有备用机组的生产设备、对安全有重大影响的设备、对环境有重大影响的设备、事故后果严重的设备以及国家指定年度强检的设备。

(2) 维修的要点设备：是对生产有一般影响的设备，故障规律可掌握，并对产生故障有预兆监测方法的设备，如洁净厂房的空调设备。

(3) 维修的一般设备：是所有非生产设备及生产辅助设备中有备用机组的设备，事故后果轻微的设备。

2. 按设备专业分类

(1) 机械类设备：传输、动能发生、工业窑炉、水处理、金属加工等设备。

(2) 管道类设备：各类传输管道及管道附属设施。

(3) 电力供应、控制、仪表类设备：变配电、各类自控设备及显示仪表类设施。

3. 按管理对象分类

(1) 生产设备：是直接用于生产，并直接影响产品质量及生产能力的设备。

(2) 生产辅助设备：是间接为生产服务，对生产过程及产品质量有间接影响的设备。

(3) 非生产设备：是企业中行政、生活福利及基建等部门使用和保管的设备。

二、制药设备参数

（一）参数的意义

设备参数又称主要技术参数或主要性能参数，用以标明设备的基本功能。一般在设备铭牌和说明书中均有指明。设备的基本参数包括设备尺寸、重量、控制电源、动力电源、工作温度、工作压力、功率等，其他则是设备专业功能的参数。

设备参数是设备正常运行的指标，也是药品生产设备要求的指标，是保证药品质量和药品安全生产的参数，有利于对药品生产工艺中的一些参数进行监控，如压力、流量、温度等。设备参数可作为设备维护保养及检修的依据，为安装设备提供参考，如设备尺寸、重量等。设备需要根据参数进行选用和配置，以满足工艺要求和生产要求，达到预期的生产规格和生产规模。

（二）计量单位

根据我国《药品生产质量管理规范》（GMP）规定，设备的技术参数要通过计量器具检定（校准）。设备的每个技术参数值均有计量单位。

1. 法定计量单位　根据《中华人民共和国计量法》和《国务院关于在我国统一实行法定计量单位的命令》，我国的法定计量单位包括：① 国际单位制的基本单位；② 国际单位制的辅助单位；③ 国际单位制中具有专门名称的导出单位；④ 国家选用的非国际单位制单位；⑤ 由以上单位构成的组合形式的单位；⑥ 由词头和以上单位所构成的十进倍数和分数单位。

2. 单位换算　同一物理量若用不同单位度量时，其数值也随之改变，从一种单位换成另一种单位时的换算称为单位换算。

第二节　制药设备的 GMP 管理

一、GMP 对制药设备的要求

国家 GMP（2010 年修订）是药品生产和质量管理的最低标准，贯穿于药品生产的各个环节，以控制产品质量。GMP 中关于设备、设施和厂房的要求主要有以下内容：

1. 对设备的要求　设备的设计、选型、安装、改造和维护必须符合预定用途，应当尽可能降低生产过程中污染、交叉污染、混淆和差错的风险，便于操作、清洁、维护，以及必要时进行消毒或灭菌。应当建立设备使用、清洁、维护和维修的操作规程，并保存相应的操作记录。应当建立并保存设备采购、安装、确认的文件和记录。生产设备不得对药品质量产生任何不利影响。与药品直接接触的生产设备表面应当平整、光洁、易清洗或消毒、耐腐蚀，不得与药品发生化学反应、吸附药品或向药品中释放物质。设备所用的润滑剂、冷却剂等不得对药品或容器造成污染，应当尽可能使用食用级或级别相当的润滑剂。设备的维护和维修不得影响产品质量。应当确保生产和检验使用的关键衡器、量具、仪表、记录和控制设备以及仪器经过校准，所得出的数据准确、可靠。水处理设备及其输送系统的设计、安装、运行和维护应当确保制药用水达到设定的质量标准。水处理设备的运行不得超出其设计能力。

2. 对厂房和设施的要求　主要内容可概括为以下几方面：

(1) 厂区和厂房的布局以及对环境的要求。

(2) 对生产厂房的洁净级别和洁净室(区)的要求。

(3) 对设施如空气净化系统等的要求。

二、制药设备管理

设备各阶段的管理工作是决定一个企业生存的重大因素。企业的生产规模、产品质量、生产成本、交货期、安全、环保、工人的劳动情绪无不受设备的影响。GMP 要求设备的管理要做到操作有规程、运行有监控、过程有记录、事后有总结。

(一) 设备资料档案管理

1. 设备技术资料的收集积累

(1) 设备开箱资料：设备图纸、合格证书、使用说明书(或操作手册)、备件卡片、压力容器检定书、材质报告(或材质证明书)和设备开箱验收记录。

(2) 设备安装资料：设备安装图、设备安装验证(验证记录、验证报告)。

(3) 设备、仪器、计量器具维护保养记录。

2. 设备技术资料的运用

(1) 设备技术资料是制订设备维修计划的技术依据。

(2) 设备技术资料可掌握零部件损坏规律，以便于有计划地采购零部件。

(3) 参照设备技术资料可预防设备故障和事故的发生。

3. 设备技术资料的管理

(1) 将收集齐全的设备技术资料建立完整的设备档案。

(2) 设备技术档案资料均应分类、注册登记、编制索引，不得遗失和混装。

(3) 凡是设备的技术档案、文件、说明书、图纸、技改资料、验证资料、维修记录，均应建档、存档，并由专人统一妥善保管。

(4) 设备资料要分类注册、编号，不得遗失或擅自外借传阅。凡需查阅设备资料者，必须经有关部门或主管领导批准，查阅者登记后，方可查阅。

(5) 如遇特殊情况，需借阅设备资料者，须经主管领导签字批准，借阅者需开具借条签名后，方可借出，并按期归还。

(6) 设备资料如有遗失，应及时报告，并妥善处理，如遗失重要技术资料，要追究责任。

(7) 因工作需要，设备说明书可复制，原件存档。

（二）设备、管道状态标志管理

(1) 所有使用设备都应有统一编号，要将编号标在设备主体上，每一台设备都要设专人管理，责任到人。

(2) 完好、能正常运行的设备在生产结束清场后，每台设备都应挂状态标志牌，通常有以下几种情况：

1) 运行中：设备开动时挂上“运行中”标志，正在进行生产操作的设备，应正确标明加工物料的品名、批号、数量、生产日期、操作人等。

2) 维修中：正在修理中的设备，应标明维修的起始时间、维修负责人。

3) 已清洗：已清洗洁净的设备，随时可用，应标明清洗的日期。

4) 待清洗：尚未进行清洗的设备，应用明显符号显示，以免误用。

5) 停用：因生产结构改变或其他原因暂时不用的设备应挂“停用”标志。如长期不用，应移出生产区。

6) 待修：设备出现故障。

(3) 各种管路管线除按规定涂色外，应有标明介质流向的箭头“→”显示其流向地点、料液的名称等。

(4) 灭菌设备应标明灭菌时间和使用期限，超过使用期限的，应重新灭菌后再使用。

(5) 当设备状态改变时，要及时换牌，以防发生使用错误。

(6) 所有标志牌应挂在不易脱落的部位。

(7) 标志所用字的颜色如下：

1)“运行中”“已清洁”状态标志用绿色字。

2)“待清洗”标志用黄色字。

3)“维修中”标志用黄色字。

4)“待维修”标志用黄色字。

5)“停用”标志用红色字。

6)“完好”标志用绿色字。

（三）管道涂色管理

固定管道喷涂不同的颜色，与设备连接的主要管道应标明管内物料名称及流向。管道安装应整齐、有序。管道的颜色如下：

1. 物料管道 大黄色。
2. 蒸气管道 鲜红色。
3. 常水管道 绿色。
4. 冷冻水管道 白色字、黑色保温层。
5. 真空管道 白色。
6. 压缩空气管道 蓝色。
7. 三废排气管道 黑色。

洁净室管道不可涂色，但须注明内容物及流向，流向以箭头“→”表示。

（四）设备清洗管理

(1) 一般规定的清洗是指设备使用结束后，用一般的擦抹方法不能有效去除设备表面所残留的被加工物料，而须用大量的清洗剂或借助于清洗工具进行清洗。

(2) 每一生产阶段结束后，对设备进行清洗。

(3) 清洗方法：

1）在线清洗：在设备安装位置不变，安装基本不变且不进行移动的情况下进行清洗。适用于大型不可移动的设备、制水系统、灌装系统、配制系统、过滤系统。

2）移动清洗：可移动的小型设备或可拆卸的设备部分，移到清洗间清洗。

（五）设备润滑管理

(1) 由设备部负责设备巡检的人员及设备岗位操作人员负责设备的润滑保养。

(2) 工作中执行“五定”：

1）定点：指按规定的润滑部位加油。

2）定质：指按规定的润滑剂品种和牌号加油。

3）定量：指按规定的润滑量加油。

4）定人：每台设备的润滑都应有固定的加油负责人。

5）定时：指定时加油，定期换油。

(3) 三级过滤：

1）合格的润滑油在注入设备润滑部位前，一般要经过储油大桶到岗位储油桶，岗位储油桶到油壶，油壶到设备的注油点三级倒换，要求每倒换一次都必须进行过滤。

2）滤网要求：一级冷冻机油、压缩机油、机械油用 60 目过滤；二级油品用 80 目过滤；三级油品用 100 目过滤。

3）如果设备润滑部位接触药品，应使用食用油或其他符合标准的润滑剂。

三、设备标准操作规程

标准操作规程（SOP）是指经批准用以指示操作的通用性文件或管理办法，它具体指导人们如何完成一项特定的工作。企业中的每项操作、每个岗位和部门都应制定 SOP。

SOP 的内容有：规程题目、规程编号、制定人及制定日期、审核人及审核日期、批准人及批准日期、颁发部门、分发部门、生效日期、正文。

根据我国 GMP 的规定，制药设备常见的 SOP 如下：

1. 设备操作规程　设备操作规程也是该设备的使用规程或其操作程序；其正文内容有目的、范围、责任者、程序及注意事项。

2. 设备维护保养规程

(1) 设备维护保养类型：① 预防性维护保养，包括常规清洗、微调、润滑、检验、校正和更换零件，减少设备发生故障的频率；② 矫正性维护保养，包括补救意想不到的故障，并为确定维修操作提供资料。

(2) 设备维护保养规程的主要内容：① 设备维护保养必须按岗位实行包机负责制，做到每台设备、每块仪表、每个阀门、每条管线都有专人维护保养。② 传动设备启用前，必须认真检查紧固螺栓是否齐全牢靠，确保转动体上无异物，并确认能转动，检查安全装置是否完整、灵敏、好用；设备运转时，要仔细观察，作好记录，发现异常及时处理；停机后或下班前做好清理、清扫等工作，并将设备状况与接班人员交接清楚。③ 经常巡视，精心维护，运用“听、摸、擦、看、比”对设备进行检查，及时排除故障，保持设备完好性。④ 严格执行操作指标，严禁超温、超压、超速、超负荷运行。操作人员有及时处理和反映设备缺陷的责任，有对危及安全或可能造成严重损失的设备停止使用的权利，但必须迅速向有关人员报告。⑤ 做好设备的防腐、防冻、保温(冷)和堵漏工作。岗位上所有阀门管件垫片的更换，管子公称直径为50 mm及以下的阀门管件的更换、检修，岗位设备管道的保温、油漆、防冻等工作由操作人员负责(大面积的由设备员统一负责)。⑥ 搞好环境及设备(包括备用设备和在岗的停用设备)的卫生；做到沟见底、轴见光、设备见本色、门窗玻璃净。物料、工器具放置整齐，做到文明生产。⑦ 认真填写设备运行记录和问题记录，掌握设备故障规律及其预防、判断和紧急处理措施，确保安全生产。⑧ 设备润滑要严格执行“设备润滑管理规定”，尤其是要定期清洗润滑系统及工具；对自动注油的润滑点，要经常检查滤网、油压、油位、油质、注油量，及时处理不正常现象。

3. 设备清洁规程 主要内容一般包括：清洁方法、程序、间隔时间、使用的清洁剂或消毒剂、清洁工具的清洁方法和存放地点。设备清洁规程的具体内容应包括：① 清洁方法及程序；② 所使用清洁剂的名称、成分、浓度及配制方法等；③ 清洁周期，一般要求同一设备连续加工同一无菌产品时，每批之间要清洗灭菌；同一设备加工同一非灭菌产品时，至少每周或每生产三批后进行全面的清洗；④ 关键设备的清洗验证方法；⑤ 清洗过程及清洗后检查的有关数据要记录并存档；⑥ 无菌设备的清洗，特别是直接接触药品的部位和部件必须灭菌，并标明灭菌日期，必要时进行微生物学的验证。灭菌的设备应在三天内使用。

第三节 智能工厂

一、智能工厂简介

(一) 工业革命

18世纪中叶以来，人类历史上先后发生了四次工业革命，发源于西方国家，并由他们所创新和主导。第一次工业革命(工业1.0)所开创的“蒸汽化时代”(1760—1840年)，标志着农耕文明向工业文明的过渡，是人类发展史上的一个伟大奇迹；第二次工业革命(工业2.0)进入了“电气化时代”(1840—1970年)，电力、钢铁、铁路、化工、汽车等重工业兴起，石油成为新能源，交通迅速发展，世界各国的交流更为频繁，并逐渐形成一个全球化的政治、经济体系；第二次世界大战之后开始的第三次工业革命（工业 3.0），更是开创了“信息化时代”（1970 —2010 年），全球信息和资源交流变得更为迅速，大多数国家和地区都被卷入到全球化进程之中，人类文明的发达程度也达到空前的高度；现在即将进入第四次工业革命（工业 4.0），以互联网产业化、工业智能化、工业一体化为代表，以人工智能、清洁能源、无人控制技术、量子信息技术、虚拟现实以及生物技术为主的全新技术革命，将进入“智能化时代”（2010 年— ）。2013 年 4 月，德国政府正式推出“工业 4.0”战略；2015 年 5 月，我国国务院正式印发《中国制造 2025》，部署全面推进实施制造强国战略。

（二）智能制造

智能制造是新工业革命的核心，它并不在于进一步提高设备的效率和精度，而是更加合理化和智能化地使用设备，通过智能运维实现制造业的价值最大化，包含产品智能化、装备智能化、生产方式智能化、管理智能化和服务智能化五个方面。智能工厂就是在自动化工厂基础上，通过运用信息物理技术、大数据技术、虚拟仿真技术、网络通信技术等先进技术，建立一个能够实现智能排产、智能生产协同、设备互联智能、资源智能管控、质量智能控制、支持智能决策等功能的贯穿产品原料采购、设计、生产、销售、服务等全生命周期的高度灵活的个性化、数字化、智能化的产品与服务的生产系统。

在新技术革新的背景下，未来智能工厂逐渐转移到以物联网、大数据、虚拟仿真、人工智能等新一代关键技术基础之上的全生命周期管理，强调生产系统“智能化”。智能工厂与传统工厂比较如表 1–1 所示。

表 1–1　智能工厂与传统工厂的对比

项目	智能工厂（产品 + 服务）	传统工厂（产品）
制造系统	各模块系统无缝连接，构建一个完整的智能化生产系统	各系统模块间连接程度较低，信息传递效率较低
制造车间	基于数字化 + 自动化 + 智能化实现设备与设备、设备与人、人与人互联互通	绝大部分设备不能实现互联互通；部分制造单元自动化程度低
过程分析	实现数据采集和分析、信息流动、产品和设备检测自动化	大部分统计、检测、分析等工作依旧靠人工完成
虚拟仿真	虚拟仿真技术的使用从产品设计到生产制造再到销售等一直扩展到整个产品生命周期，与实体工厂相互映射	仿真程度较低，侧重于在产品研发阶段；仿真技术与实体工厂关联性较低
企业数据	数据来源多元化；数据量大；强调动态、静态数据的实时采集、分析、使用	数据多是静态数据；数据量较小；数据采集、分析、使用等响应较慢

二、关键技术

(一) 物联网技术

智能工厂的特点是互联互通,物联网是实现智能工厂的核心技术,其共同特征都是利用物理系统和信息系统的融合来实现人与人、人与物和物与物的互联互通。与传统制造系统不同的是,面向智能工厂建立了一种集可靠感知、实时传输、精确控制、可信服务为一体的复杂过程制造网络体系架构,通过有形的实体空间和无形的虚拟网络空间相互指导和映射,实现整个生产制造过程的智能化。在智能工厂内部,物联网和服务互联网是两大通信设施,服务互联网连接供应商,工业物联网支持制造过程的设备、操作者与产品的互联。

根据物联网网络内相关数据的流动方向及数据处理方式可以将智能工厂的物联网平台分为三个层次:① 传感网络层,以二维码、射频识别(RFID)、传感器为主,主要对制造业的加工设备、流水线等工业设备进行识别,并对感知信号进行数据采集。② 传输网络层,通过 ZigBee、WiFi、Lora、广电网、移动通信网等无线网络技术,实现数据的传输和计算。③ 应用网络层,各种输入和输出的控制终端,包括计算机、触摸屏、手机等智能终端。在智能终端上显示的各类应用都是经过了数据处理组建后的工业过程建模,并以一定的可具象方式进行表达。物联网的三种无线网络技术是 ZigBee 技术、WiFi 技术和 Lora 技术。

(二) 大数据技术

智能工厂在其运行过程中会产生大量的结构化、半结构化、非结构化的确定性和非确定性数据。大数据技术贯穿了整个智能工厂和智能制造体系,为各模块的数据采集、分析、使用等提供了解决方案。

1. 数据采集技术　制造业在正常生产中会产生和需要多种数据,一部分包括需要实时采集的动态数据,另一部分包括储存在数据库中的静态数据。数据采集是建设智能工厂的第一步,其关键是对动态数据的采集。目前主要的数据采集技术有 RFID 技术、条码识别技术、视音频监控技术等,这些先进技术的载体则主要是传感器、智能机床和机器人等。

2. 数据传输技术　现有的数据传输方式主要分有线传输和无线传输。有线传输的发展比较完善,但有线传输方式不适合工厂内移动终端设备的连接需求。目前无线传输方式主要有 ZigBee、WiFi、蓝牙、超宽频 UWB 等。RFID 技术也是无线传输的一种,目前在制造业中已有广泛应用,如制品管理、质量控制等。但无线传输可靠性差、传输速率低,同时受困于频谱资源。数据传输可靠性是智能工厂顺利运行的保障,目前的主要手段有重传机制、冗余机制、混合机制、协作传输、跨层优化等。

3. 数据分析技术　大数据分析技术将智能工厂运作中采集到的数据转化为信息,数据分析后以何种形式呈现也会直接影响到用户服务体验,而可视化技术将大大有助于解决该问题。可视化技术根据使用要求可以分为文本可视化、网络可视化、时空数据可视化、多维数据可视化等。目前,可视化技术面临的主要挑战体现在可视化算法的可扩展性、并行图像合成算法、重要信息提取和显示等方面。

(三) 虚拟仿真技术

通过虚拟仿真技术可实现产品设计、仿真实验、生产运行仿真、三维工艺仿真、三维可视化工艺现场、市场模拟等产品的数字化管理,构建虚拟工厂。虚拟仿真技术在制造业中迎来了快速发展,不仅用于产品设计、生产和过程的试验、决策、评价,还用于复杂工程的系统分析。

通过使用虚拟仿真的软件工具,能在短时间内模拟更多的离散制造或流程制造生产现场,在设计之初可以规划和验证生产设备的有效性,在运行时候更可以用于培训或过程监控。同时通过建立数学模型的方法列入仿真软件,可使虚拟系统更接近于真实系统,并对生产的流程预测作出一定的贡献。

(四) 人工智能技术

人工智能(AI)极大促进了智能工厂的发展。在人工智能技术的配合下,达到人机之间互联互通、互相协作的关系,使得机器智能和人的智能真正集成在一起。人工智能主要体现在计算智能、认知智能、感知智能三个方面。大数据技术、核心算法是助推人工智能的关键因素,驱动人工智能从计算智能向更高层的感知、认知智能发展。

岗 位 对 接

本章主要介绍了制药设备国家分类和制药企业分类、制药设备常见参数和计量单位、制药设备管理和智能工厂等内容。

常见制药设备管理人员相对应国家职业工种是《中华人民共和国职业分类大典》(2015 年版)药物制剂工(6-12-03-00)包含的各类工种的设备管理人员。从事的工作内容是制定符合 GMP 要求的相关制药设备 SOP,并严格执行。相对应的工作岗位有设备采购岗位、设备验收岗位、设备档案管理岗位、模具管理岗位和设备检修岗位等。其知识和技能要求主要包括以下几个方面:

(1) 领会 GMP 设备管理的硬件和软件要求;

(2) 操作各类制药设备及辅助设备;

(3) 操作空气净化设备,制备洁净空气,并进行环境、设备、器具消毒;

(4) 判断和处理各类制药设备故障,维护保养制药设备;

(5) 精通制药设备采购、验收、维护保养、检修等相关流程,明确档案管理;

(6) 进行生产现场的清洁作业;

(7) 填写操作过程的记录。

在线测试

思考题

1.《制药机械产品分类与代码》(GB/T 28258—2012)是我国制药机械的国家标准,《制药机械产品型号编制方法》(JB/T 20188—2017)是行业标准。请查阅相应标准,比较制药机械设备与药物制剂设备的区别与联系。

2. 影响药品质量的因素有很多,包括原材料的品质、生产环境的安全、生产人员的把关等。其中制药设备作为制药生产的基础设施,显然责任重大。俗话说:“工欲善其事,必先利其器。”想要好的药品,必须有好的生产设备。可以说,制药设备质量的高低直接影响药品的质量安全。请结合 GMP 相关内容阐述制药设备对药品质量的影响。

(杨宗发)

第二章

中药前处理设备

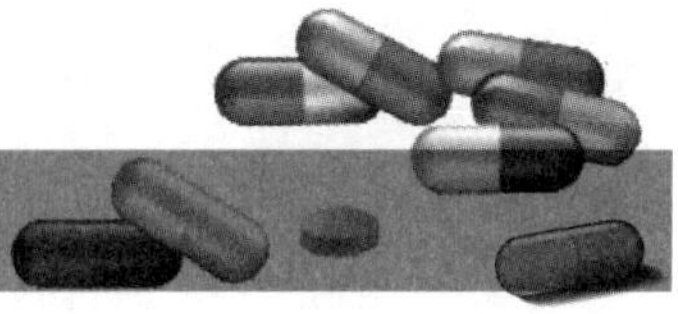

学习目标

1. 掌握常见炮制、提取、浓缩及分离纯化设备的工作原理和结构。
2. 能按照 SOP 正确操作炮制、提取、浓缩及分离纯化设备。
3. 熟悉常见炮制、提取、浓缩及分离纯化设备的适用范围和日常维护保养。
4. 能排除炮制、提取、浓缩及分离纯化设备的常见故障。

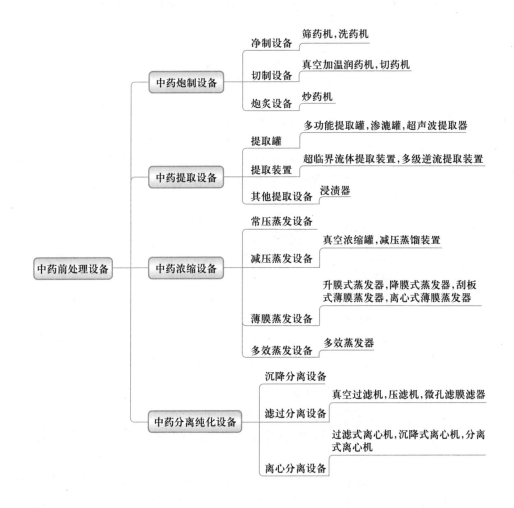

- 中药前处理设备
  - 中药炮制设备
    - 净制设备：筛药机，洗药机
    - 切制设备：真空加温润药机，切药机
    - 炮炙设备：炒药机
  - 中药提取设备
    - 提取罐：多功能提取罐，渗漉罐，超声波提取器
    - 提取装置：超临界流体提取装置，多级逆流提取装置
    - 其他提取设备：浸渍器
  - 中药浓缩设备
    - 常压蒸发设备
    - 减压蒸发设备：真空浓缩罐，减压蒸馏装置
    - 薄膜蒸发设备：升膜式蒸发器，降膜式蒸发器，刮板式薄膜蒸发器，离心式薄膜蒸发器
    - 多效蒸发设备：多效蒸发器
  - 中药分离纯化设备
    - 沉降分离设备
    - 滤过分离设备：真空过滤机，压滤机，微孔滤膜滤器
    - 离心分离设备：过滤式离心机，沉降式离心机，分离式离心机

第一节　中药炮制设备

一、概述

中药炮制是按照中医药理论，以药材自身性质为依据，根据调剂、制剂和临床应用的需要所采取的一项独特的制药技术。

2020年版《中华人民共和国药典》（以下简称《中国药典》）四部收载的“炮制通则”中将中药炮制工艺分为净制、切制、炮炙三大类。药材凡经净制、切制或炮炙等处理后，均称为“饮片”。中药炮制具体流程如图2-1所示。

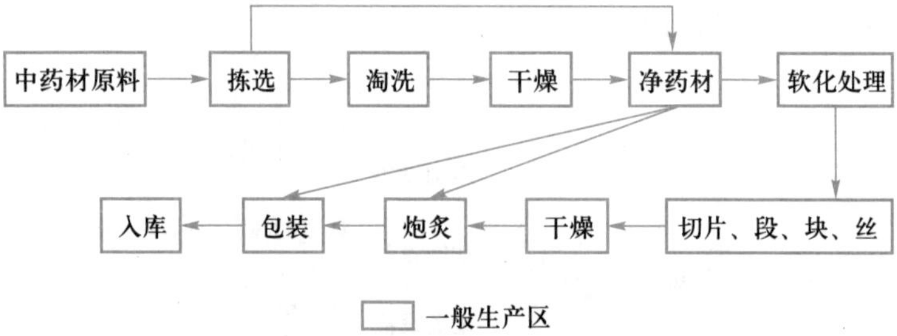

图2-1　中药炮制工艺流程图

药品在生产过程中需要进行严格的质量控制，结合中药前处理的生产流程，净选、切制、干燥、炮炙等工序均是质量控制点。具体要求详见表2-1。

表2-1　生产工序质量控制点

生产工序	质控对象	具体项目	检查次数
净选	中药材	杂质、异物、非药用部位	每批
	淘洗	水质、流动水、洗净度	每批
切制	浸润	用水量、软硬度、均匀度	随时
	切、片、段块、丝	长度、大小、片型、薄厚	每批
干燥	干燥容器	温度、压力、强度、时间	每批
炮炙	所加辅料	用量、温度、时间等	随时

炮制设备依据炮制工艺分为以下三类：

1. 净制设备　中药材净制是运用挑拣、筛选、淘洗等操作，除去非药用部分，剔除药材中杂质、霉变品和虫蛀品，将中药材洗净，使其达到净度要求的操作。常用的设备有筛药机、洗药机、去石机等。

2. 切制设备　中药材切制是运用喷淋、浸泡、润、漂、蒸、煮、切片、粉碎等操作，将中药材制成一定规格的片、段、块、丝等。常用的设备有真空加温润药机、减压冷浸罐、切药机。

3. 炮炙设备　中药材炮炙是将中药材进行炒、炙、制炭、煅、蒸、煮、炖、煨、制霜、发芽、发酵等进一步加工处理的操作，常用炒药机来完成。

二、常用炮制设备

（一）筛药机

筛药机主要是利用筛分的原理筛去药物中的砂石、杂质，使其达到洁净。目前较常用的是振荡式筛药机。

振荡式筛药机主要由筛子、偏心轮、弹性支架和电动机组成（图 2-2、图 2-3）。操作时，将待筛选的药材放入振荡筛内，启动电动机，电动机带动偏心轮转动，与偏心轮相连的弹性支架带动筛子作往复运动，将杂质与药材分离。筛子可根据药物体积和杂质大小更换不同孔径，以满足生产需要。

该设备操作简单，效率高。但缺点是粉尘易飞散，污染环境，不利于劳动保护。

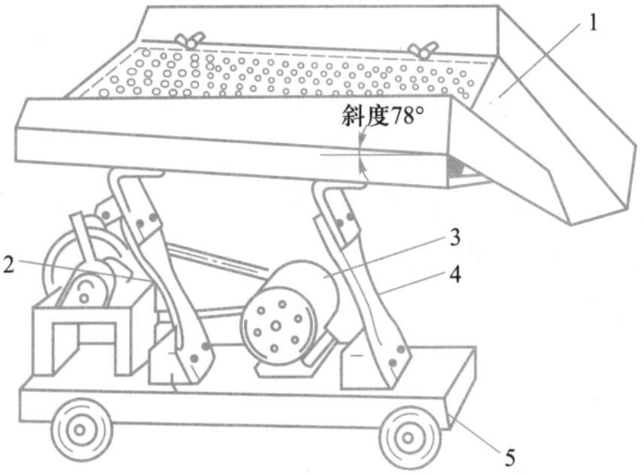

1. 筛子主体；2. 偏心轮；3. 电动机；4. 弹性支架；5. 实心底座。

图 2-2　振荡式筛药机示意图

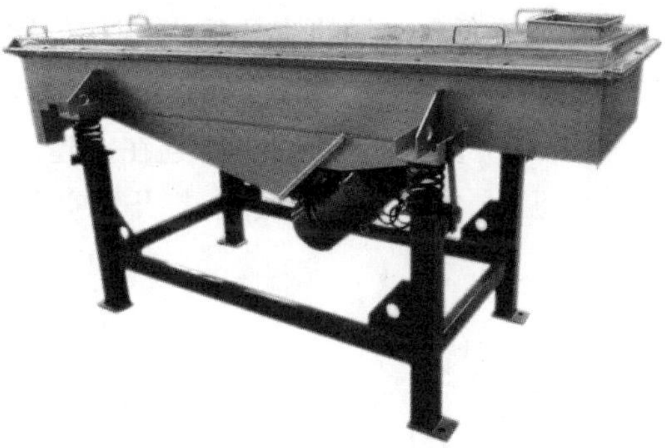

图 2-3　振荡式筛药机实物图

（二）洗药机

洗药机是利用机械力将中药材翻滚、碰撞，同时用饮用水喷淋药材，以去除药材表面泥沙、微生物、杂质等。目前洗药机有滚筒式、履带式、刮板式，其中滚筒式最常用。

滚筒式洗药机主要由滚筒、冲洗管、防护罩、导轮、水泵、电动机等组成（图 2-4、图 2-5）。操作时将药材放入滚筒内，滚筒带动药材在桶内翻动，喷淋水不断冲洗药材，冲洗水还可经水泵循环至二次冲洗管进行二次冲洗。经多次冲洗和碰撞后药材被洗净，打开滚筒后盖将药材卸出。

该设备结构简单，操作维护方便。筒内有内螺旋导向板向前推进，可实现连续加料、连续生产，自动出料。可对特殊品种反复清洗，洗涤时间短、效率高，适用范围广。

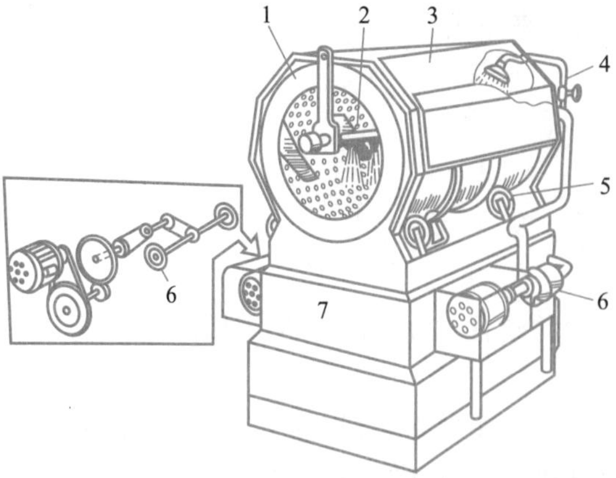

1. 滚筒;2. 冲洗管;3. 防护罩;
4. 二次冲洗管;5. 导轮;6. 水泵;7. 水箱。

图 2-4　滚筒式洗药机示意图

图 2-5　滚筒式洗药机实物图

（三）真空加温润药机

真空加温润药机是在高真空条件下向药材通入蒸汽,借助蒸汽的强穿透力,使药材在低含水量的情况下,快速均匀软化。

设备主要由真空泵、真空筒、温度计、冷水管及蒸汽管等部件组成(图 2-6、图 2-7)。真空筒一般 3~4 个连在一起,可交替使用。操作时,将净制后的药材投入真空筒,沥干,密封顶盖和底盖,打开真空泵抽真空至规定的负压。4~5 min 后,通入蒸汽并使

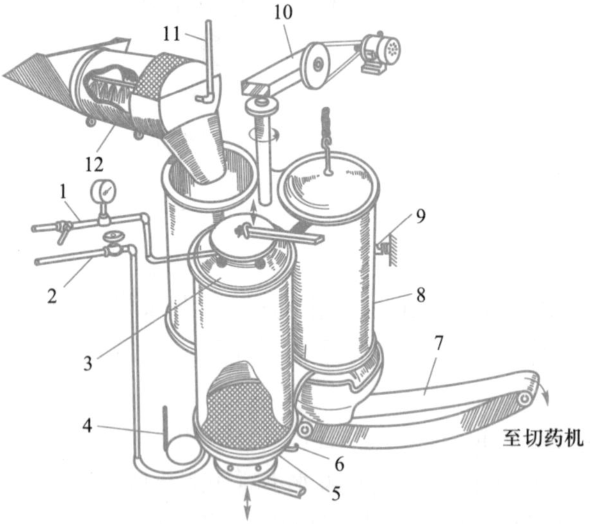

1. 真空泵;2. 蒸汽管;3. 顶盖;4. 水银温度计;5. 底盖;
6. 放水阀门;7. 输送带;8. 真空桶;9. 定位钉;10. 减速器;
11. 加水管;12. 洗药机。

图 2-6　真空加温润药机示意图

图 2-7　真空式润药机实物图

水蒸气充满空间。当温度上升到规定范围时真空泵自动关闭，保温 15~20 min 使药物充分软化，待达到规定程度后关闭蒸汽，放汽、停机。

该设备润药效率高且均匀，软化效果好，含水量可控，能有效避免有效成分的流失和转化，自动化程度高，适用于绝大多数中药材。

（四）切药机

切药机是通过机器上的传送带将药材送至切割刀处，将中药材制成一定规格的片、段、块、丝等的设备。常用的切药机有剁刀式切药机、旋转式切药机、多功能切药机。

1. 剁刀式切药机　亦称往复式切药机。由输送带、切刀、台面、电动机、传动系统等部分组成（图 2-8、图 2-9）。

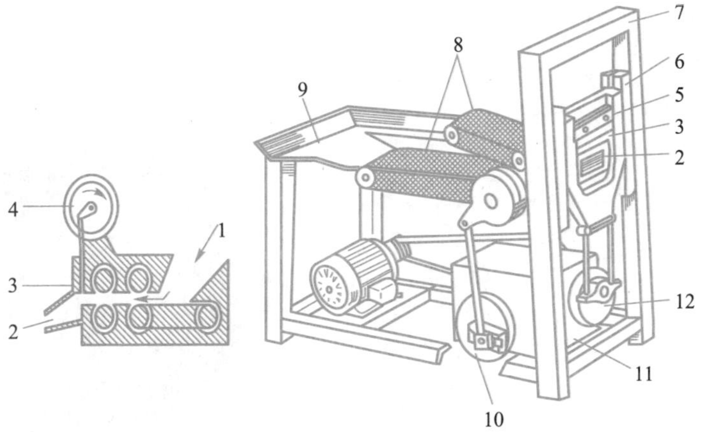

1. 进料口；2. 出料口；3. 切刀；4. 曲轴连杆机构；5. 压力板；6. 导轨；7. 机身；8. 输送带（无声链条组成）；9. 台面；10. 切片厚度调节；11. 减速器；12. 偏心轮。

图 2-8　剁刀式切药机示意图

动画

剁刀式切药机

图 2-9　剁刀式切药机实物图

操作时将药材整齐堆放于台面，经输送带送入刀床压紧并传送至切刀部位，切刀上下往复运动，将药材裁切成规定形状。根据生产需要，切段长度、切片厚度可调节。

剁刀式切药机结构简单，适用范围广，效率高。该设备适合截切长条形药材，不适用于团块、球形等颗粒状药材的切制。

2. 旋转式切药机　由输送带、刀床、切刀、电动机和厚薄调节部分等组成（图 2-10、图 2-11）。

动画

旋转式切药机

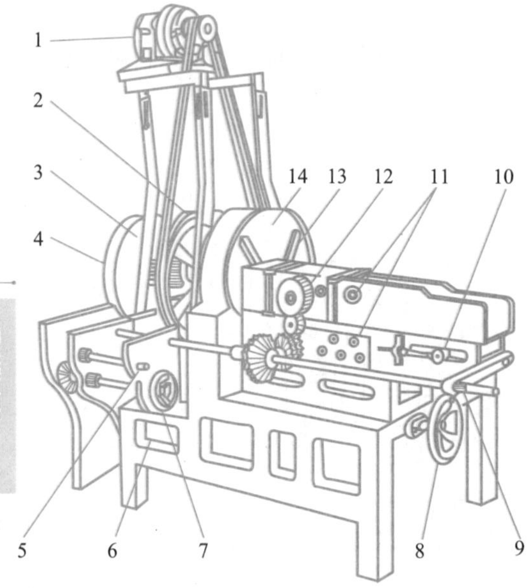

1. 电动机；2. 皮带轮；3. 偏心轴；4. 安全罩；5. 撑牙齿轮轴；6. 出料口；7. 手板轮；8. 机身进退手板轮；9. 套轴；10. 输送带松紧调节；11. 输送滚轮轴；12. 输送滚轮齿轮；13. 切刀；14. 刀床。

图 2-10　旋转式切药机示意图

图 2-11　旋转式切药机实物图

刀床是主要工作机构，内有旋转刀盘，内侧固定有三片切刀，前侧有一刀门。药材由下履带输送至上下两履带间压紧，送入刀门，被切刀切削成薄片状。饮片的厚度可以用调节器来调节。

旋转式切药机切片均匀，适应性强，可连续操作，机器噪声低，方便维修。该设备适用于颗粒状、团块状及果实类药材的切制，也适用于硬质根茎类药材的切制；不适用于全草类药物的切制。

（五）炒药机

炒药机是将净制或切制后的药物置于可加热容器内，旋转翻动药物，用不同火力对药物连续加热，进行炮制的设备。常用的有卧式滚筒式炒药机、立式平底炒药机以及中药微机程控炒药机。下面主要介绍卧式滚筒式炒药机。

卧式滚筒式炒药机由炒药筒、动力系统、热源等部件组成（图 2-12、图 2-13）。热源用火、电或天然气进行加热。操作时，将药材从上料口投入，盖好盖板，启动滚筒，滚筒顺时针旋转带动药材滚动，同时滚筒内壁炒板翻动药材，使药材均匀受热。炒制结束后，启动卸料开关，反向旋转炒药筒，即可卸出药材。

该设备结构简单，操作简便，且药材受热均匀，炒制的饮片色泽一致；炒药温度可调节，应用范围广。该设备适用于多种药材的炒黄、炒炭、砂炒、麸炒、盐炒、醋炒、蜜炙等。

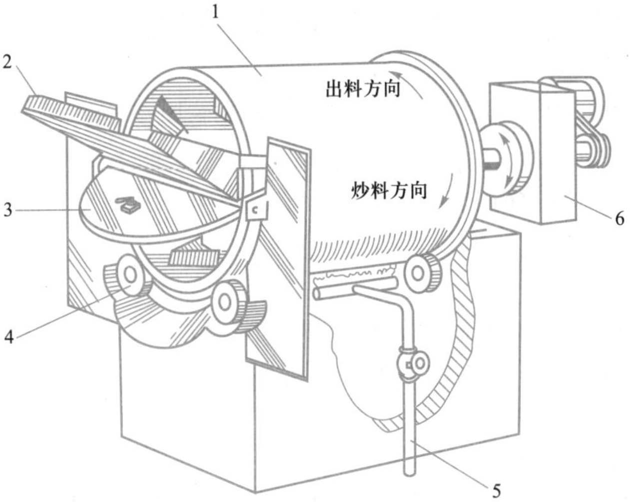

1. 炒药筒；2. 上料口；3. 盖板；4. 导轮；5. 热源；6. 减速器。

图 2-12　卧式滚筒式炒药机示意图

图 2-13　卧式滚筒式炒药机实物图

课堂讨论

将大黄、橙皮、槟榔经过润制软化后切片，要求大黄为 0.2~0.3 cm 薄片，橙皮为 2~3 mm 细丝，槟榔为 0.1~0.2 mm 极薄片，分别可选用什么切片机？

视频

中药饮片炒药机

三、CY-550 型滚筒电热式炒药机的操作

（一）开机前准备

(1) 检查设备清洁记录、清洁合格证、合格待用状态标志是否符合要求。

(2) 检查电路是否完好，电动机是否有受潮。

(3) 检查各转动部件是否缺油，各紧固螺丝是否松动，运动部位有无障碍物。

(4) 工作前需开启空转，检查运转情况是否正常，若有故障停机排除。

（二）开机操作

(1) 接通电源，按下启动按钮，根据工艺要求设定炒药温度和时间，让炒药机先在低速下空转。

(2) 待达到设定温度后，打开进料口，将药材或辅料按先后顺序倒入锅体内，倒入量一般不超过锅体容积的 1/3，控制炉膛温度。

(3) 炒料时，加快炒药机正转速度，观察所炒物料颜色是否合格，当炒制结束时，机器电蜂鸣自动报警，机器停止运转。

(4) 出料时，停止加热，将锅体反转，倒出药物并将炒好的药物筛去灰屑，放冷，确认无暗火后，将其装入洁净容器。

(5) 出料后，立即将锅体正转，同时清出炉渣，再继续旋转锅体 10~20 min，方可停机。

(6) 当锅体冷却后，开始清扫锅体，清洁卫生，清场。

（三）设备的维护与保养

(1) 定期向润滑部件加油润滑，作好设备润滑记录。一般润滑部位每班开车前加油 1 次，滚轮每班加油 1 次，齿轮箱每 6 个月换油 1 次。

(2) 两只导轮需定期进行更换。

(3) 每班使用后对设备整机检查 1 次。

(4) 工作完毕后，及时关闭加热电源，再使锅体旋转 10~20 min，以防止锅体局部受热而变形。

(5) 如机器长时间停用，需将机身擦拭干净，并在其表面均匀涂抹防护油，防止机器生锈，操作室内应保持干燥洁净。

（四）常见故障及排除方法

滚筒电热式炒药机常见故障、原因及排除方法见表 2–2。

表 2–2 滚筒电热式炒药机常见故障、原因及排除方法

故障现象	故障原因	排除方法
启动后，机器不转或有怪味	1. 接线装置松动或脱落 2. 电动机烧坏 3. 按钮接触片磨损或接触不灵	1. 旋紧螺钉，接好电线 2. 更换电动机 3. 更换接触片
温度过高或过低	温度仪或热电偶损坏	更换温度仪或热电偶
锅体不转动、转动时有摩擦杂音	1. 主轴损坏或电动机损坏 2. 主轴磨损或缺润滑油	1. 更换主轴或电动机 2. 加润滑油

续表

故障现象	故障原因	排除方法
炒药筒内侧变形	筒体加热时有硬物与筒体碰撞	避免工作时有硬物与筒体碰撞
蜗轮箱外壳发热、蜗轮磨损	1. 蜗轮箱内无机油 2. 蜗轮箱内机油有杂质	1. 加入机油 2. 更换机油

第二节　中药提取设备

一、概述

中药提取是采用适宜的溶剂和方法将有效成分浸出的操作过程。提取目标是尽可能地提取有效成分，降低或消除无效及有害成分，减少服用剂量，增加制剂的稳定性。

常用的提取方法有煎煮法、浸渍法、渗漉法、回流法、水蒸气蒸馏法、超声波提取法、超临界流体萃取法、多级逆流提取法。

常用提取方法的原理虽然不同，但常使用同类型提取设备。故按照结构不同，常用提取设备有以下几种：

1. 提取罐　根据其结构或者外接设备不同，又分为球形煎煮罐、多功能提取罐、渗漉罐、超声波提取罐等。主体结构基本相同，都为一特定体积的罐体。罐体通常采用夹层设计，能加热或冷凝，可用于煎煮法或浸渍法，如球形煎煮罐、多功能提取罐。若将提取罐与冷凝器或溶剂回收设备相连，可收集蒸汽或回收有机溶剂，可用于水蒸气蒸馏法和回流法，如多功能提取罐。若将溶剂不断泵入提取罐形成动态提取，可用于渗漉法，如渗漉罐。若在提取罐内加一个超声波振子，外接超声波发生器，可用于超声波提取，如超声波提取罐。

2. 提取装置　是将提取罐与其他设备按一定顺序组合，运用新型提取技术或多级提取的设备。提取装置相对于单一提取设备更加复杂，但效率高，适用于复杂成分的提取。常用的有超临界流体提取装置、多级逆流提取装置。

3. 其他提取设备　包括可倾式夹层锅、浸渍器、压榨器等。可倾式夹层锅主要用于煎煮法，但是由于该设备不密封，不能满足 GMP 的要求，现在基本不用。浸渍器和压榨器主要用于浸渍法。

二、常用提取设备

（一）多功能提取罐

多功能提取罐是目前生产中普遍采用的提取设备。可调节气压、温度且空间密闭，可间歇式操作。能进行水煎煮提取、挥发油提取、有机溶剂回流提取、循环提取、有机溶剂回收等操作。

按照罐体形状不同分为底部正锥式、底部斜锥式、直筒式、倒锥式、蘑菇式及罐底加热式等。罐体材料有搪瓷、不锈钢等。主要结构如图 2–14、图 2–15 所示，有罐体、夹套、加料口、出渣门、气动装置等。

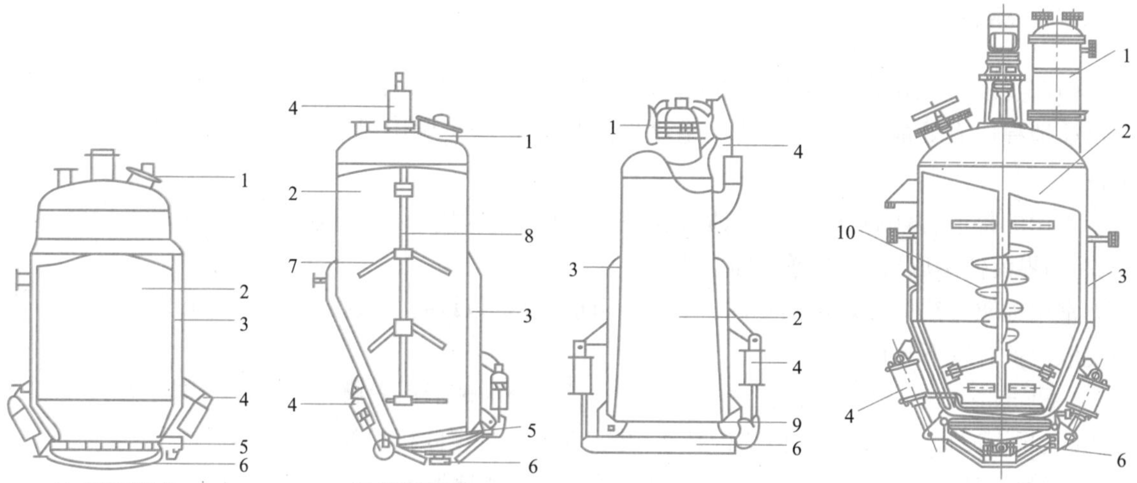

(a) 底部正锥式　(b) 底部斜锥式　(c) 倒锥式　(d) 带搅拌装置

1. 加料口；2. 罐体；3. 夹套；4. 气动装置；5. 带滤板的活底；6. 出渣门；7. 料叉；8. 上下移动轴；9. 假底；10. 搅拌装置。

图 2–14　常见不同类型提取罐结构示意图

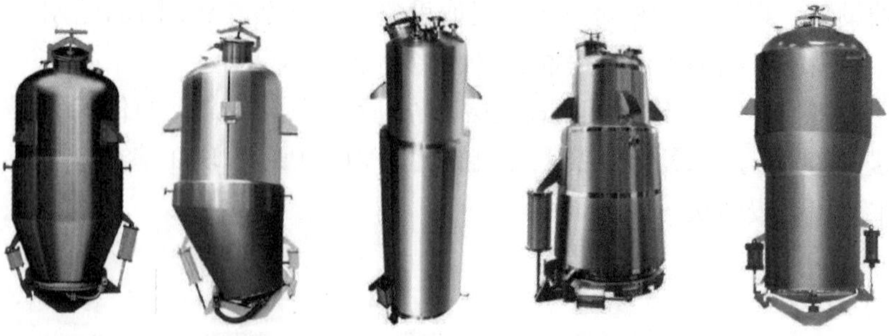

(a) 底部正锥式　(b) 底部斜锥式　(c) 直筒式　(d) 倒锥式　(e) 蘑菇式

图 2–15　常见不同类型提取罐实物图

（二）渗漉罐

渗漉罐结构与多功能提取罐相似，有圆柱形和圆锥形两种。有夹层，可通热水、蒸汽加热或冷冻盐水冷却。连接离心泵、高位槽和溶剂回收罐，可以完成动态浸提和溶剂回收（图 2-16）。根据需要可以进行常压、加压及强制循环渗漉操作。

操作时，将浸润过的药材装入渗漉罐内（一般不超过罐体的 2/3），加入溶媒，打开出液阀排出药材间的空气。待排完气后关闭出液阀使溶媒没过药材面，密闭浸渍一定时间。到规定时间后，打开进液阀和出液阀，不断补充溶媒并控制流速，进行渗漉。渗漉液流入接收罐，达到要求后结束渗漉，排渣。排渣时应注意避免损坏底部滤网。

渗漉属于动态提取，有效成分提取完全，特别适用于贵重药材、含毒性成分药材、无组织结构药材的提取。

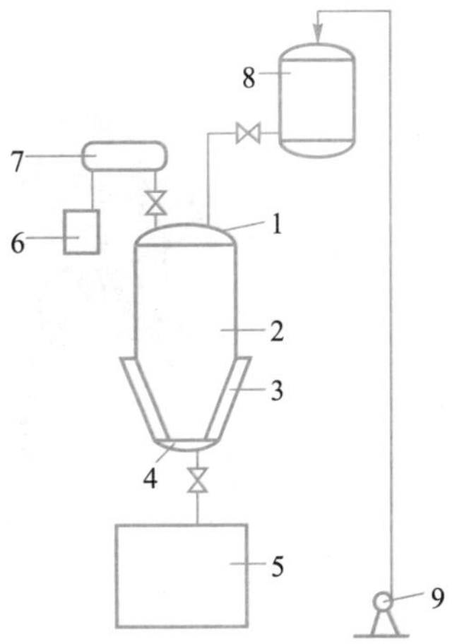

1．加料口；2．罐体；3．夹套；4．出渣门；5．接收罐；6．溶剂回收罐；7．冷凝器；8．高位槽；9．离心泵。

图 2-16　渗漉罐结构示意图

（三）超声波提取器

超声波提取器由提取罐、超声波发生器、超声波振荡器等组成（图 2-17、图 2-18）。

操作时，将物料和溶媒从加料口放入，打开电源，打开循环控制，若要加热须设置温度和开启加热系统。设置好超声参数，启动超声波发生器，开始提取。提取结束时，先关闭超声，再停止加热。收集提取液后关闭循环控制。

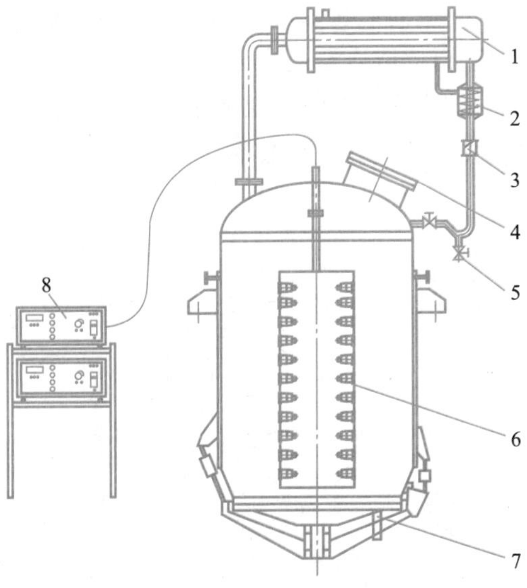

1．冷凝器；2．冷却器；3．油水分离器；4．加料口；5．排水口；6．超声波振子；7．出料口；8．超声波发生器。

图 2-17　超声波提取器结构示意图

图 2-18　超声波提取器实物图

超声波提取器可同时进行超声波提取和热回流，适用于水提和有机溶剂的提取。提取时温度低，可保护中药材中对热不稳定、易水解或易氧化的成分不被破坏。提取效率高，药材的利用率大，工艺简单，操作方便。

（四）超临界流体提取装置

生产中常用 CO_2 作为超临界流体来提取药材有效成分。故超临界流体提取装置包括超临界萃取器、分离器、冷凝器、高压泵、CO_2 储罐等（图 2-19、图 2-20）。

操作时，将物料放入萃取器，除去杂质和气体，注入超临界流体，高压泵驱动超临界流体在提取器和分离器之间进行循环。溶有萃取物的高压气体从提取器顶部离开经节流阀节流，压力下降溶质析出并进入分离器，溶质（即萃取物）自分离器底部排出，CO_2 的超临界流体则进入冷凝器液化，经高压泵升压再经换热器加热，重新成为超临界流体，进入萃取槽再次进行提取直至提取完全。

该设备提取媒介可循环使用，操作参数易于控制，适合分离热敏性物质，且无溶剂残留，提取分离一次完成，提取速度快，效率高。

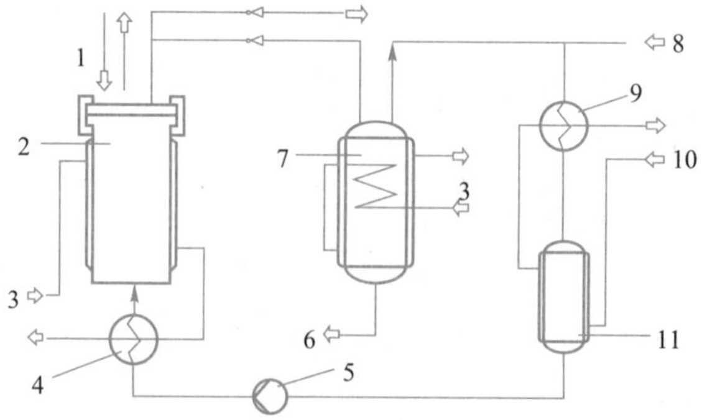

1. 原料；2. 萃取器；3. 热媒；4. 预热器；5. CO_2 泵；6. 萃取物；7. 分离器；8. CO_2；9. 冷凝器；10. 冷媒；11. CO_2 储罐。

图 2-19　超临界 CO_2 提取装置图

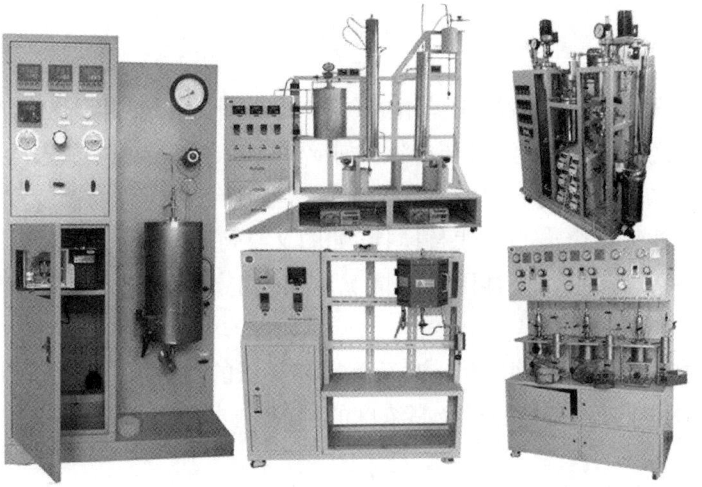

图 2-20　超临界萃取器实物图

（五）多级逆流提取装置

该提取装置由 5~10 个渗漉罐、加热器、储液罐、溶剂罐、输液泵等部件组成，以 5 个渗漉罐的装置为例（图 2-21）。

动画

多级逆流提取机组工艺原理

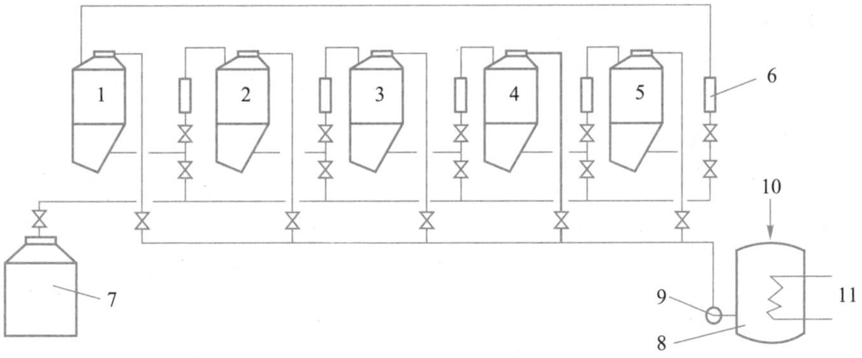

1~5．渗漉罐；6．加热器；7．储液罐；8．溶剂罐；9．泵；10．水；11．汽。

图 2-21　多级逆流提取装置结构示意图

操作时，将药材顺序装入五个罐中，首先用泵将溶剂送入 1 号罐进行渗漉，得到的渗漉液经加热器后流入 2 号罐，再依次送入 3、4、5 号罐，前一罐得到的提取液成为后一罐的渗漉液，最后药液达到最大浓度，导入储液罐中。当 1 号罐中的药材有效成分渗漉完全，用压缩空气将 1 号罐内的液体全部压出，1 号罐卸出药渣，装入新药，成为提取顺序的最末一罐。此时，来自溶剂罐的新溶剂进入 2 号罐，然后依次进入 3、4、5、1 号罐，最后提取液至储液罐中，依次类推，直至提取完成。

在整个提取过程中，始终有一个渗漉罐在卸料和加料，溶剂从第一罐到达最末罐途经多次渗漉，提取液浓度达到最大，罐中的药物经多次浸出，最大程度地提取出了有效成分，溶剂用量少，提取效率高。

（六）浸渍器

浸渍器由容器、搅拌装置、阀门组成（图 2-22、图 2-23），用于热浸渍法的浸渍器可与蒸汽管道连接。操作时，将药材饮片或碎块加入浸渍器中，加入溶媒，可置于室温或水浴、蒸汽加热，密闭一定的时间。在此过程中经常开启搅拌装置进行搅拌，也可在下端出口处装一个离心泵代替搅拌，如图 2-23 所示，可将下部浸出液反复抽至上部液层，适用于容量大、搅拌困难的情况。到规定浸渍时间后打开下部阀门，收集浸出液。

该设备适用于黏性、无组织结构、新鲜极易膨胀的药材以及价格低廉的芳香性药材，不适用于贵重药材、毒性药材及高浓度的制剂。

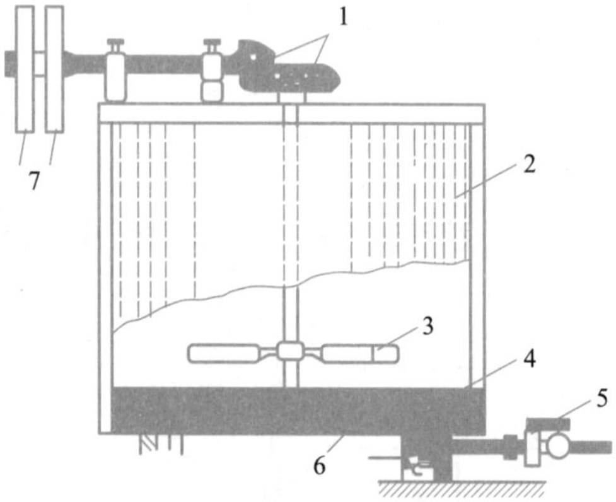

1. 伞形齿轮；2. 浸渍器；3. 搅拌装置；4. 滤材；5. 阀；6. 假底；7. 皮带轮。

图 2-22 装有搅拌器的浸渍器结构示意图

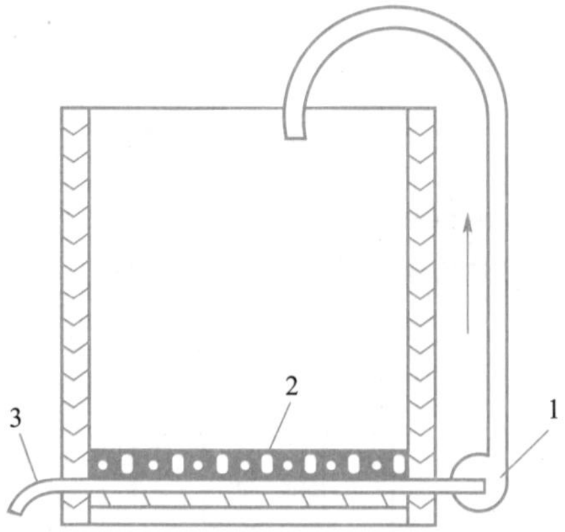

1. 离心泵；2. 假底；3. 浸渍液排出口。

图 2-23 装有离心泵的浸渍器结构示意图

三、Y-TQ 型多功能中药提取罐的操作

动画

多功能提取罐

（一）开机前准备

（1）检查设备清洁记录、清洁合格证、合格待用状态标志是否符合要求。

（2）检查供气（压缩空气）、供电、供水（生产用水、冷却水）、供汽（蒸汽）等设备和管道是否正常。

（3）检查各管道密封是否完好，安全阀、压力表是否完好，输水器是否畅通。

（4）检查投料门、出渣门工作是否完好、灵活、无损。

（5）检查提取器内所有容器盖、阀门及与储罐之间的阀门是否处于关闭状态，确认过滤器内滤芯处于清洁完好待用状态。

（6）检查确认各控制部分（电气、仪表）正常。

(二) 开机操作

1. 水提

(1) 打开空气压缩阀,关闭出渣门,关闭提取罐底盖,紧固安全螺栓。

(2) 开启投料门,向罐内投料,同时打开饮用水阀、喷淋阀喷淋(醇提时除外),防止粉尘飞扬,并记录送水量,投料完毕关闭喷淋阀。

(3) 投料完毕,盖上投料门盖并锁紧。

(4) 打开提取罐进水阀加水至规定量(喷淋的水 + 此次进水量 = 总量),按工艺要求静置规定时间。

(5) 先打开罐底蒸汽阀向罐内进蒸汽直接加热,沸腾后打开夹套蒸汽阀改间接蒸汽保温,通过视窗观察,按工艺要求进行煎煮。

(6) 在提取过程中,打开过滤器下部药液回流阀,使药液从下部出口抽出打入罐顶部进口进行强制循环,以使罐内温度平衡,提取效果充分。

(7) 提取时间到,关闭加热蒸汽阀门。打开出液阀门、气动泵开关,将提取液泵至储罐。待出液完毕,关闭出液阀、出液泵开关及出液管道上的阀门。

(8) 提取完成后,出渣。控制阀门,使出渣门缓缓打开,将药渣落入药渣车内。药渣排净后,喷淋饮用水将提取罐清洗干净。

2. 醇提

(1) 打开空气压缩阀,关闭出渣门,关闭提取罐底盖,紧固安全螺栓。

(2) 开启投料门,向罐内投料。

(3) 按工艺规定将乙醇加入罐内,盖上投料门并锁紧。

(4) 打开夹套蒸汽,使罐内达到需要温度再减少加热蒸汽,打开冷却水,使乙醇冷却后回流即可。

(5) 为了提高效率,也可用泵强制循环。

(6) 提取时间到,关闭加热蒸汽阀门。打开出液阀门、气动泵开关,将提取液泵至储罐,出液完毕。关闭出液阀、出液泵开关及出液管道上的阀门。

(7) 提取完成后,出渣。控制阀门,使出渣门缓缓打开,药渣落入药渣车内。药渣排净后,喷淋饮用水将提取罐清洗干净。

3. 提油　把含有挥发油的中药加入提取罐内,打开油分离器的循环阀门,关闭旁通回流阀门,开蒸汽阀门达到挥发温度时打开冷却水进行冷却,经冷却的药液应在分离器内保持一定液位差使之分离。其他按水煎操作。

(三) 设备的维护与保养

(1) 设备运行过程中夹层气压不能超过 0.3 MPa。设备运行结束,及时排出夹层冷凝水,检查压力表是否“回零”。

(2) 定期检查电气系统中各元件和控制回路的绝缘电阻及接零的可靠性,确保用电安全。

（3）定期检查多功能提取罐底盖过滤网及过滤器是否堵塞，如有堵塞及时清理或更换。

（4）提取罐润滑点定期添加润滑油。

（5）定期检查压力表、安全阀是否完好正常。

（四）常见故障及排除方法

多功能中药提取罐常见故障、原因及排除方法见表2-3。

表2-3　多功能中药提取罐常见故障、原因及排除方法

故障现象	故障原因	排除方法
提取罐无电加热	1. 电源松动或脱落 2. 温度控制器没有在正常位置 3. 电热器失效	1. 接好电源 2. 调整温度控制器、调整水位开关 3. 更换失效组件
提取罐的外壳带电	电热组件绝缘不良或其他组件回路接壳	更换绝缘不良组件，接好接地线
机器的声音异常	洗净效果下降，超声波发生器或换能器异常	检查换能器引线两个端子的绝缘电阻，并拆下换能器护板，检查有无异常
声音啸叫	部分换能器不能适应缸体及水位、水温的变化	变更水位，工件出入水面时动作不要过大
提取罐的保险管烧断	过高电源电压或负载瞬间变化	更换相同规格保险管或稍大号的保险管

第三节　中药浓缩设备

一、概述

浓缩是指采用适宜的方法，将溶液中的部分溶剂移除，获得高浓度溶液或者使溶液达到过饱和而析出溶质的过程。浓缩的方法有反渗透、超滤及蒸发等。中药浸出液浓缩的主要方法是蒸发。

蒸发是指用加热的方法，使液体气化除去，从而获得高浓度药液的工艺操作。中药浓缩的蒸发方法有常压蒸发、减压蒸发、薄膜蒸发和多效蒸发。

浓缩设备根据蒸发方法可分为以下几种：

1. 常压蒸发设备　是指在一个大气压下进行蒸发的方法。常用设备为蒸发锅，由于蒸发锅蒸发所需时间长、温度高且浓缩时产生的蒸汽直接排放至大气，不满足GMP的生产要求，因此不常用。

2. 减压蒸发设备　是指利用抽真空降低密闭容器内部压力，从而使浸出液沸点降低而进行的蒸发方法。常用设备为真空浓缩罐、球形浓缩罐、减压蒸馏装置。

3. 薄膜蒸发设备　是指将液体形成薄膜，增加气化的表面积，减少液层厚度而进行的蒸发方法。常用的设备为升膜式蒸发器、降膜式蒸发器、刮板式薄膜蒸发器、离心式薄膜蒸发器。

4. 多效蒸发设备　是指将多个蒸发器串联，实现蒸汽二次再利用，提高蒸汽加热利用率的操作方法。常用设备为多效蒸发器。

二、常用浓缩设备

（一）真空浓缩罐

真空浓缩罐主要包括罐体、蒸汽供热装置、气液分离器、离心水泵、水流抽气泵、水槽等部分（图 2-24）。

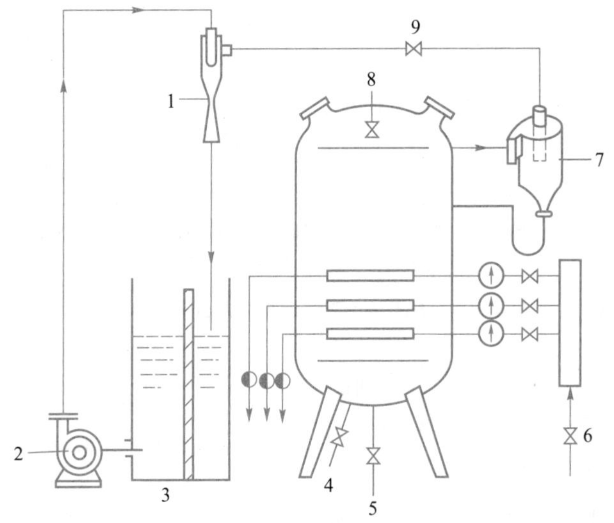

1. 水流抽气泵；2. 离心水泵；3. 水槽；4. 取样口；5. 出料口；6. 蒸汽；7. 气液分离器；8. 放气阀；9. 止逆阀。

图 2-24　真空浓缩罐结构示意图

操作时，先清洗罐体，然后通入蒸汽消毒，打开出料阀及放气阀，放出空气。然后关闭阀门，开启水流抽气泵抽真空到 86kPa，抽入药液至浸没加热管，通入蒸汽进行加热。料液受热后产生的二次蒸汽进入气液分离器，液体流回罐内，蒸汽由水流抽气泵抽入冷却水池中冷凝成浓缩液。浓缩完毕，先关闭抽气泵，再关闭加热蒸汽，打开放气阀，使罐内恢复常压后出料，放出浓缩液。

抽真空时注意真空度不能太高，否则药液会随二次蒸汽进入抽气泵。该设备主要用于以水为溶剂的药液的浓缩。

（二）减压蒸馏装置

实际生产中，减压蒸馏与减压浓缩所用设备是通用的，都可以用于非水溶剂浸出液浓缩及液体需要回收的情况。减压蒸馏装置结构与真空浓缩罐相似，但蒸馏器为夹套结构，冷凝器为列管式（图 2-25）。

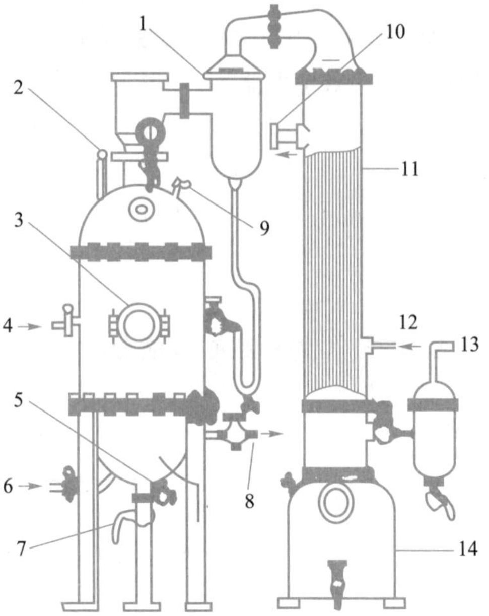

1. 气液分离器；2. 温度计；3. 观察窗；4. 进料口；5. 夹层水出口；6. 蒸汽入口；7. 浓缩液出口；8. 废气出口；9. 放气阀；10. 冷凝水出口；11. 冷凝器；12. 冷凝水入口；13. 接收器；14. 接抽气泵。

图 2-25　减压蒸馏装置结构示意图

操作时先开启真空泵，蒸馏器达到部分真空后将料液吸入，继续抽真空至规定范围。打开蒸汽加热，开启废气阀和夹层水出口，排出不凝气体和回气水，然后关闭废气阀，关小夹层水出口。继续通蒸汽，让料液保持适度沸腾，产生的蒸汽进入气液分离器，分离得到的气体进入冷凝器，冷凝液流入接收器中。蒸馏结束，关闭真空泵和蒸汽，打开放气阀使罐体内恢复常压，放出浓缩液。

动画

升膜式蒸发器

（三）升膜式蒸发器

升膜式蒸发器主要由列管蒸发器、气液分离器、预热器和分离器组成（图 2-26）。

操作时，料液先进入预热器，从上口流出，经输液管由底部进入列管蒸发器，沸腾气化后形成大量泡沫和二次蒸汽，沿加热管快速上升，上升的过程中料液迅速蒸发。泡沫

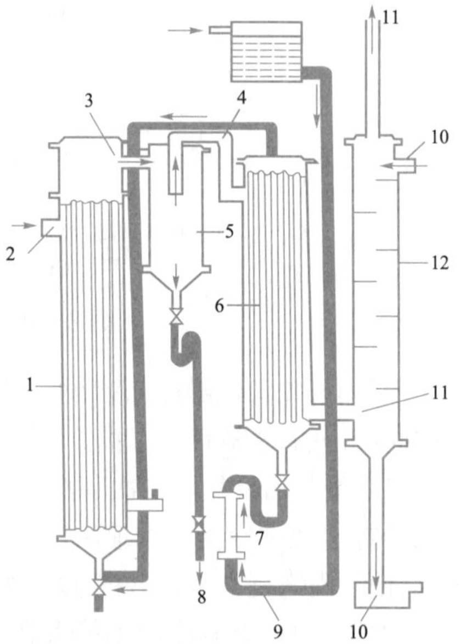

1. 列管蒸发器；2. 蒸汽进口；3. 气沫出口；4. 二次蒸汽导管；5. 气液分离器；6. 预热器；7. 流量计；8. 浓缩液出口；9. 输液管；10. 冷凝水出口；11. 废气出口；12. 冷凝器。

图 2-26　升膜式蒸发器结构示意图

与二次蒸汽的混合物上升至气沫出口，接着进入气液分离器中，二次蒸汽与浓缩液被分离开，浓缩液流入接收器中。二次蒸汽由二次蒸汽导管进入预热器的夹层中预热料液。

该设备适用于蒸发量较大、黏度小、有热敏性、易产生泡沫的料液，不适合高黏度、会析出结晶出或易结垢的药液。

（四）降膜式蒸发器

降膜式蒸发器的结构与升膜式蒸发器基本一致（图 2-27、图 2-28），区别在于料液是从蒸发器的顶部进入，经加热管加热，每根加热管顶部都装有液体分布器，使料液在重力作用下沿管壁成膜状下降。在液膜的下降过程中部分料液被蒸发，由于罐顶有料液封住，蒸出的二次蒸汽只能随着液膜往管底排出，然后在分离器中分离，浓缩液由分离器底部放出。

动画

降膜式蒸发器

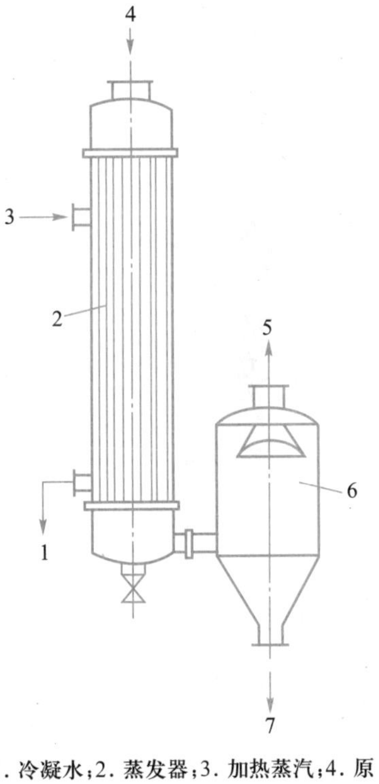

1. 冷凝水；2. 蒸发器；3. 加热蒸汽；4. 原料液；5. 二次蒸汽；6. 分离器；7. 浓缩液。

图 2-27 降膜式蒸发器结构示意图

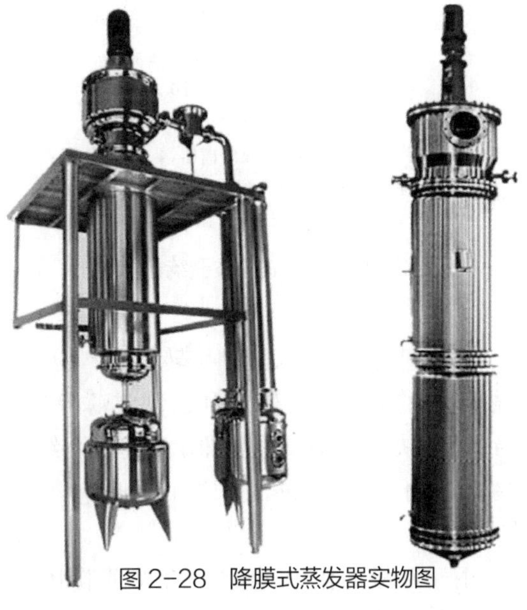

图 2-28 降膜式蒸发器实物图

该设备适合用于浓度高、黏度大、热敏性的料液，不适用于易结晶或易结垢的料液。降膜式蒸发器是在重力作用下使料液沿管壁产生膜状流动，而不是取决于二次蒸汽的速度，因此适用于蒸发量较小的料液，另外常与升膜式组成二效蒸发设备。

（五）刮板式薄膜蒸发器

刮板式薄膜蒸发器可分为两个部分，上部为气液分离部分，下部为加热蒸发部分，外部有加热夹套，中间有一搅拌轴，轴上连接若干块刮板，其作用是促进液膜的形成，并防止固体析出物黏壁（图 2-29、图 2-30）。

动画

刮板式薄膜蒸发器

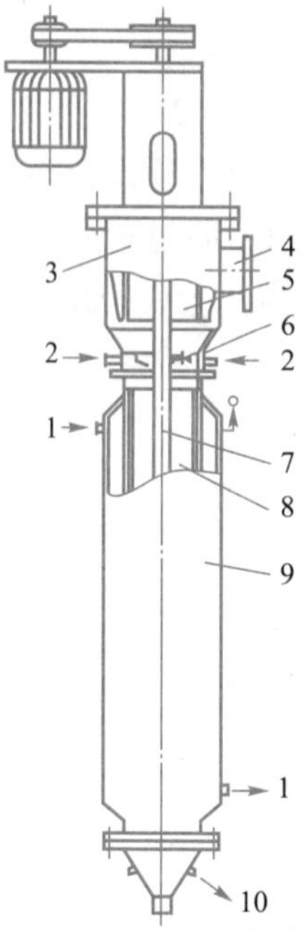

1. 蒸汽；2. 进料；3. 气液分离器；4. 二次蒸汽；5. 除沫器；6. 进料分配器；7. 轴；8. 刮板；9. 蒸发器；10. 出料。

图 2-29　刮板式蒸发器结构示意图

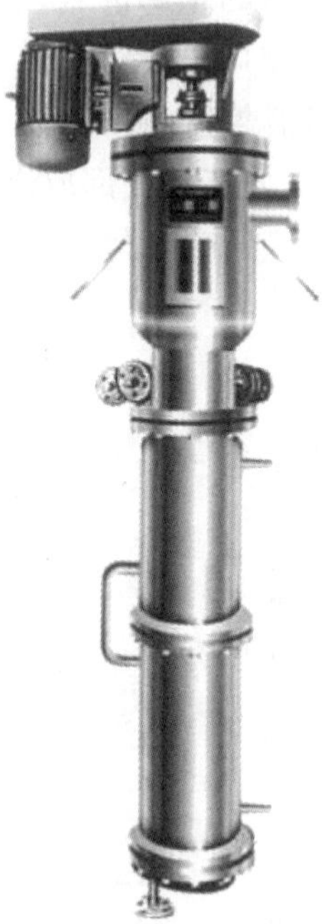

图 2-30　刮板式蒸发器实物图

操作时，液料进入随轴旋转的进料分配器中，在离心力作用下被抛向器壁，沿器壁往下流的时候被旋转的刮板刮成薄膜，薄膜溶液受热蒸发浓缩并在向下流动时，受到另一块刮板翻动往下推，新液膜继续流下，这样流入的物料不断形成液膜，被浓缩药液不易滞留，蒸发浓缩直至所有药液离开加热室流到蒸发器底部，浓缩过程结束。

由于刮板的作用，使料液保持薄膜状，另外不断推动料液，停留时间短，传热系数高，因此该设备适用于料液黏度高、不耐热、易结垢的情况。但该设备结构复杂，耗能大，夹套传热面小，处理量小。

（六）离心式薄膜蒸发器

离心式薄膜蒸发器是一种高效浓缩设备，它结合了薄膜蒸发和离心分离的原理使料液浓缩。设备主要由离心转鼓（图 2-31）、外壳、冷凝结构、加热结构组成，(图 2-32)。转鼓由一组碗形空心碟片叠放而成，碟片与碟片之间有一定空间隔开。

图 2-31 离心转鼓实物图

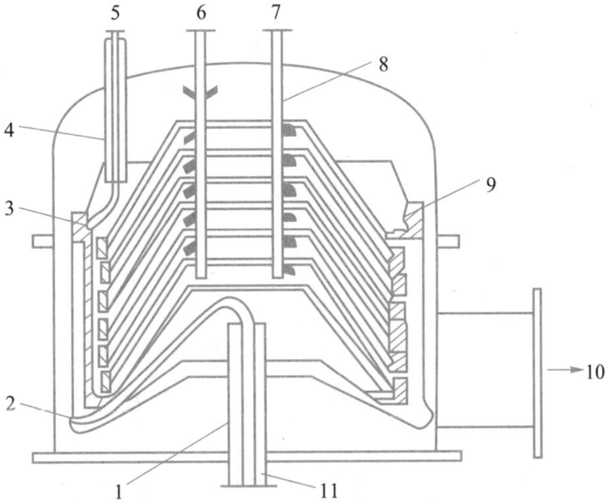

1. 冷凝水管；2. 冷凝水槽；3. 浓缩液汇集管；4. 出料管；5. 浓缩液出口；6. 清洗水进口；7. 物料进口；8. 分配管；9. 转鼓；10. 二次蒸汽出口；11. 蒸汽进口。

图 2-32 离心薄膜蒸发器示意图

操作时，离心转鼓高速旋转，料液从物料进口进入，喷入空心碟片下部，受到离心力作用迅速分散形成极薄的液膜，受热迅速蒸发，浓缩液顺外缘下流，汇集到环形液槽，经浓缩液汇集管从蒸发器上段抽出。

该设备形成液膜的原理类似于刮板式薄膜蒸发器，都是依靠机械作用。优点是传热系数高，受热时间短，体积小，便于拆洗。特别适用于中药浸出液和对热不稳定的物料的浓缩，不适于高黏度、有结晶、易结垢的料液。

(七) 多效蒸发器

多效蒸发器的原理是基于能量守恒定律，前效产生的二次蒸汽作为后效的加热蒸汽，二效的二次蒸汽又作为三效的加热蒸汽，同理，组成多效蒸发器。最后引出的蒸汽入冷凝管。多效浓缩一般在真空下进行，能够维持一定的温度差。由于蒸汽热能的反复利用，多效浓缩器在节能方面比较突出。

设备主要由加热器、蒸发器、循环管、冷凝器、接收槽、真空系统等组成。如图 2-33 所示，根据二次蒸汽和溶液的流向，多效蒸发器的流程可分为以下四种：

1. 顺流式　加热蒸汽与料液方向一致，沿料液方向，蒸汽温度降低，浓缩液浓度增大。该设备适用于黏度不随温度降低而增加的料液，或随温度升高析出结晶的料液以及热敏性料液。

2. 逆流式　加热蒸汽与料液方向相反，沿料液方向，蒸汽温度升高，浓缩液浓度增大。该设备适用于顺流式不适宜的情况。

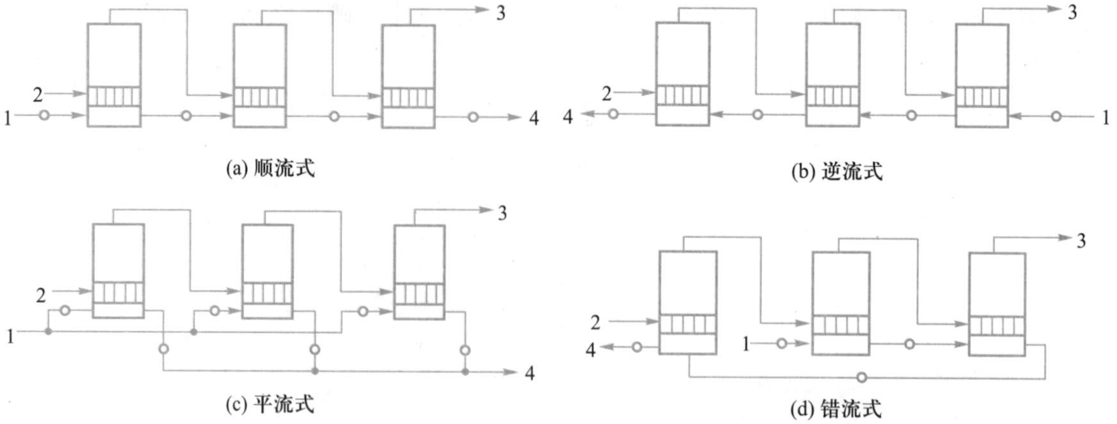

1. 料液；2. 加热蒸汽；3. 蒸汽；4. 浓缩液。

图 2-33 多效蒸发器流程示意图

3. 平流式 加热蒸汽与料液方向一致，料液被分成多份通过各效蒸发器。该设备适用于易析出结晶的料液。

4. 错流式 料液的流经顺序是二效、三效、一效。加热蒸汽走向是从一效到三效。

课堂讨论

如何合理地选择中药浓缩设备？需要考虑到哪些方面的因素？

视频

球形浓缩器

三、ZJ-200 球形浓缩器的操作

（一）开机前准备

(1) 检查设备清洁记录、清洁合格证、合格待用状态标志是否符合要求。

(2) 检查设备、阀门、仪表是否正常，管路是否畅通，是否有渗漏。

(3) 检查各阀门是否处于正确启闭位置。

（二）开机操作

(1) 打开真空阀门。

(2) 开启进料阀进料，待蒸发器下视镜中见到料液时，即关闭进料阀。

(3) 开启冷凝器及循环冷却水，使水压稳定在 0.1~0.2 MPa。

(4) 缓缓开启蒸汽阀门，升温加热至所需压力，使各效蒸发器进行热循环。

(5) 调整各进料阀门开启度，控制液面维持于某一高度，使药液蒸发量和药液补充量达到动态平衡。

(6) 每蒸发 2 h 左右，打开蒸馏釜夹套排气阀或打开疏水阀的旁通，将不凝性气体

排出。

(7) 每 60~120 min 进行一次冷凝水的排放。关闭通水阀,打开排空阀使受水管由真空转为排空。打开排水阀,将冷凝水排放。冷凝水排完后,先关闭排水阀,再关闭排气阀,打开通水阀设备正常运行。

(8) 浓缩结束,关闭蒸汽阀门,停止给蒸汽。关闭真空蝶阀,打开蒸发器排气阀破坏蒸发器真空,放下浓缩时的浸膏。

(9) 打开排气阀及排水阀,将冷凝水排掉。

(10) 清洗蒸发器和加热器。

(三) 设备的维护与保养

(1) 每天工作完毕,应将设备清洗干净,清洗时可视料液的性质,采用不同的洗涤剂清洗设备内部。

(2) 经常检查设备上所装仪表灵敏度及误差,发现损坏或误差及时更换或调整。

(3) 安全阀应调整至最大蒸汽压力以下,以保证正常生产,防止事故发生。

(4) 经常检查设备各连接处,保障密封良好,如密封垫损坏,应立即更换。

(四) 常见故障及排除方法

球形浓缩器常见故障、原因及排除方法见表 2-4。

表 2-4　球形浓缩器常见故障、原因及排除方法

故障现象	故障原因	排除方法
真空度下降	抽真空管道、进出料阀门密封圈破损造成泄露	检查并更换密封圈
冷却水进口温度符合,但流量不足	1. 冷却水压力的突然下降或蓄水池液位的下降,使进水泵进口管道上阀门原来的开启程度不能满足原流量的要求 2. 冷却水的进水泵及管道有异物或入口堵塞	1. 及时调整冷却水 2. 清理堵塞物
加热蒸汽压力过大	加热蒸汽的使用压力超过正常值,气化加剧,所产生的二次蒸汽得不到充分的冷凝	降低加热蒸汽压力到正常值
冷却水的进水温度过高	1. 天气原因 2. 回用水搭配使用不合理	1. 在进水前加制冷装置,控制进水温度在 25~30℃ 2. 重新调整用水搭配,减少管道在室外暴露的概率

第四节　中药分离纯化设备

一、概述

中药提取液一般含有很多无效杂质，如果不除去，药物的疗效和稳定性就会受到影响，还会为下一步制剂带来困难，因此提取液要进行分离纯化，目的是除去杂质，并且将有用的成分进行富集和浓缩。分离的方法包括：沉降分离、滤过分离和离心分离。

（一）沉降分离

沉降分离法是利用固体物质受重力作用自然下沉，除去上层澄清液，将固液分离的方法。具体操作是将浸提液静置冷藏一段时间，待固体与液体分层后进行分离。但此种方法往往分离不完全，只能用来除去较大杂质，要获得不含杂质的提取液，还需进一步运用滤过分离或离心分离。

（二）滤过分离

滤过分离是运用截留的原理，将固体颗粒与液体或气体分离的方法。有效成分溶解在液体中时取滤液，有效成分为结晶或固体时则取滤渣，有效成分在滤液和滤渣里都有时，分别收集。

常用的过滤方法有常压过滤、减压过滤、加压过滤和薄膜过滤。过滤设备按过滤的方法分类，包括以下几种：

1. 常压过滤设备　是常压下滤液靠自身的重力透过滤材流下，实现分离。该过滤方法分离效率较低，多用于实验室。

2. 减压过滤设备　是将过滤装置抽真空，滤液在重力和负压作用下通过滤材的效率提高，以完成快速分离的方法。常用设备为真空过滤机。

3. 加压过滤设备　是在滤液上加压，推动液体通过滤材而加速过滤。常用设备为压滤机。

4. 薄膜过滤设备　是利用薄膜的选择透过性，将混合物组分分离的方法。同时运用浓度差、压力差、分压差和电位差作为膜分离的推动力，实现高效分离。常用设备为微孔滤膜滤器。

知识拓展

超　滤

膜分离技术中还有一类能使产品纯度更高的技术，叫作超滤。超滤所使用的多孔滤膜孔径为 1~20 nm，主要滤除 5~100 nm 的颗粒，所以超滤是在纳米数量级进行选择性滤过的技术。适用于不同分子量的生化药物进行分级分离和纯化，还可用于蛋白质、酶、核酸、多糖类药物的超滤浓缩，以及制剂的精制和超滤除菌。但在超滤之前需设法除去更大分子量的杂质和其他可沉淀成分。超滤设备可参考加压过滤机。

（三）离心分离

在高速离心时，离心加速度会超过重力加速度上千倍，固体沉降速度随之增加，能高效地除去药液中的沉淀杂质，完成分离。但是离心分离要求被分离的物质之间在密度或沉降速率方面必须存在差异，故特别适用于难于沉降的滤液。

常用设备为离心机，包括滤过式离心机（如三足式离心机）、沉降式离心机、分离式离心机（如管式高速离心机）等。

二、常用分离纯化设备

（一）真空过滤机

真空过滤机有间歇式和连续式，间歇式有真空叶滤机，连续式有转鼓真空过滤机、圆盘真空过滤机、带式真空过滤机等，以下以常用的转鼓真空过滤机进行介绍。

转鼓真空过滤机由转筒、滤布、滤浆槽、洗液罐、滤液罐、压缩空气罐等机构组成（图 2-34、图 2-35）。

操作时，过滤区的扇形格浸入滤浆槽中，受到负压作用滤液穿过滤布进入扇形格内，通过管道从分配头排出，滤渣附着在滤布上并逐渐增厚，离开滤浆槽，滤渣在真空下被吸干。之后来到洗涤区，滤渣被洗涤水冲洗，之后又经历一个吸干区，滤渣在负压下完全脱水干燥。滤渣进入吹松区通过高压空气吹松后，被刮刀从滤布上剥

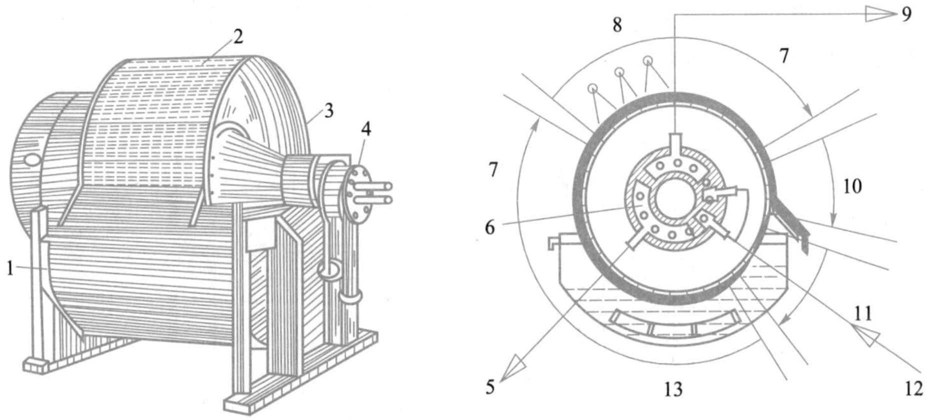

1. 槽；2. 转筒；3. 主轴；4. 分配头；5. 滤液罐；6. 两盘贴合面；7. 吸干；8. 洗涤；9. 洗液罐；10. 吹松卸料；11. 滤布复原；12. 压缩空气罐；13. 过滤。

图 2-34　转鼓真空过滤机示意图

图 2-35 转鼓真空过滤机实物图

离,滤布通过分配头吹入的压缩空气将滤布上残留滤渣吹净,完成滤布复原,这样就完成一个过滤循环。

转鼓真空过滤机能连续自动操作,适用于大量生产以及易过滤的料浆的处理,不适用于颗粒太细、黏性大的混悬液。缺点是过滤面积有限,结构复杂,费用高。

(二) 压滤机

板框式压滤机是制药企业最常用的压滤设备,主要由多个滤板、滤框、压紧装置、压紧板、止推板、横梁等组成(图 2-36、图 2-37)。横梁两端是止推板和压紧板,中间滤板、滤框和滤布按一定顺序排列。使用时,旋紧压紧装置,推动压紧板将滤板、滤框和滤布压紧。

滤板和滤框是过滤的主要结构(图 2-38),上角开有小孔,重合后构成通道。滤框是中空结构,在其两侧覆以滤布,滤布之间构成容纳滤浆和滤渣的空间。滤板是实板,起到支撑滤布的作用,同时滤板上刻有槽形纹路形成滤液流出的通道,由于结构略有不同,滤板又分为洗涤板和一般滤板。在滤板、滤框和洗涤板外侧用小钮或其他标志进行区分,1 钮为滤板,2 钮为滤框,3 钮为洗涤板,按“1-2-3-2-1”的钮数顺序排列组合,数量可根据需要调整。

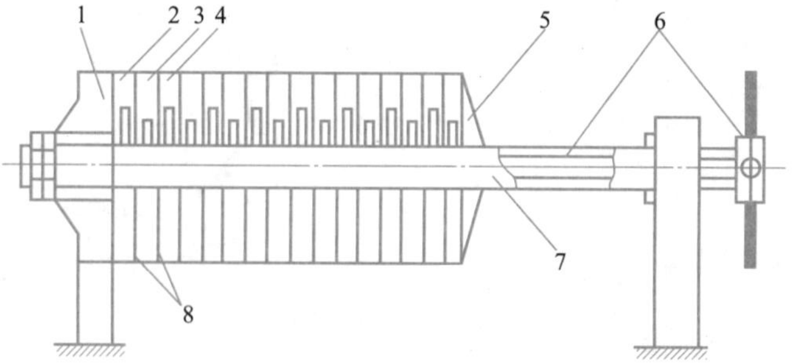

1. 止推板;2,4. 滤板;3. 滤框;5. 压紧板;6. 压紧装置;7. 横梁;8. 滤布。

图 2-36 板框式压滤机结构简图

图 2-37　板框式压滤机实物图

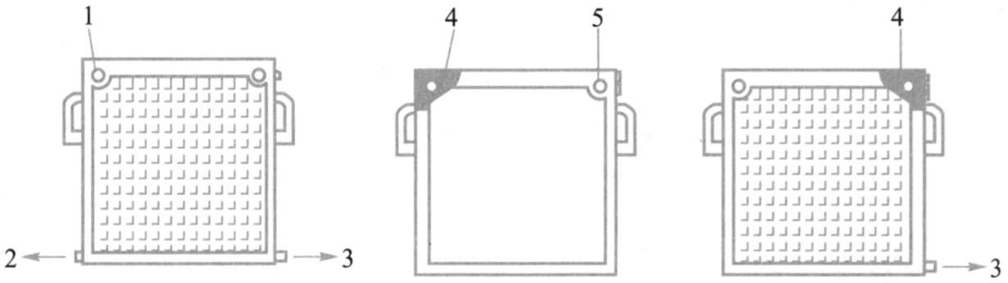

(a) 滤板（1钮）　(b) 滤框（2钮）　(c) 洗涤板（3钮）

1. 进料通道；2. 洗涤液流出口；3. 滤液流出口；4. 暗孔；5. 洗涤水通道。

图 2-38　滤板、滤框结构示意图

如图 2-39 所示，操作时，滤浆从 1 号通道流进框内，穿过框两侧滤布后进入相邻滤板的凹槽流道，顺着暗道的垂直孔排出，滤渣则被截留在滤框中。当滤渣积累一定量后，关闭连接 1 号通道的阀门，停止输送料浆，从 3 号通道泵入清水，洗涤滤渣。完

动画
板框式
压滤机

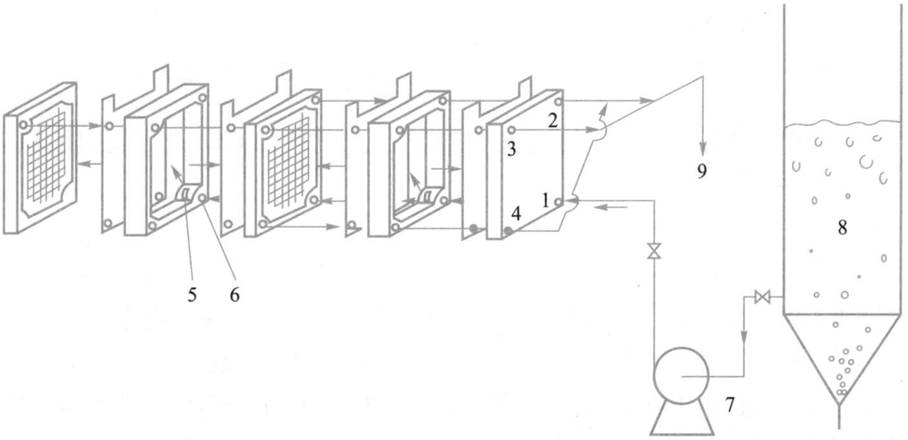

1. 料浆通道；2,3,4. 滤液通道；5. 暗道；6. 垂直孔；7. 泵；8. 料浆筒；9. 滤液。

图 2-39　板框式压滤机过滤流程示意图

成洗涤后，卸开板框，将滤渣除去，更换滤布重新装合后进行下一轮过滤。

板框式压滤机结构简单，易于操作，过滤面积大，生产效率高，压力可调，适应性强，无温度限制，应用广泛。但对滤渣容量有限，拆卸后排除滤渣才能继续过滤，因此适用于含少量固体的混悬液。

（三）微孔滤膜滤器

微孔滤膜滤器是利用微孔滤膜作为截留介质将混合物进行分离的装置。所用的微孔滤膜孔径为 0.03~10 nm，可滤除 0.05~5 μm 的细菌和悬浮颗粒。常用的有平板式和筒式两种类型。

常用的平板式微孔滤膜滤器由上盖、底盘、多孔筛板、垫圈组成(图 2–40、图 2–41)。使用时，上盖和底盘将微孔滤膜和筛板夹在中间，并用垫圈密封，最后由螺丝固定，即完成安装。滤浆从上盖口压入，滤液通过滤膜由滤液出口管流出，而固体微粒被截留在微孔滤膜上。缺点是微孔滤膜滤器能容纳滤渣的空间少，不适用于有大量沉淀的滤浆。

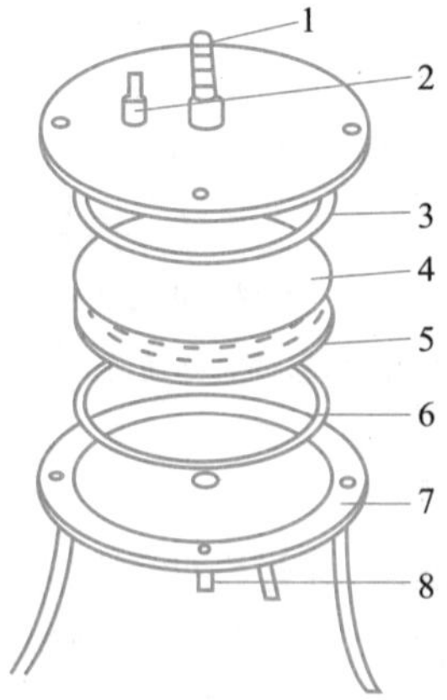

1. 料浆入口；2. 放气阀；3. 板盖垫圈；
4. 微孔滤膜；5. 多孔筛板；6. 底盘垫圈；
7. 滤器底盘；8. 药液出口。

图 2–40　平板式微孔滤膜滤器结构简图

图 2–41　平板式微孔滤膜滤器实物图

将数只微孔滤膜装在耐压的过滤器内则构成筒式膜滤器，增加了滤过面积，适于工业化生产。

（四）过滤式离心机

过滤式离心机是结合了离心作用和过滤原理的设备。滤浆在离心作用下使固相物质受到离心力的同时被滤过介质截留，从而与液相分离形成滤渣。

过滤式离心机由于支承形式、卸料方式、操作方式的不同而有多种类型。制药企业最常用的是三足式离心机，根据卸料方式的不同又分为人工上卸料、人工下卸料、抽吸上卸料、吊袋上卸料、刮刀下卸料和翻转卸料等类型。以下以人工上卸料三足式离心机为例进行介绍。

人工上卸料三足式离心机主要由柱脚、底盘、主轴、机壳、转鼓组成(图 2-42、图 2-43)。转鼓内装有滤袋,运行时,转鼓绕主轴轴心转动,滤袋内的滤浆在离心力的作用下被抛出,液体透过滤布和鼓壁上的滤孔被甩出转鼓,汇集后经滤液出口排出,而固相被截留在滤布上形成滤渣,并在离心力的作用下压紧、甩干,停机后卸出,实现分离。

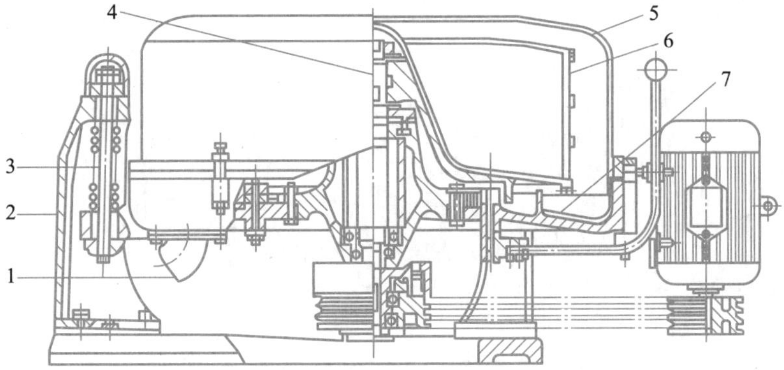

1. 滤液出口;2. 支柱;3. 拉杆;4. 主轴;5 机壳;6. 转鼓;7. 底盘。

图 2-42 人工上卸料三足式离心机结构简图

图 2-43 人工上卸料三足式离心机实物图

设备结构简单,操作方便,适应性强,过滤时间可灵活控制,停机后卸料对固体颗粒破坏性小,适用于分离含有结晶或固体颗粒的悬浮液。但传动和制动机构都在机身下部,易受腐蚀。

(五) 沉降式离心机

沉降式离心机是结合了沉降和离心原理的设备,转鼓上无孔,也不用过滤介质。当设备高速运转时,利用固体惯性大于液体的原理,固体受离心力作用沉降与液层分层,再分别将固、液两层接出而达到分离。

沉降离心机有螺旋卸料沉降离心机、三足式沉降离心机等。其中螺旋卸料沉降离心机较常使用，因为转鼓位置的不同又分为卧式和立式。

卧式螺旋卸料沉降离心机主要由高转速的转鼓、螺旋及差速器等部件组成（图 2-44、图 2-45）。操作时，当浆液进入离心机转鼓，由于螺旋和转鼓的转速不同而存在相对运动，在相对运动下，沉积在转鼓内壁的固相被推向小端出口处排出，分离后的清液从另一端排出。

该设备适应性较好，应用范围广，操作方便，可长期运转，且设备密闭，在固相粒度大小不均匀时也能分离，但是固相沉渣的洗涤效果不好。

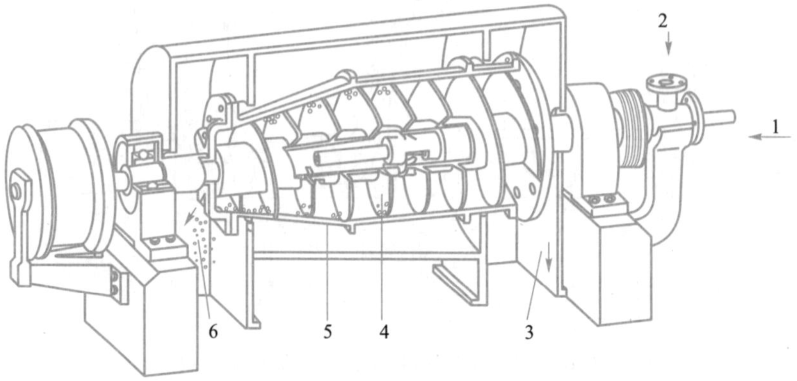

1. 悬浮液；2. 洗涤水；3. 分离液；4. 螺旋；5 转鼓；6. 沉渣。

图 2-44　卧式螺旋卸料沉降离心机结构简图

图 2-45　卧式螺旋卸料沉降离心机实物图

（六）分离式离心机

分离式离心机与沉降式离心机原理相同，但转速更高，转鼓体积小，除了分离液－固相，还可以分离液－液相，特别适合分离乳浊液、细粒子的悬浮液或两种密度不同的液体。

分离式离心机根据结构不同又可分为管式分离机、室式分离机、碟式分离机，其中管式分离机最常用。管式分离机又包括澄清型和分离型两种，澄清型由机身、传动装置、转鼓、集液盘、进液轴承座组成（图 2-46、图 2-47）。该设备的转鼓为一空心金属管，悬在挠性轴上保持平衡，该形状可使转鼓有很大转速而不过度增加转鼓壁压力，可获得很大的离心力。

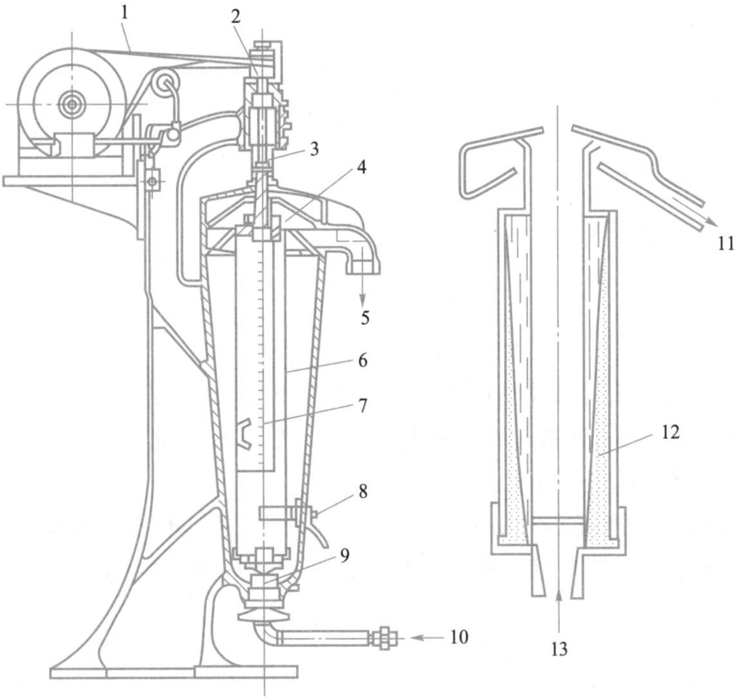

1. 皮带；2. 皮带轮；3. 主轴；4. 液体收集器；5. 分离液；6. 转鼓；7. 三叶板；
8. 制动器；9. 转鼓下轴承；10. 进料；11. 澄清液；12. 沉渣；13. 悬浮液。

图 2-46　澄清型管式分离机结构简图

图 2-47　澄清型管式分离机实物图

操作时，悬浮液由下部压入快速旋转的转鼓，在离心力作用下被甩向鼓壁，清液从转鼓上部溢流孔排出，沉淀在停机后取出。澄清型管式分离机液体收集器只有一个液体出口，分离型的液体收集器有轻液和重液两个出口。

课堂讨论

为什么板框式压滤机过滤开始时滤液常有点浑浊，过段时间后才变清？

三、500 型板框式压滤机的操作

（一）开机前准备

（1）检查设备清洁记录、清洁合格证、合格待用状态标志是否符合要求。

（2）检查进出管路，连接是否有渗漏或堵塞。管路与压滤机板框、滤布是否完整、清洁，进液泵及各阀门是否正常。

（3）检查机架各连接零件及螺栓、螺母有无松动，并随时予以调整紧固。相对运动的零件必须经常保持良好的润滑。检查油泵是否正常，油液是否清洁，油位是否足够。

（二）开机操作

（1）接通外接电源，油泵启动按钮转至“自动”，启动“放松”按钮，使中顶板退到适当位置，再将手动阀控制在中间位置。

（2）将清洁好的滤布挂在滤板两面，并将料孔对准，滤布必须大于滤板密封面，布孔不得大于管孔。将虑布抚平，不得有折叠，以免漏液。板框必须对整齐，滤布溢流孔对整齐，再开启“压紧”按钮，一边压紧一边旋紧锁紧螺母，直至不能再压紧为止。

（3）打开滤液出口阀门，启动进料泵并缓慢开启进料阀门。视过滤速度压力逐渐增大，一般不得大于 0.45 MPa。刚开始时滤液往往浑浊，然后澄清。如滤板间有较大渗漏，可适当加大中顶板顶紧力，旋紧锁紧螺母，至滤液不渗出或少量渗出。

（4）随时观察滤出液，发现浑浊时，应停机更换破损滤布，当料液滤完或框中滤渣已满不能再继续过滤，即为一次过滤结束。

（5）过滤结束后，输料泵停止工作，关闭进料阀门。

（6）出渣时按油泵启动放松按钮，松开锁紧螺母，使中顶板及锁紧螺母收回至接套处，再按停泵按钮。卸滤渣并将滤布、滤板、滤框冲洗干净，叠放整齐，以防板框变形，也可依次放在压滤机里用压紧板顶紧以防变形，冲洗场地及擦洗机架，保持机架及场地整洁，切断外接电源，整个过滤工作结束。按清洁操作规程对设备进行清洁。

（三）设备的维护与保养

（1）正确选用滤布，要考虑滤液澄清度和过滤效率。每次工作结束，必须清洗一次滤布，使布面不留残渣。滤布变硬时要软化，如有损坏要及时修复或更换。

(2) 注意保护滤板的密封面，不要碰撞，竖立放置不易变形。

(3) 油箱通常 6 个月进行一次清洗，并更换油箱内的液压油，发现液位低于下限时，应及时补油。

(四) 常见故障及排除方法

板框式压滤机常见故障、原因及排除方法见表 2-5。

表 2-5　板框式压滤机常见故障、原因及排除方法

故障现象	故障原因	排除方法
局部泄露	1. 滤框有裂纹或穿孔缺陷，滤框或滤板边缘磨损 2. 滤布未铺好或破损 3. 物料内有障碍物	1. 更换新滤框或滤板 2. 重新铺平或更换新滤布 3. 清除障碍物
压紧程度不够	1. 滤框不合格 2. 滤框、滤板和传动件之间有障碍物	1. 更换合格滤框 2. 清除障碍物
滤液浑浊	滤布破损	检查滤布，有破损要及时更换
顶杠弯曲	1. 顶紧中心偏斜 2. 导向架装配不正 3. 顶紧力过大	1. 更换顶杠或调正 2. 调整矫正 3. 适当降低压力

岗位对接

本章主要介绍了中药前处理常用设备的结构、原理、标准操作、维护与保养、常见故障及排除方法等内容。

中药前处理设备操作的人员相对应国家职业工种是《中华人民共和国职业分类大典》(2015 年版) 中药炮制工 (6-12-02-00) 包含的中药材净选润切工和中药炮炙工。从事的工作内容是进行中药材饮片炮制、配制、提取、合成、包装及试制中成药。其知识和技能要求主要包括以下几个方面：

(1) 对药材进行炮制；

(2) 按产品处方对中药材或饮片进行称量、核对；

(3) 对中药材及饮片进行粉碎或提取处理，制成半成品或成品；

(4) 进行中药化学合成或半合成，制成中间体或药物；

(5) 对中成药半成品、饮片及净药材进行分装、包装；

(6) 对中成药新产品试制。

在线测试

思 考 题

1. 简述多功能提取罐分别进行水提、醇提和提油操作时的区别。

2. 案例分析：小王在一家制药厂工作，夏天时用减压蒸馏装置进行浓缩操作时发现冷却水的进水温度 >30℃，乙醇回收效果差。试分析原因，并提出解决方案。

3. 案例分析：使用板框式压滤机过滤时，发现滤饼形状不均匀，查资料发现可能是由于操作中物料供给不足或物料供给浓度太低等原因造成，请提出解决措施。

（李文婷）

第三章

散剂生产设备

学习目标

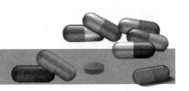

1. 掌握散剂生产设备的结构和工作原理。
2. 能按照 SOP 正确操作粉碎、过筛、混合设备。
3. 熟悉常见粉碎、过筛、混合设备的清洁和日常维护保养。
4. 能排除粉碎、过筛、混合设备的常见故障。
5. 了解散剂生产的基本流程及生产工序质量控制点。

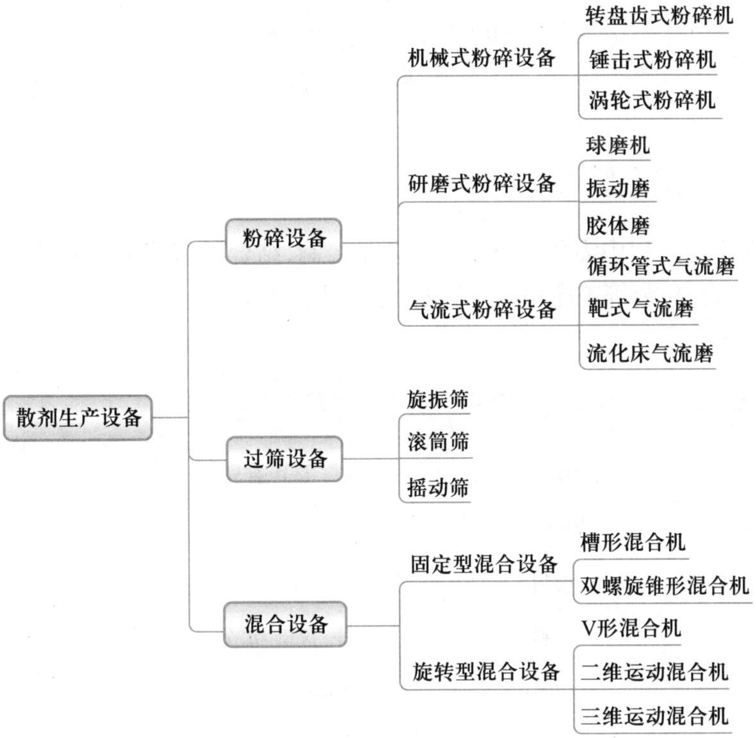

第一节　概　述

一、散剂生产工艺

散剂生产工艺简单，生产工序依次是粉碎、过筛、混合、分剂量、包装等。具体生产流程如图 3–1 所示。

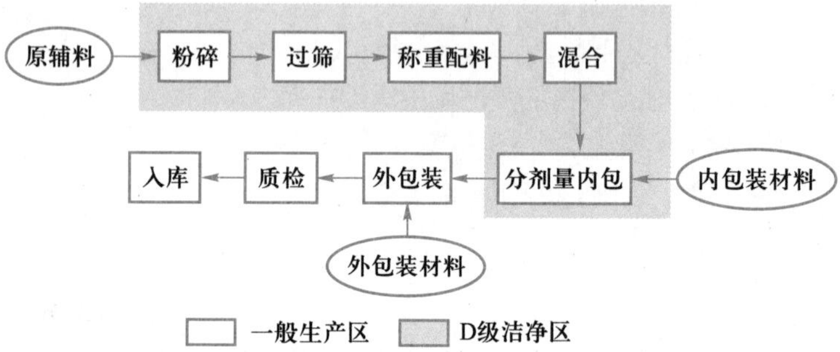

图 3–1　散剂生产流程图

二、生产工序质量控制点

药品在生产过程中需要进行严格的质量控制，结合散剂的生产流程，粉碎、过筛、称量配料、混合、包装等工序均是质量控制点，见表 3–1。

表 3–1　生产工序质量控制点

生产工序	质控对象	具体项目	检查次数
粉碎	原辅料	是否有异物	每批
过筛	原辅料	粒度、异物	每批
称量配料	投料	品名、数量	每班
混合	投料	组分、含量、水分、均匀度	每班
包装	在包装品	洁净度、装量、封口	随时
	装盒	数量、说明书、标签	随时
	标签	内容、数量、使用记录	每批
	装箱	数量、装箱单、印刷内容	每箱

第二节　粉碎设备

一、概述

粉碎是借助机械力使固体的大块物料破碎成适宜粒度的碎块或细粉的操作。按照不同的粉碎方式和原理，常见粉碎设备主要有以下四种：

1. 机械式粉碎设备　通过借助各种机械完成对物料的粉碎。根据粉碎机械部件的结构不同主要分为转盘齿式粉碎机、锤击式粉碎机、涡轮式粉碎机等。

2. 研磨式粉碎设备　是通过借助研磨体（研磨头、研磨球）等介质摩擦研磨物料，得到细粉或超细粉的设备。主要有球磨机、振动磨和胶体磨等。

3. 气流式粉碎设备　是在密闭的粉碎仓内，用喷嘴将压缩空气（或其他介质）喷出，形成高速的气流束，高速气流束使物料与室壁（物料与物料间）产生强烈的撞击、摩擦从而粉碎物料。

4. 低温粉碎设备　是采用降温的方法使待粉碎物料温度低于其脆化点，物料脆度增大后再进行粉碎的设备。

知识拓展

珍珠粉的选择

有很多爱美的女生都喜欢服用珍珠粉，认为服用后可以美白。那么，服用珍珠粉后真的能达到美白的功效吗？

首先，我们知道珍珠是一种矿物类药材，质地比较坚硬，如果珍珠粉的粉末细度不够细则不能被身体吸收，也不能起效。

珍珠粉应选用纳米级别的才能被肠道吸收，然而普通商场用的粉碎机粉碎的效果根本达不到纳米级别的粉末要求。在药品生产过程中超细珍珠粉要用球磨机的水飞法来粉碎才能达到要求。

二、常用粉碎设备

（一）机械式粉碎设备

动画

万能粉碎机工作过程

机械式粉碎设备在生产中应用非常广泛，因其价格相对便宜且对普通物料粉碎效率高，故被称为万能粉碎机，主要由粉碎腔、电动机、机架等组成。根据粉碎腔内主要粉碎机构的形状不同，又可分为转盘齿式粉碎机、锤击式粉碎机、涡轮式粉碎机等。

1. 转盘齿式粉碎机　该设备的核心粉碎机构由两部分组成，可随主轴旋转的活动齿盘和固定不动的齿盘。活动齿盘与固定齿盘以不等径的同心圆排列，相互之间有一定的间距。工作时，活动齿盘在电动机的带动下高速旋转，通过与固定齿盘作高速的相对运动对物料进行粉碎。整机包括机座、电动机、加料斗、进料抖动装置、粉碎腔、带钢齿的活动齿盘、固定齿盘、环形筛板和出料口等（图 3-2）。

视频　锤击式粉碎机

由于在生产过程中有大量粉尘飞扬和产热现象，故该设备主要适用于粉碎干燥、脆性物料，不适合于粉碎柔韧性较强的药材、毒性及易燃易爆药品。

2. 锤击式粉碎机　该设备的核心粉碎机构由粉碎腔内的主转轴及转轴上安装的数个 T 形锤头组成。整机主要包括粉碎腔、加料口、螺旋进料器、主转轴、T 形锤头、筛网、内齿形衬板等（图 3-3）。

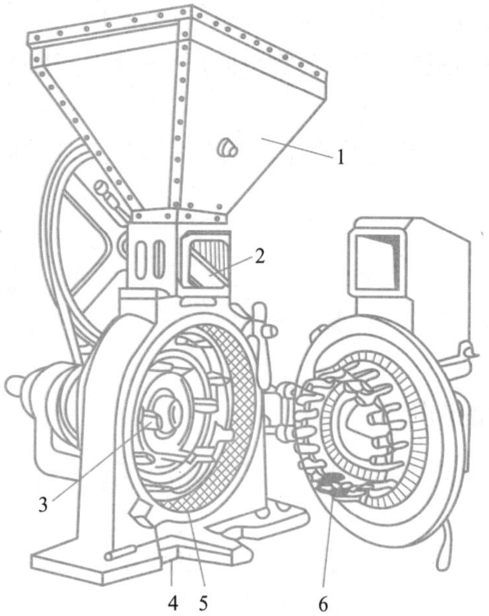

1. 加料斗；2. 进料抖动装置；3. 粉碎腔内活动齿盘上的钢齿；4. 出料口；5. 环形筛板；6. 固定齿盘。

图 3-2　转盘齿式粉碎机结构示意图

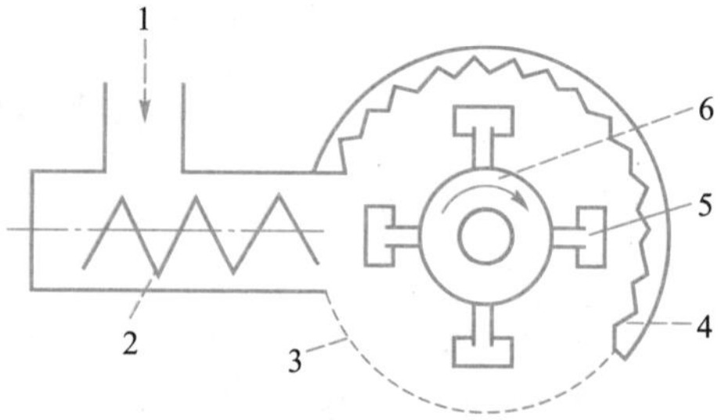

1. 加料口；2. 螺旋进料器；3. 筛网；4. 内齿形衬板；5. T 形锤头；6. 转轴。

图 3-3　锤击式粉碎机结构示意图

工作时，物料从加料口经螺旋进料器推入粉碎腔内，高速旋转的锤头产生的强烈冲击使物料破碎，同时锤头会赋予破碎变小的物料动能，高速运动的物料会冲向内齿形衬板和筛网产生撞击，物料相互之间还会撞击。多次撞击后，达到粒度要求的粉末会穿过筛网排出，而个别较大的粗料会继续在锤头和筛网之间经反复冲击、研磨、挤压而破碎。生产中，粉碎粒度的大小可通过调整锤头的数量、大小和转速来实现。

3. 涡轮式粉碎机　整机主要结构包括粉碎腔、电动机、加料口、粉碎涡轮、筛网等

(图 3-4)。与转盘齿式粉碎机和锤击式粉碎机的区别在于粉碎腔内的核心粉碎机构是由可旋转的涡轮和带有固定磨块的环形筛网组成。

影响物料粉碎细度的因素主要包括物料本身的性质、选择筛网的目数、粉碎腔内进入的物料量和空气的通过量。

转盘齿式粉碎机、锤击式粉碎机、涡轮式粉碎机的外观非常相似,只是内部的粉碎核心部件有所不同,导致适用范围不同,但都属于万能粉碎机。在实际生产中可根据不同的粉碎需要来进行选择。

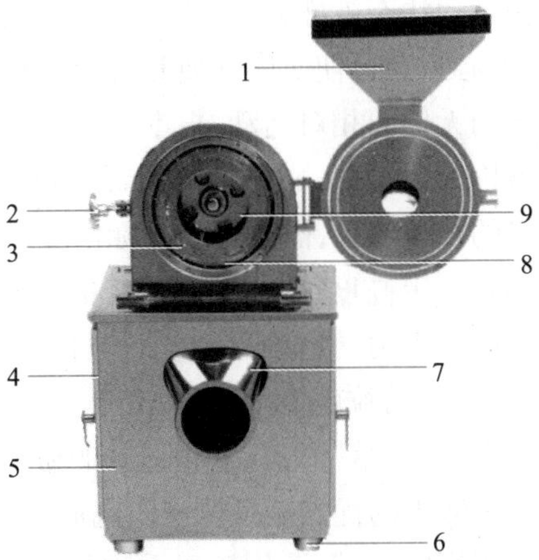

1. 加料斗;2. 锁紧螺丝;3. 粉碎涡轮;4. 设备开关;5. 机身罩;6. 机脚;7. 出料口;8. 筛网;9. 粉碎内腔。

图 3-4　涡轮粉碎机结构图

(二) 研磨式粉碎设备

动画

球磨机

研磨式粉碎设备主要包括球磨机、振动磨、胶体磨等。

1. 球磨机　球磨机的核心粉碎机构是一个水平放置的可轴向旋转的滚筒以及筒内的研磨介质(图 3-5)。研磨介质的种类和形状较多,常见的主要是实心钢球、陶瓷球或玻璃球。在整个粉碎过程中研磨介质会不断与筒体内表面碰撞摩擦,因此在筒体内表面装有衬板起保护防磨作用。

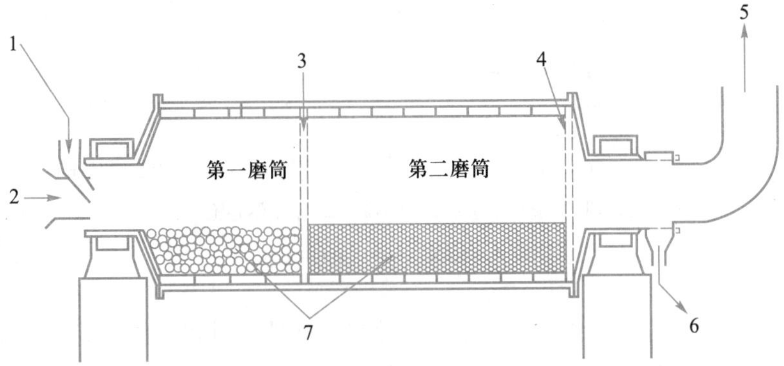

1. 加料口;2. 进气口;3. 粗筛板;4. 细筛板;5. 排气口;6. 出料口;7. 研磨介质。

图 3-5　球磨机结构示意图

在实际生产操作中滚筒的转速、物料的装量、研磨介质的大小、重量和数量等均会影响到粉碎效果。滚筒内研磨介质的运动状态对粉碎效果的影响较大。当滚筒转动时研磨介质的运动状态大致有三种:① 滚筒转动速度较慢时,研磨介质在滚筒内的上升高度较低,由于高度不够,所获得的势能较少,研磨介质只能沿筒壁滑落,对物料的瞬间撞击力小,主要通过研磨作用粉碎物料,由于作用单一,所以粉碎效果不好。

这种运动状态被称为“倾泻”。② 当滚筒转动速度太快时，会有较大的惯性离心力产生，离心力会迫使研磨介质和物料都贴附在滚筒壁上随筒体一起转动，物料与研磨介质之间无任何相对运动，根本不能产生撞击和研磨作用，粉碎效果最差。这种运动状态被称为“周转”。③ 为了使研磨介质在滚筒内能产生撞击和研磨的双重作用，达到最好的粉碎效果，需要根据实际情况调整滚筒转速，保证大部分研磨介质在滚筒内能上升到一定高度，获得足够的势能，最终在重力与惯性力作用下沿抛物线抛落，产生足够的撞击力。这种运动状态被称为“抛落”。因此，在实际生产中需根据待粉碎物料数量、产品粒度要求、研磨介质材质、数量进行预实验，以提前确定好滚筒的转速，确保实现“抛落”状态，获得最好的粉碎效果。

球磨机的优点是可全密闭完成粉碎操作，无粉尘飞扬，其中部分型号设备可实现纳米级别的粉碎，适用于贵重物料的粉碎、无菌粉碎、干法粉碎、湿法粉碎、间歇粉碎等。缺点是受转速影响，与机械式粉碎设备相比，生产效率较低，粉碎时间较长。

动画

振动磨

2. 振动磨　振动磨是目前常用的超微粉碎设备，其核心粉碎机构是研磨筒、研磨介质和激振器。整机包括底架、机体支架、隔音罩、衬板、弹性支承、驱动电动机、研磨筒和激振器(图 3-6)。研磨筒又由三部分组成，分别是外筒、内衬筒和端盖。内衬筒是直接接触物料和研磨介质的部分，属于易磨损物件，要采用耐磨材料制造并需定期进行更换。

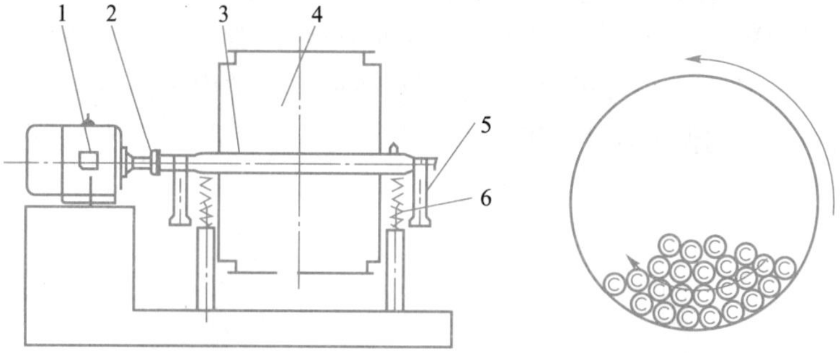

(a) 结构　　(b) 磨介运动状态

1. 电动机；2. 挠性轴套；3. 主轴；4. 筒体；5. 偏心轮；6. 弹簧。

图 3-6　振动磨结构示意图

视频

振动磨超微粉碎机

振动磨的粉碎方式是振动研磨式。工作时，挠性联轴器和万向联轴器在电动机的驱动下使激振器的轴旋转，激振器轴上的偏心重锤会产生强烈的离心力和振动力，使筒体产生振动并带动筒内的研磨介质和物料发生翻转、冲击。研磨介质随筒的高频振动、自转运动及旋转运动，使物料受到强烈的冲击、摩擦、剪切等作用而被粉碎。

振动磨的优点是操作方便，结构简单，节省空间；粉碎效率高，耗能低，产品粒度均匀；日常维护简单，根据需要定期更换内衬筒和研磨介质即可。缺点是机械部件强度及加工要求高，粉碎时噪声大。

3. 胶体磨　胶体磨通过研磨作用来完成粉碎，是生产中用来制备混悬剂的液体粉碎设备之一。其核心粉碎机构是一个可高速旋转的磨体(转子)和一个与其配对的固定磨体(定子)。通过调节定子与转子之间的微细缝隙,可调节粉碎研磨的程度。核心粉碎机构组成如图3-7所示,有料斗、可调隙定子、转子等。物料从料斗加入,由于自重或加压向下运动,遇到高速旋转的转子而产生向下的螺旋冲击力,使转子和定子上分别黏附部分物料。转子上的物料运动速度快,定子上的物料几乎没有速度,由此产生急剧的速度梯度,导致物料受到强烈的剪切、摩擦和高频振动等作用,完成粉碎、分散、乳化、均质等过程。胶体磨研磨细度主要受定子、转子间的相对运动速度和定子、转子间缝隙宽窄程度的影响。胶体磨常用于混悬剂与乳剂的均质、乳化及粉碎。

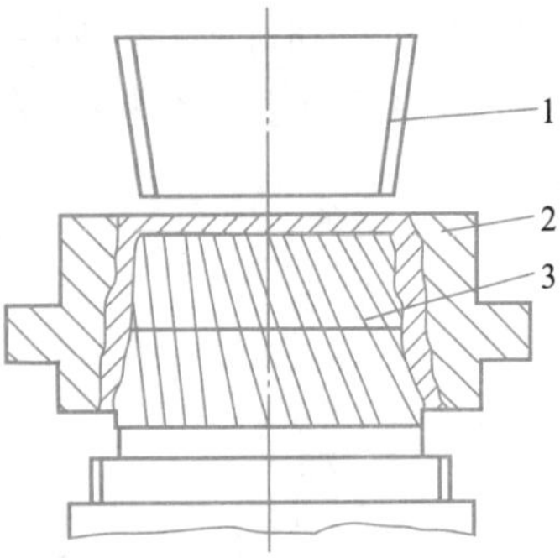

1. 料斗;2. 可调隙定子;3. 转子。

图 3-7 胶体磨结构示意图

动画

胶体磨

常用的胶体磨又分为立式和卧式。若物料沿水平轴向进入,通过转子和定子,在叶轮的作用下排出,是卧式胶体磨。若物料是从上而下进入,通过转子和定子,最后在离心盘的作用下排出,则是立式胶体磨。胶体磨的优点有:① 可将混悬液中的固体在极短时间内超微粉碎并同时完成混合、搅拌、分散和乳化;② 生产效率较球磨机高,产量大;③ 成品粒径可通过调节定子和转子的间隙控制,粒径最小能小于 1 μm;④ 整机结构简单,操作方便。缺点是转子、定子和物料间的高速摩擦产热量大,故对热不稳定的药物不宜选用胶体磨。

(三) 气流式粉碎设备

1. 循环管式气流磨 循环管式气流磨的名字源于若物料在粉碎腔内未达到粒度的要求,可一直在粉碎腔内循环运动持续粉碎,直到满足要求为止。同时,为了实现循环的效果,其粉碎腔的形状被设计成“O”形环道(图 3-8),故又被称为轮形气流磨。加料斗内的待粉碎物料与高压气体在文丘里送料器内混合,压力气体通过加料喷射器产生的高速射流使文丘里送料器内形成负压,待粉碎物料从加料斗被吸入送料器内并被气流送入粉碎腔。在梯形截面的变直径、变曲率的“O”形环道粉碎腔的下端有数个喷嘴以一定角度(通常是锐角)向环道内喷射高速气流,被送入的颗粒在高速气流的作用下,产生激烈的碰撞、摩擦、剪切、压缩等作用,使粉碎过程在瞬间完成。被粉碎的粉体随气流在环道内运动,粗颗粒在进入环道上端时受逐渐增大曲率的分级腔产生的离心力和惯性力的作用被分离,经下降管返回粉碎腔继续粉碎,而细颗粒随气流与环道气流成 130° 夹角逆向流出环道。流出环道的气体颗粒混合物在出气流磨之前会高速进入蜗壳形分级室内进行第二次分级,较粗的颗粒在离心力作用下分离出来,重新返回粉碎腔,细颗粒随气流通过分级室中心的出料孔排出,进入捕集系统进行气固分离。

2. 靶式气流磨 靶式气流磨的核心粉碎机构是在粉碎腔内有多个靶板(图 3-9),物料随高速气流进入后会冲击在靶板上,产生强烈的碰撞,同时由于粉碎腔内靶板的阻碍作用,会使物料发生多次的回弹、撞击,故粉碎效果较循环管式气流磨强,能粉碎韧性较强的物料。靶式气流磨内的靶板既有固定式的,也有可以活动的。实际生产中可根据待粉碎物料性质和产品的粒度要求选择不同形状的靶板，以提高粉碎效果。靶式气流磨尤其适合粉碎高分子聚合物、低触点热敏性物料及纤维状物料。

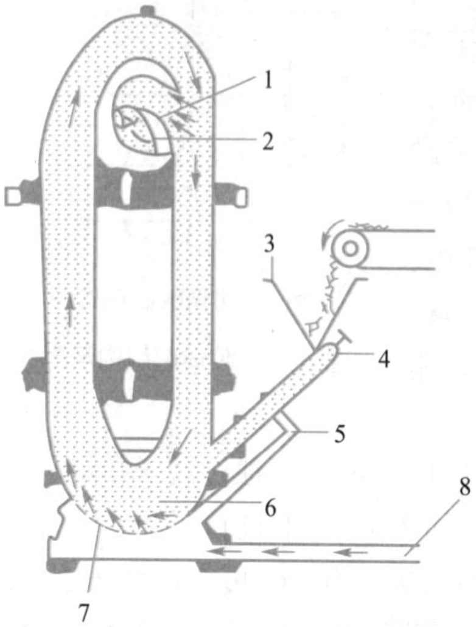

1. 分级器；2. 产品出口；3. 加料斗；4. 文丘里送料器；5. 支管；6. 粉碎腔；7. 喷嘴；8. 空气进口。

图 3-8 循环管式气流磨示意图

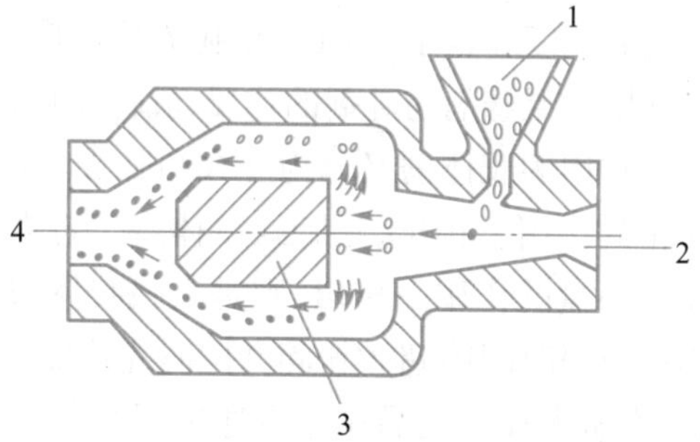

1. 加料口；2. 空气入口；3. 靶板；4. 出料口。

图 3-9 靶式气流磨结构示意图

3. 流化床气流磨 流化床气流磨与传统气流磨的不同之处在于，将粉碎方式从线、面的单一冲击粉碎变为空间立体的多方位冲击粉碎，并利用高压气体对喷冲击所产生的高速射流能使粉碎腔内的物料流动，在粉碎腔内产生类似于流化状态的气固粉碎和分级循环流动效果。

如图 3-10 所示，流化床气流磨主要结构包括减料翻板阀、料仓、螺杆进料器、粉碎腔、高压进气喷嘴、分级机、出料口等。工作时，待粉碎物料在料仓内由螺杆进料器送入粉碎腔，气流通过喷嘴进入流化床，颗粒在数个喷嘴高速喷汇的气流交点处碰撞（即流化床中心），随后粉碎气流膨胀成流化态悬浮翻腾使颗粒进一步碰撞、摩擦粉碎，并在负压气流带动下通过顶部设置的涡轮式分级装置，细粉在排出口外由旋风分离器及袋式收尘器捕集，粗粉受重力沉降返回粉碎腔内继续粉碎。与传统气流

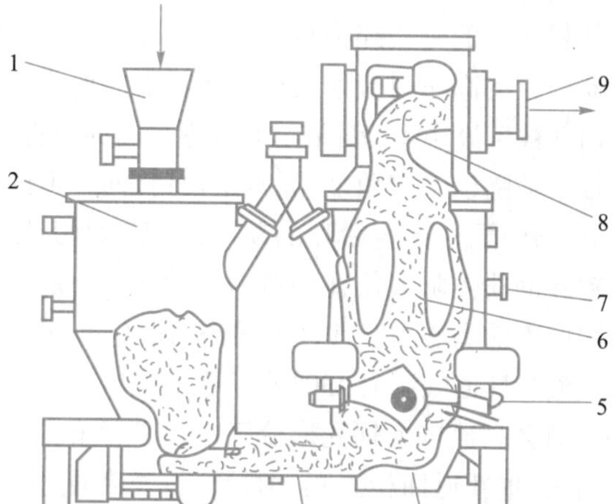

1. 进料翻板阀；2. 料仓；3. 螺杆进料器；4. 粉碎腔；5. 高压进气喷嘴；6. 流化床；7. 视窗；8. 分级机；9. 出料口。

图 3-10 流化床气流磨结构示意图

磨相比，物料的粉碎主要依靠颗粒之间的相互作用来完成，颗粒与设备之间的作用很小，对设备的损耗更小，粉碎效率更高，能源利用率更高。该设备适用于硬度较高的物料的粉碎。

课堂讨论

易燃易爆的药品可选用哪些粉碎设备进行粉碎？

三、CW-130 型万能粉碎机的操作

视频

万能粉碎机的使用与操作

（一）开机前准备

(1) 检查设备的状态是否符合生产要求，是否有清场合格证。

(2) 打开封盖检查粉碎仓内有无金属材质异物。

(3) 选择合适的筛网安装、确认无松动或破碎，确认无误后，关闭封盖并拧紧封盖螺丝。

(4) 开机前仔细检查传动皮带是否完好，若有破损应及时更换。及时清洁皮带或皮带轮上的油污。

(5) 检查各处润滑部位的润滑油是否达到要求，确保机器各运动部件润滑良好。

(6) 仔细检查所有紧固件并确认完全紧固。

(7) 确认电气部件是否安全，无漏电现象。

(8) 系上清洁的产品捕集袋。

（二）开机操作

(1) 接通电源，指示灯亮，点绿色按钮运行，让机器空转，注意观察，确认无异响。

(2) 待空机运转正常后均匀上料，及时调整进料闸板，控制进料速度。

(3) 粉碎中应随时检查进料斗内物料下降情况和封盖螺丝的牢固度。

(4) 停机前，需先停止加料，待粉碎仓内物料完全排出后，机器继续运转 1~2 min，待排出全部余料后点红色按钮停机。

(5) 停机后应打开封盖检查筛网有无破损，按清洁操作规程进行清洁。

（三）设备的维护与保养

(1) 每半年打开轴承上的遮板，对前后轴承加润滑油，转动部位另加耐高温的润滑油。

(2) 每月检查机件 1 次，设备使用后应每班整体检查 1 次。

(3) 保持设备清洁，粉碎仓内的残留粉末一定要仔细刷洗清扫干净。

(4) 对于齿盘、齿圈等易损部件应定期检查其磨损程度，发现问题及时更换或

修复。

(5) 若停用时间较长，应全面清洁，新机运转时，注意调节皮带的松紧度，确保皮带的寿命，滚动轴承内应有润滑油。

（四）常见故障及排除方法

万能粉碎机常见故障、原因及排除方法见表 3–2。

表 3–2　万能粉碎机常见故障、原因及排除方法

故障现象	故障原因	排除方法
主轴反向转动	电源线未正确连接	检查并重接
粉碎时出现焦臭味	皮带太紧或破损	调试或更换
粉碎时剧烈异响	1. 仓内有坚硬杂物 2. 螺丝等部件脱落 3. 钢齿部分破碎掉落	立即停机检查处理
粉碎声沉闷、卡机	1. 进料速度过快 2. 皮带太松	1. 降低进料速度 2. 调整皮带
避风器电动机过热	避风器上粉料过多	停止进料，待正常后再进料
大量粉末喷出	1. 除尘布袋排风不畅 2. 进料超量	1. 更换布袋 2. 降低进料速度

第三节　过筛设备

一、概述

过筛是指用一个或多个网状工具（药筛）根据粒径大小将粉状物料进行分级的操作。常见的过筛设备主要有旋振筛、滚筒筛和摇动筛。摇动筛主要用于实验室，而旋振筛在药品生产中应用最为广泛。

视频

旋振筛结构、工作原理

二、常用过筛设备

（一）旋振筛

旋振筛的全称是旋涡式振动筛，振动室和筛网是设备的核心机构。整机包括筛框、联轴器、振动室、筛网、电动机等。其中，振动室内还有偏心重锤、橡胶软件、主轴、轴承等部件（图 3–11）。

在旋振筛直立电动机的上、下两端均装有偏心重锤作为激振源。偏心重锤会使电动机的旋转运动变为水平、垂直、倾斜的三次元运动，并把这种运动传递给筛面。物

料在筛面上的运动轨迹和停留时间可通过调节上、下两端重锤的相位角而改变。运行时，筛框在振动力的作用下连续作往复运动，带动筛面作周期性振动，物料受激振力和自重力的合力，在筛面上被抛起跳跃式向前作直线运动（定向跳跃运动）。小于筛面孔径的细料穿过筛孔落到下层，由下部排出。大于筛面孔径的粗料经连续跳跃运动后从上部排出，最终完成筛分工作。

旋振筛因其全封闭结构且体积小，重量轻，生产效率高，维修简便等优点，适用于各种颗粒、粉末等物料的筛分。

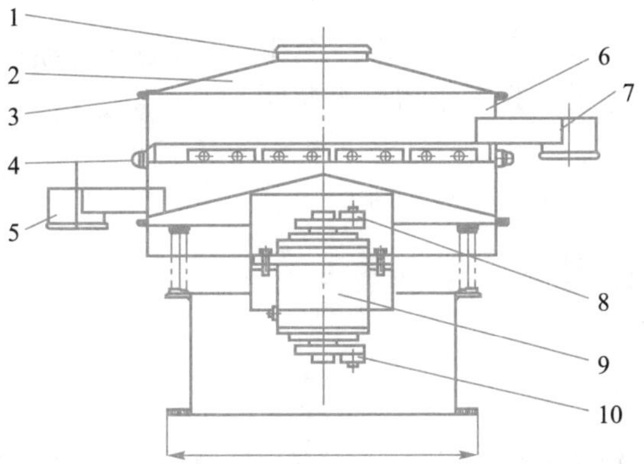

1. 加料口；2. 防尘盖；3. 小束环；4. 大束环；5. 细料出口；
6. 上框；7. 粗料出口；8. 上部重锤；9. 电动机；10. 下部重锤。

图 3-11 旋振筛结构示意图

（二）滚筒筛

滚筒筛主要指沿水平中心轴旋转的圆筒筛（图 3-12），又称为旋转筛。整机包括机座、机壳、进出料推进装置、中轴、筛网、电动机等。工作时，物料被加料斗中的螺旋推进器推入筛箱，同时分流叶片不断翻动物料使其在筛箱内保持不断的更新前进，细料从筛网中落下，粗料则被继续推进向前，最终从粗料口中排出。

图 3-12 滚筒筛实物图

滚筒筛具有操作方便、筛网容易更换等优点，且将几个筛分细度不同的圆筒筛从细到粗做成一体，还可以一次就得到不同粒度的筛分产品。对于纤维多、黏度大、湿度高、易结块等物料的过筛特别适用。

（三）摇动筛

摇动筛是利用偏心轮及连杆使药筛沿一定方向作往复运动来完成过筛的设备（图

动画

摇动筛

3–13)。核心过筛机构是药筛和摇动装置(包括摇杆、连杆、偏心轮)。

使用时在粉末接收器上将药筛按目数大小由小到大依次向上排列,最粗号放在顶上,然后向最顶部的筛网中加入待过筛物料,加盖并固定在摇动台上。开启电动机摇动和振荡数分钟,具体摇动时间应根据产品要求决定,时间到后依次取出各层筛网即可。

摇动筛的生产效率低,主要用于实验室小量生产或中试,也常用于实验中药物粉末粒度分布的测定。

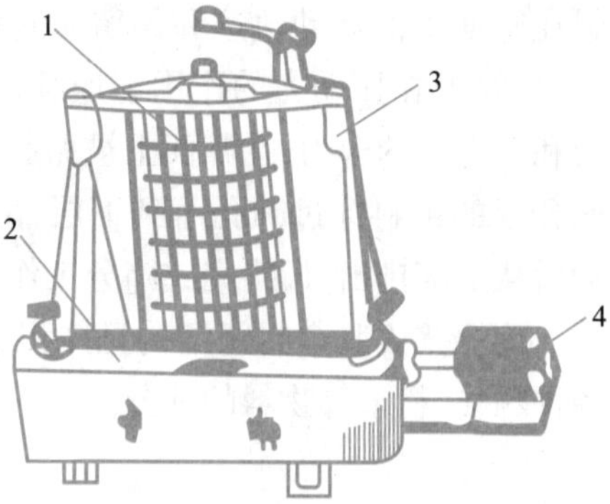

1. 药筛;2. 摇动台;3. 固定装置;4. 电动机。

图 3–13　摇动筛结构示意图

三、ZS–515 型旋振筛的操作

(一) 开机前准备

(1) 检查设备是否符合生产要求,是否有清场合格证;是否有完好标志,确认各部位润滑良好。

(2) 确认装物料的器具符合生产要求,有清洁合格标志。

(3) 确认筛箱内无异物,根据生产要求选用合适的筛网并确认筛面完好。

(4) 直接接触药品的筛网、设备表面及所用器具均应消毒。

(5) 将筛网装好,抱箍锁紧,防止松动。

(6) 在出料口捆扎好洁净的盛料袋,防止药粉在过筛时飞扬或溢出。

(7) 按顺序将橡皮垫圈、钢套圈、筛网、筛盖装好,并压紧筛盖。

(8) 设置重锤的角度,确保最佳生产效率的振幅及频率(考虑物料性质、产品要求)。常用角度和振幅对照如下:0°,6 mm;45°,4 mm;60°,3 mm;70°,2 mm;80°,1.5 mm;90°,1 mm。

(二) 开机操作

(1) 打开总电源,点动空转 2~3 次,无异常后开电动机空转,观察设备运行状况,确认无碰擦和异响。

(2) 待设备运行平稳后,可缓慢加入物料。

(3) 随时检查产品情况,如有异物出现应立即停机。

(4) 连续进料时需控制加料速度,筛网上物料数量不可过多,并确保设备外露螺栓和螺母牢固。

(5) 生产结束时先停止加料,待机内余料全部排出后再停机,断开主电源。

(6) 按上下顺序清洁设备中残留的粗颗粒和细粉并按设备清洁规程做好清洁卫生。

（三）设备的维护与保养

(1) 全新旋振筛的激振器防腐润滑油有3个月效期。若新机未用超过3个月，则可开机运转20 min继续防腐3个月，但需在生产使用前换上清洁的润滑油。

(2) 激振器的通气孔堵塞易导致漏油，需随时保持畅通。若畅通但仍漏油，则需更换油封。

(3) 正常工作时，应控制轴承温度<75℃，但新激振器在磨合的过程中，温度可能略高，待运转8 h后温度会下降。若一直温度过高，需检查润滑油的级别、油位以及油的清洁度。

（四）常见故障及排除方法

旋振筛常见故障、原因及排除方法见表3-3。

表3-3 旋振筛常见故障、原因及排除方法

故障现象	故障原因	排除方法
产品粒度不均	筛网安装有缝隙	重新安装
过筛效率低	1. 网孔堵塞 2. 网面上堆积物料过多 3. 进料太快 4. 筛网松垮	1. 停机，清洁 2. 减小负荷，调整倾斜角 3. 减慢进料速度 4. 更换或绷紧筛网
轴承发烫	1. 缺润滑油 2. 轴承堵塞 3. 轴承磨损	1. 加润滑油 2. 清洁轴承、更换密封圈 3. 更换轴承
运行时旋振筛传动慢	传动皮带松	重新绷紧
剧烈抖动或筛框横向振动	1. 未安装好 2. 飞轮上的配重脱落 3. 偏心距大小不同	1. 重新调整 2. 重新安装 3. 调整平衡
突然停机	多槽密封套被卡住	停机检查、调整或更换
运行中异响	1. 轴承磨损 2. 筛网松垮 3. 轴承固定螺钉松动 4. 弹簧损坏	1. 更新轴承 2. 绷紧筛网 3. 紧固螺钉 4. 更换弹簧

第四节 混合设备

一、概述

混合是借助机械或流体动力使两种或两种以上的物质相互分散并达到一定均匀

程度的过程。混合操作在药品生产中非常重要，通过混合可以保证复方制剂中的药物能均匀分散，保证小剂量药物和毒性药物使用的安全性，保证每剂药物的有效性。

生产中的混合设备种类繁多，根据混合原理可分为搅拌混合设备、旋转混合设备、研磨混合设备以及过筛混合设备；根据设备生产方式又可分为间歇式混合设备和连续式混合设备；根据设备整机是否能旋转可分为固定型混合设备和旋转型混合设备。固定型混合设备的特征是整机不能垂直于主轴旋转，而是借助机器内部安装的螺旋桨、叶片等机械搅拌装置对物料产生剪切力完成混合。常见设备有槽形混合机、双螺旋锥形混合机等。旋转型混合设备的特征是整机就是一个混合筒，被安装在水平轴上可垂直于主轴旋转，筒的形状多种多样（有圆筒形、双圆锥形或 V 形等）。其中 V 形混合机、双锥形混合机、二维运动混合机、三维运动混合机等在生产中较为常见。

二、常用混合设备

（一）固定型混合设备

视频

槽形混合机

1. 槽形混合机　固定型混合设备的代表机型是槽形混合机。槽形混合机以搅拌混合为主，其结构主要包括搅拌桨、混合槽、固定轴等部件，搅拌桨通常为 S 形（图 3-14）。

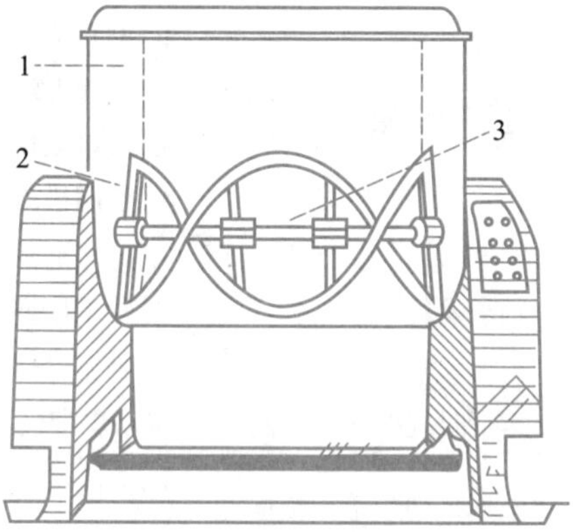

1. 混合槽；2. S 形搅拌桨；3. 固定轴。

图 3-14　槽形混合机结构示意图

工作时，主电动机驱动的减速器带动搅拌桨旋转，混合槽内的物料会不断上下翻滚，S 形搅拌桨在混合槽的左右两侧会产生一定角度的推挤力，使物料对流混合，混合槽内两端的物料混合效果较好，中部的物料混合效果较差，导致均匀混合所需的时间较长。出料时，混合槽可沿水平轴转动倾斜 105°，方便物料倾出。

槽形混合机的优点是结构紧凑，操作简单，清洁方便，能耗低。缺点是混合均匀所需时间长，通常用来混合湿物料或半固体物料，特别适合制备软材。

2. 双螺旋锥形混合机　双螺旋锥形混合机主要由锥形容器、两根倾斜螺杆、转臂、传动系统等组成（图 3-15）。与槽形混合机相比，其优势在于混合方式更多样，有搅拌混合也有对流循环混合，还有扩散混合，混合效率大大提高。

运行时，倒锥形混合筒内上方开阔处的横转臂会缓慢转动（公转），使螺杆外的物料不同程度进入螺柱。横转臂下方悬挂的两条长度不对称的螺杆（悬挂转臂）在被横转臂带着公转的同时还作自转运动，将物料由倒锥形底部向上提升。由于空间突然变大，两股物料到达顶部时受重力作用会向中心凹陷处聚集然后向下运动，重新回到底部。如此循环往复，反复提升，使全圆周方位的物料不断更新扩散，混合效果良好。

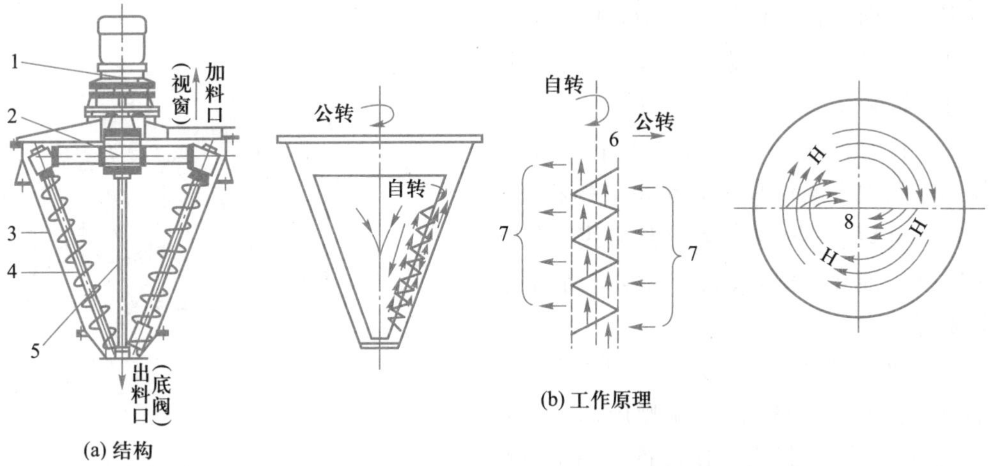

1. 摆线针轮减速器；2. 转臂传动系统；3. 锥形容器；4. 螺旋推进器；5. 拉杆部件；
6. 自下向上螺旋柱物料流；7. 全圆周方位物料更新和混渗；8. 轴线向下物料流。

图 3-15 双螺旋锥形混合机示意图

动画

双螺旋锥形混合机

双螺旋锥形混合机的特点是：① 颗粒形物料不会被磨碎，温和混合；② 热敏性物料混合时不会产生过热；③ 比重悬殊和粒度不同的物料混合时不会分层离析。特别适用于比重悬殊粒度不同的物料混合。

（二）旋转型混合设备

1. V 形混合机 V 形混合机是一种高效不对称混合设备，结构组成主要包括旋转轴、支架、V 形混合筒、驱动系统等（图 3-16）。通常 V 形混合机的顶角为 80° 或 81°。

工作时，电动机驱动涡轮涡杆带动 V 形筒绕水平轴转动，筒内的物料伴随筒的转动不断分散、聚集。由于物料平面不同，会有横向力推动物料横向交换，每转动一圈，横向力会使 25% 的物料从“V”字形的一条边流向另一条边，这样物料横向径向混合，分散、聚集反复交叉进行，使得物料迅速混合均匀。

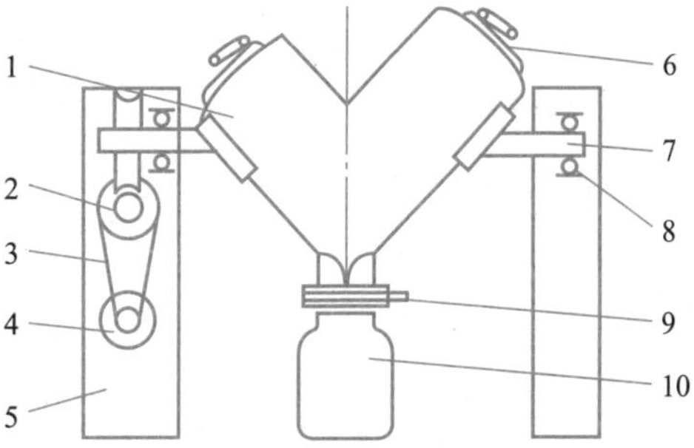

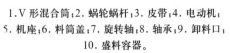

1. V 形混合筒；2. 蜗轮蜗杆；3. 皮带；4. 电动机；5. 机座；6. 料筒盖；7. 旋转轴；8. 轴承；9. 卸料口；10. 盛料容器。

图 3-16 V 形混合机结构示意图

动画

V 形混合机

V 形混合机结构简单，设计合理，可密闭操作，进出料方便。生产中广泛用于流动性好、物理性质差异小的粉粒体的混合，也用于混合时间短、混合度要求不高的物料混合。

2. 二维运动混合机 二维运动混合机主要由混合筒、进出料口、摆动架、机架组成（图 3-17）。混合筒运行时可同时进行两个运动，一个是筒的自转，另一个是筒随摆动架的摆动。混合筒由 4 个滚轮支承安装在摆动架上，另外由两个挡轮对其进行轴向定位。筒的自转依靠4个滚轮中的两个传动轮完成，摆动则是依靠机架上的曲柄摆杆机构来完成。

工作时，伴随筒的转动和上下摆动，物料会在筒内不断作翻转运动和左右来回交叉对流运动，两种混合运动叠加使物料在短时间内能充分混合，混合的效率高，混合效果好。

视频 二维运动混合机

二维运动混合机的特点：① 结构简单，运行稳定，操作安全，无噪声；② 混合迅速，效率高，产量大。该设备适用于所有粉末、颗粒状物料的混合。

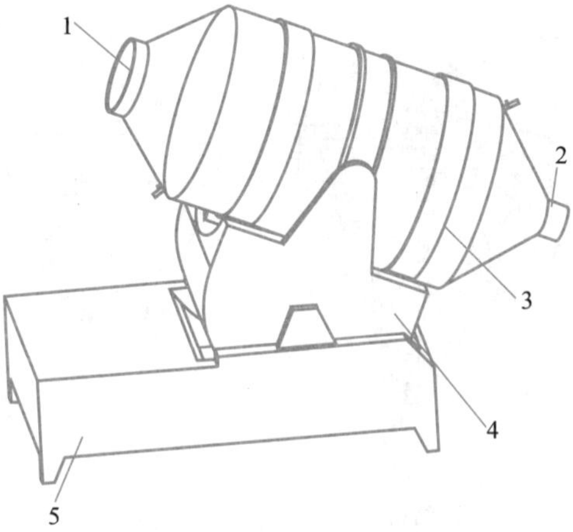

1. 进料口；2. 出料口；3. 混合筒；4. 摆动架；5. 机架。

图3-17　二维运动混合机结构示意图

3. 三维运动混合机　三维运动混合机的主要结构包括机座、电气控制系统、传动系统、Y形万向运动臂、混合料筒等（图3-18）。万向臂悬装于主、从动轴端部，在空间既交叉又互相垂直。与传统的回转式混合机不同，三维运动混合机装料系数高，可达到80%，而普通混合机仅为40%。工作时，主动轴旋转，料桶在万向臂的拖动下在空间内周而复始地作平移、转动和翻滚等复合运动。引起筒内物料跟着作轴向、径向和环向的三维复合运动。筒内的多种物料相互流动、扩散、掺杂后呈均匀状态。

视频 三维运动混合机

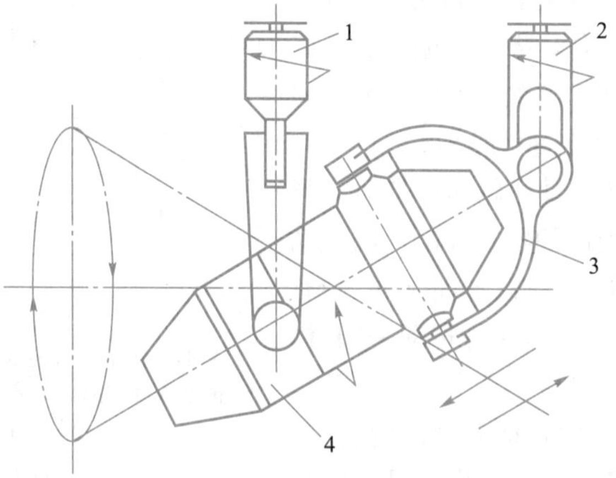

1. 主动轴；2. 从动轴；3. Y形万向运动臂；4. 混合料筒。

图3-18　三维运动混合机结构示意图

三维运动混合机的特点是：① 料筒的立体多方向运动使混合效率高，产品均匀度高；② 设备内壁采用不锈钢材质，光滑无死角，易出料，易清洗；③ 混合采用全密闭方式，无粉尘飞扬，适合于毒性药物的混合；④ 整机结构紧凑，占地面积少，能耗较低；⑤ 物料在混合过程中无离心力作用，无比重偏析及分层、积聚现象，各组分可在悬殊的重量配比下均匀混合，混合率达99.9%。由于生产效率高，特别适合流动性较好的粉末或颗粒状物料的混合。

三、SYH-400三维运动混合机的操作

(一) 开机前准备

(1) 检查设备是否挂有“已清洁”标牌，如有，说明设备清洁可正常使用，将标牌更换为“运行中”。

(2) 检查机上所有螺栓是否紧固，加足润滑油。

(3) 确认设备旋转半径内无人或其他物品后打开总电源，确保调速器旋钮位于“0”，点动试转。

(4) 按下电动按钮，缓慢调整速度旋钮使料筒逐渐从慢到快空转，机器运行平稳状态下空转10 min。

(5) 设备运行中注意观察料筒运动的流畅性，无卡滞、碰撞和异响。

(二) 开机操作

(1) 试机完成后使装卸料口朝上停机，进料。将卡箍松开，取下封堵片，按料筒体积的70%~75%加料。加料完成后确保装卸料口密闭。

(2) 按下电动按钮，料筒开始运动，通过调速器旋钮可控制料筒运动速度，设定好混合时间。

(3) 混合结束停机时确保装卸料口朝下，出料。

(4) 关闭总电源，按设备清洁规程进行清洁。

(三) 设备的维护与保养

(1) 新机使用满3个月后需清洗并更换减速器的润滑油，以后也是每3个月1次。

(2) 万向臂与主、从动轴连接的臂腕、扁轴运动部位每半年检查1次。从动轴滑板每月加润滑油1次，每次8~10滴。

(3) 每隔48 h给轴承及链条加润滑油，各轴承部位每半年清洗更换润滑脂。

(4) 经常检查各部位螺丝是否牢固，特别是地脚螺栓必须紧固。

(四) 常见故障及排除方法

三维运动混合机常见故障、原因及排除方法见表3-4。

表3-4　三维运动混合机常见故障、原因及排除方法

故障现象	故障原因	排除方法
突然停转	瞬间负荷过大	关闭电源，卸出物料，重新调试
出料缓慢	1. 气缸问题 2. 电路问题	1. 检修气缸 2. 检修电路

续表

故障现象	故障原因	排除方法
装卸料口漏粉	密封垫圈破损	更换
振动较大，有异响	1. 齿轮运转不顺畅 2. 减速器故障 3. 轴承润滑不够或损坏	1. 调试维修，必要时更换 2. 维修或更换 3. 添加润滑油或更换
制动不灵	1. 离合器、控制器失灵 2. 制动力未调好	1. 参照说明书修理 2. 调节时间继电器

岗位对接

本章主要介绍了散剂生产工艺以及生产专用设备的结构、原理、标准操作、维护与保养、常见故障及排除方法等内容。

常见散剂生产人员相对应国家职业工种是《中华人民共和国职业分类大典》(2015 年版)药物制剂工(6-12-03-00)包含的散剂工。从事的工作内容是制备符合国家制剂标准的不同产品的散剂。相对应的工作岗位有粉碎、过筛、称量配料、混合、检验和包装等岗位。其知识和技能要求主要包括以下几个方面：

(1) 进行生产前的准备和作业确认；
(2) 使用衡器、量器，计量、配制原辅料；
(3) 操作粉碎设备、过筛设备和总混设备及辅助设备；
(4) 操作空气净化设备，制备洁净空气，并进行环境、设备、器具消毒；
(5) 操作包装设备，进行成品分装、包装、扫码；
(6) 判断和处理散剂生产中的故障，维护保养散剂生产设备；
(7) 进行生产现场的清洁作业；
(8) 填写操作过程的记录。

思考题

在线测试

1. 简述万能粉碎机的操作注意事项。
2. 简述旋振筛的操作过程。

（韦丽佳）

第四章 颗粒剂生产设备

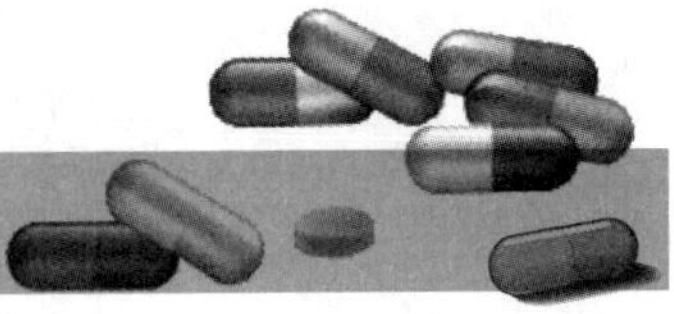

学习目标

1. 掌握常见制粒、干燥设备的结构和工作原理。
2. 能按照 SOP 正确操作制粒、干燥设备。
3. 熟悉常见制粒、干燥设备的清洁和日常维护保养。
4. 能排除制粒、干燥设备的常见故障。
5. 了解颗粒剂生产的基本流程及生产工序质量控制点。

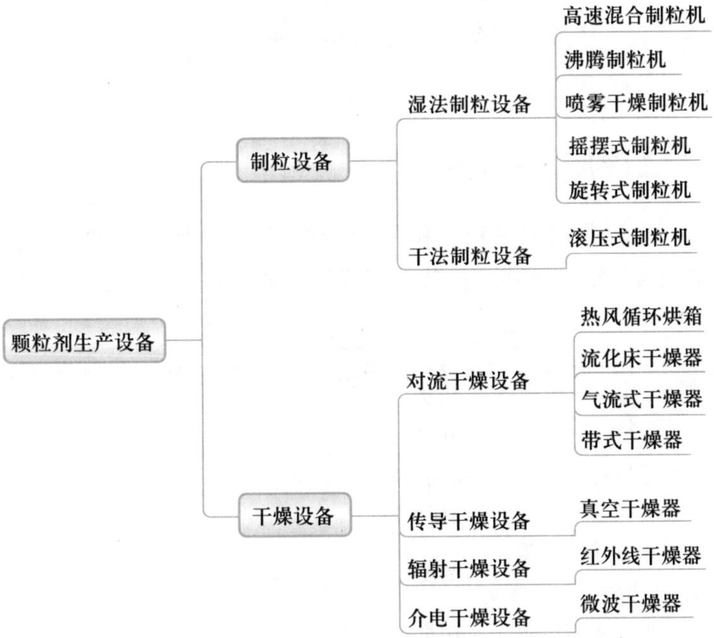

第一节 概　述

一、颗粒剂生产工艺

颗粒剂主要生产工序依次是粉碎、制粒、干燥等，具体生产流程如图 4-1 所示。

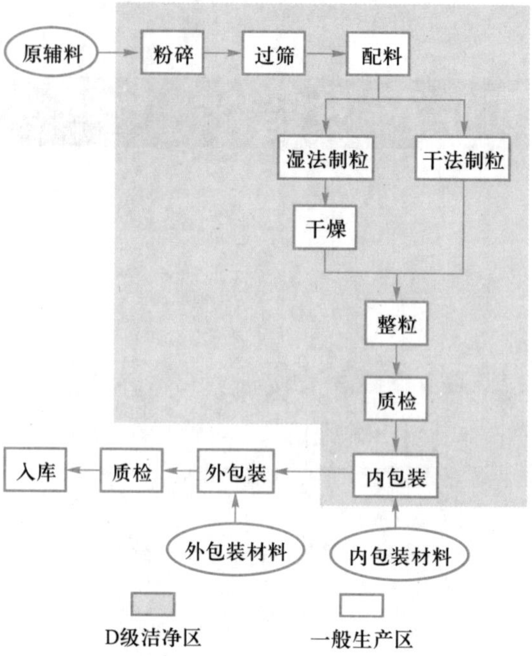

图 4-1　颗粒剂生产流程图

二、生产工序质量控制点

药品在生产过程中需要进行严格的质量控制，结合颗粒剂的生产流程，粉碎、过筛、配料、制粒、干燥、整粒、检验、包装等工序均是质量控制点。具体要求详见表 4-1。

表 4-1　生产工序质量控制点

生产工序	质控对象	具体项目	检查次数
粉碎	原辅料	异物	每批
过筛	粉碎物料	粒度、异物	每批
配料	投料	品种、数量	每班
制粒	湿法制粒：润湿剂、黏合剂	浓度、温度	随时
	干法制粒：黏合剂	用量	随时
干燥	干燥条件	干燥均匀、温度、时间、无破损、无结块	随时
	颗粒	含水量	每班
整粒	颗粒	粒度、筛网	随时
检验	颗粒	粒度、含水量、流动性	每班
包装	内包装	包装材料、封口、重量差异、平均装量、批号	每批
	外包装	包装类型、数量、说明书、批号、生产日期、有效期	每批
	标签	内容、数量、使用记录	每批
	装箱	数量、装箱单、印刷内容	每箱

第二节　制粒设备

一、制粒概述

制粒是将粉末、块状物、溶液、混悬液等状态的物料进行处理，制成具有一定形状或大小的干燥颗粒的操作技术。制粒的目的主要有：① 改善物料的流动性和可压性；② 防止混合物料中各成分间因粒度和密度的差异产生离析；③ 调整堆密度，改善溶解性能；④ 减少细粉飞扬，有利于 GMP 生产管理。常用的制粒方法有湿法制粒和干法制粒两种，其中湿法制粒的设备较多。

湿法制粒是指在制粒过程中有液态溶剂参与，需干燥才能获得干颗粒的制粒方法。常用方法是在混匀的原辅料粉末内加入润湿剂或液态黏合剂制成软材，再制成颗粒；这类设备有高速混合制粒机、旋转式制粒机和摇摆式制粒机。也可以将润湿剂或液态黏合剂喷洒入混匀的原辅料粉末中，使液滴与粉末黏结成粒；这类设备有沸腾制粒机。浓度较高的液态类药物还可以雾化成液滴，利用高温直接将液滴干燥成颗粒，如喷雾干燥制粒机。

干法制粒是指在制粒过程中没有液态溶剂参与的制粒方法。常用方法是将混匀的原辅料粉末挤压成块、再破碎、整粒后制得颗粒，在整个制粒过程中不使用润湿剂或液态黏合剂。这类制粒设备有滚压式制粒机。

知识拓展

颗粒的妙用

小时候，我们可能会好奇，把鞭炮拆开看看里面是什么，大家会发现鞭炮里面是黑色的火药粉末。那么子弹里装的是什么呢？其实子弹里装的也是火药，不过不是这种火药粉末，而是火药颗粒。为什么要将火药制成颗粒呢？这是因为子弹里的火药含氧化剂，为了保证氧化剂与火药的混合均匀度保持不变，就需要将氧化剂与火药黏在一起制成颗粒。

固体制剂中，药物一般含有多种原辅料，要使原辅料混合的均匀度在搬运、存放过程中保持不变，我们也可以通过制粒的方法来解决。

二、常见制粒设备

（一）高速混合制粒机

高速混合制粒机主要由机座、盛料缸、搅拌桨、制粒刀、气动出料阀和控制系统等

动画

高速混合制粒机

构成(图 4-2、图 4-3)。其工作原理是原辅料粉末加入盛料缸,盖上顶盖,利用旋转的搅拌桨将原辅料粉末迅速翻转混合,黏合剂或润湿剂从黏合剂加料口加入,搅拌桨搅动将其制成软材,高速旋转的制粒刀将软材迅速搅碎、切割成均匀的湿颗粒,湿颗粒从出料口放出。

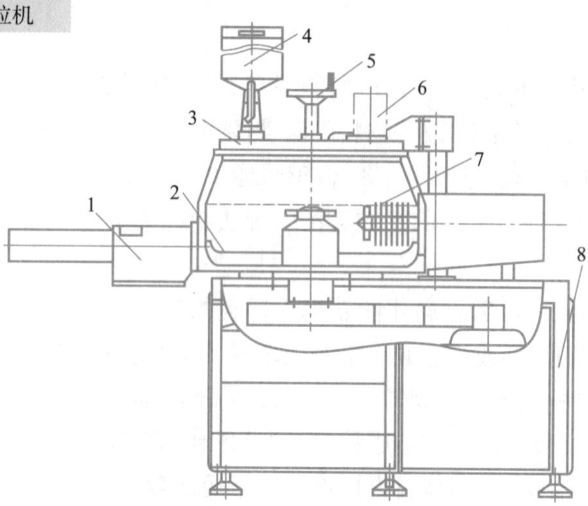

1. 气动出料阀;2. 搅拌桨;3. 顶盖;4. 黏合剂加料口;5. 刮粉器;6. 排气筒;7. 制粒刀;8. 基座。

图 4-2　高速混合制粒机结构示意图

图 4-3　高速混合制粒机实物图

高速混合制粒机操作简单、快速,8~10 min 即可制成一批颗粒;黏合剂用量少,较传统方法少用 15%~25%;在密闭容器内生产,符合 GMP 生产管理要求;所得颗粒质地结实,大小均匀,流动性和可压性好。本机适合大多数物料的制粒,但对黏性大又不耐热的物料,如乳香、没药和全浸膏等,不宜用本机制粒。

(二)沸腾制粒机

沸腾制粒机由物料筒、喷雾室、物料捕集室、喷枪、加热器、引风机等系统组成(图 4-4、图 4-5)。本机利用热风使粉末物料悬浮呈沸腾流化状态,喷枪喷入液态黏合剂或润湿剂使粉末物料凝结成颗粒,热风在使物料沸腾的同时干燥湿颗粒。本机能一步完成物料的混合、制粒和干燥,所以也被称为"一步制粒机"。

操作时,物料筒内放入粉末物料,开启引风机、加热器,筒内形成热风,热风使物料呈沸腾流化状态,打开喷枪喷入液态黏合剂或润湿剂,使粉末凝结成粒,颗粒形成后停止喷雾,湿颗粒继续干燥至含水量符合标准。

本机生产工艺简单,生产时设备密闭,符合 GMP 要求,自动化程度高,生产条件可控,制得的颗粒密度小,流动性和可压性好。适用于黏性大、普通湿法制粒不能成型的物料制粒,特别适合中药颗粒剂的生产。

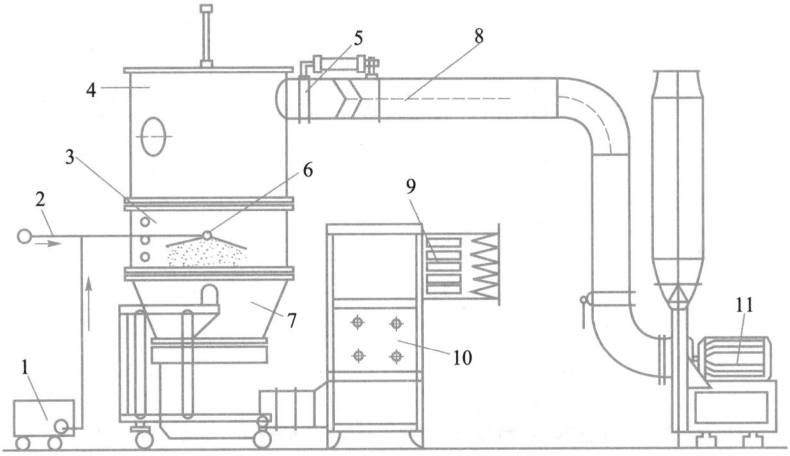

1. 输液泵；2. 压缩空气；3. 喷雾室；4. 捕集室；5. 风门；6. 喷枪；
7. 物料筒；8. 排风管；9. 空气过滤器；10. 加热器；11. 引风机。

图 4-4 沸腾制粒机结构示意图

视频
沸腾制粒机

图 4-5 沸腾制粒机实物图

动画
沸腾制粒机工作过程

（三）喷雾干燥制粒机

喷雾干燥制粒机与沸腾制粒机的结构相似，主要由鼓风机、加热器、喷枪、盛料器、供液装置、颗粒储槽等系统构成（图 4-6）。本机生产时，直接将药物与黏合剂制成含固体 50%~60% 的混悬液或混合浆，通过喷枪将其雾化喷出，热风将液滴干燥后制得球形细小颗粒，本设备生产时若仅以干燥为目的，则称为喷雾干燥机。

动画

离心喷雾干燥工作过程

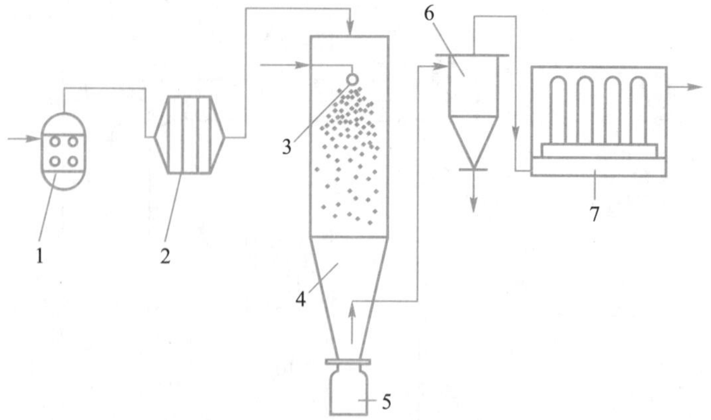

1. 空气过滤器；2. 加热器；3. 喷嘴；4. 喷雾塔；5. 干料储器；6. 旋风分离器；7. 袋滤器。

图 4-6　喷雾干燥制粒机结构示意图

该设备集喷雾干燥、制粒、颗粒包衣等多种功能于一体，制得球形颗粒疏松、溶解性好，粒度均匀、流动性和可塑性好，设备在生产过程中呈密闭状态，符合 GMP 生产要求。本机适合于黏度大，传统湿法制粒不能成型的物料制粒，由于制粒干燥的时间只有数秒至数十秒，所以特别适合热敏感药物的制粒。

（四）摇摆式制粒机

摇摆式制粒机主要由加料斗、制粒滚筒、筛网、筛网管夹等系统组成（图 4-7、图 4-8）。本机在工作时，加料斗内加入提前制备好的软材，制粒滚筒正反交替旋转，将软材强制性挤出筛网，制得颗粒。

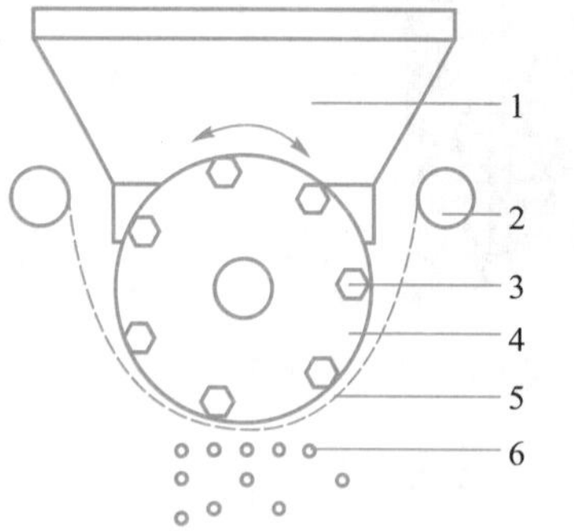

1. 加料斗；2. 筛网管夹；3. 六边形凸棱；4. 制粒滚筒；5. 筛网；6. 颗粒。

图 4-7　摇摆式制粒机结构示意图

图 4-8　摇摆式制粒机实物图

摇摆式制粒机结构简单，操作、清理方便，产量较大，适用于多种物料的制粒以及干颗粒的整粒。不足之处在于筛网使用寿命较短，且筛网更换较为烦琐。

（五）旋转式制粒机

旋转式制粒机由电动机、减速机、筛筒、碾刀、挡板、集料器等组成（图4-9）。本机工作原理与摇摆式制粒机相似，利用挤压力将制备好的软材挤过筛网制粒。碾刀与刮板同轴，相向旋转，碾刀挤压软材，软材从筛筒上挤出完成制粒，更换筛筒可获得不同粒径大小的颗粒。本机结构简单，产量大，适用于黏性较高物料的制粒。

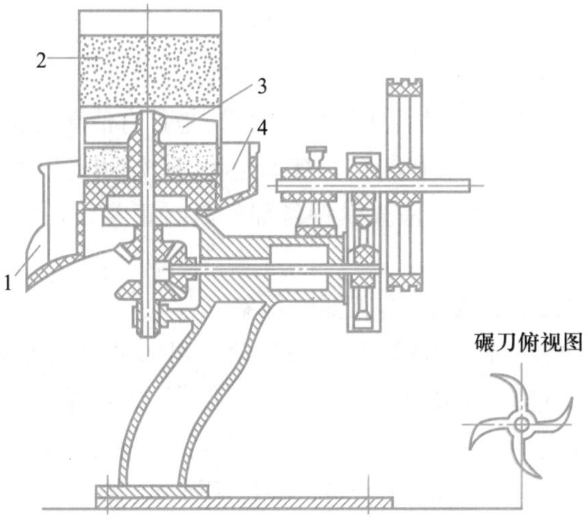

1. 颗粒出口；2. 筛筒；3. 挡板；4. 颗粒接收盘。

图4-9　旋转式制粒机示意图

（六）滚压式制粒机

滚压式制粒机主要由加料斗、螺旋推进器、辊压轮、压力调节器、粉碎装置、整粒装置等构成（图4-10）。药物粉末通过螺旋推进器推入两个辊压轮间，相向旋转的两个辊压轮将粉末挤压成片状物，粉碎装置将片状物粉碎，经整粒装置整粒后移出。本机与传统的压片法制粒相比，制得颗粒更均匀，成品率更高，是干法制粒的首选设备。

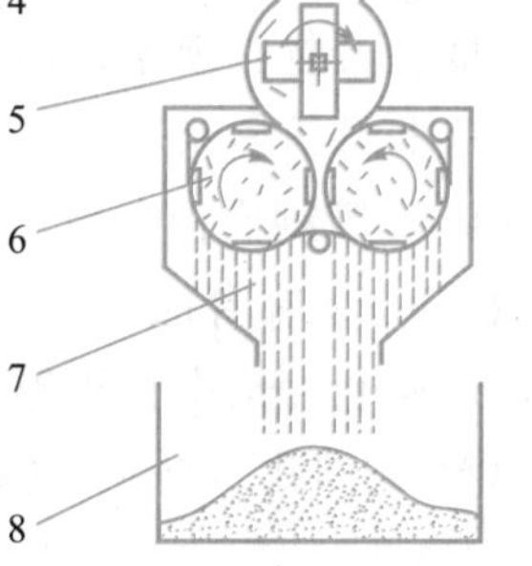

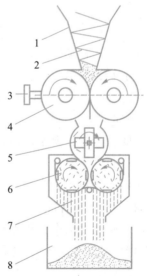

1. 加料斗；2. 螺旋推进器；3. 压力调节器；4. 辊压轮；5. 粉碎装置；6. 整粒装置；7. 颗粒；8. 物料槽。

图4-10　滚压式制粒机结构示意图

课堂讨论

某制药企业在使用沸腾制粒机生产一种复方中药颗粒剂时，出现严重塌床现象，试分析原因，并提出解决方法。

三、GHL-10 型高速混合制粒机的操作

（一）开机前准备

（1）检查设备的卫生条件是否达到生产要求，是否有清场合格证。

（2）打开顶盖，检查搅拌桨和制粒刀有无松动，有松动应及时拧紧螺母。

（3）接通水源、气源、电源，检查设备各部件是否正常，水、气压力是否正常，气压调至 0.5 MPa。

（4）检查电气部件是否安全，有无漏电现象。

（5）打开控制面板，开启出料阀，检查气动出料阀的进退是否灵活，速度是否适中，如不理想可调节气缸下面的单向节流阀，最后关闭出料阀。

（6）系上顶盖上排气筒捕集袋，打开吹气开关，观察搅拌桨轴和制粒刀轴缝隙是否被阻塞；调节进气量，保证药粉不会进入搅拌桨轴和制粒刀轴缝隙处。

（7）在控制面板上打开搅拌点动和制粒点动，观察机器的运转情况。在搅拌桨未刮器壁，制粒刀无异常声音的情况下，关闭顶盖并拧紧顶盖螺母。

（8）打开机器状态，查看机器状态的顶盖、底盖、伺服系统情况，以上均应显示正常。

（二）开机操作

（1）进入自动操作界面，设定低速搅拌时间及转速、高速搅拌时间及转速、制粒延时时间及转速，共 6 个参数。时间参数的关系是自动运行时间 = 低速搅拌时间 + 高速搅拌时间；制粒延时时间为制粒刀开启的时间，即制粒时间 = 自动运行时间 − 制粒延时时间。

（2）打开物料顶盖，将原辅料投入缸内，然后关闭顶盖并拧紧螺母。

（3）打开机器状态查看顶盖、底盖、伺服系统是否正常，打开吹气开关吹气。

（4）在控制面板上点击自动运行，设备开始运转，在进入高速搅拌后及时打开顶盖加料口加入黏合剂。

（5）运行完成即自动停机，打开气动出料阀，开启搅拌点动，搅拌桨低速搅拌将物料从排出口排出，关闭吹气后停机。

（三）设备的维护与保养

1. 机器润滑

（1）查看设备运行记录、设备润滑记录。

(2) 每半年从轴承遮板处，加润滑脂润滑前后轴承。

2. 机器保养

(1) 每月检查机件、传动轴一次；整机每半年检修一次。

(2) 机器保持清洁，设备工作完毕后，对其工作场地及设备进行彻底清场；定期检查齿轮箱、传动轴、轴承等易损部件，检查其磨损程度，发现缺损应及时更换或修复；每半年检查一次齿轮箱，必要时将二硫化钼润滑剂涂抹在齿轮四周。

(四) 常见故障及排除方法

视频

GHL-10 型高速混合制粒机操作

高速混合制粒机常见故障、原因及排除方法见表 4-2。

表 4-2　高速混合制粒机常见故障、原因及排除方法

故障现象	故障原因	排除方法
有异常声音	1. 可能投料过多造成搅拌桨停转 2. 搅拌桨或制粒刀脱落 3. 有金属物混入物料等	1. 立即停机 2. 停机检查 3. 停机清除
频频出现黏壁现象	1. 可能是黏合剂种类选择不当 2. 加热温度过高 3. 搅拌时间太长	停机刮下壁上黏附的物料
控制面板失控	线路连接不良等	立即断开电源检查
得不到合格颗粒	药粉与润湿剂比例不合适或黏合剂、润湿剂加入方式不好等	最好预制颗粒得到可靠参数

第三节　干燥设备

一、概述

干燥是利用热能使湿物料中的湿分(水分或其他溶剂)气化，气化的湿分通过气流或真空带走，从而实现比较完全的液固分离操作。干燥操作广泛应用于原辅料、中药材、制剂中间体以及成品的干燥。

干燥设备按操作方式可分为间歇式和连续式两种，工业上常用自动化程度高、产量大的连续式干燥设备。按操作压力可分为常压干燥和真空干燥，真空干燥可降低加热温度，提高干燥速度。按热量的供应方式可分为：① 对流干燥，热空气或烟道气与湿物料直接接触，依靠对流传热向物料供热，同时带走水汽。对流干燥在生产中应用广泛，设备包括气流式干燥器、喷雾干燥器、沸腾干燥器、带式干燥器和厢式干燥器等。② 传导干燥，加热壁面与湿物料直接接触，热量依靠热传导由壁面传给湿物料，水汽靠抽气装置排出。设备包括滚筒干燥器、冷冻干燥器、耙式真空干燥器等。③ 辐

射干燥，热量以辐射传热方式投射到湿物料表面，被吸收后转化为热能，水汽靠抽气装置排出。设备包括红外线干燥器等。④ 介电加热干燥，利用高频电场产生热量使水分气化干燥，水汽靠抽气装置排出。设备包括高微波干燥器等。在传导、辐射和介电加热这三类干燥方法中，物料受热与带走水汽的气流无关，必要时物料可在真空内干燥。

知识拓展

物料中的水分

生活中，我们常说晾干衣服，那么晾晒后的干衣服真的“干”吗，真的不含一点点水分吗？我们的“干衣服”显然是含水的，那么衣服里的水为什么晾不干呢？这是因为晾晒衣服的空气中也有水分，空气中的水分会在衣服上凝结，当凝结量等于衣服中水的蒸发量时，衣服就无法被继续干燥了。在衣服周围空气状态不变的情况下，衣服中无法被干燥的水分被称为平衡水分，能被干燥的水分被称为自由水分。

物料干燥后平衡水分的多少受物料周围空气相对湿度的影响，相对湿度越高，平衡水分就越多，干燥就越难进行。所以在干燥时，应及时排出设备内的蒸汽，降低设备内空气的相对湿度，提高物料的干燥速度和干燥程度。

二、常见干燥设备

（一）热风循环烘箱

热风循环烘箱主要由箱体、风机、加热系统、物料盘、电气控制箱等组成（图 4-11）。其工作原理是利用空气作为加热介质，加热干燥物料盘内的物料。物料在干燥时保持静止，料层厚度为 10~100 mm。热风沿着物料表面水平掠过，与湿物料对流传热并带走被干燥物料中气化的湿气，循环风机从排风口排出部分传热传质后的高湿度热空气的同时，从进风口吸入部分低湿度新鲜空气，与剩余的热风混合后再次加热，重新进入干燥室对物料进行干燥。当物料含水量达到工艺要求时停机出料。

普通热风循环烘箱的热风不能与物料充分接触，干燥效率低，干燥不均匀。穿流式热风循环烘箱（图 4-12）将物料盘底部设计为筛板或多孔板，供热风通过物料盘底部均匀穿透物料层，提高传热传质效率和干燥的均匀度，但能耗较大。

热风循环烘箱按操作方式可分为间歇式和连续式两种，连续式烘箱用小车或传送带输送干燥。也可以根据体积的不同，将小型的称烘箱，大型的称烘房。本机结构简单，操作容易，物料破损少，适用于黏性、易碎、颗粒状、膏状、纤维状、坯块状等多种物料的干燥；其缺点是静态干燥，干燥均匀度差，效率低，时间长，翻动、装卸费时费力，总体热效率较低。

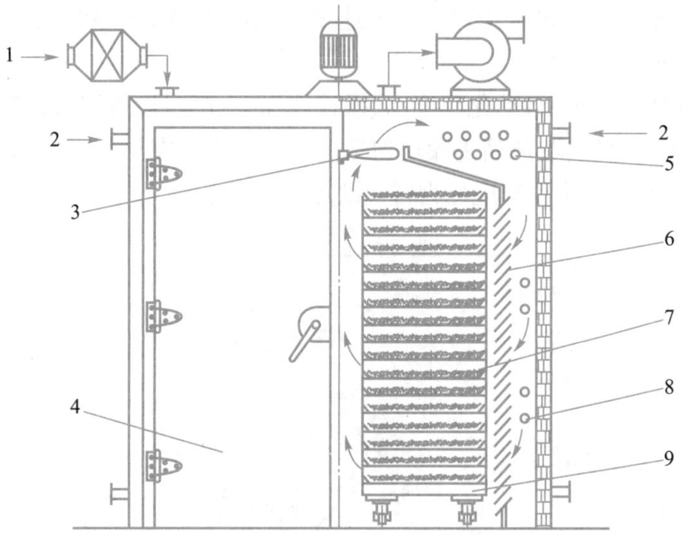

1. 空气；2. 加热蒸汽；3. 循环风扇；4. 干燥器门；5. 上部加热管；6. 气流导向板；7. 物料盘；8. 下部加热管；9. 载料小车。

图 4-11　热风循环烘箱结构示意图

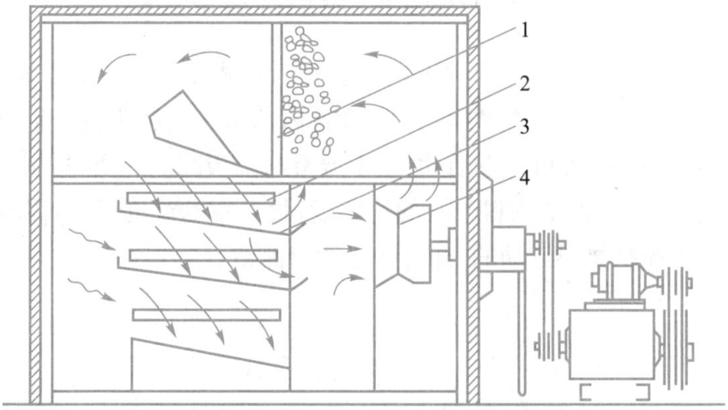

1. 除尘器；2. 筛板；3. 挡风板；4. 风机。

图 4-12　穿流式热风循环烘箱结构示意图

（二）流化床干燥器

流化床干燥器利用外力（风力或振动力）使物料流化呈沸腾状，热风能与沸腾状的物料充分接触，在动态下与湿物料之间进行传热传质，使干燥快速、均匀。常用的流化床干燥器有单室沸腾干燥器、多室沸腾干燥器和振动沸腾干燥器三种。

1. 单室沸腾干燥器　单室沸腾干燥器按操作方式可分为间歇式和连续式两种，主要结构与沸腾制粒机相似，均由物料室、沸腾干燥室、物料捕集室、加热器、引风机等系统组成。连续式单室沸腾干燥器多了加料器和出料管，用于连续进出物料（图 4-13）。操作时，物料室内加入散状湿物料，开启引风机和加热，热风从物料室底部多孔分布板进入物料层，调节风速，确保热风能将湿物料吹起，但又不会被吹走，物料在类似沸腾的流化状态下被干燥。气流速度区间的下限值称为临界流化速度，上限值称为带出速度。

本机具有结构简单，自动化程度高，操控性强，生产时设备密封，符合 GMP 要求，传热系数大，干燥速度快，产品干燥均匀等优点。但也存在热效率低，能耗高，干燥过程中发生摩擦和撞击，会粉碎脆性物料等缺点。

动画

高效沸腾干燥机工作过程

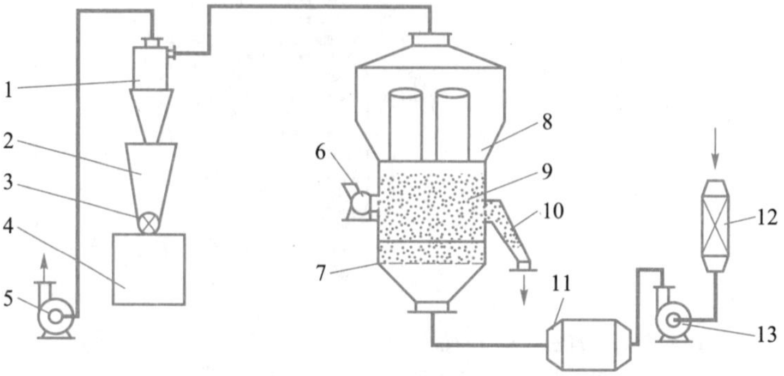

1. 旋风分离器；2. 集灰斗；3. 排灰器；4. 储尘柜；5. 引风机；6. 加料器；7. 物料室；8. 捕集室；9. 干燥室；10. 出料管；11. 加热器；12. 空气过滤器；13. 风机。

图 4-13 连续式单室沸腾干燥器结构示意图

2. 多室沸腾干燥器 多室沸腾干燥器也称为卧式多室流化床干燥器，其结构相当于多个单室沸腾干燥器串联（图 4-14）。设备内部按一定间距设置垂直隔板将其分为多室（一般 4~8 室），隔板可上下活动，用于调节与筛板间的距离，控制物料的干燥时间，防止物料出料过早，保证物料干燥的均匀度；每一室的温度、风量以及进风角度均可单独调节，用于控制物料运动的方向，防止物料滞留。

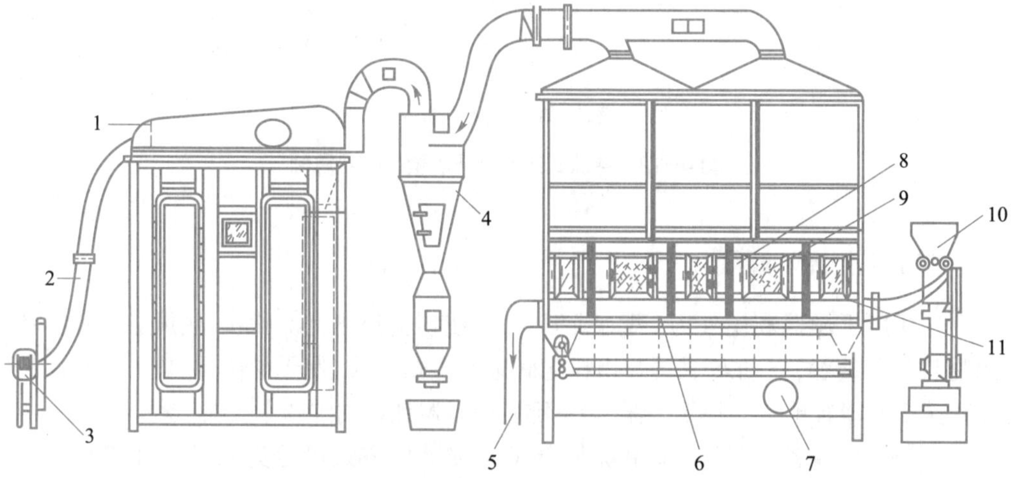

1. 捕集器；2. 排风管；3. 排风机；4. 旋风分离器；5. 物料出口；6. 筛板；7. 热风进口；8. 沸腾室；9. 观察窗；10. 加料口；11. 隔板。

图 4-14 多室沸腾干燥器结构示意图

操作时，湿物料进入到第一室，此时物料湿度较大，可调大热空气温度和进气量，保证物料能处于沸腾状态，进入后室则可以逐渐调小热空气的温度和进气量，至最后一室可通入常温空气冷却产品。在连续生产时，多室沸腾干燥器能确保每一室都充分发挥作用，在提高生产效率的同时保证了干燥的均匀度。

动画
螺旋振动干燥工作过程

3. 振动沸腾干燥器　振动沸腾干燥器主要由进料器、振动筛板、振动电动机、出料口、风机、换热器等结构组成（图 4-15）。操作时，振动筛板上均匀加入物料，在振荡力的作用下，物料在振动筛板上跳跃前进，振荡力使物料能均匀分散，防止沟流、死床、夹带以及聚结等现象的出现，也摆脱了颗粒形状的限制，使物料能形成更均匀的沸腾状态；沸腾后的物料与热风充分接触，干燥后排出。

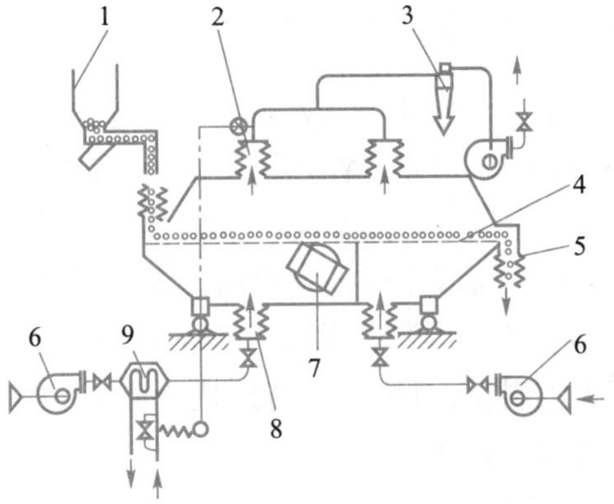

1. 加料口；2. 出风口；3. 旋风分离器；4. 振动筛板；5. 物料出口；6. 风机；7. 振动电动机；8. 进风口；9. 换热器。

图 4-15　振动沸腾干燥器结构示意图

振动沸腾干燥器通过振动实现物料流化沸腾，对空气流速没有依赖，故可减少热风用量，节能效果明显；振动还有助于物料分散，防止沟流、聚结等现象；振动能获得一定方向的活塞流，减轻物料的返混和滞留；振动不会产生激烈沸腾，可减少物料破损程度，故适合于易破损或对形状以及颗粒表面光亮度有要求的物料的干燥；缺点是振动产生噪声，设备个别零件易损。

（三）气流式干燥器

动画
气流干燥机工作过程

气流式干燥器主要由引风机、加热器、加料器、气流干燥管、旋风分离器等系统构成（图 4-16）。生产时，热空气形成高速气流，气流分散湿物料，并使湿物料与气流并流，实现物料输送，在输送物料的同时对其进行干燥，当物料到达输送目的地时即完成干燥。

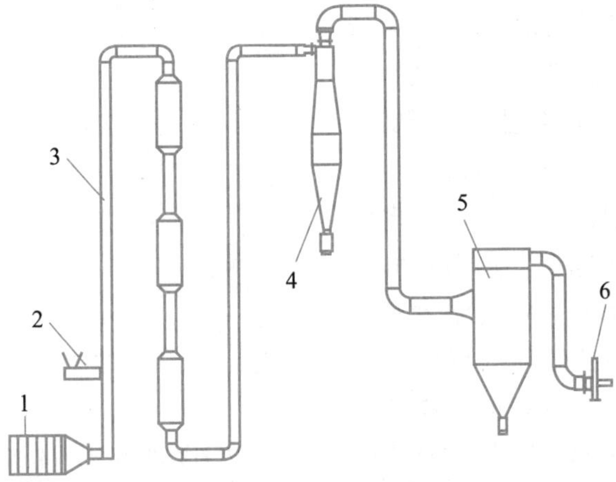

1. 加热器；2. 加料器；3. 干燥管；4. 旋风分离器；5. 袋滤器；6. 引风机。

图 4-16　气流式干燥器结构示意图

气流式干燥器结构简单、容易操作；在干燥过程中，气流速度高，物料分散度高，传热系数大，干燥时间短，干燥均匀。其缺点是动力消耗大，干燥管易磨损，细粉类物料收集比较困难。该设备适用于干燥不易结团、不怕磨损的粉状或颗粒状物料，块状、膏状、泥状物料干燥前应粉碎，所以气流式干燥器经常配置粉碎机。

（四）带式干燥器

带式干燥器是最常见的一种连续式干燥器，按层数分为单层和多层两种。干燥器加热方式可以选择热风加热，也可以采用红外线、微波等方式加热。通常将干燥室分成多个区段，每个区段可独立调节温度和风量。

单层带式干燥器主要由摆动加料装置、传送带、干燥室、风机、加热器等系统组成（图 4-17）。生产时，物料经摆动加料装置均匀铺在传送带上，热风由下往上经传送带穿过物料层，对物料进行加热干燥。部分热风排出干燥器，部分继续循环，与新风一起再次干燥物料。

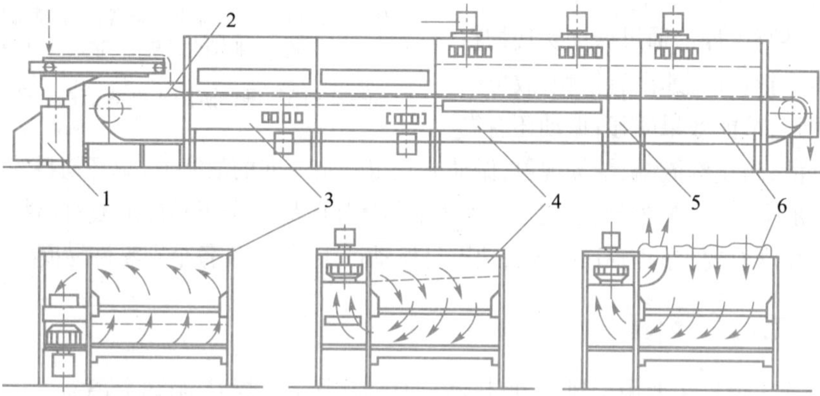

1. 摆动加料器；2. 筛网传送带；3. 上吹段；4. 下吹段；5. 隔离段；6. 冷却段。

图 4-17　单层带式干燥器结构示意图

多层带式干燥器结构如图 4-18 所示，干燥室内设多层传送带，一般 4~8 层。热风从底部吹起，逐层上升干燥物料，物料加入最上层，移动到末端后翻落入下一层，直至干燥完成出料。多层带式干燥器物料与热风呈逆流流动，热风与每一层物料都有一定的温度和湿度差，确保在每一层充分进行传热传质，提高热风的利用效率；同时物料从上层翻落可使物料松动翻转，有利于物料干燥。

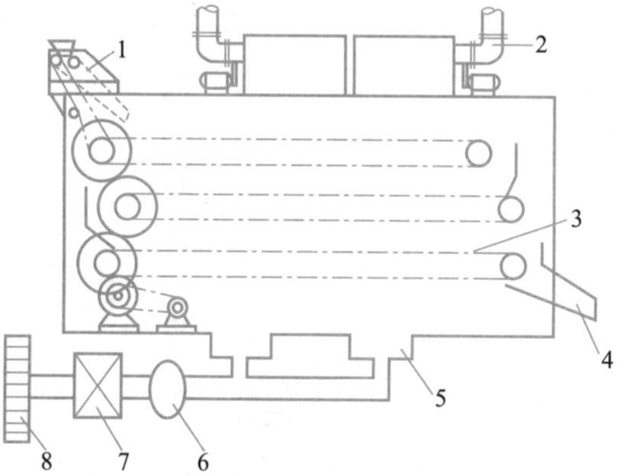

1. 摇摆加料器；2. 出风口；3. 筛网传送带；4. 出料口；5. 进风口；6. 风机；7. 加热器；8. 空气过滤器。

图 4-18　多层带式干燥器示意图

（五）真空干燥器

物料具有热敏性、易氧化性，或湿分是有机溶剂，其蒸气与空气混合具有爆炸危险时，可采用真空干燥。真空干燥需将被干燥物料放置在密闭的干燥室内，然后对其抽真空，抽真空的同时对被干燥物料不断加热，使湿分挥发。由于真空状态下湿分的沸点较低，所以干燥温度一般不高。常见的真空干燥器有箱式真空干燥器、耙式真空干燥器、滚筒式真空干燥器等。

箱式真空干燥器主要由干燥箱体、加热搁板、真空泵、物料托盘、冷凝器等系统构成（图 4-19）。工作时，物料均匀地撒放在托盘中，再将托盘置于搁板上，然后关闭箱门抽真空。加热介质进入搁板内层，利用热传导对物料加热，物料升温后水分气化。气化的水蒸气由真空泵抽到冷凝器中冷凝。干燥完成后，停止加热，停真空泵，打开放气阀，搁板进入冷却水及时冷却物料，最后打开箱门取出干燥物料。

真空干燥器在干燥过程中没有空气，所以一般采用热传导的方式对物料加热，热传导需要物料与加热系统充分且均匀接触，如此才能获得较好的加热效果。箱式真空干燥器通过搁板加热物料，物料与加热系统接触不充分、不均匀，加热效果差。为了强化加热效果，可使物料不停地翻动，与加热系统充分、均匀接触。这一类真空干燥器很多，如耙式真空干燥器、滚筒式真空干燥器、圆筒搅拌型真空干燥器、双锥回转型真空干燥器等，它们的工作原理相似，在这里就只介绍耙式真空干燥器。

动画

真空干燥箱工作过程

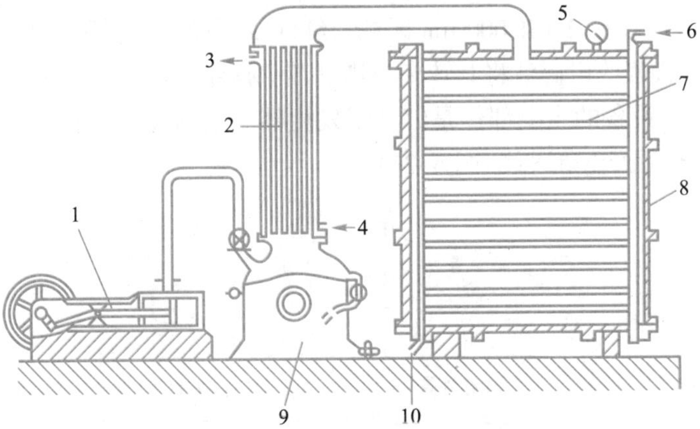

1. 真空泵；2. 冷凝器；3. 冷凝水出口；4. 冷凝水入口；5. 真空表；6. 加热蒸汽；7. 加热搁板；8. 箱体；9. 冷凝液收集器；10. 蒸汽冷凝水出口。

图 4-19　箱式真空干燥器示意图

耙式真空干燥器主要由干燥筒体、加料器、耙齿、除尘系统、冷凝器等系统组成（图 4-20）。工作时，干燥筒体内加入物料，加热介质通过干燥筒体夹套对物料加热，抽真空，耙齿旋转翻动被干燥物料，使物料与干燥筒体充分均匀接触，物料均匀受热干燥。耙齿翻动物料可能会产生粉尘，所以在干燥筒体和冷凝器间应安装除尘系统。

耙式真空干燥器比箱式真空干燥器所需干燥时间更短，更均匀，但耙齿的翻动也会破碎物料，形成粉尘，故不适合易碎或对物料表面光泽度有要求的产品。

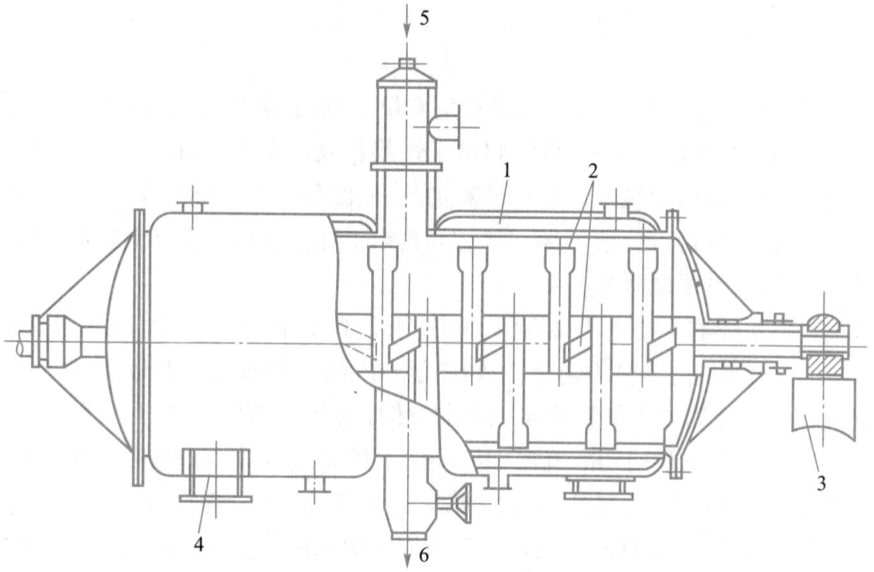

1. 壳体；2. 耙齿；3. 支架；4. 支座；5. 加料口；6. 出料口。

图 4-20 耙式真空干燥器示意图

（六）红外线干燥器

红外线是一种波长在 0.76~1 000 μm 范围的电磁波，近红外线波长在 0.76~1.5 μm 区域，远红外线波长在 2.5~1 000 μm 区域。红外线干燥器是利用红外线发生器产生电磁波，物料表面吸收电磁波将其转变为热量，使物料加热干燥的一种设备。

红外线干燥设备的主要部件是红外线发生器。它的表面涂有一层金属氧化物，金属氧化物受热后产生红外线（图 4-21）。

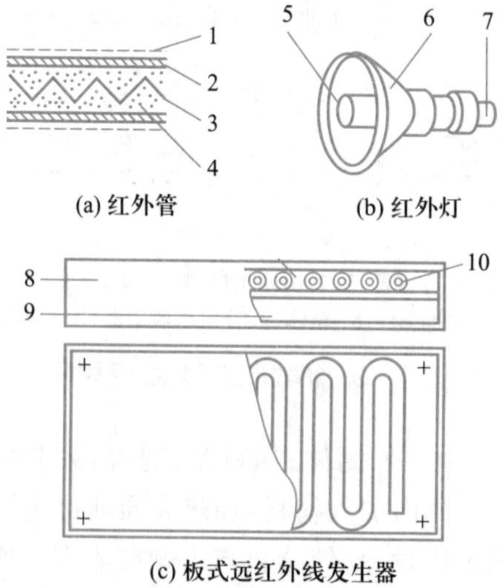

1. 金属氧化物；2. 金属管；3. 发热体；4. 绝缘物；5. 辐射元件；
6. 反射罩；7. 灯头；8. 远红外线辐射层；9. 绝缘填料层；10. 电阻线。

图 4-21 红外线干燥器结构示意图

红外线干燥器安全、卫生，干燥速度快，但红外线穿透能力弱，且耗电量大，设备投入高。

（七）微波干燥器

微波是一种频率在 300 MHz 至 3 000 GHz 的高频电磁波，波长在 0.1 mm 至 1 m 之间。极性分子吸收微波后剧烈振动，通过分子间碰撞和摩擦产生热量来干燥物料。微波还能穿透非极性物质进入物料内部对其干燥，热利用效率更高。

课堂讨论

易结块、易碎颗粒状药品应选用哪种干燥设备进行干燥？

视频

FL-50 型沸腾干燥机操作

三、FL-50 型沸腾干燥机的操作

（一）开机前准备

(1) 检查设备的卫生条件是否达到生产要求，是否有清场合格证。

(2) 将捕集袋套在袋架上，松开定位手柄后摇动手柄使吊杆放下，然后将捕集袋架固定在吊杆上，摇动手柄升至最高点，将袋口边缘四周翻出密封槽外侧，勒紧绳索，打结。

(3) 接通气源，检查气压力是否正常，调总气压至 0.5 MPa 左右，调节气密封压力至 0.1 MPa 左右。

(4) 接通电源，检查电气部件是否安全，有无漏电现象。

(5) 打开控制面板电源，检查左右风门和左右清灰是否正常。

(6) 将物料加入物料容器内，检查密封圈内空气是否排空，排空后将物料容器推入干燥室下，此时物料容器上的定位头与干燥室上的定位块应该吻合，就位后的物料容器应与干燥室和物料捕集室基本同心。

(7) 预设进风温度和出风温度（一般出风温度为进风温度的一半），选择“自动 / 手动”设置为“手动”。

（二）开机操作

(1) 在控制面板上开启“气密封”，观察密封圈膨胀情况，待密封完成后进行下一步操作。

(2) 启动“引风机”，根据观察窗内物料沸腾情况，转动出风调节手柄，控制出风量，以物料沸腾适中为宜。

(3) 开动“加热”，选择“自动 / 手动”设置为“自动”。

(4) 生产过程中可在取样口取样观察物料干燥程度，以物料放在手上搓捏后仍可

流动、不黏手为干燥。

(5) 干燥结束,关闭"加热"。

(6) 待出风口温度下降至室温时,选择"自动 / 手动"设置为"手动",关闭"引风机"。

(7) 待引风机完全停止后手动清灰,使捕集袋内的物料掉入物料容器内,通过观察窗观察捕集袋无药粉掉落即可停止手动清灰。

(8) 关闭"气密封",待充气密封圈恢复原状后,拉出物料容器小车,卸料。

(三) 设备的维护与保养

1. 机器润滑

(1) 查看设备运行记录、设备润滑记录。

(2) 每半年检查引风机轴承并加润滑脂。

2. 机器保养

(1) 每月检查引风机、气动元件一次;整机每半年检修一次。

(2) 机器保持清洁,设备工作完毕后,对其工作场地及设备进行彻底清场;引风机应清洁保养,定期润滑;气动系统的空气过滤器应定期清洁,气动阀活塞应完好可靠;空气过滤器应每隔半年清洗或更换滤材;温度感应器、压力表每半年检查一次,保证准确性。

(四) 常见故障及排除方法

沸腾干燥机常见故障、原因及排除方法见表 4-3。

表 4-3 沸腾干燥机常见故障、原因及排除方法

故障现象	故障原因	排除方法
气密封不严	1. 气压不足 2. 密封圈破损	1. 增大气压 2. 更换密封圈
物料沸腾不充分	1. 物料太多、太湿 2. 出风阀开启度不够 3. 捕集袋被药粉阻塞等	1. 减少物料量 2. 调大出风阀 3. 清除捕集袋药粉
控制面板失控	线路连接不良等	立即断开电源检查
捕集袋清灰不彻底	1. 捕集袋未系牢 2. 清灰气缸损坏等	1. 系牢捕集袋 2. 更换清灰气缸

岗位对接

本章主要介绍了颗粒剂生产工艺以及生产专用设备的结构、原理、标准操作、维护与保养、常见故障及排除方法等内容。

常见颗粒剂生产人员相对应国家职业工种是《中华人民共和国职业分类大典》(2015 年版)药物制剂工(6-12-03-00)包含的颗粒剂工。从事的工作内容是制备符合国家制剂标准的不同产品的颗粒剂。相对应的工作岗位有称量配料、混合、制粒、干燥、整粒、检验和包装等岗位。其知识和技能要求主要包括以下几个方面:

(1) 进行生产前的准备和作业确认;

(2) 使用衡器、量器,计量、配制原辅料;

(3) 操作制粒设备和干燥设备及辅助设备;

(4) 操作空气净化设备,制备洁净空气,并进行环境、设备、器具消毒;

(5) 操作包装设备,进行成品分装、包装、扫码;

(6) 判断和处理颗粒剂生产中的故障,维护保养颗粒剂生产设备;

(7) 进行生产现场的清洁作业;

(8) 填写操作过程的记录。

思 考 题

1. 药物制剂生产中制粒的目的有哪些?
2. 简述 FL-50 型沸腾干燥机的操作过程。

在线测试

(龚　伟)

第五章 胶囊剂生产设备

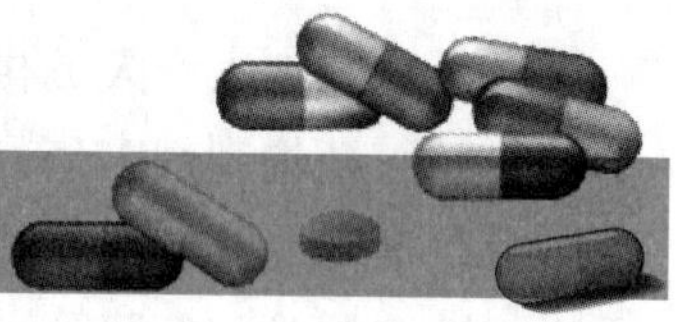

学习目标

1. 掌握常见硬胶囊和软胶囊生产设备的结构和工作原理。
2. 能按照 SOP 正确操作硬胶囊和软胶囊生产设备。
3. 熟悉常见硬胶囊和软胶囊生产设备的清洁和日常维护保养。
4. 能排除硬胶囊和软胶囊生产设备的常见故障。
5. 了解胶囊剂生产的基本流程及生产工序质量控制点。

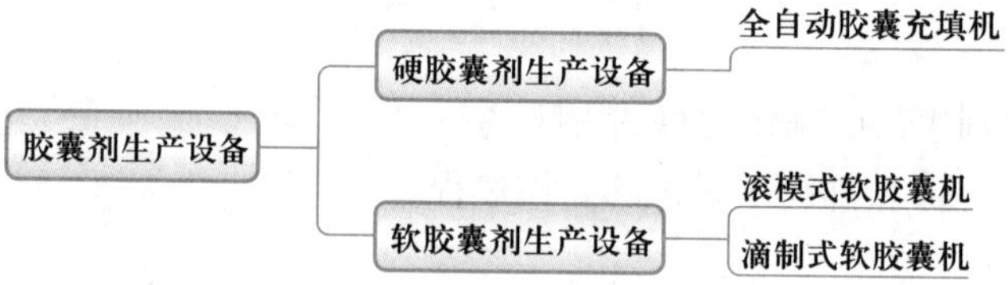

第一节 概 述

一、胶囊剂生产工艺

硬胶囊剂是目前应用最广泛的剂型之一，主要包括粉碎、过筛、配料、制粒、干燥、整粒、总混、检验、充填、包装等工序。具体生产工艺流程如图 5-1 所示。

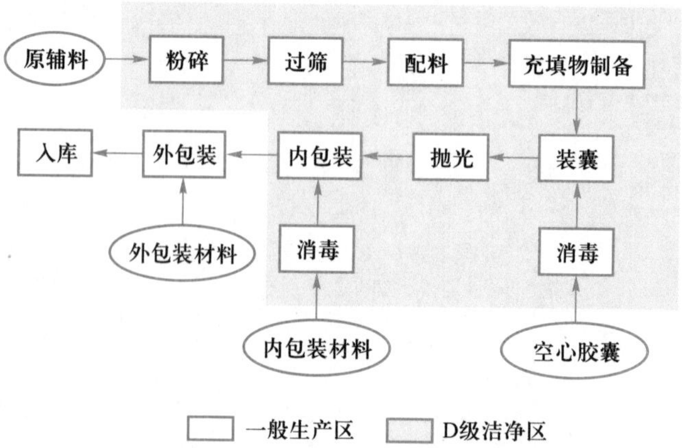

图 5-1 硬胶囊剂生产工艺流程图

软胶囊剂的制备方法有压制法和滴制法两种。通过压制技术制成的软胶囊剂称之为有缝胶丸，生产工艺流程如图 5-2 所示。通过滴制技术制成的软胶囊剂称之为无缝胶丸，生产工艺流程如图 5-3 所示。

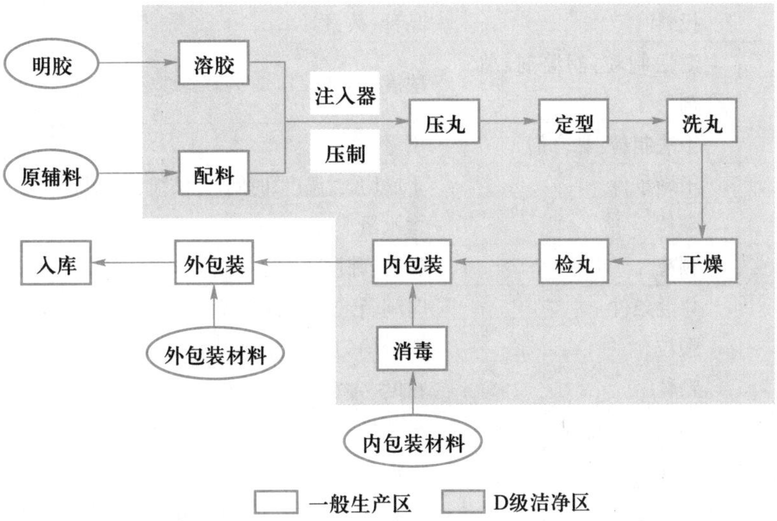

图 5-2 软胶囊剂压制法生产工艺流程图

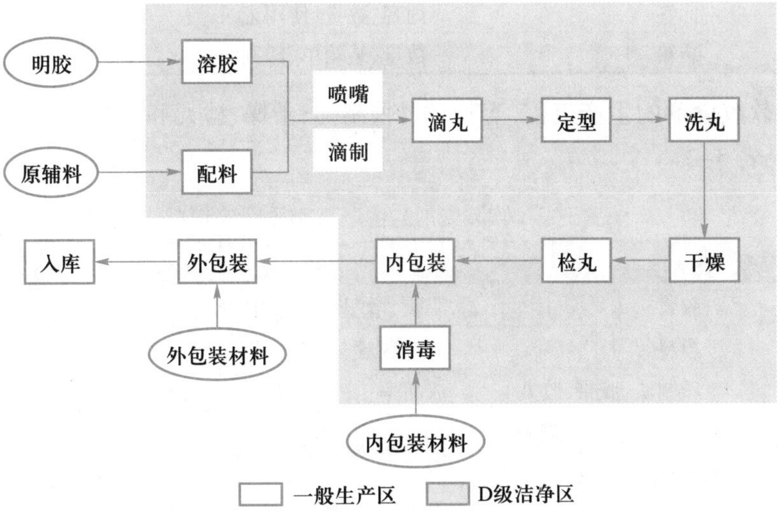

图 5-3 软胶囊剂滴制法生产工艺流程图

二、生产工序质量控制点

药品在生产过程中需要进行严格的质量控制，结合硬胶囊剂的生产流程，充填物料的制备、装囊（充填）、抛光、质检、包装等工序均是质量控制点，见表 5-1。

表 5-1　硬胶囊剂的生产工序质量控制点

生产工序	质控对象	具体项目	检查次数
粉碎	原辅料	异物	每批
过筛	粉碎物料	细度、异物	每批
配料	投料	品种、数量	每班
制粒	湿法制粒：润湿剂，黏合剂	浓度、温度	随时
	干法制粒：黏合剂	用量	随时
干燥	干燥条件	干燥均匀、温度、时间、无破损、无结块	随时
	颗粒	含水量	每班
整粒	颗粒	粒度、筛网	随时
总混	总混条件	时间、转速、加料方式	随时
	颗粒	混合均匀度、流动性	每班
检验	颗粒	粒度、含水量、流动性	每班
充填	颗粒、空心胶囊	充填量	随时
抛光	胶囊	外形	随时
包装	内包装	包装材料、封口、重量差异、平均装量、批号	每批
	外包装	包装类型、数量、说明书、批号、生产日期、有效期	每批
	标签	内容、数量、使用记录	每批
	装箱	数量、装箱单、印刷内容	每箱

结合软胶囊剂的生产流程，溶胶、配料、制丸、干燥、检丸和包装等工序均是质量控制点，见表 5-2。

表 5-2　软胶囊剂的生产工序质量控制点

生产工序	质控对象	具体项目	检查次数
溶胶	胶浆	明胶、增塑剂、水的比例	每批
配料	投料	品种数量、状态	每班
制丸	压制法：胶带，胶丸	成品率、装量差异	随时
	滴制法：喷头温度，滴制速度，胶丸	成品率、装量差异	随时
干燥	干燥条件	干燥均匀、低温低湿、无破损、无粘连	随时
检丸	胶丸	外形、合缝	随时
包装	内包装	包装材料、封口、重量差异、平均装量、批号	每批
	外包装	包装类型、数量、说明书、批号、生产日期、有效期	每批
	标签	内容、数量、使用记录	每批
	装箱	数量、装箱单、印刷内容	每箱

第二节　硬胶囊剂充填设备

一、空心硬胶囊基本知识

空心硬胶囊的规格由大到小分为000、00、0、1、2、3、4、5号共8种，但常用的为0~3号。0、1、2和3号空胶囊相对应的容积分别为0.75 mL、0.55 mL、0.40 mL和0.30 mL。

胶囊壳的质量必须达到一定的要求。一般要检查弹性(胶囊口手压不破)、溶解时限(浸入25℃水中15 min不应该溶解，浸入36~38℃、0.5%盐酸溶液中应该完全溶解或崩解)，水分含量(12%~15%)及胶囊壳的厚度与均匀度、炽灼残渣等，还应进行微生物限度检查。

硬胶囊一般呈圆筒形，由胶囊体和胶囊帽套合而成。胶囊体的外径略小于胶囊帽的内径，两者套合后可通过锁紧槽锁紧。

知识拓展

不同材质空心硬胶囊的特点

动物明胶胶囊易失水硬化、吸潮软化，遇醛类物质发生交联反应，并对储存环境的温度、湿度和包装材料的依赖性强。为解决此类问题，出现了采用植物多糖和膳食纤维素等物质制备的植物空胶囊，如淀粉胶囊、甲基纤维素胶囊、羟丙甲纤维素胶囊等。相比于传统的明胶空胶囊，植物胶囊具有许多优点，如来源广，无交联反应风险，无感染动物来源疾病的风险，适应于所有人群，稳定性高，释药速度相对稳定，个体差异较小等。另外，植物胶囊在低湿条件下几乎不脆碎，在高湿条件下不软化，对储存条件的依赖性不强。

二、常用硬胶囊剂充填设备

根据硬胶囊充填生产工序，硬胶囊生产操作可分为手工操作、半自动操作和全自动操作。目前，国内外应用最为广泛的硬胶囊充填设备为全自动胶囊充填机，其结构由空胶囊下料装置、胶囊分送装置、粉剂下料装置、药物定量充填装置、胶囊充填封合机构、箱内主传动机构和电气控制系统等组成(图5-4)。

全自动胶囊充填机的工作台面上设有绕轴旋转的工作盘，工作盘可带动胶囊板作周向运动。围绕工作盘设有空胶囊排序与定向、拨囊、填料、剔除废囊、闭合胶囊、出囊和清洁等机构，全自动胶囊填充机工作原理如图5-5所示。

由于每一区域的操作工序均要占用一定的时间，因此主工作盘被设计成间歇转动的运动方式。工作台下的机壳内设有传动系统，将运动传递给各机构，以完成以下工序操作：

1. 空胶囊排序与定向　从空胶囊生产厂家买回的空胶囊均为体帽套合在一起的状态，且方向混乱地堆在一起，故先要对杂乱的空胶囊进行排序。

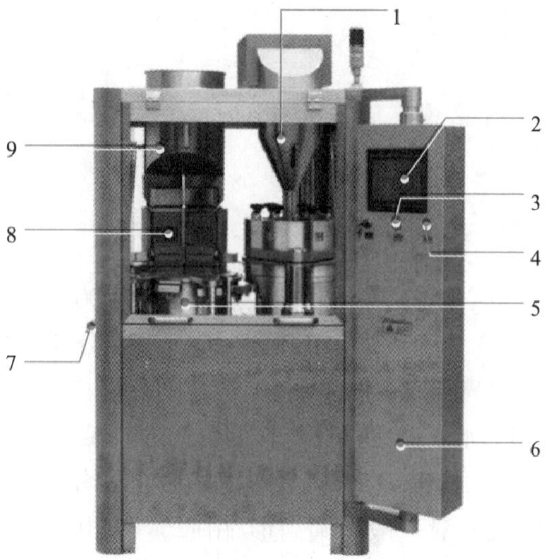

1. 加料器；2. 人机界面；3. 启动电源；4. 关闭电源；5. 充填转盘；6. 电器控制箱；7. 成品出口；8. 落囊器；9. 储囊斗。

图 5-4　全自动胶囊充填机实物图

排序装置的上部与储囊斗相通，内部设有多个圆形孔道，每一孔道下部均设有卡囊簧片。工作时，落囊器作上下往复滑动，使空胶囊进入落料器的孔中，并在重力作用下下落。当落囊器上行时，卡囊簧片将一个胶囊卡住。落囊器下行时，卡囊簧片松开胶囊，胶囊在重力作用下由下部出口排出。当落囊器再次上行时，卡囊簧片又将下一个胶囊卡住。这样，落囊器上下往复滑动一次，每一孔道均输出一粒胶囊。空胶囊排序装置结构与工作原理如图 5-6 所示。

视频

全自动胶囊充填机的结构与原理

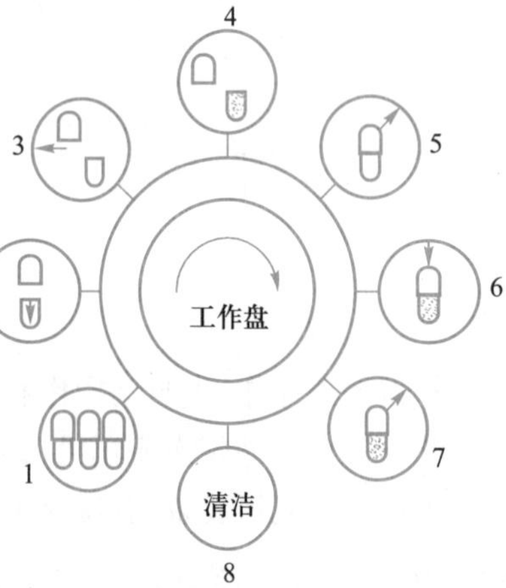

1. 排序与定向；2. 拔囊；3. 体帽错位；4. 药物充填；5. 废囊剔除；6. 胶囊闭合；7. 出囊；8. 清洁。

图 5-5　全自动胶囊充填机工作原理示意图

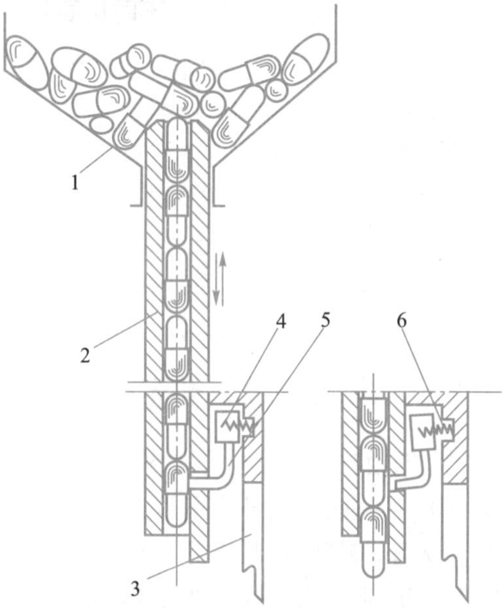

1. 储囊斗；2. 落囊器；3. 压爪；4. 簧片架；5. 卡囊簧片；6. 压簧。

图 5-6　空胶囊排序装置结构与工作原理示意图

经排序装置输出的空胶囊有的是胶囊帽朝上，有的是胶囊体朝上，因此需要对空胶囊按照帽在上、体在下的方式进行定向排列。定向装置设有压爪和推爪，其结构与工作原理如图 5-7 所示。工作时，推爪始终作用在直径较小的胶囊体中部，随着推爪的运动，就发生了胶囊的调头运动，总是使胶囊体朝前被水平推到定向囊座的右边缘，垂直运动的压爪将胶囊再翻转90°，垂直地推入囊板孔中。定向原理：① 推爪的推力点在囊体上；② 滑槽的宽度比囊帽的外径小，比囊体的外径大，滑槽只对囊帽有卡紧作用，与囊体不接触。

2. 空胶囊体帽分离（拔囊） 在真空吸力的作用下，胶囊体落入下囊板孔中，而胶囊帽则留在上囊板孔中。拔囊装置结构与工作原理如图5-8所示。

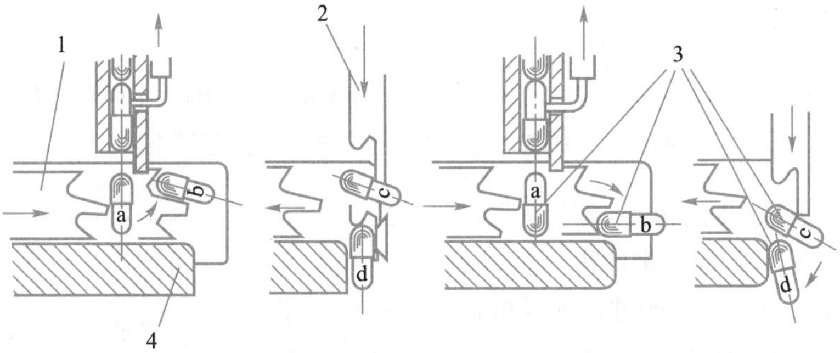

1. 推爪；2. 压爪；3. 夹紧点；4. 定向囊座。

图5-7　空胶囊定向装置结构与工作原理示意图

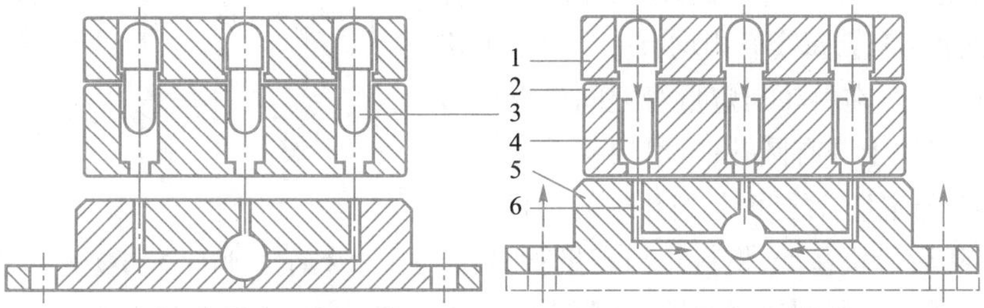

1. 上囊板；2. 下囊板；3. 未分离胶囊；4. 已分离胶囊体；5. 真空气体分配板；6. 真空管。

图5-8　拔囊装置结构与工作原理示意图

当空胶囊进入囊孔板后，真空气体分配板上升，其上表面与下囊板的下表面贴严。由于上、下囊板台阶小孔的直径分别小于囊帽与囊体的直径，当真空接通后，囊体被真空吸至下囊板孔中，上囊板模孔内的台阶挡住囊帽下行，完成空胶囊体帽分离。

3. 药物充填 当空胶囊体、帽分离后，下囊板先下降，上、下囊板孔的轴线随即错开，错位后的下囊板进入定量充填装置下方，进行药物充填。药物定量充填装置的类型很多，常见的有以下几类：

(1) 填塞式定量装置：它是用填塞杆逐次将药物夯实在定量杯里完成定量充填过程的。计量盘上有多个小孔，组成定量杯。药物进入定量杯后，填塞杆经多次将落入计量杯中药物夯实，将药物压成有一定密度和重量相等的药柱充入胶囊体。装量准确，误差可在 ±2%。该装置适用于流动性较好的药粉的充填。通过调节冲杆的升降高度，可对药物充填的剂量进行微调。填塞式定量装置结构与工作原理如图5-9所示。

(2) 间歇插管式定量装置：将空心定量管插入药粉斗中，利用管内的冲杆将药粉压紧，然后定量管上升，旋转180°至胶囊体上方，冲杆下降，将管内药料压入胶囊体中，完成药粉的充填过程。药粉斗中药粉高度及定量管中冲杆的冲程均可调节，这样

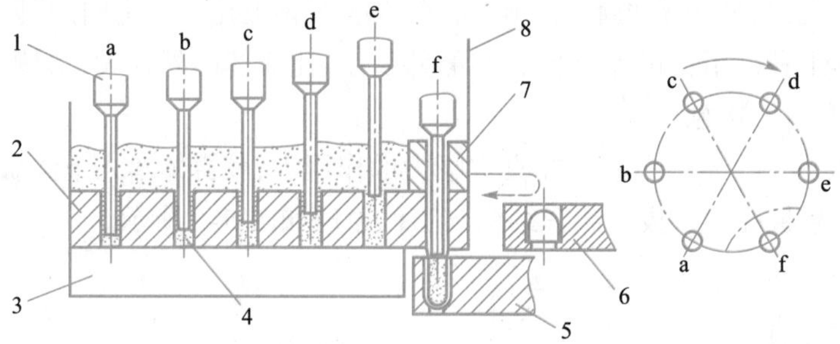

1. 填塞杆(a~f)；2. 定量盘；3. 托板；4. 定量杯；5. 下囊板；6. 上囊板；7. 刮粉器；8. 粉盒圈。

图 5-9 填塞式定量装置结构与工作原理示意图

可调整充填剂量。间歇插管式定量装置要求药粉有较好的流动性和一定的可压性，以避免影响充填精度。由于在生产过程中要单独调整各定量管，因而比较耗时。间歇插管式定量装置结构与工作原理如图 5-10 所示。

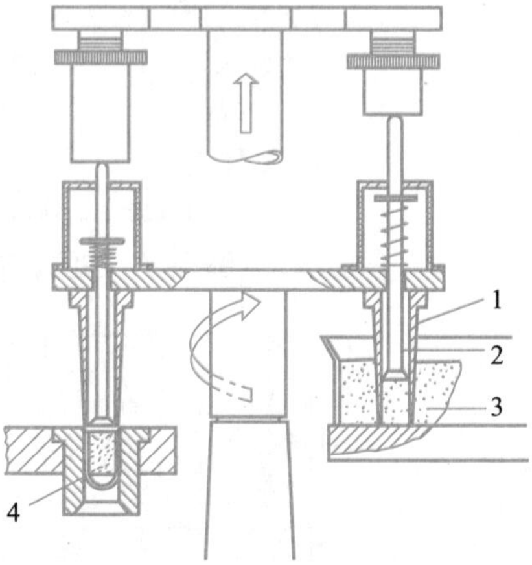

1. 定量管；2. 冲杆；3. 药粉斗；4. 胶囊体。

图 5-10 间歇插管式定量装置结构与工作原理示意图

(3) 活塞 – 滑块定量装置：在料斗的下方有多个平行的定量管，每个管内均有一个可上下移动的定量活塞。在料斗与定量管之间设有可移动的滑块，滑块上开有圆孔；当滑块移动并使圆孔位于料斗与定量管之间时，料斗中的物料流入定量管。随后滑块移动，将料斗与定量管隔开。此时，定量活塞下移到适当位置，使药物经支管和专用通道填入胶囊体。通过调节定量活塞的上升位置，可控制药物的充填剂量。该装置适用于颗粒、微丸的充填。连续式装置设有多个料斗，可实现同一胶囊内多种物料的充填。活塞 – 滑块定量装置的结构与工作原理如图 5-11 所示。

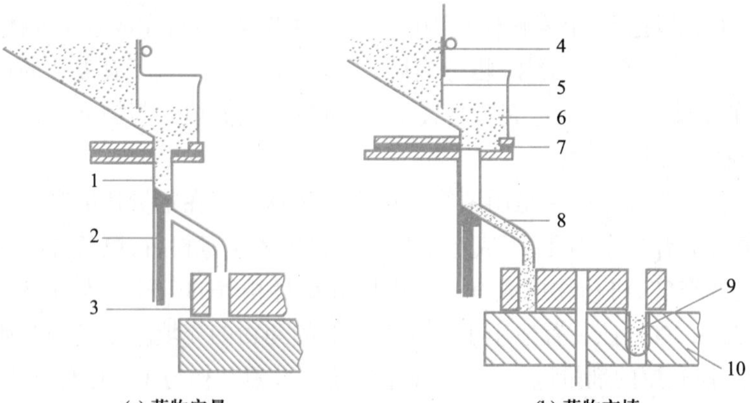

1. 定量管；2. 定量活塞；3. 填料器；4. 料斗；5. 物料高度调节板；6. 药物颗粒或微丸；7. 滑块；8. 支管；9. 胶囊体；10. 下囊板。

图 5-11 活塞 – 滑块定量装置的结构与工作原理示意图

(4) 真空定量装置：是一种连续式药物充填装置，其工作原理是先利用真空将药物吸入定量管，然后再利用压缩空气将药物吹入胶囊体。定量管内设有定量活塞，活塞的下部安装有尼龙过滤器，调节定量活塞的位置可控制药物的充填量。该装置适用于各类型药物的充填，最大的优点在于可单独填充药物，无须加入润滑剂。特别是对微丸进行充填时，由于采用真空吸料充填，无任何机械活动部件，充填时对包衣膜破坏性小，安全可靠。真空定量装置的结构与工作原理如图 5–12 所示。

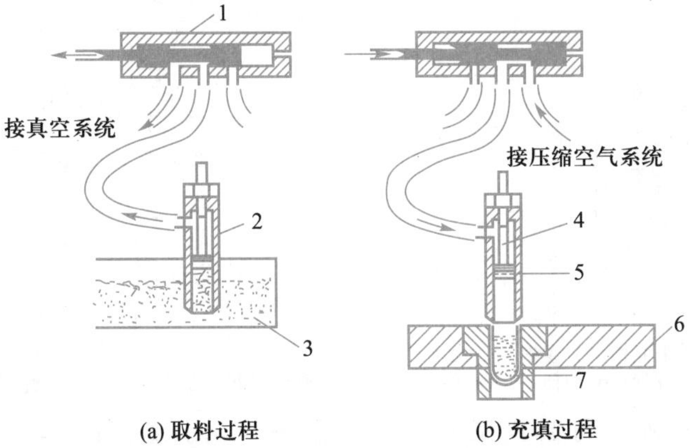

1. 切换装置；2. 定量管；3. 料槽；4. 定量活塞；
5. 尼龙过滤器；6. 下囊板；7. 胶囊体。

图 5–12 真空定量装置结构与工作原理示意图

4. 废囊剔除 个别空胶囊会因为某种原因导致胶囊体和胶囊帽未分离，这种空胶囊不能充填药物却一直滞留在上囊板孔中。为防止其混入成品，须在胶囊闭合前将其剔除。剔废囊工序主要是通过一个可以上下往复运动的顶杆架装置来完成。当上、下囊板转动时，顶杆架停在下限位置上，顶杆离开囊板孔一定距离。囊板转动到剔废囊工位时停住，此时顶杆架上行，安装在顶杆架上的顶杆插入上囊板孔中。若囊板孔中是已和囊体分离开的胶囊帽，上行的顶杆对囊帽不产生影响；若囊板孔中存有未完成帽体分离的空胶囊，由于长度远远大于空囊帽，则被顶杆顶出上囊板，并被压缩空气吹入集囊袋中。剔除装置结构与工作原理如图 5–13 所示。

5. 胶囊闭合 上、下囊板一同旋转到闭合工位，此时上、下囊板的轴线重合。囊板上方的弹性压板压住囊帽，顶杆上升，胶囊帽体闭合锁紧。闭合装置的结构与工作原理如图 5–14 所示。

6. 出囊 出囊装置的主要部件是一个可上下往复运动的出料顶杆，其结构与工作原理如图 5–15 所示。当携带闭合胶囊的上、下囊板旋转至出囊装置上方并停止时，出料顶杆靠凸轮控制上升，将胶囊顶出囊板孔。随后，压缩空气将顶出囊板的胶囊吹到出囊滑道中去。

7. 清洁 上、下囊板经过拔囊、填充药物、出囊等工序后，囊板孔可能会受到污染。因此，上、下囊板在进入下一个周期的操作循环之前，应通过清洁装置对其囊板孔进行清洁。清洁装置结构与工作原理如图 5–16 所示。当囊孔轴线对齐的上、下囊板在主工作盘拖动下，停在清洁工位时，连通压缩空气，将囊板孔中粉末、碎囊皮等由下囊板下方向上吹出囊孔。置于囊板孔上方的吸尘系统将其吸入吸尘器中，使囊板孔保持清洁，以利于下一周期排囊、充填药粉的工作。

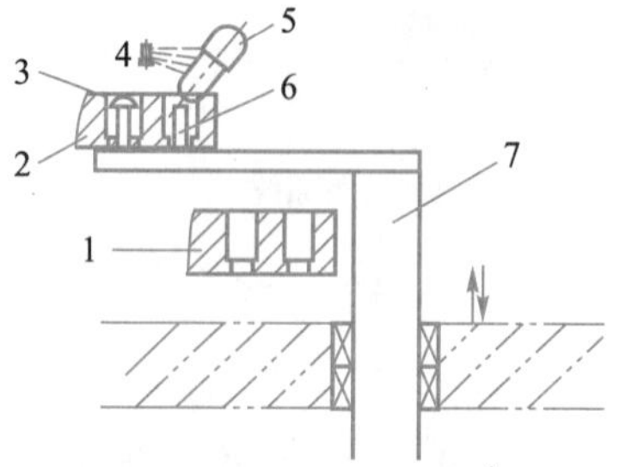

1. 下囊板；2. 上囊板；3. 囊帽；4. 吹风；5. 未拔开的空胶囊；6. 顶杆；7. 顶杆架。

图 5-13　剔除装置结构与工作原理示意图

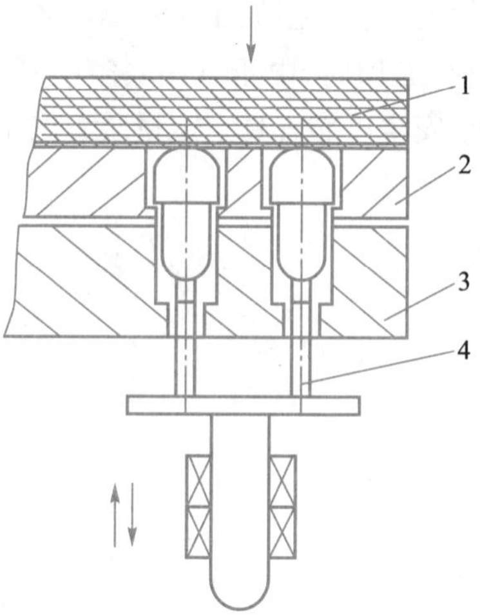

1. 弹性压板；2. 上囊板；3. 下囊板；4. 顶杆。

图 5-14　闭合装置的结构与工作原理示意图

视频

全自动胶囊充填机的使用与操作

视频

胶囊抛光机

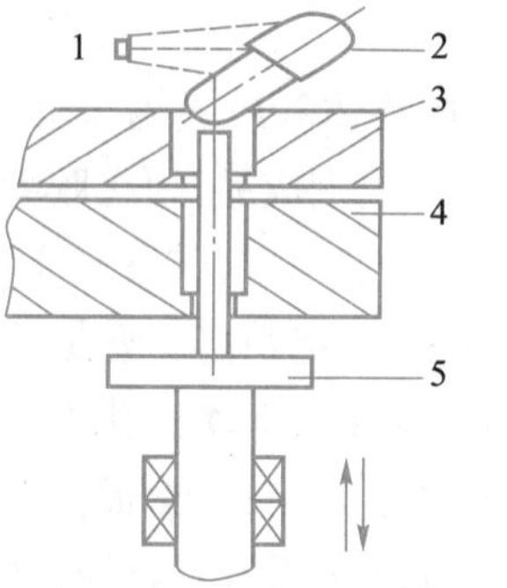

1. 吹风；2. 闭合胶囊；3. 上囊板；4. 下囊板；5. 出料顶杆。

图 5-15　出囊装置结构与工作原理示意图

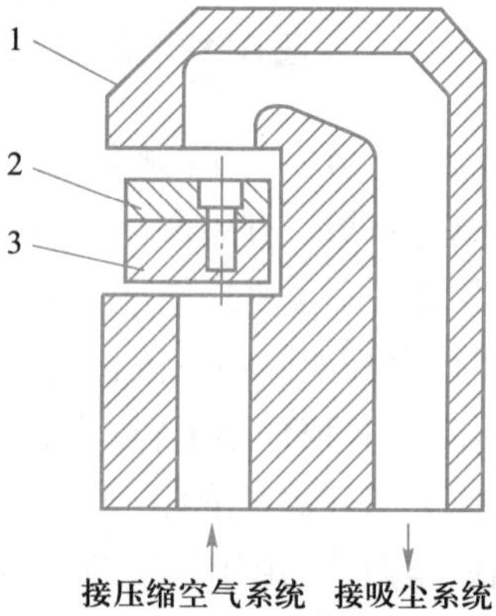

1. 清洁装置；2. 上囊板；3. 下囊板。

图 5-16　清洁装置结构与工作原理示意图

三、NJP-800 型全自动胶囊充填机的操作

（一）开机前准备

(1) 操作前打开粉剂下料装置和计量盘机构，检查粉剂下料及充填工作区域中有无异物或有无卡滞现象。

(2) 按照 GMP 要求，检查设备与物料接触部分是否符合相应洁净要求，如未达到

则重新清洗和干燥。

(3) 检查主机和附件各部分是否齐全有效，并检查紧固件有无松动，发现松动予以紧固。

(4) 检查真空管路、吸尘器管路是否与主机接通。

(5) 检查各种润滑部位是否有油并达到要求，保证机器各运动部件润滑良好。

(6) 需充填的物料要进行检查，不得有金属等异物混入，以免发生意外。

(7) 检查设备的其他部件有无异常。

(二) 开机操作

(1) 接通电源，先启动真空泵，再启动主电动机。

(2) 将所用号数的空胶囊盛入容器内，检查药粉搅拌器是否固定，将药粉盛入粉斗内，使搅拌器按钮处于自动位置。

(3) 将机器运转半分钟后停机，调整充填装量。

(4) 送囊开始不加药粉，在操作过程中，应检查胶囊容器内是否有一定数量的胶囊；如有未锁紧和扎伤的胶囊阻碍送囊板上的条槽中的一条，可用镊子将其除去。

(5) 如果推爪不能将胶囊推到正确的位置，应重新调整水平叉位置，当压爪下降时，胶囊被引导进入模块内无任何困难后再将其锁紧。

(6) 真空管路上检查真空的仪表数值，必须在 0.02~0.04 MPa 范围内。

(7) 调整药粉的高度可以改变粉盆的粉层高度和密实性，使粉柱保持稳定。

(8) 机器停车前，首先应停止药粉的供料，再按主机停止键。

(9) 关闭真空泵，清理卫生，包括台面、粉斗等各处吸尘。

(10) 操作完毕后，关闭电源，按清洁操作规程对设备进行清洁。

(三) 设备的维护与保养

(1) 凸轮及其滚轮工作表面，链条每周用 2 号锂基润滑脂涂抹一次。

(2) 机台下及送囊机构等各连杆的关节轴承，应每周和换模具时注油一次。送囊机匣内的导杆，水平叉等和回转盘内的 T 形轴，导杆运动的铜套、轴承每周应注油一次。

(3) 主转动减速器及供料减速器、分度箱应每月检查油量一次，不足时应加注。各种转轴要定期根据运转情况，加以清洗并加注润滑油(脂)，密封轴承可滴油润滑。

(4) 机器运行或停用时间较长以及更换药品时，都要对与药粉直接接触的零部件进行清理。

(5) 工作时应经常清理工作台面上废胶囊和药粉积层。根据使用情况，定期清理真空系统、吸尘系统、管路、过滤网、过滤袋等。

(6) 机器运行 1 000 h 或 1 年，将回转台部件进行一次全面清洗。

(7) 维修人员每年要清洗变速箱和传动箱，清洗电动机及其他电气部分，检查电动机绝缘情况。

（四）常见故障及排除方法

全自动胶囊充填机常见故障、原因及排除方法见表 5-3。

表 5-3 全自动胶囊充填机常见故障、原因及排除方法

故障现象	故障原因	排除方法
胶囊滑道中胶囊下落不畅	1. 个别胶囊外径尺寸过大 2. 有异物阻塞	1. 更换合格胶囊 2. 清理异物
排送胶囊不能进入囊板孔中	1. 卡囊弹簧开合时间不当 2. 推囊爪及压囊爪位置不当	1. 调整开合时间 2. 调整位置
胶囊体、帽分离不良	1. 真空分离器表面有异物 2. 底部顶杆位不当，上下囊板错位 3. 囊板孔中有异物	1. 排除废胶囊，清理异物 2. 调整顶杆位，紧固囊板位 3. 清理过滤器，检查真空系统，调节表压
突然停机	1. 料斗粉用完 2. 料斗出料口受阻 3. 电控元件故障	1. 添加药粉 2. 排出异物 3. 相应检修
料粉用完仍不停机	电控系统故障	相应检修

第三节 软胶囊剂生产设备

一、设备概述

成套的软胶囊剂生产设备包括溶胶设备、药液配制设备、软胶囊剂制丸（包括压制和滴制）设备、软胶囊剂清洗机、软胶囊剂干燥机和回收设备等，其中软胶囊剂制丸设备为主要设备，即成型设备。根据成型设备的不同，软胶囊剂生产设备可分为压制式软胶囊机和滴制式软胶囊机。

压制式软胶囊机是指制丸设备运用模压法原理进行生产的软胶囊剂专用设备，可分为滚模式软胶囊机和平板模式软胶囊机。常见的是滚模式软胶囊机，其特点是产量大，自动化程度高，成品率较高，计量准确，适合于工业化大生产，目前应用非常广泛。

滴制式软胶囊机是运用滴制的原理进行生产的另一类软胶囊剂专用设备。常见的是滴制式软胶囊机，其特点是设备简单，投资少，生产过程中不产生废胶，产品成本低，适合于中小规模生产。

二、常用软胶囊剂生产设备

（一）滚模式软胶囊机

滚模式软胶囊机主要由主机、电控柜、供料系统（明胶桶和药液桶）、输送机、干燥

转笼和网胶回收系统等组成(图 5-17、图 5-18)。其中主机又包括胶带成型装置、软胶囊成型装置。

1. 干燥机；2. 明胶桶；3. 药液桶；4. 主机；5. 电控柜；6. 输送带。

图 5-17　滚模式软胶囊机实物图

动画

滚模式软胶囊机的系统组成及工艺流程

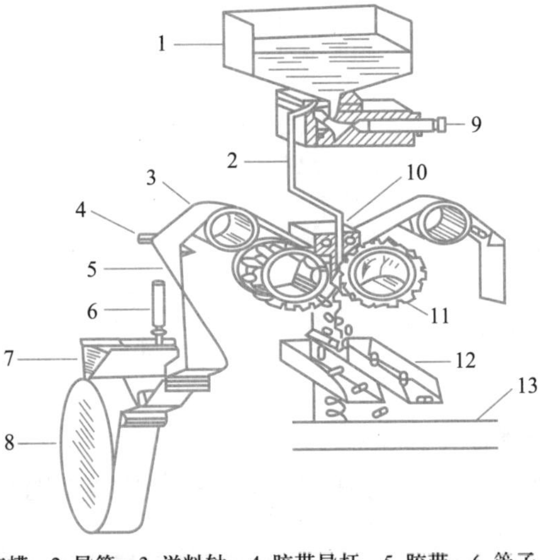

1. 储液槽；2. 导管；3. 送料轴；4. 胶带导杆；5. 胶带；6. 管子；7. 明胶盒；8. 胶带鼓轮；9. 填充泵；10. 楔形注入器；11. 滚模；12. 斜槽；13. 胶囊输送机。

图 5-18　滚模式软胶囊机主机的结构示意图

1. 胶带成型装置　由明胶、甘油、水、防腐剂、着色剂等附加剂加热熔制而成的明胶液，放置于明胶桶中。明胶液通过保温导管流入位于机身两侧的明胶盒中，明胶盒结构如图 5-19 所示。通过电加热使明胶液恒温，既能保持明胶的流动性，又能防止明胶液冷却凝固，从而有利于胶带的生产。在明胶盒后面及底部各安装有一块流量活动板和厚度调节板，通过前后移动流量调节板来加大或减小开口，使胶液流量增大或减小。通过上下移动厚度调节板，可调节胶带成型的厚度。明胶盒的开口位于旋转的胶带鼓轮上方，随着胶带鼓轮的平稳转动，明胶液通过明胶盒下方的开口，依靠自身重力涂布于胶带鼓轮的外表面上。胶带鼓轮外表面光滑，转动平稳，从而保证生成的胶带均匀。有冷风从主机后部吹入，使得涂布于胶带鼓轮上的热明胶液在鼓轮表面上冷却而形成胶带。在胶带成型过程中还设置了油辊系统，防止胶带发生粘连，能在机器中连续顺畅地运行。

2. 软胶囊成型装置　软胶囊成型装置如图 5-20 所示。制备成型的连续胶带被送到两个成型滚模与楔形注入器之间。注入器的曲面与胶带良好贴合，形成密封状态，确保空气不能进入已成型的软胶囊内。在运行过程中，一对成型滚模按箭头方向相对同步转动，楔形注入器静止不动。滚模表面有许多凹槽（图 5-21），均匀分布在其圆周的表面。当滚模转到对准凹槽与注入器上的一排喷药孔时，药液通过注入器上的一排小孔喷出。因注入器上加热元件的加热使得与注入器接触的胶带变软，依靠喷射压力使两条变软的胶带与滚模对应的部位产生变形，并挤到滚模凹槽的底部。为了方便胶带充满凹槽，在每个凹槽底部都开有小通气孔，这样，由于空气的存在而使软胶囊很饱满，当每个滚模凹槽内形成注满药液的半个软胶囊时，凹槽周边的回形凸台随着两个滚模的相向运转，两凸台对合，形成胶囊周边上的压紧力，使胶带被挤压黏结，形成一颗颗软胶囊，并从胶带上脱落下来。

动画
滚模式软胶囊机的主机压丸生产操作

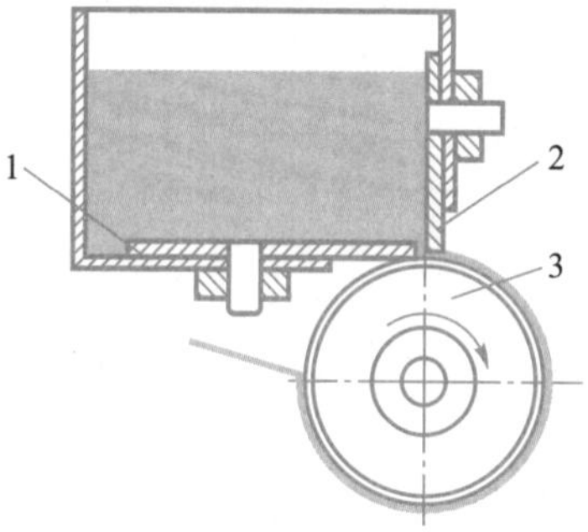

1. 流量调节板；2. 厚度调节板；3. 胶带轮。

图 5-19　明胶盒结构示意图

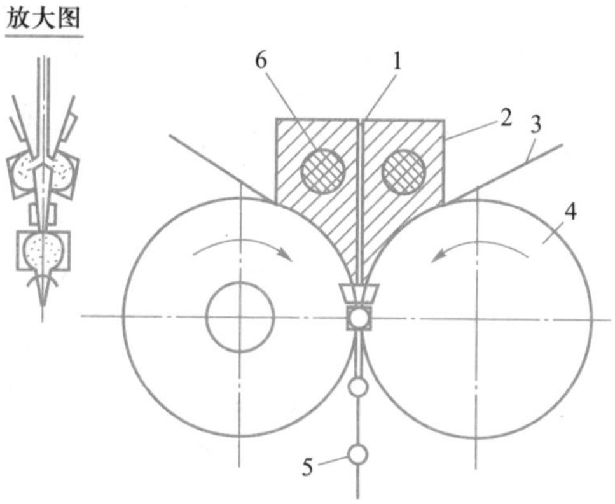

1. 药液进口；2. 楔形注入器；3. 胶带；4. 滚模；5. 软胶囊；6. 电热元件。

图 5-20　滚模式软胶囊成型装置工作原理示意图

图 5-21　成型滚模实物图

3. 滚模式软胶囊机组的辅机

(1) 输送机：输送机用来输送成型后的软胶囊，它由机架、电动机、输送带、调整机构等组成。输送带向左运动时可将压制合格的胶囊送入干燥机内，向右运动时则将废囊送入废胶囊箱中。

(2) 干燥机：干燥机用来对合格的软胶囊进行第一阶段的干燥和定型。干燥机由不锈钢丝制成的转笼、电动机等组成。转笼正转时胶囊留在笼内滚动，反转时可将胶囊从一个转笼输送到下一个转笼。干燥机的端部安装有鼓风机，通过风道向各个转笼输送净化风。

(二) 滴制式软胶囊机

该设备主要由滴制部分、冷却部分、电气自控系统和干燥部分组成(图5-22)。滴制部分包括储槽、计量、喷头等。冷却部分包括液循环系统和制冷系统。

工作时，明胶液和油性药液先后以不同速度通过喷头滴出，利用喷头的特殊性(同心管：双层喷头，外层通入明胶溶液，内层则通入药液)使明胶液包裹药液后滴入不相混溶的冷却液中，冷凝成胶丸。

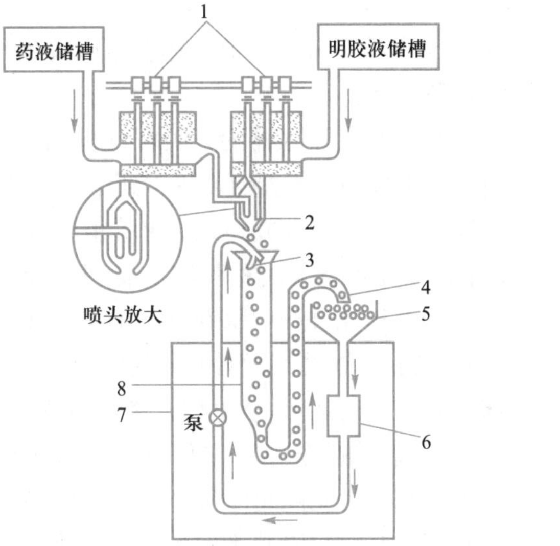

1. 定量控制器；2. 喷头；3. 冷却液状石蜡出口；4. 胶丸出口；5. 胶丸收集箱；6. 液状石蜡储箱；7. 冷却箱；8. 冷却管。

图 5-22　滴制式软胶囊机生产过程示意图

视频

滚模式软胶囊机的操作

三、RJWJ-200 型滚模式软胶囊机的操作

(一) 开机前准备

(1) 检查设备的状态标志、使用基本情况以及进行开机前的准备。

(2) 接上主机电源，启动设备，在主机“温控操作”界面上设定左、右明胶盒温度为60℃，注入器温度为37℃。

(3) 在其他操作界面上启动空调，打开转笼风机、输胶保温设备以及保温电加热棒等。

(4) 等待冷水机、电加热棒温度、注入器温度和左、右明胶盒温度等达到设定条件。

(二) 开机操作

(1) 打开油箱放油阀门，当油辊表面渗出油后调节油箱阀门；打开胶桶进压缩空气的阀门，调节压力保持桶内压力为0.03 MPa左右。

(2) 开启胶液出料阀门,胶液经输胶管进左、右明胶盒,当箱内胶液达到 2/3 处时,在“主机操作”界面上设定车速 2 r/min 左右,并启动主机。

(3) 顺时针等量旋转左、右明胶盒上的左、右手轮,调节胶带厚度在 0.4~0.9 mm,并且厚度误差不得大于 0.05 mm,同时转动左侧的压紧模具手轮,胶带被模具压出均匀模腔印时,停止转动。

(4) 放低注入器组件于两胶带之间,在“温控操作”界面上设定注入器温度为 38~45℃。

(5) 当模具下面的胶带有热软感后,转动模具手轮至胶带被切落;同时适当调整注入器至哈夫线。

(6) 快速合上注入器的开关杆,模具下面便形成一排装有内容物的胶丸;调整胶带厚度、润滑性和注入器温度等直到压出合格胶丸。

(7) 任取一粒胶丸放在天平上称重后,自哈夫线剪开胶丸,取出内容物,乙醇清洗胶皮并擦干;放在天平上称胶皮重量,两次重量相减即为内容物重量。

(8) 胶丸填充过程中每 60 min 检查一次装量,当装量不准确时,调节泵体后面的装量调节装置,顺时针(面对调节装置)旋转手轮为增加装量,反之亦然。

(9) 当胶丸的丸形、装量均合格时,调转主机胶丸溜斗方向,使胶丸经溜斗进入转笼内,启动“转笼操作”,“正转”表示定型干燥胶丸,“反转”表示输出胶丸。

(10) 停机时,先停止注入药液,关闭加热开关、真空搅拌罐的进气阀门,打开胶桶上的排气阀门,放尽输胶管中的残余胶液;待左、右明胶盒中胶液低于胶盒 1/4 时,依次关闭输胶保温设备、转笼风机、冷水机、油箱上的放油阀门以及主机电气箱上开关,最后关闭总电源开关。结束后按清洁操作规程对设备进行清洁。

(三) 设备的维护与保养

(1) 每批生产结束后需对供料板组合、料液分配板、注入器、输料管和滚模等进行清洗,同时需对传动系统箱和供料泵的过滤器进行及时清洗,及时更换润滑油,对干燥机转笼清洗时注意保护两端塑料网盘,严禁磕碰和将转笼放在地上滚动。

(2) 每班检查供料泵、传动系统箱和油辊系统内润滑油容量,并保持液位线高度;检查主机传动带的松紧程度,发现过松及时调整;清洁干燥机进风口,保持清洁与通畅;每批生产结束后及时清理干燥机内置接油盘和通风管。

(3) 开始生产时应注意控制注入器温度,避免胶膜过热缠绕下丸器,一旦发现胶膜缠绕下丸器,应立即清理。同时,在使用过程中对设备各润滑油孔应及时注油,保持相应的润滑性。

(4) 滚模不得与任何坚硬物体和利器接触,除安装外,必须放置在专用的模具盒内,生产过程中可用竹片等软性物体清除滚模上的异物。设备使用过程中两滚模间无胶膜时,左右滚模不得加压紧贴,一旦发现滚模模腔凸台角有磨损,胶丸合缝质量变差,需及时将滚模送检、修复,甚至报废。

(5) 每季度清洗油辊系统一次,输油轴内部保持清洁,涂医用凡士林使齿轮保持一定的润滑性。

(6) 每半年更换一次油辊系统上的涂油套。

(7) 每年对整机分解检查和清洗一次(两根进料管除外),分解和装配时要避免传动部件相互磕碰。

(8) 定期检查控制系统中各电动机、供电回路的绝缘电阻(应不小于 5 MΩ)及设备接地的可靠性,确保用电安全。

(四) 常见故障及排除方法

滚模式软胶囊机常见故障、原因及排除方法见表 5-4。

表 5-4　滚模式软胶囊机常见故障、原因及排除方法

故障现象	故障原因	排除方法
胶丸形状不对称	两侧胶膜厚度不一致	校正两侧胶膜厚度使其一致
胶丸表面有麻点	1. 胶液不合格 2. 胶带轮划伤或磕碰	1. 更换胶液 2. 停机修复或更换胶带轮
胶丸畸形	1. 胶膜太薄 2. 环境温度低,注入器温度不适宜 3. 内容物温度高 4. 内容物流动性差 5. 滚模模腔未对齐	1. 调节胶膜厚度 2. 调节环境温度和注入器温度 3. 改善内容物温度 4. 改善内容物流动性 5. 重新校对滚模同步
胶丸接缝太宽、不平、张口或重叠	1. 滚模损坏或注入器损坏 2. 供料泵喷注定时不准 3. 滚模模腔未对齐 4. 滚模压力小	1. 更换滚模或注入器 2. 重新校对喷注同步 3. 重新校对滚模同步 4. 调节压紧模具手轮
胶丸封口破裂	1. 胶膜太厚 2. 注入器温度太低 3. 滚模模腔未对齐 4. 环境温度过高或湿度太大	1. 减少胶膜厚度 2. 提高注入器温度 3. 重新校对滚模同步 4. 降低环境温度或湿度
胶丸中有气泡	1. 料液过稠夹有气泡 2. 供液管路密封不严 3. 注入器变形或位置不正	1. 排出料液中气泡 2. 更换密封配件 3. 更换或调正注入器
胶膜有线条状凹沟或割裂	1. 胶膜出口处有异物、硬胶 2. 展布箱前板损坏	1. 清除异物、硬胶 2. 停机修复或更换展布箱前板
胶膜黏在胶带轮上	冷风量偏小,风温或明胶温度过高	增大冷风量,降低风温及明胶温度
滚模对线错位	机头后面对线机构未锁紧	重新校对滚模同步,并将螺钉锁紧

岗位对接

本章主要介绍了胶囊剂生产工艺以及生产专用设备的结构、原理、标准操作、维护与保养、常见故障及排除方法等内容。

常见胶囊剂生产人员相对应国家职业工种是《中华人民共和国职业分类大典》(2015 年版)药物制剂工(6-12-03-00)包含的硬胶囊剂工和软胶囊剂工。从事的工作内容是制备符合国家制剂标准的不同产品的胶囊剂。硬胶囊剂相对应的工作岗位有粉碎、过筛、配料、总混、胶囊充填、抛光、检验和包装等岗位;软胶囊剂相对应的工作岗位有溶胶、配料、制丸、干燥、检丸和包装等岗位。其知识和技能要求主要包括以下几个方面:

(1) 进行生产前的准备和作业确认;

(2) 使用衡器、量器,计量、配制原辅料;

(3) 操作粉碎过筛设备、胶囊充填设备、胶囊抛光设备、总混设备、溶胶设备、配料设备、制丸设备、干燥设备、检丸设备和包装设备及辅助设备;

(4) 操作空气净化设备,制备洁净空气,并进行环境、设备、器具消毒;

(5) 操作包装设备,进行成品分装、包装、扫码;

(6) 判断和处理胶囊剂生产中的故障,维护保养胶囊剂生产设备;

(7) 进行生产现场的清洁作业;

(8) 填写操作过程的记录。

思考题

在线测试

1. 简述全自动胶囊填充机中药物定量充填装置的类型有哪些。
2. 简述滚模式软胶囊机的工作原理。

(章 斌)

第六章
片剂生产设备

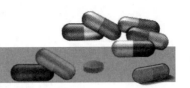

学习目标

1. 掌握常见压片、包衣设备的结构和工作原理。
2. 能按照 SOP 正确操作压片、包衣设备。
3. 熟悉常见压片、包衣设备的清洁和日常维护保养。
4. 能排除压片、包衣设备的常见故障。
5. 了解片剂生产的基本流程及生产工序质量控制点。

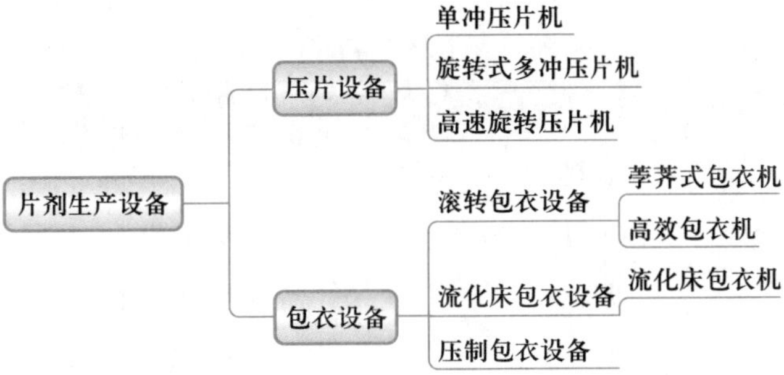

第一节　概　　述

一、片剂生产工艺

片剂的生产工序包括粉碎、过筛、配料、混合、制粒、干燥、整粒、总混、压片、包衣和包装等，具体生产工艺流程如图 6-1 所示。

二、生产工序质量控制点

药品在生产过程中需要进行严格的质量控制，结合片剂的生产流程，粉碎、过筛、配料、混合、制粒、干燥、整粒、总混、压片、包衣、包装等工序均是质量控制点，见表 6-1。

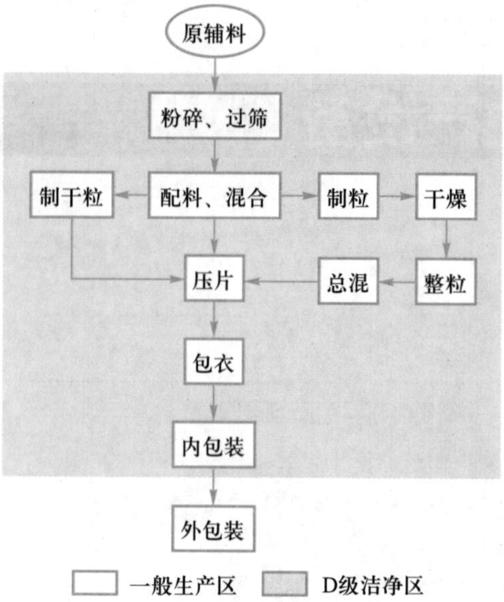

图 6-1　片剂生产工艺流程图

表 6-1　生产工序质量控制点

生产工序	质控对象	具体项目	检查次数
粉碎	原辅料	异物	每批
过筛	原辅料	细度、异物	每批
配料	投料	品种、数量、状态	每班
混合	投料	均匀度	每批
制粒	湿粒	性状	每批
干燥	干燥设备	温度、时间	随时
整粒	干粒	外加辅料、可压性、疏散度	每批
总混	颗粒	均匀度、颗粒水分	每批
压片	素片	外观、平均片重	随时
		片重差异、崩解度、脆碎度	每班
		含量、均匀度、溶出度（规定品种）	每批
包衣	包衣片	外观	随时
		崩解时限或释放度、含量	定时
包装	内包材	清洁度、密封性	每班
	在包装品	洁净度、装量、封口	随时
	装盒	批号、数量、说明书、封口签	随时
	装箱	批号、数量、装箱单、印刷内容	每箱

知识拓展

片剂制备技术

片剂的制备技术一般有直接压片法、干法制粒压片法、湿法制粒压片法。直接压片法是指不经过制粒过程直接把药物(粉末或结晶体)和辅料的混合物进行压片的方法。因其制备工艺较简便、生产周期短、工艺适应性强、生产成本低等明显的优势,国内外比较提倡。直接压片法替代湿法制粒压片法是片剂制备新技术发展的必然趋势,尤其是在小规格片剂品种开发时应优先考虑。

第二节 压片设备

一、概述

压片设备是将颗粒状或粉状物料通过特定的模具压制成片剂的机器。按照机型不同,压片机可分为单冲压片机、旋转式多冲压片机、高速旋转压片机。

按所压片剂形状不同,可分为普通片压片机、异形片压片机、多层片压片机、包芯片压片机。

压片机主要由压片装置、加料装置、出片装置等组成。压片装置主要指冲模,包括上冲、下冲和中模三部分(图 6–2)。片剂大小规格以冲头直径和中模孔径表示,一般为 ϕ3~20 mm。上、下冲的工作端面形状决定了成型后片剂的上下表面形状,常见的有平面形、斜边形、浅凹形、深凹形及综合形等。为了便于识别及服用药品,在冲模端面上也可以刻制出药品名称、剂量及纵横的线条等标志(图 6–3)。

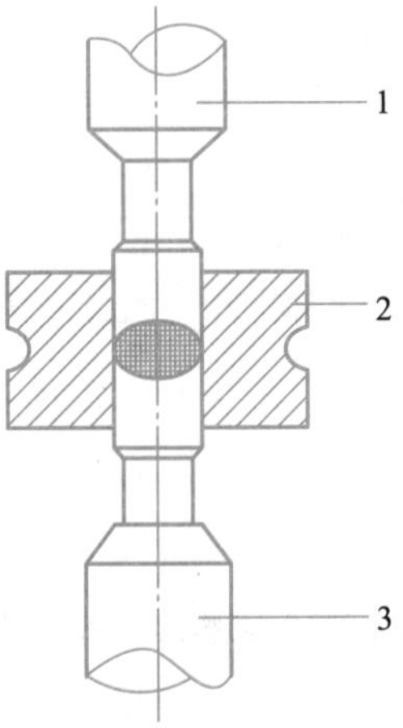

1. 上冲;2. 中模;3. 下冲。

图 6–2 压片机冲模结构示意图

图 6–3 压片机冲模实物图

二、常用压片设备

（一）单冲压片机

单冲压片机是由一副冲模组成，冲头作垂直往复运动将颗粒状的物料压制成片状的机器，主要结构包括冲模、加料机构、填充调节机构、压力调节机构和出片控制机构等（图 6-4）。电动机的动力通过皮带轮、齿轮传递给主轴上的 3 个偏心轮，带动冲模及加料器等部件工作。

1. 开关；2. 加料斗；3. 防护罩；4. 手轮；5. 电动机；6. 机器底座。

图 6-4　单冲压片机实物图

压片过程按加料→压片→出片顺序自动连续循环进行。工作时，单冲压片机下冲由中模孔下端进入模孔并封住模孔底部，接着饲料器覆盖在模孔上方填充药物。然后，上冲从中模孔上端进入并下行一定距离，此时下冲不动，上冲下压，将粉末或颗粒压制成片。随后上冲上升出孔，下冲上升至与中模表面平齐，将药片顶出中模孔，完成一次压片过程。下冲再次下降到原位，准备下一次填充，如此反复完成压片过程（图 6-5）。

单冲压片工作时下冲固定不动，仅上冲运动加压，上下面受力不均匀，使药片内部密度和硬度不一，并且其对药片施加的是瞬时压力，难以排尽物料中的空气，容易产生松片、裂片等质量问题。另外，单冲压片机生产效率较低，总产量为 80~100 片 /min，不适合大规模生产，主要用于实验室小试或小批量生产。

动画

单冲压片机

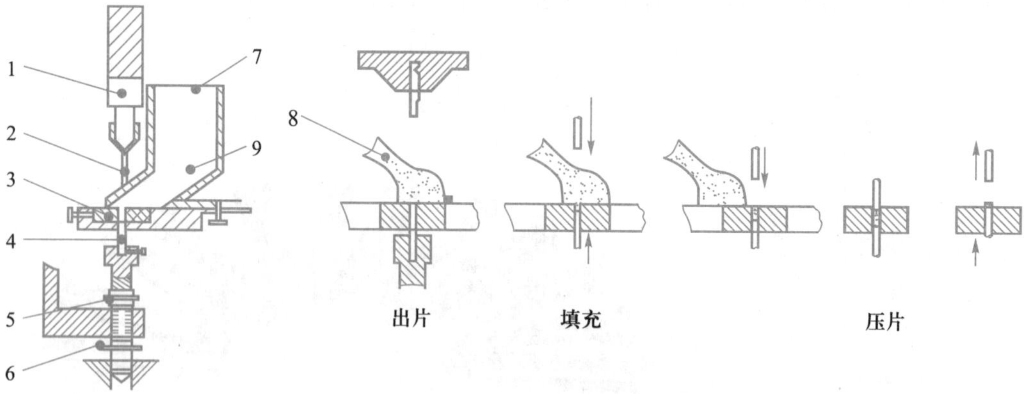

1. 压力调节器；2. 上冲；3. 中模；4. 下冲；5. 出片调节器；6. 片重调节器；7. 加料斗；8. 药物颗粒；9. 饲料器。

图 6-5　单冲压片机压片过程

（二）旋转式多冲压片机

旋转式多冲压片机主要由转盘、上压轮、下压轮、压力调节器、片重调节器、加料斗、月形栅式加料器、吸尘器、保护装置等构成（图 6–6、图 6–7）。月形栅式加料器实物如图 6–8 所示。转盘是整机的核心部件，转盘分为上、中、下三层。中模以等距固定在中层环形模盘上，上冲及下冲分别安装在上、下冲转盘与中模相同的圆周等距布置的孔中，借助固定在转盘上方及下方的导轨及压轮等作用完成上升或下降运动。

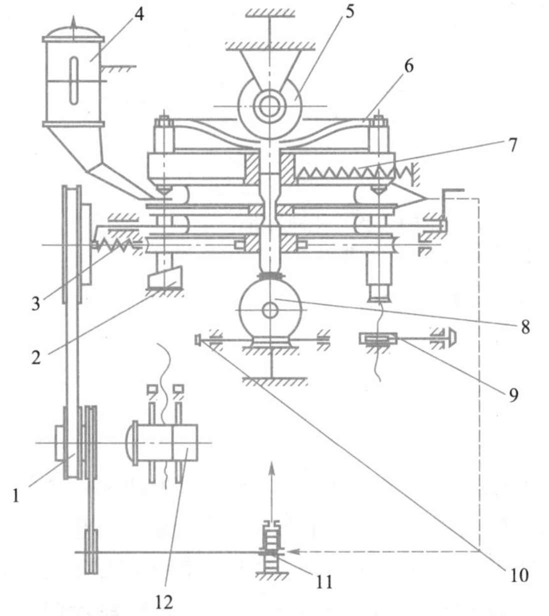

1. 无级变速装置；2. 下导轨；3. 传动轴附离合器装置；4. 料斗；5. 上压轮；6. 上导轨；7. 转盘；8. 下压轮；9. 片重调节器；10. 压力调节器；11. 吸尘器；12. 电动机。

图 6–6　旋转式多冲压片机结构示意图

图 6–7　旋转式多冲压片机实物图

视频

旋转式压片机的结构与原理

根据片重要求预先进行填充，调节至合适片重，调整片厚以达到工艺要求的硬度。工作时，电动机带动转台使多副冲模作顺时针旋转，物料经加料斗通过月形栅式加料器流入中模孔中，随转盘转到压片工位时，上、下冲在两个压轮的作用下将物料压制成片。压片后，下冲上升将药片从中模孔内顶出，由加料器的圆弧形侧边推出转盘。旋转式压片机工作流程如图 6–9 所示。

图 6–8　月形栅式加料器实物图

旋转式多冲压片机转盘的速度、物料的充填深度、压片厚度均可调节。具有饲粉方式合理，片重差异小；上、下冲同时加压，压力分布均匀；生产效率高，使用安全可靠，噪声小等优点。该设备适用于中小型药品生产企业、医疗机构制剂室、食品生产企业等。

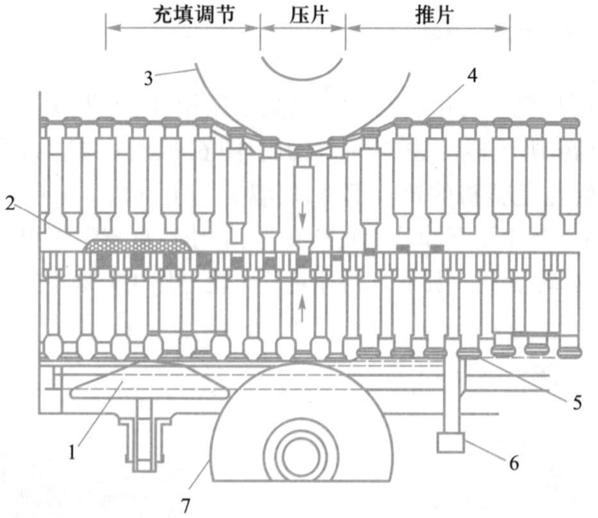

1. 片重调节器；2. 月形栅式加料器；3. 上压轮；4. 上冲轨道；
5. 下冲轨道；6. 出片调节器；7. 下压轮。

图 6-9　旋转式压片机工作流程

视频

旋转式压片机操作

（三）高速旋转压片机

高速旋转式压片机是旋转速度≥60 r/min 的压片机（图 6-10），是更为先进的片剂生产设备，在传动、加压、充填、加料、冲头导轨、控制系统等方面都明显优于普通压片机。

高速旋转式压片机主要由主机、上料器、筛片机、吸尘器等组成（图 6-11）。其中压片机主机为片剂成型部分，真空上料器在机器顶部，通过负压状态将颗粒物料吸入，加到压片机的加料器内。筛片机将压出的片剂除去静电及表面粉尘，利于包装。吸尘器功能是将机器内和筛片机内粉尘吸去，以保持设备清洁，防止粉尘飞扬。

视频

高速旋转式压片机的基本结构

图 6-10　高速旋转式压片机实物图

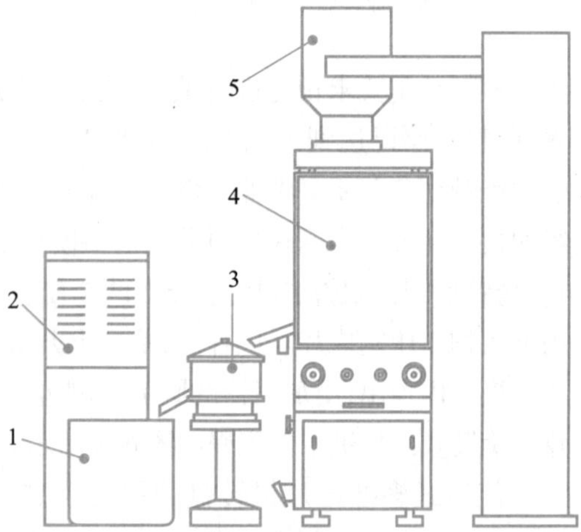

1. 成品桶；2. 吸尘器；3. 筛片机；4. 压片机；5. 上料器。

图 6-11　高速压片机系统

压片机主机是整个系统的核心部分。主机的上部分是压片室，被顶板、盖板及有机玻璃门通过密封条完全密封，防止外界的污染。压片室内包括给料系统、出片装置、冲压组合。主机的下部分是传动室，包括主传动系统、主压轮调整机构、润滑系统、手轮调节机构，被后门、左右侧门及控制柜通过密封条完全密封，以防止粉尘对机器的污染。冲压组合、给料系统（强迫加料装置）、液压系统、主传动系统是主机的重要组成部分。

1. 冲压组合　冲压组合包括冲盘组合、上冲、下冲、中模、填充装置、上下预压轮、上下主压轮、上导轨盘和下导轨凸轮等（图 6–12）。高速旋转压片机有一对预压轮和一对主压轮进行压片，二者结构完全一样。预压轮可以排出物料中的空气和粉末，还可以提供与主压轮同样大小的压力，为在主压位置片剂的成型提供保证，提高压片质量。

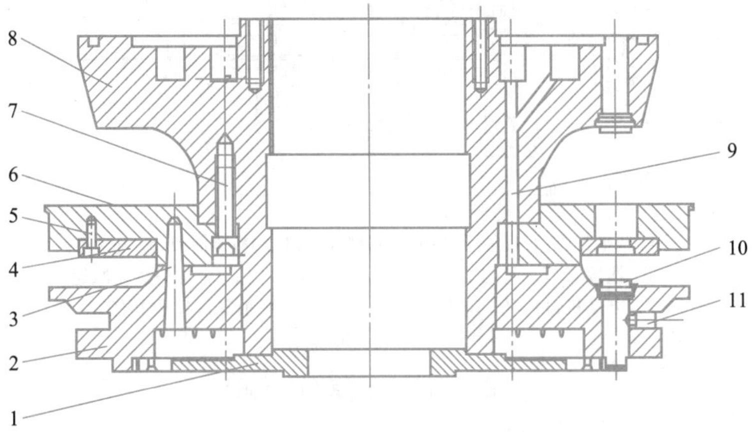

1. 检测盘；2. 下冲盘；3. 圆柱销；4. 中冲盘压板；5. 螺钉；6. 中冲盘；7. 螺钉；8. 上冲盘；9. 润滑油线；10. 防油圈；11. 阻尼销。

图 6–12　冲盘组合结构示意图

2. 给料系统（强迫加料装置）　主要由料桶、加料电动机、加料蜗轮减速器、万向联轴器、强迫加料器、连接管、加料平台和调平支脚机构（平台调整机构）等组成（图 6–13）。强迫加料器如图 6–14、图 6–15 所示。

加料电动机和蜗轮减速器被安装在机器的上部，减速器的输出轴通过万向节驱动联轴器。联轴器与强迫加料器齿轮箱的输入轴连接并带动齿轮转动。齿轮箱的下部有两个输出轴，分别装有两个叶轮，齿轮带动两个叶轮转动。加料器壳体底部有一个落料槽，在落料槽下部装有一个密封垫并与中层转盘表面吻合，用于将加料器中的物料填入冲模。加料器落料槽前端装有两个收料刮板，用于回收中层转盘表面上的物料。加料器两侧的下部分别装有螺栓、碟形弹垫和碟形螺母，便于与加料平台快速连接。密闭的两层双叶轮强迫加料，接近冲盘 1/4 的工作弧长，加大了药粉的填充能力，有效防止了颗粒的粗、细分离，从而解决了普通压片机靠重力下料不足、粉尘过多及交叉污染等问题。加料电动机采用变频调速且可随主电动机转速的

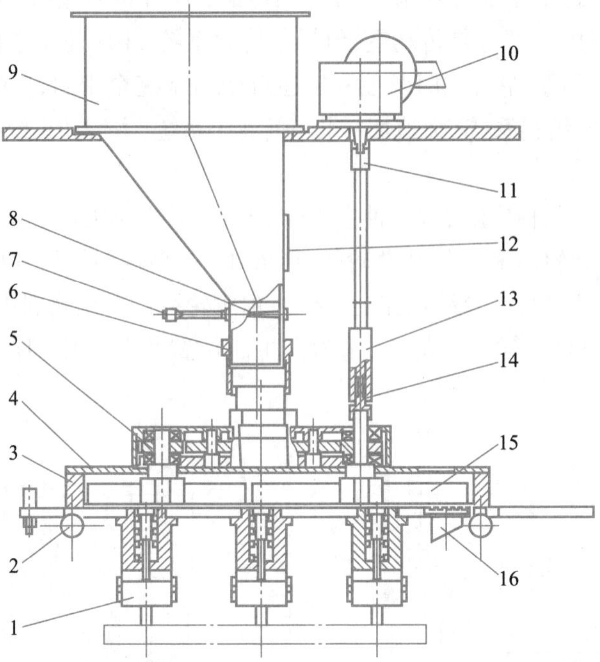

1. 调平支脚；2. 压紧手柄；3. 加料器壳体；4. 加料器面板；5. 齿轮箱；6. 连接管；7. 阀门手柄；8. 碟形阀门 9. 料斗；10. 加料蜗轮减速电动机；11. 万向联轴器；12. 视窗；13. 联轴器；14. 保护锁；15. 叶轮；16. 漏管。

图 6-13　给料系统结构图

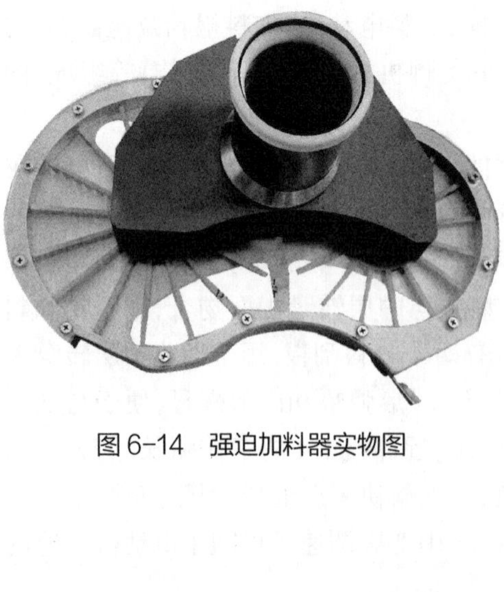

图 6-14　强迫加料器实物图

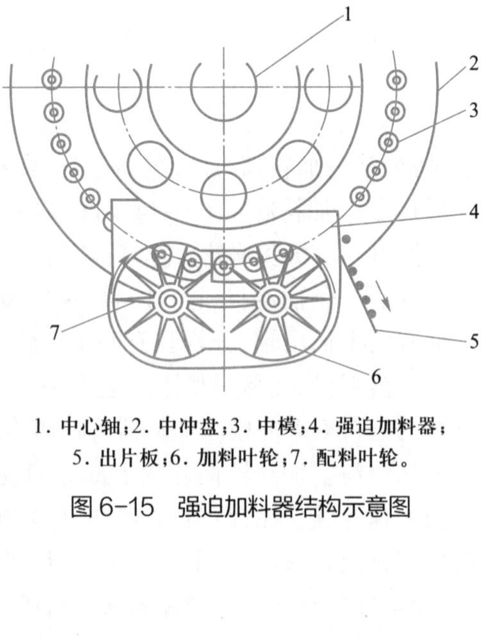

1. 中心轴；2. 中冲盘；3. 中模；4. 强迫加料器；5. 出片板；6. 加料叶轮；7. 配料叶轮。

图 6-15　强迫加料器结构示意图

提高而自动提高。

3. 液压系统　主要功能是提供预压力、主压力以及进行安全保护，由液压泵站、蓄能器、液压油缸、压力传感器、单向节流阀、限压阀、电磁换向阀、单向阀、预压油缸、主压油缸和液压管路及接头等组成（图 6-16）。

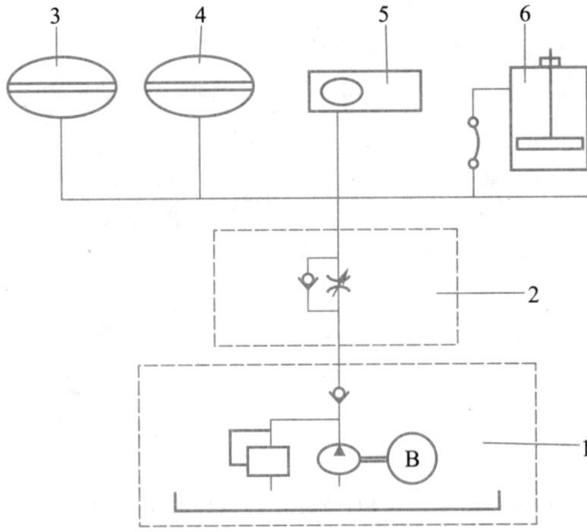

1. 液压泵站；2. 单向节流阀；3. 2# 蓄能池；4. 1# 蓄能池；5. 压力传感器；6. 主压油缸；7. 预压油缸。

图 6-16　液压系统结构图

4. 主传动系统　高速旋转压片机由主电动机带动，经过蜗轮箱减速后，带动主轴转动。主轴和冲盘相连，带动上下冲模沿着上下导轨曲线转动，完成充填、计量、预压、主压和出片整个过程（图 6-17）。

高速旋转压片机一个工作循环周期，颗粒经过加料装置、填充装置、预压装置、压片装置等机构依次完成加料、定量、预压、主压成型、出片（图 6-18）。

整个压片过程中，控制系统通过对压力信号的检测、传输、计算、处理等实现对片重的自动控制，废片自动剔除，以及自动采样、故障显示和打印各种统计数据。该设备具有全封闭、压力大、噪声低、生产效率高、润滑系统完善、操作自动化等特点，在国内外得到广泛应用，已成为片剂生产的主要设备。

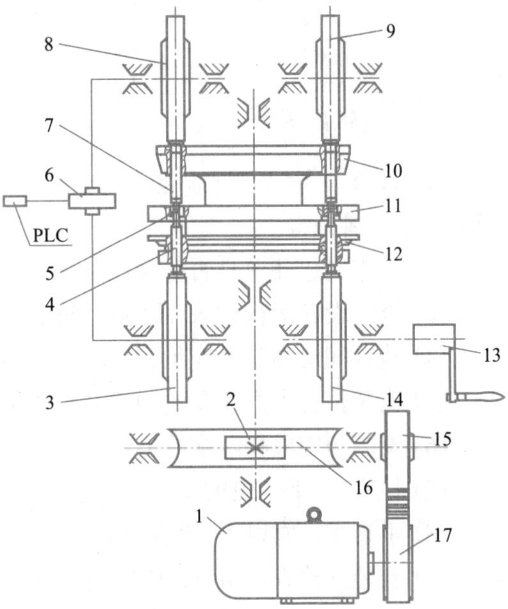

1. 主电动机；2. 蜗杆；3. 下主压轮；4. 下冲头；5 中冲模；6. 压力传感器；7. 上冲头；8. 上主压轮；9. 上预压轮；10. 上冲盘；11. 中冲盘；12. 下冲盘；13. 摇把；14. 下主压轮；15. 大带轮；16. 蜗轮；17. 小带轮。

图 6-17　高速旋转压片机传动系统原理图

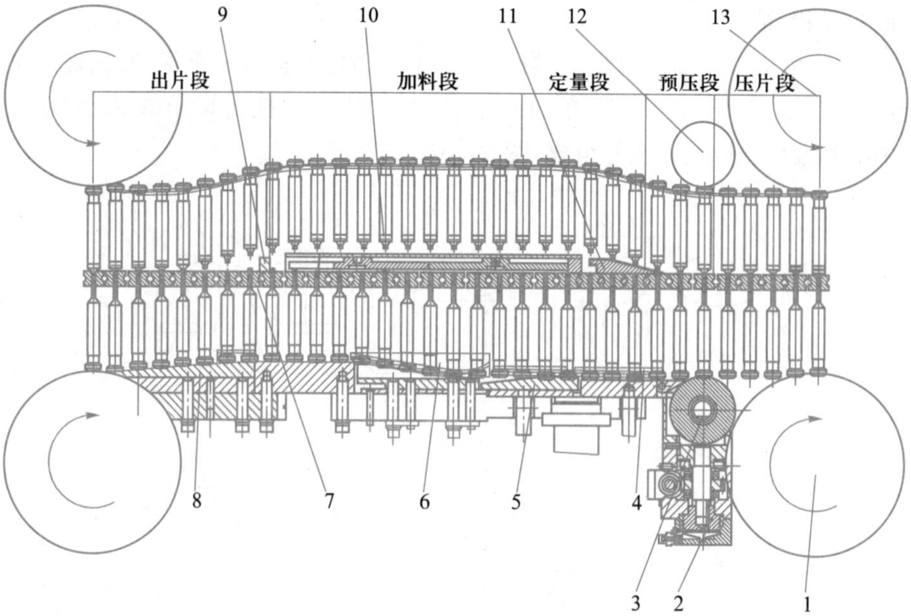

1. 下主压轮；2. 预压油缸；3. 下预压轮；4. 下冲保护导轨；5. 计量导轨；6. 充填导轨；7. 片剂；8. 出片导轨；9. 出片杆；10. 强迫加料器；11. 盖板；12. 上预压轮；13. 上主压轮。

图 6-18　高速旋转式压片机工作流程

三、GZPS 型高速旋转压片机的操作

（一）开机前准备

（1）检查设备状态标志是否符合要求；应在清洁有效期内，如不在有效期内需要重新清洁或者消毒。

（2）检查周边环境是否符合设备使用和安全运行生产的规定。

（3）查看设备运行记录，了解设备的运行情况。

（4）检查润滑油是否充足，并将干油泵打油 2~3 次。

（5）安装符合生产需要的中模并检查中模高低，是否有毛刺，紧固中模。

（6）安装与中模相匹配的上、下冲模并紧固。

（7）检查上、下轨道的安全保护装置是否起作用。

（8）手盘车三圈以上，检查机器上、下冲运转灵活，各部件紧固合适。

（9）安装并检查辅机（吸尘柜、筛片机、真空上料机），固定加料器。

（二）开机操作

1. 上料

（1）打开料筒蝶阀，接通电源。

（2）打开辅机，使物料由料桶进入加料器。

（3）点触摸屏“辅助控制”中“左上料机”和“右上料机”，开始供料。加料器中的

物料填满后（可通过加料器上的观察窗观察），电动机运行。

（4）调节素片成型，略带硬度。

2. 试机　启动主机，使素片片重达规定要求，片重差异在规定范围内。

3. 正式生产

（1）在满足产品质量要求的前提下，调速至恒定速度。

（2）开机后要经常核对片重，观察电脑的压力值、偏差值及计量自动调节的行程，与片剂硬度、重量的关系，自动润滑、自动剔废功能是否正常。料桶内物料不得少于1/3。

（3）经常检查机器运转情况，有无杂音，零部件有无松动及温升情况。机器正常运转中，不得接触运转部位。

4. 停机

（1）高速停机：压片压力不大时停机，在自动状态，通过改“生产速度”数值，慢慢减速，减到低速时停机可不减压。如果压片压力较大时停机，则按照上述操作，减到低速时停机后立即减压。

（2）低速停机：压力大时停机，应减压；压力很小时（根据实际承载能力与实际成型压力对比）停机，可不减压。

（三）设备的维护和保养

每两周或者运行时间达到150 h，由维修人员完成以下工作：

（1）检查润滑系统的各管道和零部件处有无漏油现象。

（2）清理设备机体内的积尘和油污，清理电气部件时，应先用吸尘器吸尘，对接线点密集或元件部位用压缩空气吹，气嘴距元件5~6 cm为佳，气压不能过高，应为0.1~0.2 MPa。

（3）检测传动带是否正常工作，如发现有变形或破损，应及时给予调整和更换。

（4）检查各固定螺丝是否有松动现象，如有松动应马上紧固。

（5）检查各个润滑系统油杯的油含量是否符合标准（表6–2）。

表6–2　润滑系统油杯的油含量标准

油箱位置	油量标准
干油润滑系统	每班加注1~2次
稀油润滑系统	多于油杯体积的1/4
蜗轮箱	每2 000 h应换油

（6）给料装置的维护：

1）加料器的维护：检查加料器底部铜衬和收料刮板的磨损情况，如有轻微磨伤，可用水砂纸抛光，如磨损严重，则必须更换。

2）加料平台的维护：在机器运行期间，加料器底面与冲盘上平面间隙校准到0.05 mm。由于长时间工作造成正常磨损导致间隙不精准，可以重新校准。校准的方法是加料器和转盘之间的间隙中塞入0.05 mm塞尺，小阻力转动即可。

3）加料平台的调整：拧松调平支脚上的小螺钉及下方套环；拧松调平支脚上的防松大螺钉，然后将缺口螺栓向左或向右转，调整好平台高度。防松螺钉拧紧后套环复位。

（7）检查蜗轮、蜗杆、上下压轮轴、压轮、轴承、上下轨道等各部件的磨损情况及活动部位是否转动灵活，发现缺陷应及时修复或更换。

（8）检查电气系统各部件（电动机、变频器、线路、电气控制箱）是否正常，如不正常，应及时维修。

（四）常见故障及排除方法

GZPS 型高速旋转式压片机常见故障、原因及排除方法见表 6-3。

表 6-3　GZPS 型高速旋转式压片机常见故障、原因及排除方法

故障现象	故障原因	排除方法
设备不启动	故障灯亮显示有故障	依据故障灯提示分别给予维修
设备震动过大或有异常声音	1. 车速过快 2. 冲头没装好 3. 塞冲 4. 压力过大，压力轮不转	1. 降低车速 2. 重新装冲头 3. 清理冲头，加润滑油 4. 调低压力
强迫刮料器漏粉	1. 强迫刮料器底部磨损严重 2. 刮料器与转盘台面的间隙过大 3. 刮粉刀已磨损，没压实	1. 更换强迫加料器 2. 重新调试刮料器与转盘台面间距 3. 更换刮粉刀
压力轮不转	1. 缺少润滑 2. 轴承损坏	1. 加润滑油 2. 更换轴承
上、下压轮轴窜动	1. 压片时因压轮受力，导致圆螺母松脱，产生轴向窜动 2. 压轮内轴承磨损 3. 压轮轴内侧轴端挡圈磨损	1. 套上圆螺母，安装好止动垫圈 2. 停机调换轴承 3. 停机调换轴端挡圈
润滑油不足保护	当影响润滑供油时，显示“润滑不足”	向润滑油箱中加入适量润滑油
上、下冲过紧保护	1. 上下冲杆外表面或中模孔内表面有粉末等异物 2. 上下冲头运动异常 3. 过紧检测装置显示“上冲过紧”或“下冲过紧”	1. 逐个检查上下冲头的松紧程度，找出过紧冲头并把它取下 2. 检查清洗冲头及模孔，冲头如有严重磨损痕迹及毛刺应进行修复、抛光。把冲头涂油后再装入冲孔，检查冲头松紧程度是否合适 3. 检查冲头过紧检测装置的压紧簧是否太松，如太松应适当拧紧下压螺钉，将过载保护弹簧压紧，适当增大过载保护所设定的压力

续表

故障现象	故障原因	排除方法
片重差异	1. 升降杆轴向窜动,引起计量不准,产生片重差异 2. 加料器磨损或安装不对 3. 冲模长短不一,冲头断裂 4. 强迫加料器拨轮转速与转台转速不匹配	1. 检查蜗轮是否磨损,如有则应调换磨损零件 2. 调整加料器或更换 3. 检查更换冲头或冲模 4. 调整至匹配
裂片	1. 压力过高 2. 冲模损坏	1. 降低主压力,加大或降低预压力,调至合适 2. 检查并更换损坏的冲头或中模
松片	压力偏小	旋转压力调节手轮,增加压片力
黏冲或叠片	冲头卷边或表面粗糙	停车逐个检查冲头,找出卷边冲头,更换或抛光
不计数	计数传感器离冲杆距离太大	把计数传感器与冲杆之间距离调小,但不与冲杆接触

第三节　包衣设备

一、概述

包衣是指在特定设备中按特定工艺将糖料或其他能成膜的材料涂覆在药物固体制剂的外表面,使其干燥后成为紧密黏附在表面的一层或数层不同厚薄、不同弹性的多功能保护层的制剂工艺。按照包衣材料不同可分为糖衣、薄膜衣及肠溶衣等。常用的包衣方法有滚转包衣法、流化床包衣法和压制包衣法等,包衣设备有滚转包衣设备、流化床包衣和压制包衣设备。

1. 滚转包衣设备　常见有荸荠式包衣机和高效包衣机两种。荸荠式包衣机是敞口式滚筒,最早用于包衣的生产。高效包衣机为封闭式滚筒,是一种高效、节能、安全、洁净的机电一体化设备。

2. 流化床包衣设备　是利用喷嘴将包衣液喷至悬浮状态的片剂表面,以完成包衣的机器。

3. 压制包衣设备　压制法包衣又称干法包衣,是用包衣材料将片芯包裹后在压片机上直接压制成型。常用的压制包衣机是将两台旋转式压片机用单传动轴配成套,用特制的传动器将压好的片芯传送到另一台压片机上完成包衣操作。

二、常用包衣设备

（一）荸荠式包衣机

1. 辅助加热器；2. 锅体；3. 电加热器；
4. 锅体角度调节手轮。

图 6-19　荸荠式包衣机实物图

荸荠式包衣机(图 6-19)又称为普通包衣机、糖衣锅，适用于包糖衣、薄膜衣和肠溶衣，是最基本的滚转式包衣设备。

设备主要由包衣锅、动力系统、加热系统、排风或吸尘系统组成。包衣锅有荸荠形和莲蓬形，一般用不锈钢或紫铜衬锡等性质稳定并有良好导热性的材料制成。锅体厚度均匀，内外表面光滑，采用电阻丝或热风加热。包衣锅随动力系统带动轴一起旋转。转速、温度及倾斜角度均可根据产品需要进行调节。荸荠形包衣锅适用于片剂包衣，微丸包衣用莲蓬形更好。

荸荠式包衣机是间歇操作，劳动强度大，生产周期长，且包衣厚薄不均，片剂质量也难均一，常用于实验室小试、医院制剂室等。

（二）高效包衣机

高效包衣机主要用于中西药、片剂、丸剂、微丸、小丸、水丸、滴丸、颗粒制丸等，可包制糖衣、有机薄膜衣、水溶薄膜衣和缓、控释包衣。

如图 6-20 所示，高效包衣机成套设备主要由主机(包衣锅)、送风系统、排风系统、喷雾输液系统及程序控制系统等组成。

动画

高效包衣机

1. 排风系统；2. 程序控制系统；3. 主机；4. 喷雾输液系统；5. 送风系统。

图 6-20　高效包衣机成套设备实物图

1. 主机　由包衣滚筒、搅拌器、驱动机构、清洗盘、喷枪、热风排风分配管、密闭工作室等部件组成(图 6-21)。

2. 送风系统　由热交换器、(初、中、高效)过滤器、轴流风机、外箱体等部件组成(图 6-22)。主机所需热风直接采用室外自然空气,经过滤器过滤达到洁净空气要求,经蒸汽热交换器或电加热到 80℃,进入主机包衣滚筒内对片芯进行干燥。

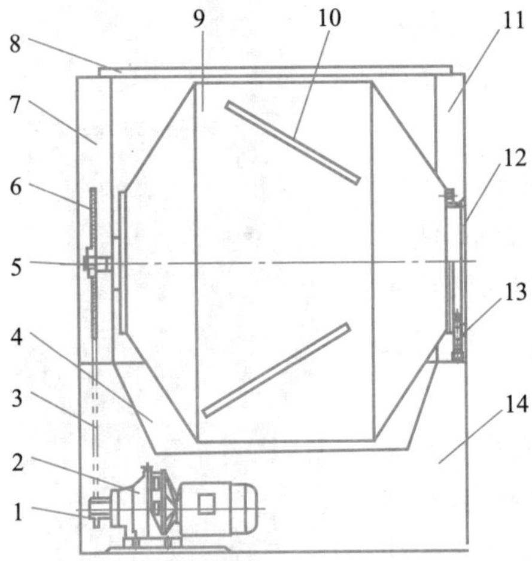

1. 小链条;2. 减速器;3. 链条;4. 清洗盘;5. 传动轴;6. 大链轮;7. 后箱体;8. 顶盖;9. 包衣滚筒;10. 搅拌器;11. 前箱体;12. 进料口;13. 托轮机构;14. 下箱体。

图 6-21　高效包衣机主机结构示意图

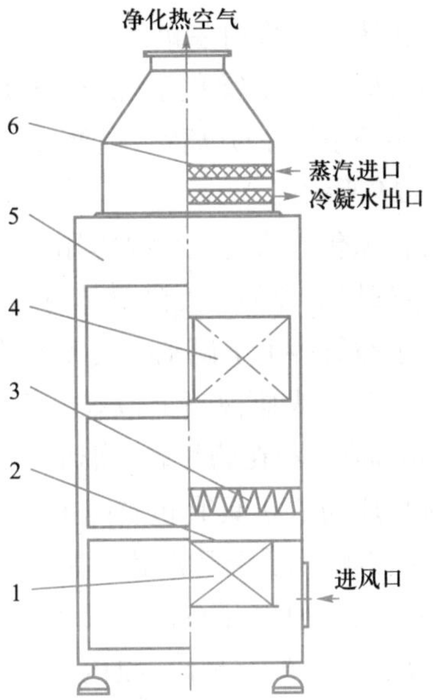

1. 轴流风机;2. 初效过滤器;3. 中效过滤器;4. 高效过滤器;5. 箱体;6. 热交换器。

图 6-22　高效包衣机送风系统结构示意图

3. 排风系统　由防爆离心风机、除尘装置、清灰机构、积尘斗、箱体组成(图 6-23)。排风系统通过离心风机作用,把包衣滚筒内的废气、污物经除尘后排到室外,使包衣滚筒内始终处于负压状态,既能促使片芯表面的衣料迅速干燥,又可使排放至室外的废气得到除尘处理,符合环保要求。

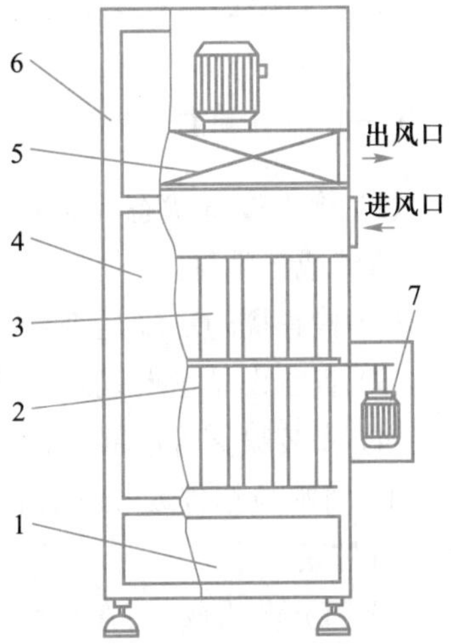

1. 积尘斗;2. 振动条;3. 布袋;4. 检查门;5. 离心风机;6. 箱体;7. 清灰电动机。

图 6-23　高效包衣机排风系统结构示意图

4. 喷雾输液系统　由蠕动泵、搅拌桶、气化管、硅胶管、喷枪、流量调节器等组成。搅拌桶将料液搅拌均匀,蠕动泵保证料液通过硅胶管恒压输出,与喷枪底部相连接,压缩空气通过气化管与喷枪中部连接,将流过的料液喷成雾状,均匀地喷洒到翻动的片芯表面不断沉积成膜层,完成包衣。

5. 程序控制系统　由主机、显示屏或触摸屏等部件组成。按工艺顺序及参数的要求,将相关操作及数据通过可编程输入主机,工作时通过显示屏或触摸屏操作控制。可以实现包衣生产自动控制、在位清洗、系统故障自诊断等，操作方便，生产安全。

由于包衣是在滚筒内完全密闭的空间进行，故无粉尘飞散，生产效率高且耗能低。整个包衣生产过程实现自动控制，目前广泛应用于片剂的薄膜包衣。

（三）流化床包衣机

流化床包衣机由主机系统、空气加热系统、空气过滤系统、排送风系统、雾化系统、控制系统组成。主机包括底端进风室、喷嘴、分离室、过滤室。流化床包衣机实物如图 6–24 所示。

流化床包衣法与流化喷雾制粒工作原理相近。工作时，热空气以一定的速度经气体分布器进入包衣室，使药片悬浮于空气中上下翻动。气动雾化喷嘴将包衣液喷入包衣室。药片表面被喷上包衣液后，周围热空气使包衣液中的溶剂挥发，在药片表面形成一层薄膜。

流化床包衣机具有包衣速度快，喷雾区域粒子浓度低，不易粘连，不受药片形状限制等优点，可形成均匀、圆滑的包衣膜。但也存在包衣层较薄，且药物作悬浮运动时碰撞较强烈，外衣易碎，颜色欠佳，设备的容积效率低等缺点。流化床包衣法目前多用于片剂包薄膜衣和微丸剂、粉末、颗粒剂的包衣。

图 6–24　流化床包衣机实物图

三、JGB–150E 型高效包衣机的操作

（一）开机前准备

（1）检查设备状态标志是否符合要求，且在清洁有效期内，如不在有效期内需要重新清洁或者消毒。

（2）检查周边环境是否符合设备使用和安全运行生产规定。

（3）查看设备运行记录，了解设备运行情况。

（4）安装喷雾管道部件，连接主管道。

1）将喷枪组件安装在旋转臂上，调整好组件及管道在滚筒中的合适位置，将各紧固螺钉拧紧。

2）打开蒸汽阀门，在操作面板上点击“薄膜包衣”。开启并预热包衣锅。

（5）调整喷雾模式：

1）包衣锅预热时，开启雾化，确认喷枪喷液正常，雾化效果良好，三个喷枪喷出均匀对称的雾化包衣料。

2）拧紧喷枪顶端的调整螺钉。

3）接通蠕动泵电源，打开蠕动泵的开关，调整转速至要求的喷雾模式。

（二）开机操作

(1) 进料，待进风温度显示为45~60℃时，打开锅门，将片芯倒入锅内。

(2) 将旋转臂连同喷雾管道及喷枪转入包衣锅内。

(3) 开启包衣锅“转动”按钮，将包衣锅调至1.8~3 r/min，将调试好的喷枪推入包衣锅内并固定在包衣锅壁上，关门，开启蠕动泵，进行包衣。

(4) 包衣需45~60 min，待片芯表面有薄薄一层包衣料时，将包衣锅转速调节至3.8~4.2 r/min。当包衣料包完一半时，将包衣锅转速调节至4.8~5.2 r/min。

(5) 待包衣料喷完后，依次关闭蠕动泵、喷枪，将喷枪从锅内移出，将转速调至2.5~3.2 r/min，保持进风温度使其对片床进行干燥。

(6) 操作完毕后，关闭电源，按清洁操作规程对设备进行清洁。

（三）设备的维护与保养

(1) 每个工作日后，须对设备清洗一次，再开启热风柜与排风柜，对主机内进行干燥后关机。

(2) 设备的润滑要求为：

1）摆线针轮减速机出厂时已加润滑油，在使用后必须按要求检查并按时更换润滑油。

2）每6个月检查主机链轮、链条、托轮轴承、主轴承、排风清灰器偏心轮、连杆及轴承，并加注黄油。

3）喷枪组件在安装或清洗时应轻拿轻放，以防损坏。

4）每日使用前在搅拌桶的气动马达的管口加注几滴食用油，以保证正常运转，延长使用寿命。

(3) 包衣滚筒如有异声或移位，应及时调整托轮高度与间距、包衣滚筒中心距，或更换托轮轴承并校对。

(4) 设备的整套电气系统每运行500 h，必须进行一次电气元件的维护与保养。

(5) 热风柜的维护与保养：

1）按实际使用情况，定期清灰及检查过滤器，如发现损坏，应及时维修或更换。通常，室外取风用的中效过滤器每月一次，室内取风每3个月一次，高效过滤器每3年更换一次。如发现风速风量无法满足设备正常作业时，必须更换高效过滤器。

2）轴流风机应定期检查固紧螺栓、电线等。定期检查蒸汽散热器是否有漏气漏水现象。

(6) 每日工作完毕，必须将排风柜清灰器气动振打布袋灰尘一次（5~10 min），并将灰斗清理干净。清灰器零部件与布袋式过滤器应定期检查，连续使用50~100班次需清洗布袋。每连续工作6个月，要检查清灰器电动机及部件，对偏心轮、连杆轴加注黄油。

（四）常见故障及排除方法

高效包衣机常见故障、原因及排除方法见表 6–4。

表 6–4 高效包衣机常见故障、原因及排除方法

故障现象	故障原因	排除方法
主机工作室不密封	密封条脱落	更换密封条
异常噪声	1. 包衣机与送、排风接口产生碰撞 2. 包衣机前支承滚轮位置不正确 3. 排风筒密封片密封不严	1. 调整风口安装位置 2. 调整滚轮安装位置 3. 检查排风筒并调整密封片
机座产生较大震动	1. 减速器紧固螺栓松动 2. 电动机紧固螺栓松动 3. 电动机与减速机之间的联轴节位置调整不正确	1. 拧紧减速器螺栓 2. 拧紧电动机螺栓 3. 调整对正联轴节
减速机轴承温度高	缺少润滑油	添加润滑油
风门关不紧	风门紧固螺钉松动	拧紧螺钉
压缩空气压力报警	1. 设定压力过高 2. 供气压力不足 3. 调整压力过低	1. 调整压力继电器设定压力 2. 提高供气压力 3. 重新调整各气路压力
供风量下降	1. 供风管路堵塞 2. 热风柜内过滤器堵塞	1. 清理管路 2. 清理或更换过滤器
负压过低或没有负压	1. 软连接风管漏风 2. 排风管路堵塞 3. 除尘过滤器堵塞 4. 风门位置变动	1. 修理或更换软连接风管 2. 清理排风管路 3. 清理或更换除尘过滤器 4. 重新调整风门位置
蠕动泵开启后打不出液	1. 硅胶管安装位置不正确或破裂 2. 泵座位置不正确 3. 泵上管接头密封不严	1. 更换硅胶管，调整位置 2. 调整泵座位置，拧紧螺帽 3. 接头加密封胶带
喷枪不喷雾	1. 信号空气开关没有打开或信号气太小 2. 喷枪针阀没有打开 3. 喷枪内枪针密封圈损坏	1. 打开信号空气开关或加大信号气 2. 检查或更换弹簧 3. 更换密封圈
喷雾系统管道泄漏	1. PU 管与管接头未插好 2. 管接头螺母松动 3. 组合垫圈损坏	1. 重新插入 2. 拧紧螺母 3. 更换垫圈

岗位对接

本章主要介绍了片剂的生产工艺、主要工序与质量控制点，以及压片设备、包衣设备的主要结构、工作原理、设备操作规程和常见故障及排除方法等内容。

常见片剂生产人员相对应国家职业工种是《中华人民共和国职业分类大典》(2015 年版) 药物制剂工 (6-12-03-00) 包含的片剂工。从事的工作内容是制备符合国家制剂标准的不同产品的片剂。相对应的工作岗位有粉碎、过筛、配料、制粒、干燥、整粒、总混、压片、包衣和包装等岗位。其知识和技能要求主要包括以下几个方面：

(1) 进行生产前的准备和作业确认；

(2) 使用衡器、量器，计量、配制原辅料；

(3) 操作压片设备、包衣设备及辅助设备；

(4) 操作设备的清洗消毒；

(5) 判断和处理片剂生产中的故障，维护保养片剂生产设备；

(6) 进行生产现场的清洁作业；

(7) 填写操作过程的记录。

思 考 题

1. 使用高速旋转压片机压片的过程中出现黏冲，请分析出现问题的原因，并提出具体解决方案。

2. 使用高效包衣机生产过程中药片间有色差，请分析出现问题的原因，并提出具体解决方案。

在线测试

(田永云)

第七章

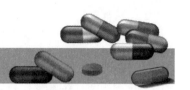

丸剂生产设备

学习目标

1. 掌握常见塑制法和滴制法制丸设备的结构和工作原理。
2. 能按照 SOP 正确操作搓丸机、滴丸机。
3. 熟悉常见搓丸机和滴丸机的清洁和日常维护保养。
4. 能排除搓丸机和滴丸机的常见故障。
5. 了解丸剂生产的基本流程及生产工序质量控制点。

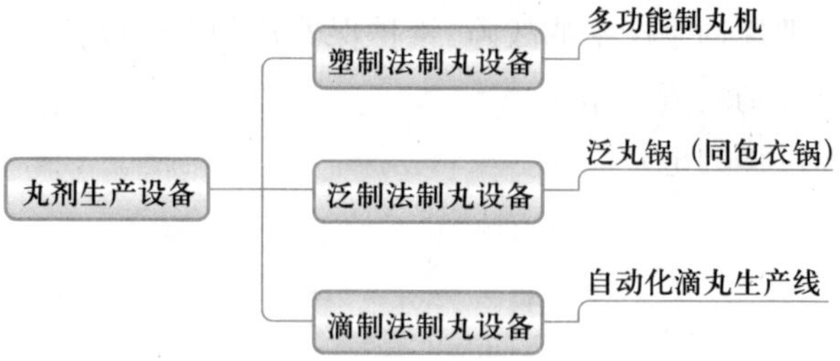

第一节　概　　述

一、丸剂生产工艺

在药品生产企业中，丸剂的生产工艺主要有塑制法、泛制法和滴制法等。

（一）塑制法丸剂生产工艺

塑制法系指药材细粉加适宜的黏合剂或润湿剂，混合均匀，制成软硬适宜、可塑性较大的丸块又称合坨，再通过挤压或切割制丸条、分粒、搓圆而成丸的一种方法。常用于蜜丸、水蜜丸、浓缩丸、糊丸、蜡丸等的生产。在药品生产企业中常用多功能制丸机进行生产。具体生产流程如图 7-1 所示。

（二）泛制法丸剂生产工艺

泛制法系指在具备母核的基础上，借助转动的适宜容器或机械将药材细粉与赋形剂交替加入，通过润湿、撒粉、不断翻滚，使药丸逐渐增大的一种制丸方法，主要用于水丸、水蜜丸、糊丸、浓缩丸等的制备。药品生产企业中常用泛丸锅进行生产。具体生产流程如图7-2所示。

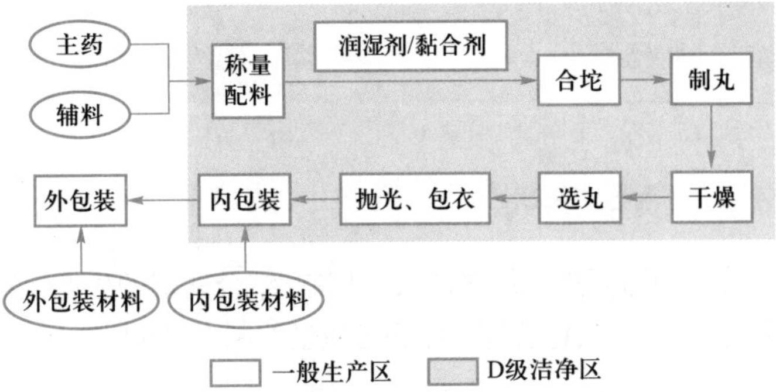

图7-1 塑制法丸剂生产工艺流程图

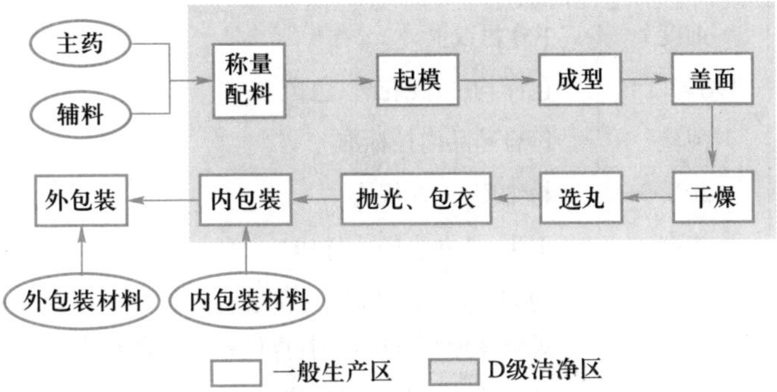

图7-2 泛制法丸剂生产工艺流程图

(三) 滴制法丸剂生产工艺

滴制法系指原料药(包括化学原料药、中药材或药材提取物)与适宜的基质加热熔融混匀,滴入不相混溶、互不作用的液体冷凝介质中冷凝成丸的一种制丸方法,主要用于滴丸剂的制备,常用滴丸机来完成。具体生产流程如图7-3所示。

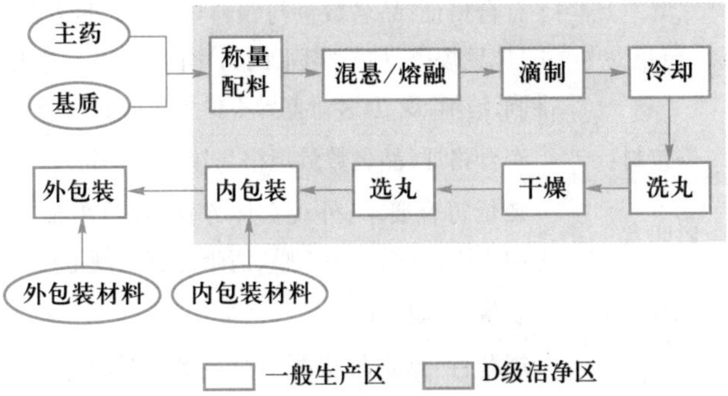

图7-3 滴制法丸剂生产工艺流程图

课堂讨论

六味地黄丸是采用哪种丸剂制备方法制备的？可选用我们所学的哪种制丸设备进行制备？

二、生产工序质量控制点

药品在生产过程中需要进行严格的质量控制，结合丸剂的生产流程，配料、粉碎、制丸、干燥、选丸、包衣、检验、包装等工序均是质量控制点，见表 7–1。

表 7–1 丸剂的工序与质量控制点

生产工序	质控对象	具体项目	检查次数
配料	净料	品名、数量、规格等与配方完全相符，有合格证	每批
粉碎	细度	100 目以上	每批
	均匀度	色泽均一，无花斑、色斑	每批
	菌检	符合药品内控标准	每批
泛制法制丸	起模	粉细度，丸模规格	随时
	成型	卫生，药丸直径，圆整度	定时
塑制法制丸	湿丸	均匀细腻，软硬适中；质量鉴别符合标准要求；外观圆球形，完整，均匀；重量差异符合要求	每班 3~4 次
滴制法滴制丸	滴丸外形	是否圆整，有无粘连、拖尾	随时
	滴丸丸重	丸重符合标准要求	随时
	溶散时限	符合规范要求	定时
干燥	干丸	外观圆球形，水分符合要求，干燥时间符合要求，溶散时限符合要求	每班
选丸	干丸	外观圆球形，表面光滑，完整，均匀；重量符合产品工艺要求	每班
包衣	成品丸	性状，丸重差异，水分，崩解时限	每批
分装	药瓶	有合格证；品名数量与领料单相符；外观贴签端正，位置规范，粘贴牢固，封口牢固；打码字迹工整，准确，清晰，规范；装量差异不少于标示量的 95%	每件
外包装	外包材	有合格证，品名数量规格与领料单相符	每件
	彩印盒	装量符合要求；外观盒体方正，封口平整，贴签正中牢固；打码字迹工整、清晰、正确、规范	随时
	纸箱	装量、外观、打字	随时
	箱体	规范性：指定位置两道包装带；牢固性：手提无脱胶现象	随时

第二节　塑制法制丸设备

一、概述

塑制法制丸设备是能将药物细粉与适宜的黏合剂混合制成软硬适度的可塑性丸块，然后再依次制成丸条、分割、搓圆而成丸粒的设备。传统塑制法生产根据工艺流程主要采用的设备有合坨机、丸条机、搓丸机、选丸机等，现代药品生产企业常用的集制丸块、丸条、搓丸等功能为一体的多功能制丸机，可极大提高工作效率，因此重点介绍多功能制丸机。

二、常用塑制法制丸设备

多功能制丸机主要由炼药仓、制丸机、搓丸机等部件组成（图 7–4）。整机由电动机通过交流变频器带动炼药、制条、搓丸、输条及各控制系统完成炼药制丸过程。

工作时，将药粉加黏合剂（水、蜜、提取液或膏）搅拌混合均匀，在设备左边的炼药仓内将药物炼合成组织均匀、软硬相同、致密性一致的条状物料。然后再顺势送入制丸机右下方的料仓中，由触摸屏操作控制给拖动制条机的变频器一个启动信号，使制条电动机运转。药坨出条后，丸条经搓丸机快速切断成粒后高速搓制成丸。多功能制丸机对药物适应性强，通过换用不同规格的丸条堵头、刀轮，即可连续搓制出所需直径的药丸，其工作原理如图 7–5 所示。

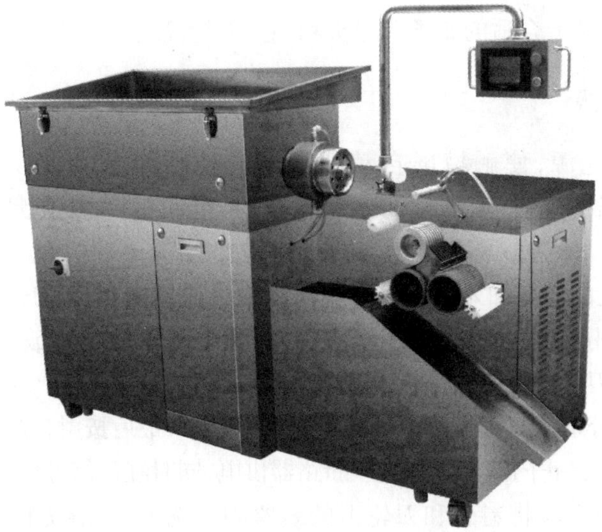

图 7–4　多功能制丸机实物图

视频

搓丸机的结构与工作原理

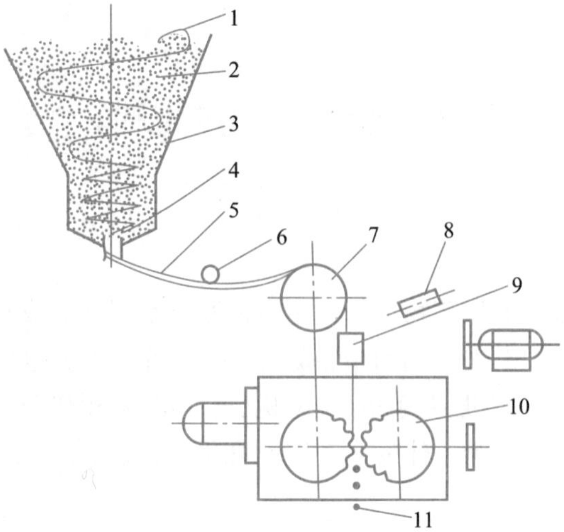

1. 推进器；2. 药坨；3. 料斗；4. 出条片；5. 药条；6. 自控轮；7. 导轮；8. 喷头；9. 导向架；10. 制药刀；11. 药丸。

图 7-5　多功能制丸机工作原理图

三、YUJ-17BL 型多功能制丸机的操作

视频

搓丸机的使用与操作

(一) 开机前准备

(1) 确认设备“完好”“已清洁”状态标志并在有效期内。

(2) 确认各紧固件紧固，可编程控制器和小型继电器插头确认插牢，确认本机平衡并接地。

(3) 核对本工序中间产品的品名、规格、数量等是否符合工艺要求。

(4) 核对并安装上合适的制条孔堵头和制丸刀轮等。

(二) 开机操作

(1) 接通总电源，使触摸屏自动切换至主控画面，分别按“炼药启”“制条启”“伺服启”三个按钮，启动炼药电动机、制条电动机、伺服电动机，再手动或自动调节相应参数。

(2) 将料斗上的药坨加入制条机料仓内，经翻转器和推进器的药条从制条机堵头制条孔出来，将制成的药条放在编码器轮上，并经托轮上面穿过放到送条轮上，通过顺条器进入制丸刀轮进行制丸。

(3) 停机时，分别按“炼药停”“制条停”“伺服停”，最后按触摸屏控制箱上的急停按钮，接触器断开，停止向制丸机各低压断路器供电，同时红色信号灯灭，整机断电。

(4) 工作结束后应将料仓和刀轮上的残留物清洗干净，清洗料仓需取下料仓翻板，重新装上时两个翻板方向应相互垂直，且较大的翻板装在高位轴上，较小的翻板装在低位轴上。

（三）设备的维护与保养

（1）每班前应检查各紧固件并及时紧固。

（2）油箱需确保油面高度高于油窗中心线。低于中心线时应加油，每半年换油一次，油号为 25# 机油。

（3）减速机为油浴式润滑，用 70# 工业极压齿轮油，正常油面高于油标中线为止，每 3~6 个月更换一次。

（四）常见故障及排除方法

多功能制丸机常见故障、原因及排除方法见表 7-2。

表 7-2　多功能制丸机常见故障、原因及排除方法

故障现象	故障原因	排除方法
料仓堵塞，螺旋推进器不转动	药料太硬或异物卡住	1. 调整药料的软硬程度 2. 取出多余的物料 3. 修复螺旋推进器与料仓“抱死”部位
制丸刀后下方有油渗出	密封圈损坏或轴套被磨损	专业维修人员进行部件更换

第三节　滴制法制丸设备

一、概述

滴制法制丸设备是能将与药物混匀的基质保温滴入不相混溶的冷却液体中冷却成丸剂的设备。设备由药物与基质的保温装置、冷却液制冷装置、滴制装置、药丸收集装置以及自动控制装置等组成。在现代药品生产企业主要选用自动化滴丸生产线进行生产。

视频

多功能滴丸机的结构与工作原理

二、常用滴制法制丸设备

自动化滴丸生产线由滴丸机、集丸离心机、筛选干燥机组成。其中滴丸机包括药物调剂供应系统、动态滴制收集系统、循环制冷系统、触摸屏控制系统、在线清洗系统。自动化滴丸生产线结构如图 7-6 所示。

工作时，将原料药与基质放入配料罐内，通过加热、搅拌制成适宜滴丸的混合药液，经送料管道输送至滴罐。当温度满足设定值后，打开滴嘴开关，药液由滴嘴小孔流出，在端口形成液滴后，滴入冷却柱内的冷却液中，药滴在表面张力作用下成型，冷却液在磁力泵的作用下在冷却柱内沿上部向下部循环流动，滴丸在冷却液中坠落，并

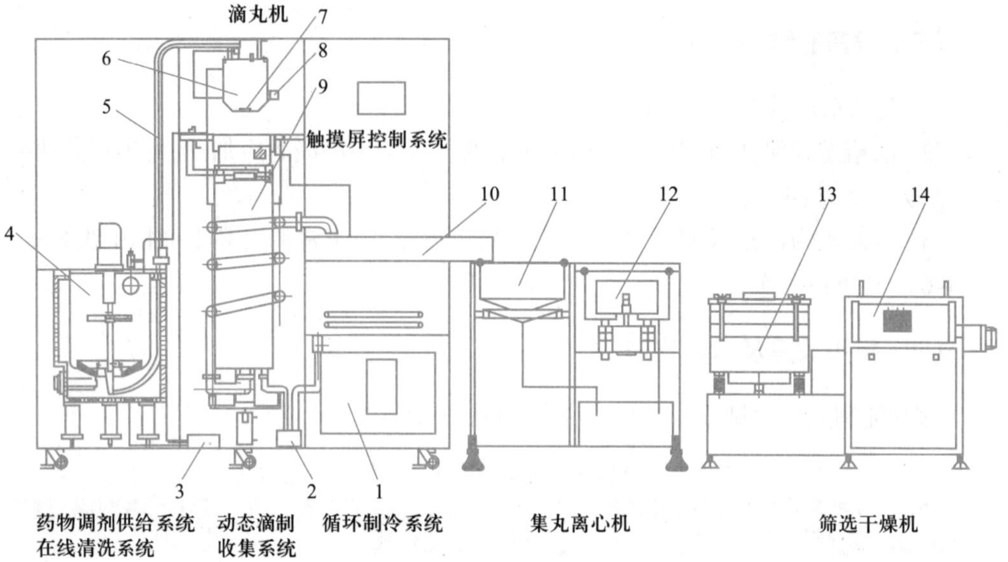

1. 制冷机；2. 磁力泵；3. 油浴循环加热泵；4. 配料罐；5. 送料管；6. 滴罐；7. 滴嘴；8. 滴嘴开关；9. 冷却柱；10. 传送带；11. 集丸斗；12. 离心机；13. 振动筛；14. 干燥转笼。

图 7-6　自动化滴丸生产线结构示意图

随着冷却液的循环，从冷却柱下端流入塑料钢丝螺旋管，并在流动中继续降温冷却变成球体，最后在螺旋冷却管的上端出口落到传送带上，被传送带送出，冷却液经过传送带和过滤装置流回制冷箱中。滴丸经离心机甩油，再由振动筛或旋转筛分级筛选后包装入库。

三、DWJ-2000 型自动化滴丸生产线的操作

视频

多功能滴丸机的使用与操作

（一）开机前准备

（1）检查滴丸操作间的温湿度、空气压差、相对湿度是否符合要求。

（2）检查所需接丸盘、合适规格的丸筛、装丸胶袋、装丸胶桶、脱油用布袋等是否符合要求。

（3）检查滴丸机是否已清洁、完好，滴头开关是否关闭，检查油箱内的液体石蜡是否足够。

（4）检查合格后，填写并悬挂设备运行状态标志。

（二）开机操作

（1）接通电源，设置生产所需的制冷温度、油浴温度、药液温度和滴盘温度，并启动设备。

（2）启动空气压缩机，使其达到 0.7 MPa 的压力。

（3）将加热熔融好的待滴制药液从滴罐上部加料口处加入，启动搅拌并缓慢扭动

打开滴罐上的滴头，试滴。通过调试，测定滴丸重量，使滴头下滴的滴液符合生产工艺要求。

(4) 正式滴丸后，每小时取丸 10 粒，用罩绸毛巾抹去表面冷却油，逐粒称量丸重，若丸重有偏差则应及时进行调整。

(5) 收集的滴丸在接丸盘中滤油，离心 2~3 次，筛丸，符合粒径要求的滴丸为正品。

(6) 药液滴制完毕时，关闭滴头开关。关闭面板上的制冷、油泵开关，做好清场工作。

（三）设备的维护与保养

(1) 对于一般机件，每班开车前加油一次，中途可根据需要添加一次，每周对润滑点润滑一次。

(2) 每班使用结束后，检查工作面是否黏有残渣，如有应清扫干净。

(3) 每个班次结束后，若生产中断，须将设备彻底清洗干净并给各滑润点加油润滑，经检查合格后，挂清洁合格状态标志。

(4) 更换模具时，应轻扳、轻放，以免变形损坏，机器使用场所应保持清洁。

（四）常见故障及排除方法

滴丸生产线常见故障、原因及排除方法见表 7–3。

表 7–3　滴丸生产线常见故障、原因及排除方法

故障现象	故障原因	排除方法
滴丸粘连	冷却油温度偏低，黏性大，滴丸下降慢	升高冷却油温度
滴丸表面不光滑	冷却油温度偏高，丸形定型不好	降低冷却油温度
滴丸拖尾	冷却油上部温度过低	升高冷却油温度
滴丸呈扁形	1. 冷却油上部温度过低，药液与冷却油液面碰撞成扁形，且未收缩成球形已成型 2. 药液与冷却油密度不匹配，使液滴下降太快影响形状	1. 升高冷却油温度 2. 改变药液或冷却油密度，使两者相匹配
丸重偏重	1. 药液过稀，滴速过快 2. 压力过大使滴速过快	1. 适当降低滴罐和滴盘温度，使药液黏稠度增加 2. 调节压力旋钮或真空旋钮，减小滴罐内压力
丸重偏轻	1. 药液太黏稠，搅拌时产生气泡，滴速过慢 2. 压力过小使滴速过慢	1. 适当增加滴罐和滴盘温度，降低药液黏度 2. 调节压力旋钮或真空旋钮，增大滴罐内压力

岗位对接

本章主要介绍了中药丸剂生产工艺以及生产专用设备的结构、原理、标准操作、维护与保养、常见故障及排除方法等内容。

常见丸剂生产人员相对应国家职业工种是《中华人民共和国职业分类大典》(2015年版)药物制剂工(6-12-03-00)包含的中药制剂工。从事的工作内容是制备符合国家制剂标准的不同产品的中药丸剂。相对应的工作岗位有称量配料、合坨、制丸、干燥、选丸、抛光、检验和包装等岗位。其知识和技能要求主要包括以下几个方面：

(1) 进行生产前的准备和作业确认；

(2) 使用衡器、量器，计量、配制原辅料；

(3) 操作中药制丸设备及辅助设备；

(4) 操作空气净化设备，制备洁净空气，并进行环境、设备、器具消毒；

(5) 操作包装设备，进行成品分装、包装、扫码；

(6) 判断和处理丸剂生产中的故障，维护保养丸剂生产设备；

(7) 进行生产现场的清洁作业；

(8) 填写操作过程的记录。

思考题

在线测试

1. 简述中药制丸机的操作注意事项。
2. 简述多功能滴丸机的操作过程。

(刘艺萍)

第八章

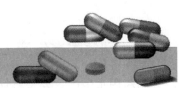

制药用水生产设备

学习目标

1. 掌握二级反渗透纯化水生产设备的结构及工作原理。
2. 能正确操作、清洁以及维护保养二级反渗透制水设备。
3. 能正确操作、清洁以及维护保养多效蒸馏水器。
4. 了解其他制水设备。

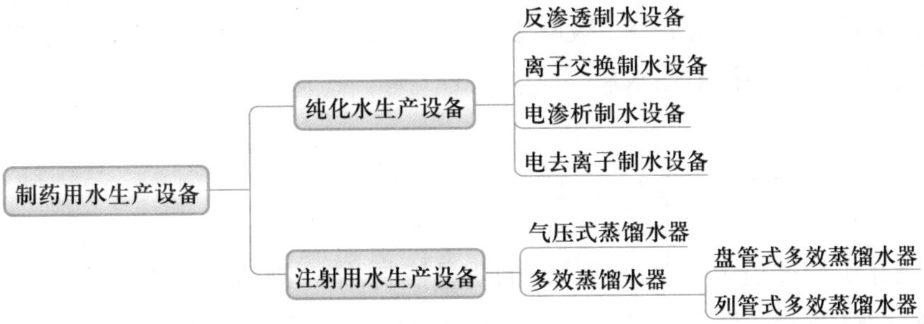

第一节　概　　述

制药工艺用水是药品生产的生命线，它不仅是药品生产中用量最大的一种辅料，其质量也直接影响着药品的质量。《中国药典》(2020 年版)根据制药用水适用范围的不同，将制药用水分为饮用水、纯化水、注射用水和灭菌注射用水 4 种。

饮用水为天然水经净化处理所得的水，通常由城市自来水管网提供，其质量必须符合现行国家标准《生活饮用水卫生标准》。饮用水可作为药材净制时的漂洗、制药用具的粗洗用水，除另有规定外，也可作为饮片的提取溶剂。

纯化水为饮用水经蒸馏法、离子交换法、反渗透法或其他适宜的方法制得的水，不含任何添加剂。纯化水可用于口服制剂、外用制剂配料、洗瓶，注射剂、无菌冲洗剂瓶子初洗，非无菌原料药精制，制备注射用水的水源等。

注射用水是指以纯化水为原料经蒸馏所得的水，可用于注射剂、无菌冲洗剂配料，注射剂、无菌冲洗剂洗瓶(经 0.45 μm 滤膜过滤后使用)，无菌原料药精制等。

灭菌注射用水是指以注射用水为原料，按照注射剂生产工艺制备，经灭菌所得的水，用作注射用无菌粉末的溶剂或注射剂的稀释剂。

一、制药用水生产工艺

制药用水生产主要是将饮用水转化为纯化水，而后进一步加工成注射用水。目前，较为常用的制水工艺有二级反渗透、二级反渗透组合离子交换、二级反渗透组合电去离子技术等三种生产工艺。

1. 二级反渗透制水生产工艺　原水→原水箱→原水泵→石英砂过滤器→活性炭过滤器→软化器→保安过滤器→一级高压泵→一级反渗透装置→中间水箱→二级高压泵→二级反渗透装置→紫外线灭菌器→纯水箱→多效蒸馏水器→注射用水。

2. 二级反渗透组合离子交换制水生产工艺　原水→原水箱→原水泵→石英砂过滤器→活性炭过滤器→软化器→保安过滤器→反渗透装置→混床→紫外线灭菌器→纯水箱→多效蒸馏水器→注射用水。

3. 二级反渗透组合电去离子技术制水生产工艺　原水→原水箱→原水泵→石英砂过滤器→活性炭过滤器→软化器→保安过滤器→一级高压泵→一级反渗透装置→中间水箱→二级高压泵→二级反渗透装置→紫外线灭菌器→电去离子装置→纯水箱→多效蒸馏水器→注射用水。

二、生产工序质量控制点

药品在生产过程中需要进行严格的质量控制，结合制药用水的制备流程，原水预处理、纯化水的制备、注射用水的制备等工序均是质量控制点，见表 8-1。

表 8-1　生产工序质量控制点

生产工序	质控对象	具体项目	检查次数
预处理	饮用水	防疫站全检	每年
制备纯化水	机械过滤器	压差（ΔP）	每 2 h
	机械过滤器	污染指数（SDI）	每周
	活性炭过滤器	ΔP、余氯	每 2 h
	活性炭过滤器	SDI	每周
	反渗透膜	ΔP、电导率、流量	每 2 h
	紫外灯管	计时器时间	2 次 / 天
	纯化水	电导率、酸碱度、氨、氯化物	每 2 h
	纯化水	《中国药典》全项	每周
制备注射用水	注射用水	电导率、酸碱度、氨、氯化物	每 2 h
	注射用水	《中国药典》全项	每周
	注射用水温度	储罐温度、回水温度	每 2 h

第二节　纯化水生产设备

一、概述

根据纯化水制水工艺，制水设备主要包括前处理设备、去离子（脱盐）设备、后处理设备三大部分。预处理设备可除去水中的悬浮物、不溶性颗粒、余氯等杂质。去离子设备是指除去水中呈离子形式杂质的设备，即脱去原水中盐分得到纯化水的设备。后处理设备可以进一步杀灭水中微生物，进一步净化纯化水。

去除水中离子的方法主要有反渗透法（RO）、离子交换法（IE）、电渗析法（ED）和电去离子法(EDI)。在制药生产中，一般采用组合法去离子。因此，常见的制水工艺有：二级 RO、二级 RO+IE、二级 RO+EDI。

知识拓展

该如何选择家用净水器?

目前瓶装水、桶装水已成为大众消费品，但瓶装水和桶装水从成本、用量、方便性和可靠性上已难以满足需求，家用净水设备逐渐引起关注。到底该如何选择净水器呢?

净水器的好坏并不是绝对的，再优质的净水产品，若与净化的水质不符，净水效果也会大打折扣。因此，消费者一定要具体问题具体分析，根据自己所在地区的水质，选择最为合适的净水器产品种类。

(1) 中国北方高硬度水质和南方石灰岩地区，水中钙、镁离子含量较高，容易结垢，应选购带离子交换树脂滤芯的高级过滤净水器。

(2) 水中含氯、异色异味较重、有机物含量较多的城市自来水，可选购活性炭载量较多的家用净水器。因为活性炭对水中余氯、异色异味有强力吸附作用，对有机物有明显的去除效果。

(3) 用于城乡水质较浑浊的自来水净化的，应选购有粗滤、精滤双重功能的家用净水器。对于水中污染严重，要求彻底滤除水中任何杂质，不需加热直接饮用的，应选购反渗透纯水机。

二、纯化水设备

(一) 预处理设备

1. 多介质过滤器　多介质过滤器主要由外壳、精制石英滤料及配套管道阀门组成。其主要作用是去除水体中不溶解的悬浮颗粒、胶体等杂质，降低水的浊度。多介质过滤器在运行过程中，原水中的杂质会逐渐被截留在滤料的上方，使过滤阻力逐渐增大，因此需定期反洗。反洗时水流从过滤器的底部进入，使杂质在水流的搅动下与滤料分离，并随水流排出。过滤器的反洗周期根据原水的水质不同一般为 7~15 天（在实际操作时，常根据过滤器的进出水压差的大小判断，当该压差大于 0.1 MPa 时即需反洗）。

2. 活性炭过滤器　活性炭过滤器主要由外壳、颗粒活性炭及配套管道阀门组成。其主要作用是去除原水中的部分有机物及余氯，进一步降低水体的浊度。活性炭过滤器是利用活性炭的多孔结构吸附特性去除水中的有机物等杂质，当活性炭吸附饱和后，即失去吸附作用，需及时更换。更换周期视原水的水质情况，一般为 1~2 年。

3. 软化器　软化器通常由盛装树脂的容器、树脂、阀或调节器以及控制系统组成。介质为树脂，目前主要是用钠型阳离子树脂中有可交换的钠离子来交换出原水中的钙、镁离子而降低水的硬度，以防止钙、镁离子在反渗透膜表面结垢，使原水变成软化水后出水硬度能达到 1.5 mg/L 以下。

4. 精密过滤器　又称保安过滤器，由外壳及熔喷滤芯组成，其主要作用是截留上道工序遗留下来的颗粒状杂质，以防损害反渗透膜。滤芯的过滤精度为 5 μm。滤芯为一次性使用，其更换周期一般视水质情况为 3~5 个月，在具体操作时一般根据过滤器进出口压力损失情况而定。新滤芯的压力损失一般不超过 0.02 MPa。随着过滤器的运行，该压差将逐渐增大，当增加 0.1 MPa 时应及时更换。

（二）反渗透制水设备

反渗透装置主要由高压泵、反渗透膜组件、检测仪表及控制系统组成。核心部件为反渗透膜组件，当前使用的膜材料主要为醋酸纤维素和芳香聚酰胺类。膜组件的结构可分为螺旋卷式、中空纤维式、管式和板式。制药用水生产中螺旋卷式、中空纤维式两种组件较为常用。

1. 螺旋卷式膜组件　螺旋卷式膜组件是在两张膜片之间插入多孔支撑材料（即滤液隔网），材质通常是聚丙烯。然后将两张膜的三个边缘用环氧胶或聚氨酯胶黏结密封，第四个未黏结的边则固定在开孔的中心管上。这样，两张膜片和一张滤液隔网就形成一边开口、三边密封的"膜袋"。"膜袋"的开口正对中心管的孔，透过膜的滤液就可以被收集到中心管内。膜的正面，即料液流经的那面，衬上料液隔网，料液隔网与"膜袋"绕中心管卷绕成螺旋卷状（图 8-1）。

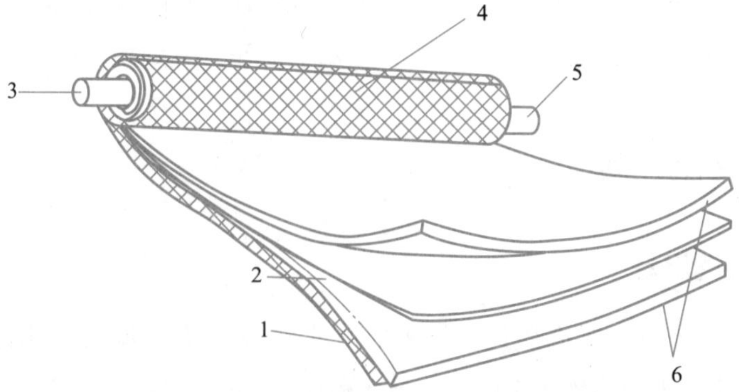

1. 料液隔网；2. 多孔支撑材料；3. 滤液出口；4. 膜卷；5. 中心管；6. 膜。

图 8-1　螺旋卷式膜组件示意图

2. 中空纤维式膜组件　中空纤维式膜组件由数万至数十万根中空纤维组成，其端部用树脂固接封头（图 8-2）。用于纯化水制备时，高压盐水流过纤维外壁，而纯化水由纤维中心流出。

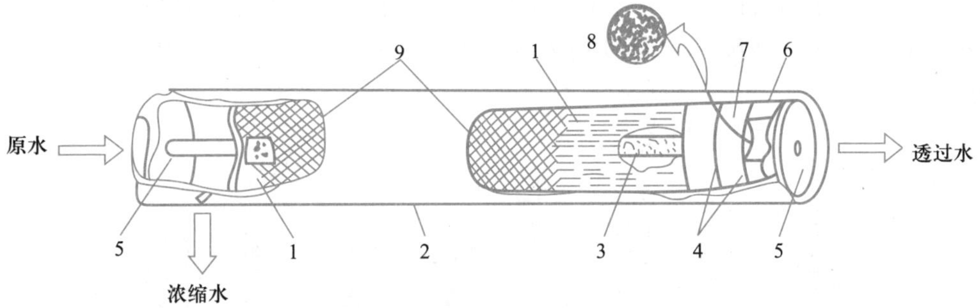

1. 中空纤维；2. 外壳；3. 原水分布管；4. 密封隔圈；5. 端板；6. 多孔支撑板；7. 环氧树脂管板；8. 中空纤维端部示意；9. 隔网。

图 8-2　中空纤维式膜组件示意图

动画

反渗透

3. 反渗透原理　自然界中存在一种只能让水（溶剂）通过而不能让盐（溶质）通过的半透膜，若用该膜将盐水与纯水隔开，就会发现盐水侧的水位逐渐上升，纯水侧水位逐渐下降，当两侧的水位差达到一定高度时，水位不再变化。这种纯水侧的水通过半透膜不断进入盐水侧的过程称之为自然渗透过程，两侧平衡时的水位差叫渗透压。如果在盐水侧施加一个比渗透压大的压力，这种正常的自然渗透过程将发生逆转，盐水侧的水分子将通过半透膜进入纯水侧，这一个过程称为反渗透。

反渗透设备就是利用这一原理专门设计制造的，是本系统中最关键的设备。它不仅能连续去除水中绝大部分的无机盐离子，还能去除水中几乎全部的有机物、细菌、热原、病毒、微粒等。

4. 二级反渗透设备机组　二级反渗透设备机组主要由原水箱、多介质过滤器、活性炭过滤器、软化器、保安过滤器、一级反渗透装置、中间水箱、二级反渗透装置、紫外线灭菌器和纯水箱等组成。二级反渗透主体设备如图 8-3 所示，生产工艺流程如图 8-4

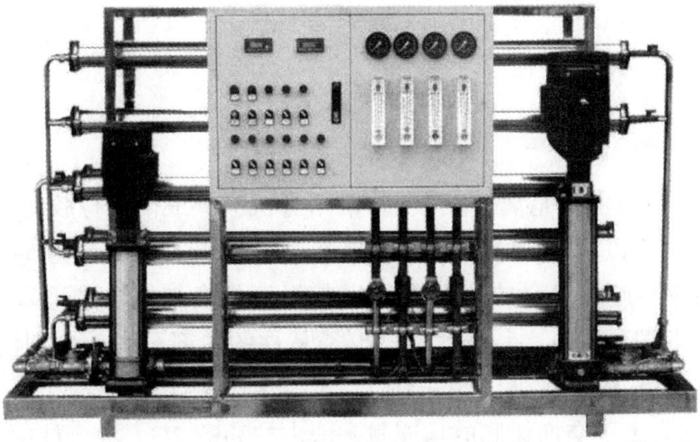

图 8-3　二级反渗透设备实物图

所示。二级反渗透设备中填充的就是反渗透膜(图 8-5),该反渗透设备的透水量很大,具有很高的脱盐率,一般不小于 98%;对有机物、胶体、微粒、细菌、病毒与热原等具有非常高的截留去除功能;能耗不高,水利用率很好,运行成本也非常低;分离过程不存在相变,拥有很好的稳定性;体积不大,操作简便,维护起来也很方便,拥有良好的适应性,能够使用很长时间。该设备广泛应用于纯化水等的净化以及制药等工业中纯水或者超纯水的制备。

视频

纯化水机

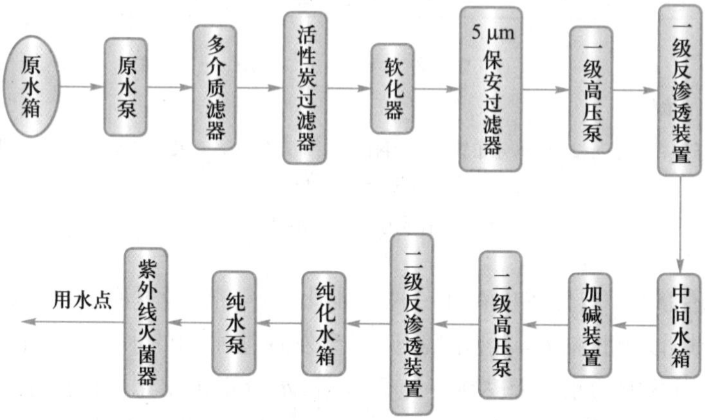

图 8-4 二级反渗透设备制备纯化水工艺流程图

图 8-5 反渗透膜实物图

(三) 离子交换制水设备

离子交换设备的主体是离子交换柱,常用有机玻璃或内衬橡胶的钢制圆筒制成。一般产水量在 5 m^3/h 以下时,常用有机玻璃制造,其柱高与柱径之比为 5~10。产水量较大时,材质多为钢衬胶或复合玻璃钢的有机玻璃,其柱高与柱径之比为 25。在每只离子交换柱的上、下端分别有一块布水板,此外,从柱的顶部至底部分别设有进水口、上排污口、树脂装入口、树脂排出口、下出水口、下排污口等(图 8-6)。

阳柱及阴柱内离子交换树脂的填充量一般占柱高的 2/3。混合柱中阴离子交换树脂与阳离子交换树脂通常按照 2∶1 的比例混合,填充量一般为柱高的 3/5。新树脂投入使用前，应进行预处理及转型。当离子交换器运行一个周期后，树脂交换平衡，失去交换能力，则需活化再生。所用酸、碱液平时储存在单独的储罐内，用时由专用输液泵输送，由出水口向交换柱输入，由上排污口排出。

由于水中杂质种类繁多，故在进行离子交换除杂时，既备有阴离子树脂也备有阳离子树脂，或是在装有混合树脂的离子交换器中进行。

离子交换的工作原理是溶液与带有可交换离子的不溶性固体物接触时，溶液中的离子与固体物中的离子发生交换。

离子交换的进行必须借助于离子交换剂，有机合成的离子交换剂称为离子交换树脂。纯化水制备常用的树脂有两种：一种是阳树脂，另一种是阴树脂。其工作原理是：水经过离子交换树脂时，依靠阳离子、阴离子交换树脂中含有的氢离子和氢氧根离子，与原料水中电解质解离出的阳离子（Ca^{2+}、Mg^{2+}等）、阴离子（Cl^-、SO_4^{2-}等）进行交换，原料水的离子被吸附在树脂上，而从树脂上交换下来的氢离子和氢氧根离子结合，生成水，最后得到去离子的纯化水。

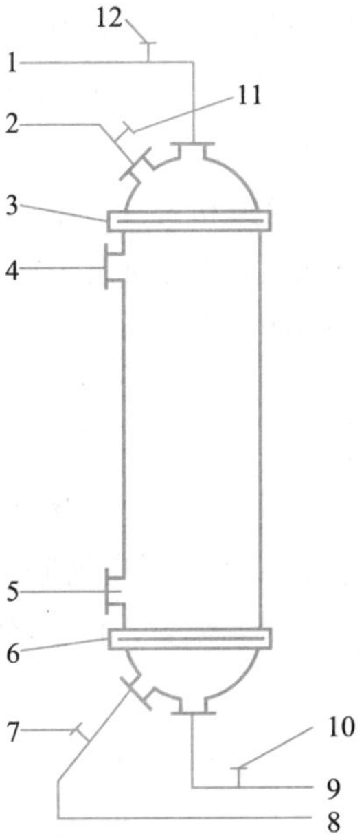

1. 进水口；2. 上排污口；3. 上布水板；4. 树脂装入口；5. 树脂排出口；6. 下布水板；7. 淋洗排水阀；8. 下排污口；9. 下出水口；10. 出水阀；11. 排气阀；12. 进水阀。

图 8-6　离子交换柱结构示意图

以氯化钠（NaCl）代表水中无机盐类，水质除盐的基本反应可以用下列化学反应方程式表达。

水中的阳离子与阳树脂上的氢离子交换：

$$H^+ + NaCl \rightarrow Na^+ + HCl$$

水中的阴离子与阴树脂上的氢氧根离子交换：

$$OH^- + HCl \rightarrow Cl^- + H_2O$$

由此看来，水中的 NaCl 已分别被阳树脂上的氢离子、阴树脂上的氢氧根离子所取代，而生成物只有 H_2O，故达到了去除水中盐的目的。

此法的主要优点是原料水的除盐率高，化学纯度高，设备简单，节约能量，成本低，但在去除热原方面，不如重蒸馏法可靠。缺点则是离子交换树脂再生时会产生大量的废酸、废碱，严重污染环境，破坏生态平衡。

（四）电渗析制水设备

电渗析是利用离子交换膜和直流电场的作用，从水溶液和其他不带电组分中分离带电离子组分的一种电化学分离过程。

电渗析器主要由电极与极框组成的电极部分、离子交换膜与隔板组成的膜堆部分、紧固装置、附属设备等组成。

1. 电极部分　电渗析器对所用电极材料的要求是：导电性能好，机械强度高，电化学稳定性好，价格低廉，加工方便等。常用电极材料有二氧化钌、石墨、不锈钢等。

2. 膜堆部分　电渗析器中各片离子交换膜之间用隔板隔开，隔板上的过水通道构成隔室。

在电渗析器中阴阳离子交换膜与隔板交替排列，即：阳膜、隔板、阴膜、隔板、阳膜、隔板、阴膜、隔板……通过电场力对水中离子的吸引和离子交换膜的选择通过，相邻的两个隔室分别成为浓室和淡室，组成最基本的脱盐单元。由一对阳膜和一对隔板组成的一对浓室和淡室称为一个膜对。多个膜对堆叠（组装）在一起称为膜堆。

3. 紧固装置　电渗析器的紧固装置由夹紧板和紧固螺杆构成。把电极板、阳离子交换膜、阴离子交换膜隔板等按顺序排列好，然后夹紧就构成了电渗析器（图 8-7）。

4. 附属设备　附属设备包括直流电源、仪器仪表、水泵水槽。

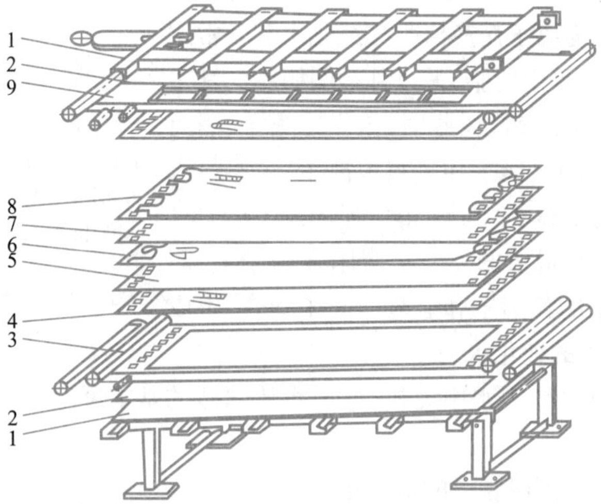

1. 夹紧板；2. 绝缘橡皮板；3. 电极（甲）；4. 加网橡皮圈；5. 阳离子交换膜；6. 浓（淡）水隔板；7. 阴离子交换膜；8. 淡（浓）水隔板；9. 电极（乙）。

图 8-7　电渗析器的结构

直流电源可由整流器供给，多采用三相桥式无级调压硅整流器，整流器设有稳压和过流保护装置，直流输出设有正、负极开关或自动倒极装置。

仪器仪表包括电流表、电压表、压力表、流量计、电导仪及其他水质分析仪器。水泵、水槽设有淡水槽、浓水槽、极水槽及相应的管线与水泵，设置膜堆清洗系统。

电渗析的工作原理是利用电能来进行膜分离的技术。设备以直流电为推动力，在外加电场作用下，利用阴阳离子交换膜对溶液中电解质离子的选择透过性，使溶液中的阴阳离子发生分离的一种过程。阳离子膜只能透过阳离子，阴离子膜只能透过阴离子，最终使溶液中阴、阳离子发生离子迁移，分别通过阴、阳离子交换膜而达到除盐或浓缩的目的。

如在盐水淡化工艺中，向淡化室中通入盐水，接上电源，溶液中带正电荷的阳离子在电场的作用下，向阴极方向移动到阳膜，受到膜上带负电荷基团的作用而穿过膜，进入左侧的浓缩室；带负电荷的阴离子向阳极方向移动到阴膜，受到膜上带正电荷基团的作用而穿过膜，进入右侧的浓缩室。淡化室盐水中的氯化钠被除去，得到淡水，氯化钠在浓缩室中浓集(图 8-8)。

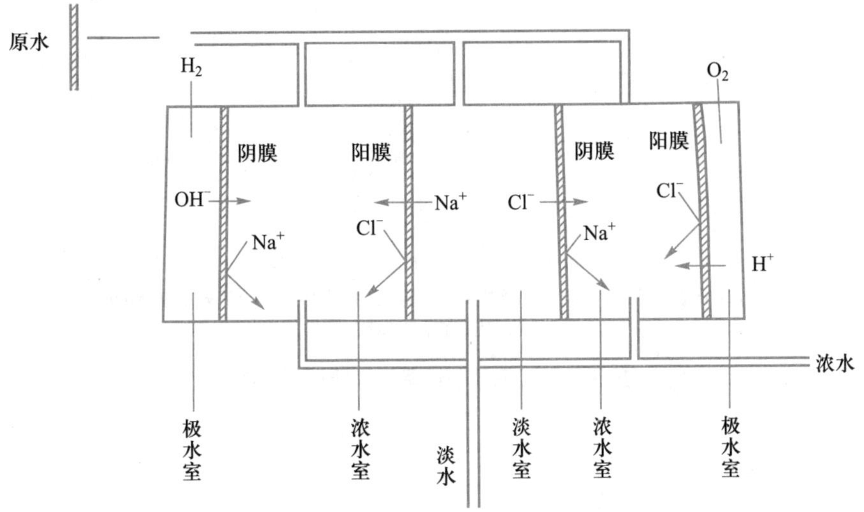

图 8-8　电渗析工作原理示意图

(五) 电去离子制水设备

电去离子制水设备(EDI)结合了两种成熟的水纯化技术(电渗析和离子交换组合)，是一种新的水处理技术。

EDI 主要结构包括淡水室、浓水室、极水室、绝缘板和压紧板、电源以及水路连接等。

如图 8-9 所示，工作时，淡水室内填充混合离子交换树脂，原料水中的离子由该室除去，淡水室和浓水室之间装有阴离子交换或阳离子交换膜，淡水室中阴(阳)离子在两端电极作用下不断通过阴(阳)离子交换膜进入浓水室，水分子在直流电能的作用下分解成 H^+ 和 OH^-，使淡水室中混合离子交换树脂时刻处于再生状态，因而一直保持有交换容量，而浓水室中的含阴阳离子的浓水不断地排走。因此，EDI 在通电状态下，可以不断地制出纯水，其内填的树脂无须使用工业酸、碱进行再生。EDI 的每个制水单元均由一组树脂、离子交换膜和有关的隔网组成。每个制水单元串联起来，并与两端的电极组成一个完整的 EDI 设备。

EDI 与常规的离子交换床的不同之处主要在于再生方法。前者由于直流电能的作用使水分子分解成 H^+ 和 OH^-，使树脂随时处于再生状态，后者需使用传统的工业酸碱再生，要使用一套单独的酸碱再生系统。

EDI 在使用过程中，浓水室中水的电导率会很快超过 300μS/cm，为了促进水的流动，浓水室的水通过离心泵进行循环，称为浓水循环。同时为了防止浓水中难溶盐达到沉积状态，需要连续地从浓水室中排掉一部分水，而从 EDI 给水中补充进一部分。调节浓水循环的流量，可确定 EDI 装置的回收率。从浓水循环中排出的水可以返回至 RO 预处理的入口。

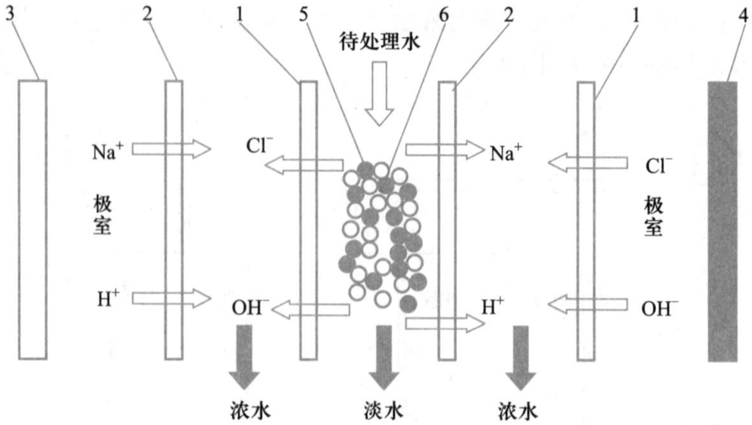

1. 阴离子交换膜；2. 阳离子交换膜；3. 正电极；4. 负电极；5. 阴离子交换树脂；6. 阳离子交换树脂。

图 8-9　电去离子设备工作原理示意图

（六）后处理设备

1. 臭氧发生器　是用于制取臭氧的设备。通过臭氧发生器产生的臭氧对纯水箱及纯水管道进行灭菌消毒。按臭氧产生的方式划分，目前的臭氧发生器主要有三种：高压放电式、紫外线照射式、电解式。高压放电式发生器是纯水系统中较为常用的类型，该类臭氧发生器是使用一定频率的高压电流制造高压电晕电场，使电场内或电场周围的氧分子发生电化学反应，从而制造出臭氧。

2. 紫外线灭菌器　过流式（管道式）紫外线灭菌器主要由紫外线灯管、石英玻璃套管、镇流器电源、不锈钢机体、时间累计显示仪、紫外线强度监测仪、控制箱等组成。它利用紫外线破坏水中各种病毒、细菌以及其他致病体的 DNA 结构，使 DNA 中的各种结构键断裂或发生光化学聚合反应，从而使各种病毒、细菌以及其他病原体丧失复制繁殖能力，达到灭菌的效果。

3. 终端过滤器　采用过滤精度较高的精密过滤器，进一步处理紫外线灭菌器与灭菌后的纯水。

三、1T 双级反渗透纯化水机的操作

（一）开机前准备

(1) 检查原水箱水位。

(2) 检查各泵、管道、阀门位置。

(3) 检查各药箱的液位。

(4) 按工艺流程检查预处理、RO 装置是否正常完好。

(5) 合上总电源开关，接通控制电路，总电源指示灯亮。

（二）开机操作

1. 自动启动

(1) 将“手动 / 自动”旋钮打在“自动”状态。

(2) 按启动键后自动运行指示灯亮，启动膜冲洗阀、砂滤器、炭滤器，3 s 后启动原水泵，13 s 后启动一级泵、阻垢剂，一级泵启动 30 s 后关闭膜冲洗阀，再 1 s 后启动二级泵、加碱泵，二级电导合格关闭循环阀进入正常产水状态，电导不合格关闭产水阀，系统进入循环状态。自动运行状态指示灯常亮。

(3) 调节一级浓水排放阀，使产水量达到 1.5 t/h 左右，浓水量为 1 t/h 左右。

(4) 调节二级浓水排放阀，使产水量达到 1 t/h，浓水量为 0.4 t/h 左右。

2. 手动启动

(1) 将反渗透“手动 / 自动”旋钮打在“手动”状态。

(2) 在触摸屏上进入手动画面，启动膜冲洗阀，启动原水泵，冲洗 30~60 s 后启动一级泵，一级泵启动 30 s 后关闭膜冲洗阀，然后启动二级泵、加碱泵，二级电导合格关闭循环阀进入正常产水状态，电导不合格关闭产水阀，系统进入循环状态。运行状态指示灯常亮。

(3) 调节一级浓水排放阀，使产水量达到 1.5 t/h，浓水量为 1 t/h 左右。

(4) 调节二级浓水排放阀，使产水量达到 1 t/h，浓水量为 0.4 t/h 左右。

3. 运行

(1) 定期检查及调整设备的各运行参数，使设备在规定的范围内工作。

(2) 每隔 2 h 记录一次设备的各运行参数。

(3) 当一级产水不合格时，产水自动返回到原水箱，产水合格后进入中间水箱。

(4) 当二级产水不合格时，产水自动返回到中间水箱，产水合格后进入纯水箱。

(5) 当中间水箱水位到达高液位时，执行一级循环程序。当中间水箱水位下降到低液位时，执行一级正常产水程序。

(6) 当纯水箱水位上升到高液位时，执行二级循环程序。当纯水箱水位下降到低液位时，执行二级正常产水程序。

(7) 原水箱出现低液位时，一级 RO 停止，液位恢复到中液位时，则一级 RO 系统正常按顺序启动。

4. 停机操作

(1) 自动状态停机：按“停止”按钮后，执行关机过程，并退出自动运行状态，不再受纯水箱水位控制。关机过程为：首先关闭二级 RO 系统，3 s 后开膜冲洗阀，进行关机高速冲洗，2.5 min 后停止一级反渗透，10 s 后全停。

(2) 手动状态停机：① 进入触摸屏“手动”画面。② 关闭二级高压泵，停止二级 RO运行，停加碱泵。③ 打开膜冲洗阀，冲洗 2~3 min 后停一级泵，10~20 s 后停原水泵、炭滤器、砂滤器等。系统全部停止。

（三）设备的维护与保养

1. 原水罐　采用机械方法对原水罐内外壁进行刷洗，最后用饮用水及一级 RO 淡水冲洗干净，频率为每月 1 次。

2. 多介质过滤器　每班进行正洗，每天反洗一次，直到出水澄清为止，一般 30 min 以上；多介质过滤器内的石英砂每 2 年更换一次（要求石英砂粒径约 2.5 mm，填装量约为容器的 4/5）。

3. 活性炭过滤器　活性炭过滤器的消毒周期：机组运行时，每周用 85℃的热水对活性炭过滤器内的活性炭进行消毒；不连续运行时（停机时间超过 7 天），每次生产前用 85℃的热水进行消毒。

4. 精密过滤器　精密过滤器滤芯的更换频率：每 3 个月更换一次。

5. 呼吸器　每年更换一次呼吸器滤芯，更换前滤芯必须进行完整性检测。

6. 中间水箱　采用机械方法对中间水箱内外壁进行刷洗，最后分别用饮用水及一级 RO 淡水冲洗干净，频率为每月 1 次。

7. RO 系统　正常运行情况下，每年对 RO 系统清洗一次。

（四）常见故障及排除方法

二级反渗透纯化水机常见故障、原因及排除方法见表 8-2。

表 8-2　二级反渗透纯化水机常见故障、原因及排除方法

故障现象	故障原因	排除方法
开关打开，但设备不启动	1. 电气线路故障 2. 热保护元件保护后未复位 3. 水路欠压	1. 检查接线与保险 2. 将热保护元件复位 3. 检查水路，确保供水压力
泵运转，但达不到额定压力和流量	1. 泵反转 2. 保安过滤器滤芯脏 3. 泵内有空气 4. 冲洗电磁阀打开	1. 重新接线 2. 清洗或更换滤芯 3. 排出泵内空气 4. 待冲洗完毕后调整压力
系统压力升高时，泵噪声大	原水流量不够、不稳	检查原水泵和管路是否有泄露
浓水压力达不到额定值	1. 管道泄露 2. 冲洗电磁阀未全部关闭 3. 回收系统泄露	1. 检查修复管路 2. 检查、更换冲洗电磁阀 3. 检查、修复回收系统
产量下降	1. 膜污染 2. 水温变化	1. 按技术要求进行化学清洗 2. 按实际水温重新计算确定产水
水质变差	1. 膜污染、结垢 2. 膜接头密封件老化失效 3. 膜破裂	1. 按技术要求进行化学清洗 2. 更换密封件 3. 更换膜

第三节　注射用水生产设备

注射用水为纯化水经蒸馏所得的制药用水。我国主要通过蒸馏水器电加热自来水,利用液体遇热气化、遇冷液化的原理制备蒸馏水。生产中使用的蒸馏水器一般都是采用优质的不锈钢材料,经过特殊处理后加工而成,这样不仅充分保证了蒸馏水的质量,而且也大大提高了设备的使用寿命。常用的蒸馏水器可分为气压式蒸馏水器和多效蒸馏水器两大类。

一、气压式蒸馏水器

气压式蒸馏水器又称热压式蒸馏水器,主要由蒸发冷凝器及压缩机构成,另外还有换热器、泵等附属装置(图 8-10)。

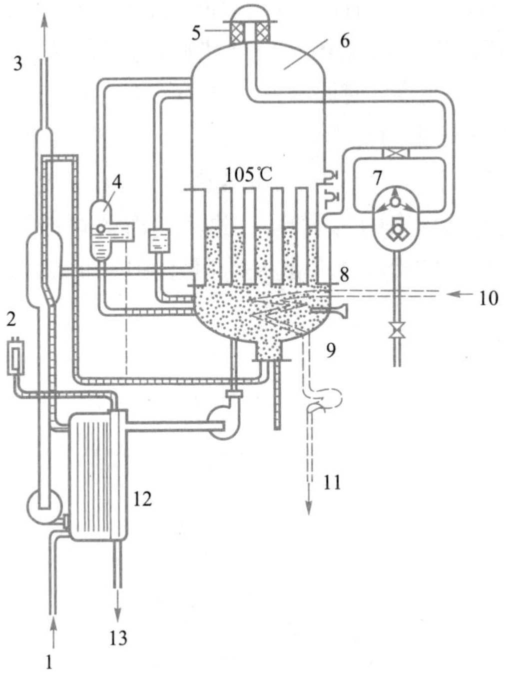

1. 进水口;2. 蒸馏水出口;3. 不凝性气体排出口;4. 液位控制器;
5. 除雾器;6. 蒸发室;7. 压气机;8. 冷凝器;9. 电加热器;
10. 蒸汽进口;11. 冷凝水排口;12. 换热器;13. 浓缩液出口。

图 8-10　气压式蒸馏水器结构示意图

气压式蒸馏水器的工作原理是:将原水加热,使其沸腾气化,产生二次蒸汽,把二次蒸汽压缩,其压力、温度同时升高;再使压缩的蒸汽冷凝,其冷凝液就是所制备的蒸馏水。蒸汽冷凝所放出的潜热作为加热原水的热源使用。

该机主要优点是自动化程度较高;蒸发室内蒸汽压高,蒸汽与冷凝管内温差大,有利于清除热原。缺点是有传动和易磨损部件，维修量大，而且调节系统复杂，启动较慢（约 45 min），有噪声，占地面积大。

二、多效蒸馏水器

多效蒸馏水器具有耗能低、产量高、产水质量优和具有自动控制系统等优点，是近年发展起来的制备注射用水的重要设备。

多效蒸馏水器根据组装方式可分为垂直串接式和水平串接式。根据换热单元结构又可分为盘管式、列管式和板式三种，下面主要介绍前两种。

（一）盘管式多效蒸馏水器

盘管式多效蒸馏水器在制取蒸馏水时因各效重叠排列，又称为塔式多效蒸馏水器。设备结构如图 8-11 所示，属于垂直串接式多效蒸馏水器。该设备采用三效并流加料，每一效蒸发出的二次蒸汽经冷凝后即成为注射用水。为了提高蒸馏水的质量，在每一效的二次蒸汽通道上均装有隔沫器，以除去二次蒸汽中所夹带的雾沫和液滴。

工作时，原料水在冷凝器内经热交换预热后，分别进入各效蒸发室。加热蒸汽从底部进入第一效加热室蛇管，使原料水在 130℃下沸腾气化。第一效产生的二次蒸汽进入第二效的蛇管作为加热蒸汽，使第二效中的原料水在 120℃下沸腾气化。同理，第二效的二次蒸汽作为第三效的加热蒸汽，使第三效中的原料水在 110℃下沸腾气化。从第三效上部出来的二次蒸汽，进入冷凝器被冷凝成冷凝水，与第一效、第二效加热蒸汽被冷凝成的冷凝水一起在冷凝器中冷却降温，得到质量较高的注射用水。

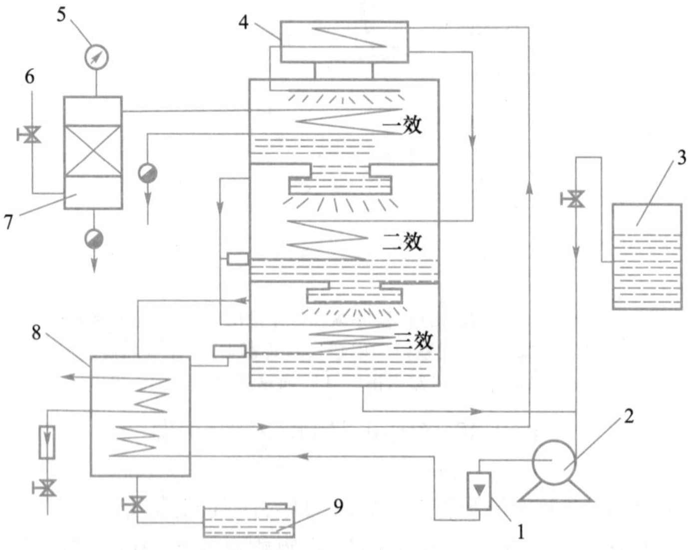

1. 转子计量器；2. 泵；3. 去离子水；4. 分布器；5. 压力表；6. 一次蒸汽；7. 气液分离器；8. 热交换器；9. 蒸馏水接收器。

图 8-11　垂直串接式三效蒸馏水器示意图

（二）列管式多效蒸馏水器

如图 8–12 所示，列管式五效蒸馏水器主要由 5 个预热器、5 个蒸发器和 1 个冷凝器组成。预热器多外置，成独立工作状态，5 个蒸发器水平串接，每个蒸发器均为列管式，以等面积分布，等压差运行，采用降膜式蒸发及丝网式汽水分离。

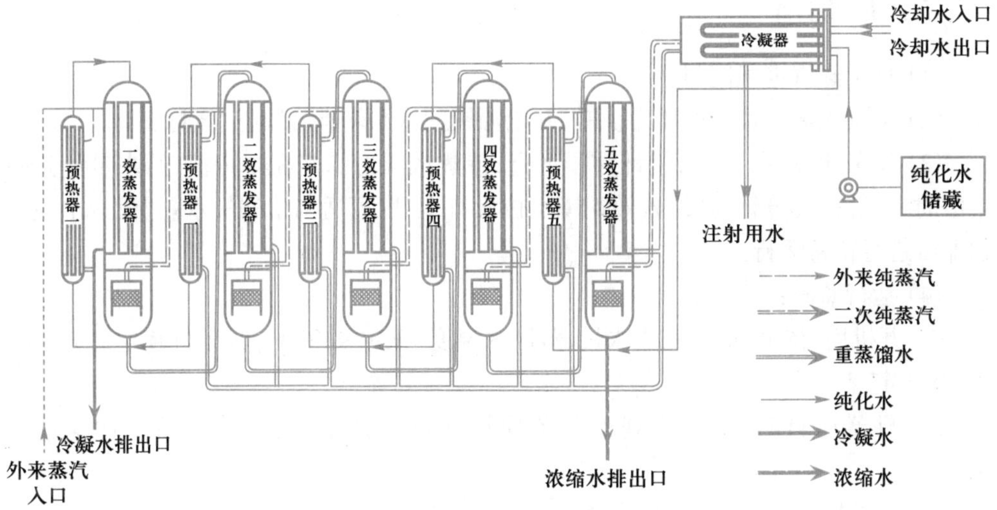

图 8–12　五效蒸馏水器示意图

五效蒸馏水器工作流程可分为水流程和蒸汽流程，其中水流程包括原料水流程和冷却水流程。蒸汽流程则包括二次蒸汽流程和加热蒸汽流程。

原料水流程：纯化水储罐→加压泵→冷凝器→五效预热器→四效预热器→三效预热器→二效预热器→一效预热器→一效蒸发器列管内→二效蒸发器列管内→三效蒸发器列管内→四效蒸发器列管内→五效蒸发器列管内→浓水排出口。

二次蒸汽流程：二效蒸发器列管间→三效蒸发器列管间→四效蒸发器列管间→五效蒸发器列管间→冷凝器→注射用水储罐。

加热蒸汽流程：一效蒸发器列管间→一效蒸发器的底部→冷凝水排出口。

冷却水流程：冷却水入口→冷凝器→冷却水出口。

从流程可知，原料水在各蒸发器列管内被加热蒸汽或二次蒸汽加热气化，所得二次蒸汽经冷凝即得注射用水，在末效蒸发器列管内未被蒸发气化的原料水为浓水。

三、NLD1000–5 型五效蒸馏水器的操作

（一）开机前准备

(1) 检查原料水供给是否充足并且电导率 <2 μS/cm。

(2) 检查生蒸汽供给是否充足并且压力 >0.3 MPa。

(3) 检查冷却水供给是否充足并且压力 >0.1 MPa。

(4) 检查压缩空气供给是否充足并且压力在 0.4~0.6 MPa 范围内。

(5) 开启生蒸汽管道总阀门，开启纯水泵及管道阀门，开启冷却水管道阀门，开启空气压缩机并且压力升至 0.6 MPa。

(6) 拨上控制箱内断路器开关接通电源后，电源红色指示灯亮，各仪表通电工作。

（二）开机操作

(1) 打开蒸汽进气阀门。

(2) 蒸汽表显示稳定的压力值时，开电源锁使水泵转动，此时运行灯亮。

(3) 调节手动阀门使流量计浮子上升，待蒸汽压力稳定在规定值、给水量达到一定值时，再等待几分钟，如果各效视镜水位没有上升，可适当增加进水量，没有出现问题即可进行正常运行。

(4) 运行监测：

1) 开机后，待蒸汽压力、进水量、蒸馏水温度（恒定 95℃）三项条件稳定后方可接水，并测定产水量。

2) 机器运行时，要常常观察其各项指标是否处于正常范围，并按规定检测水质。

3) 如果气压波动较大，可能会造成一效蒸发器视镜大面积积水，但不能超过上限，各效视镜水位不超过 1/2 为正常。

(5) 关机：

1) 缓慢关闭进料水阀。

2) 关闭蒸汽进气阀门。

3) 关冷凝水排水阀及冷却水入水阀。

4) 关电源锁，一个运行周期结束。

（三）设备的维护与保养

(1) 清洁：

1) 每天生产保持机器表面始终处于洁净状态，发现表面有污物应及时清理，电气部件严禁用水冲洗。

2) 一般每年清洗一次原料水及蒸汽过滤器、流量计，清洗后用纯化水冲洗至冲洗水 pH 为中性。

3) 一般每 2 年清洗一次蒸发器、预热器、冷凝器内水垢。

4) 每周直接用刷子刷洗储罐内壁一次，再用注射用水冲洗一遍即可。

5) 罐内如有储存超过 12 h 的注射用水，应先放掉积水，再用注射用水冲洗，才可用于储存新鲜注射用水。

6) 每半年用刷子蘸清洁液刷洗储罐内壁一次，用粗滤饮用水冲洗，再用纯化水冲洗至洗液中无氯离子，最后用注射用水冲洗一遍即可。

7) 每半年对输送管路、输送泵清洗一次。

8）按规定时间进行在线灭菌。

(2) 定期检查各管道接口，如果发生泄漏应停机重新紧固连接或更换密封垫圈。

(3) 定期检查各线路，如有异常应及时更换破损、老化的电线和气管，确保电路不产生断路、缺相、缺气而产生人身事故和设备运行事故。

(4) 设备在正常运行过程中，每班操作者在交接班后应对设备外表面发现的水花、灰尘和杂质随时清除擦拭，用柔软的清洁布或优质卫生纸，顺板纹理擦拭（若不擦拭，设备产生的热量会导致其蓄积在设备外表面而结垢，以后难以清理）。

(5) 定期检查控制箱内电器及各阀门、仪表、水泵运行情况是否良好，出现异常应及时停机检修。

(6) 定期检查各执行机构的开启、关闭使用状况，发现异常或泄漏应及时维护或更换。

（四）常见故障及排除方法

多效蒸馏水器常见故障、原因及排除方法见表 8-3。

表 8-3 多效蒸馏水器常见故障、原因及排除方法

故障现象	故障原因	排除方法
开车后原料水流量达不到要求	1. 水泵运转方向与要求不符 2. 多级泵进水管路内有空气	1. 检查电源线接线，要求水泵转向与泵壳标示的一致 2. 拧开多级泵的排空螺栓，排出内部空气
蒸馏水质量有问题	1. 排空口不流畅 2. 操作过程中，蒸发器水位线超过观察窗口	1. 降低冷却水流量，并保证排空口流畅，使不凝性气体顺利地排出机外 2. 操作员在设备运行过程中，应随时观察各效蒸发器的水位线不得超过观察窗的一半，并随时观察蒸汽压力及原料水流量的变化，及时进行调节控制
蒸馏水产量不足	1. 供给的加热蒸汽质量不符合要求，即加热蒸汽不是干燥的饱和蒸汽 2. 一效蒸发器，一效预热器疏水阀堵塞，排水不畅 3. 换热管壁可能积有水垢	1. 提高加热蒸汽质量 2. 检查疏水阀，视情况进行清洗或更换 3. 一效蒸发器通过的蒸汽带有杂质，换热管管壁易结垢；冷凝器用自来水当冷却水时，易使冷却管结垢，因而一效蒸发器冷凝器应视情况定期进行除垢清洗

课堂讨论

用五效蒸馏水器制水过程中发现产水量下降，该如何处理？

岗位对接

本章主要介绍了制药用水的生产工艺、主要工序与质量控制点，以及纯化水生产设备和注射用水生产设备的主要结构、工作原理、设备操作规程和常见故障及排除方法等内容。

制药用水生产人员相对应职业工种是《中华人民共和国职业分类大典》(2015年版)药物制剂工(6-12-03-00)包含的注射用水、纯水制备工。从事的工作内容是制备符合制剂标准的工艺用水。相对应的工作岗位是纯化水制备岗位、注射用水制备岗位。其知识技能要求主要包括以下几个方面：

(1) 正确使用和维护保养制水设备，并排除一般故障；

(2) 正确使用和维护保养常用的仪器仪表；

(3) 合理使用材料，正确配置化学处理液；

(4) 处理常见的水质劣化故障；

(5) 熟悉纯水制备系统各部分设备的作用；

(6) 正确使用电导仪进行水质测试并作误差分析。

思考题

在线测试

1. 简述二级反渗透设备制备纯化水工艺流程及各设备所起的作用。
2. 简述多效蒸馏水器的工作原理。

（罗仁瑜）

第九章

灭菌设备和空气净化设备

学习目标

1. 掌握层流式干热灭菌机和脉动式真空灭菌柜的原理、结构，并能正确使用及进行日常维护保养。
2. 熟悉干热灭菌法和湿热灭菌法的原理及应用。
3. 熟悉常见灭菌设备的结构及日常使用。
4. 熟悉空气洁净度等级、洁净室特点和分类。
5. 了解净化空调系统及空气洁净设备。
6. 了解化学灭菌法、紫外线灭菌法和过滤除菌法。

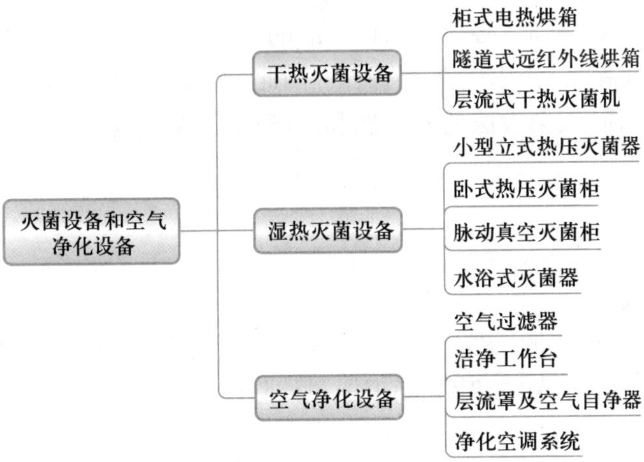

第一节 灭菌工艺

案例导入

2006 年，有 11 名患者在注射了安徽某药企生产的克林霉素磷酸酯葡萄糖注射液（欣弗）后死亡。经原国家食品药品监督管理局现场核查，该企业 2006 年 6 月至 7 月生产的克林霉素磷酸酯葡萄糖注射液未按批准的工艺参数灭菌，降低灭菌温度，缩短灭菌时间，增加灭菌柜装载量，影响了灭菌效果。经原中国药品生物制品检定所对相关样品进行检验，结果表明，无菌检查和热原检查均不符合规定。

灭菌法系指用适当的物理或化学手段将物品中活的微生物杀灭或除去，从而使物品残存活微生物的概率下降至预期的无菌保证水平的方法。灭菌法的应用非常广泛，不仅适用于制剂、原辅料、医疗器械的灭菌，也适用于设备、器皿、环境等的灭菌。

一、无菌保证水平

对于任何一批灭菌物品而言，绝对无菌既无法保证也无法用试验来证实。一批物品的无菌特性只能相对地通过物品中活微生物的概率低至某个可接受的水平来表述，即无菌保证水平（SAL）。实际生产过程中，灭菌是指将物品中污染微生物的概率下降至预期的无菌保证水平，最终灭菌的物品微生物存活概率，即无菌保证水平不得高于 10^{-6}（SAL $\leqslant 10^{-6}$），已灭菌物品达到的无菌保证水平可通过相关验证确定。灭菌物品的无菌保证不能依赖于最终产品的无菌检验，而是取决于生产过程中采用合格的灭菌工艺、严格的 GMP 管理和良好的无菌保证体系，特别是对于注射剂、滴眼剂等无菌制剂，灭菌操作更是药品安全的重要保证。

当待灭菌物是药品时，必须在保证药品的稳定性、疗效及安全性不受影响的前提下，完成杀死或除去其中微生物的操作。因此，灭菌工艺及设备的确定应综合考虑被灭菌物品的性质、灭菌方法的有效性和经济性、灭菌后物品的完整性和稳定性等因素。

二、灭菌法的分类

根据灭菌机制的不同，灭菌方法可分为物理灭菌法和化学灭菌法。其中物理灭菌法又可细分为热力灭菌法、射线灭菌法、过滤除菌法等方法，如图 9-1 所示。

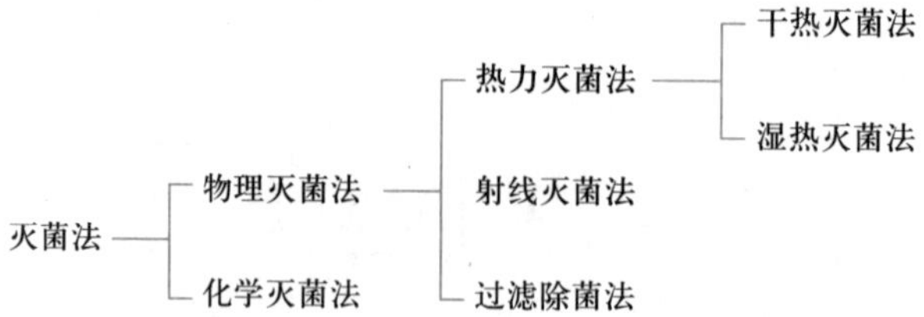

图 9-1　灭菌法的分类

热力灭菌法的原理是：加热可以破坏蛋白质和核酸中的氢键，导致蛋白质变性或凝固，核酸结构破坏，酶活性丧失，最终导致微生物死亡。干热灭菌法及湿热灭菌法合称热力灭菌法，是一类在制药工业中可靠且常用的灭菌方法，本节将重点介绍。

知识拓展

其他灭菌方法

1. 化学灭菌法　是利用化学消毒剂形成的气体杀灭微生物的方法，常用的化学消毒剂有环氧乙烷、气态过氧化氢、臭氧等。其中最常用的灭菌气体是环氧乙烷，一般与 **80%~90%** 的惰性气体混合使用，并在高压腔室内进行。该法适用于医疗器械、塑料制品等不能采用高温灭菌，并且在相关灭菌介质中稳定的物品灭菌。

2. 紫外线灭菌法　紫外线指的是电磁波谱中波长从 10~400 nm 辐射的总称，用于灭菌的紫外线波长一般在 200~300 nm，其中波长为 254 nm 的紫外线灭菌效果最好。紫外线可以破坏细菌或病毒中核酸的分子结构，影响其自身蛋白质的表达，造成生长性细胞的死亡，达到杀灭微生物的效果。紫外线呈直线传播，强度与距离的平方成反比，能穿透洁净的空气和纯水，故常用于空气、器具表面、纯水的灭菌。紫外线灭菌灯是最常见的此类灭菌设备。

3. 过滤除菌法　利用细菌不能通过致密具孔滤材的原理以除去气体或液体中微生物的方法。与其他灭菌方法相比，过滤除菌法有如下特点：

(1) 无须加热，保护热敏药物不受破坏，而且在滤除细菌的同时将细菌尸体一并除去，减少了热原的产生，药液澄明度高。

(2) 可采用加压方式提高过滤速率。

(3) 为提高除菌过滤速率，药液需进行预滤操作，尽量去除大颗粒杂质。

(4) 整个除菌过滤流程必须在无菌条件下进行，而且过滤产品必须进行无菌检查。

除菌过滤器通常采用孔径分布均匀的微孔滤膜作为过滤材料。微孔滤膜分亲水性和疏水性两种，滤膜材质依据待过滤物品的性质及过滤目的而定，药品生产中使用的除菌滤膜孔径一般不超过 0.22 μm。滤器和滤膜在使用前应进行洁净处理，并用高压蒸汽进行灭菌或作在线灭菌。此外，过滤器对滤液的吸附不得影响药品质量，不得有纤维脱落，禁用含石棉成分的过滤器。

第二节　干热灭菌设备

一、概述

干热灭菌法系指将物品置于干热灭菌柜、隧道灭菌器等设备中，利用干热空气达到杀灭微生物或消除热原物质的方法。由于空气的比热容小，传热效果差，加热不均匀，因此干热灭菌法通常灭菌时间长、温度高。玻璃器具、金属器具、纤维制品、固体药品、液状石蜡、油类及湿热灭菌法无效或不宜用湿热灭菌法灭菌的耐高温物品，均可采用此法灭菌。此外，由于本法的灭菌温度较高，故不适用于塑料、橡胶制品以及大部分药物的灭菌。2020年版《中国药典》规定，干热灭菌温度范围一般为160~190℃，当用于除热原时，温度范围一般为170~400℃，无论采用何种灭菌条件，均应保证灭菌后物品的无菌保证水平≤ 10^{-6}。

干热灭菌的主要设备有烘箱、干热灭菌柜、隧道式灭菌系统等。其中干热灭菌柜和隧道式灭菌系统是制药行业中玻璃容器灭菌干燥工艺的配套设备，适用于对清洗后的安瓿或其他的玻璃容器进行灭菌干燥。

二、常用干热灭菌设备

（一）柜式电热烘箱

柜式电热烘箱是一种常用的间歇式干热灭菌设备，其种类及型号繁多，但主体结构基本相同。设备一般呈箱型，主要由隔热箱体、电加热器、托架与隔板、循环风机、高效过滤器、冷却器、温度传感器等部分构成（图9-2、图9-3）。

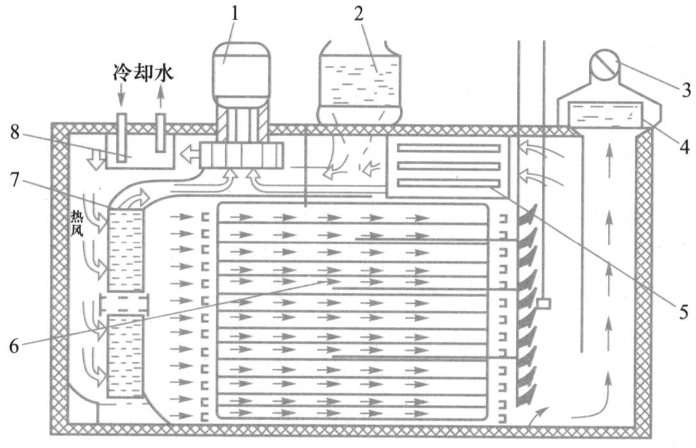

1. 循环风机；2. 进气口高效过滤器；3. 排气口阀门；4. 排气口过滤器；5. 电加热器；6. 温度传感器；7. 耐热高效过滤器；8. 冷却器。

图9-2　柜式电热烘箱结构示意图

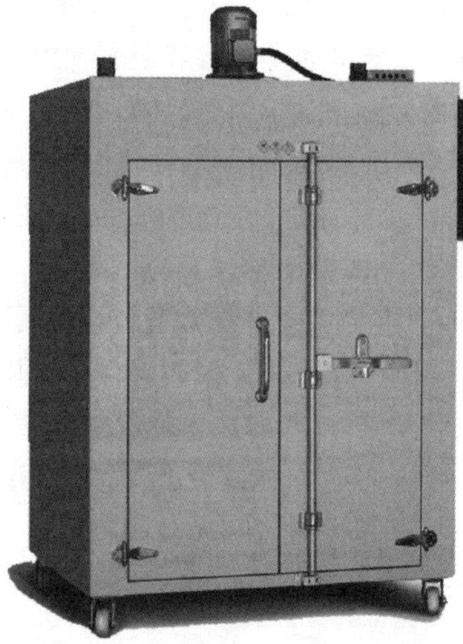

图9-3　柜式电热烘箱实物图

将装有待灭菌物品的容器置于托架或推车上，送入灭菌室内，关门。加热升温，同时开启排气口阀门，水蒸气逐渐排净。此时空气经加热后，通过耐热高效过滤器形成干热空气，并在循环风机的作用下形成均匀分布的气流向灭菌室内传递热量，使待灭菌物品表面的水分蒸发，通过排气通道排出。干热空气在循环风机的作用下定向流动，周而复始，最终达到干燥灭菌的目的。该设备的灭菌温度可在180~300℃范围设定，低温一般用于干燥灭菌，而较高温度则用于破坏热原。灭菌完成后，风机继续运转对灭菌产品进行冷却，也可通过冷却水进行冷却，减少对灭菌产品的热冲击。当灭菌室内温度降至比室温高15~20℃时，烘箱停止工作。

（二）隧道式远红外线烘箱

隧道式远红外线烘箱是一种常用的大型连续式干热灭菌设备，通常由保温罩壳、排风系统、远红外线发生器、电动机传动系统等部分构成（图 9–4、图 9–5）。

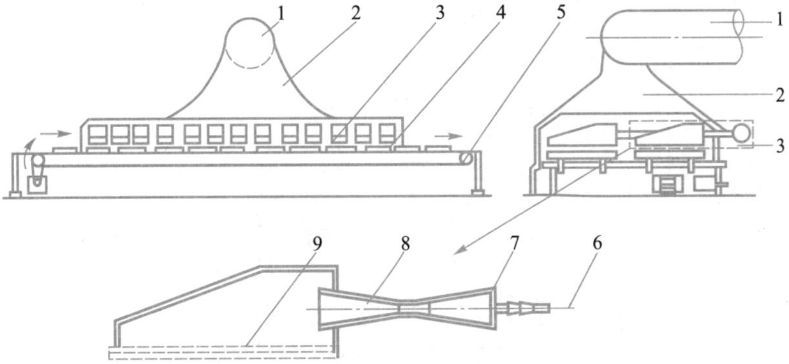

1. 排气管；2. 罩壳；3. 远红外线发生器；4. 载物盘；5. 传送带；6. 燃气入口；7. 通风板；8. 喷射器；9. 铁铬铝网。

图 9–4　隧道式远红外线烘箱（燃气式）

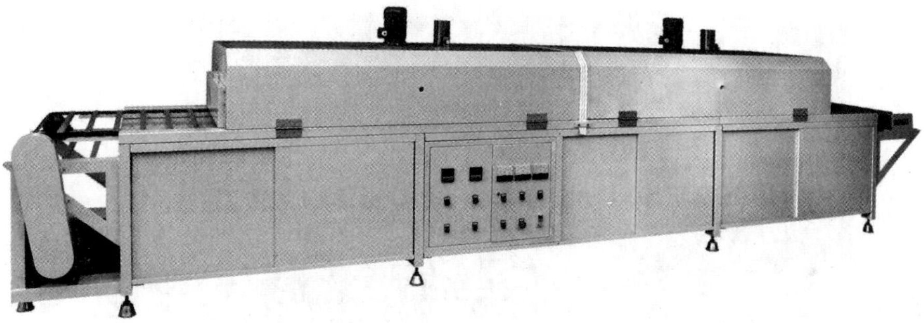

图 9–5　隧道式远红外线烘箱（燃气式）实物图

远红外线是指波长在 2.5~1 000 μm 的红外线，它能以电磁波的形式直接辐射到被加热物体表面，并转化为热能，无需其他介质的传递，加热快，热损耗小，能迅速实现干燥灭菌，但设备投入高，能耗大。

工作时，完成洗瓶工序的安瓿，瓶口朝上置于载物盘上由隧道的一端用链条输送带送进烘箱。隧道内加热分为预热段、灭菌段及降温段，预热段内安瓿由室温升至 100℃左右，大部分的水分在这段蒸发；灭菌段为高温干燥灭菌区，温度可达 300~450℃，残余水分进一步蒸干，细菌及热原被杀灭或破坏；降温区是由高温降至 100℃左右，而后安瓿离开隧道，完成灭菌干燥。

（三）层流式干热灭菌机

层流式干热灭菌机又称隧道式热风循环灭菌烘箱，通常处于针剂联动生产线上，与安瓿清洗机和安瓿拉丝灌封机配套使用，可连续地对经过清洗的安瓿或其他玻璃药瓶进行干燥、灭菌及除热原操作。该设备结构与隧道式烘箱类似，多为整体隧道式

动画

层流式干热灭菌机结构原理

结构，由前后层流箱、高温灭菌箱、机架、输送网带、热风循环风机、电加热器、电控箱等部件构成(图 9-6、图 9-7)。

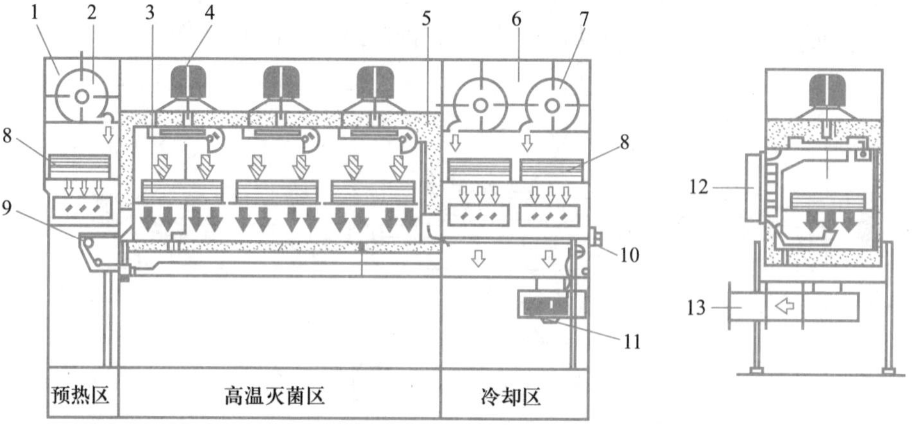

1. 前层流箱；2. 前层流风机；3. 耐热高效过滤器；4. 热风机；5. 高温灭菌仓；6. 后层流箱；7. 后层流风机；8. 高效过滤器；9. 输送网带；10. 出瓶口；11. 排风机；12. 电加热器；13. 排风口。

图 9-6　层流式干热灭菌机结构示意图

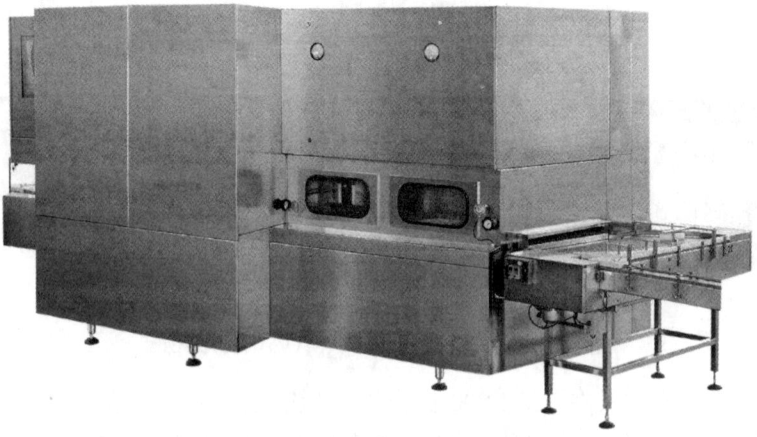

图 9-7　层流式干热灭菌机实物图

层流式干热灭菌机按功能区可划分为预热区、高温灭菌区、冷却区，三部分相对独立，且温度可在 0~350℃内独立设定，并具有区域温度不达标自动停止传送网带运转的功能，保证灭菌质量。

该设备是将空气加热并通过高效过滤器过滤，获得洁净度为 A 级的清洁热空气。在 A 级单向流空气的保护下，洗瓶机将已清洗干净的安瓿送上输送网带，通过预热区预热后，送入高温灭菌区，流动的洁净热空气将安瓿继续加热到 300℃以上，安瓿通过高温区的时长根据灭菌温度而定，一般为 5~20 min，完成干燥灭菌除热原后，安瓿随输送网带进入冷却区，此时单向流洁净空气将安瓿冷却至接近室温，最后经出瓶口送出，并送入拉丝灌封机进行药液的灌装与封口。安瓿从进入隧道至送出全过程的时间通常可控制在 30 min 左右。由于前后层流箱及高温灭菌箱均为独立的空气净化系统，有效地保证了进入灭菌设备的瓶子始终处于 A 级洁净空气保护下，且灭菌隧道内部压力高于外界大气压，使外界空气不能侵入，整个过程均在密闭状态下进行，其生产过程完全符合 GMP 要求。

三、ASMR 型层流式干热灭菌机的操作

（一）开机前准备

(1) 检查电气系统是否正常，启动按钮、制动按钮是否正常，显示屏、仪表是否正常。

(2) 检查传动系统是否正常，点动确认电动机运转方向是否正确，隧道入口及出口处是否有杂物。

(3) 检查层流系统是否正常，隧道入口及出口处应在 A 级空气状态下。

(4) 根据待灭菌瓶子的规格，调整高温灭菌区前后滑门板的高度，一般高出瓶口 5~10 mm 即可。

（二）开机操作

(1) 接通电源，打开层流风机，设定层流风速。一般预热区和冷却区风速为 0.5~0.6 m/s、高温灭菌区风速为 0.6~0.8m/s；预热区压力 5~6 Pa、高温灭菌区压力 6~7 Pa、冷却区压力 7~8 Pa。

(2) 设定并开启加热程序。高温灭菌区温度设为 280℃（依据工艺要求设定），停机温度设为 100℃，同时检查加热管工作是否正常，并作好温度记录。

(3) 当温度上升至设定值后，开启输送网带（注：机器设有保护系统，只有达到设定温度及入口处导向弹片被压住时，输送网带才会运行）。将走带模式选为自动，此时干燥机处于自动运行状态，空车运行观察输送网带工作情况。

(4) 风速、温度、走带均正常后，将设备连接至洗瓶机，由网带将药瓶送入灭菌机，在规定时间内通过高温灭菌区，完成灭菌过程。

(5) 关机：

1) 当批生产的药瓶全由隧道出口送出后，关闭网带电动机及加热按钮。此时网带停止运行并停止加热，层流风机继续运行至温度降到停机预设温度后开关自动关闭，关闭总电源。

2) 如果隧道内有药瓶须过夜后使用，可单独开启前后层流风机，保证药瓶及设备内部的洁净度。

3) 断电后，清理设备内外卫生，处理网带上、隧道进出口、排风口处的玻璃碎屑。

（三）设备的维护与保养

(1) 保持设备工作环境清洁干燥，定期清理运动部件，并替换润滑油，其中高温灭菌区风机每年一次，前后层流风机可 3 年一次，输送网带及相关轴承每年一次（注：更换润滑油时最好将残油擦去）。

(2) 定期查看过滤器状态，当风机功率调至最大，风速仍不能达到生产要求的最低标准时，必须清理或更换相关过滤器。

(3) 观测各温区升温情况，有加热管损坏的应及时更换。

(4) 定期检查输送网带磨损情况及张紧度，必要时进行维修或调整。定期检查电动机及减速机状态，检查减速机外壳有无油渍渗出或漏油情况，观测机油高度，必要时添加或更换机油。

(5) 定期检查排风系统，保证设备内压力大于外界压力 5 Pa 以上，每半年调整一次传动皮带张紧度。

(四) 常见故障及排除方法

层流式干热灭菌机常见故障、原因及排除方法见表 9-1。

表 9-1　层流式干热灭菌机常见故障、原因及排除方法

故障现象	故障原因	排除方法
烘箱温度上升慢	1. 加热管接触不严或损坏 2. 风速过快	1. 重新连接或更换加热管 2. 调整适宜风速
烘箱温度突然下降	1. 加热管损坏 2. 保险丝熔断	1. 更换加热管 2. 更换保险丝
出瓶温度过高	1. 下排风机故障 2. 层流风机故障 3. 后高效过滤器堵塞 4. 网带走速不适，药品分布不均，冷风从空隙部分流失 5. 高温灭菌区后滑板门设置过高，加热段热气外泄	1. 维修或更换下排风机 2. 维修或更换后层流风机 3. 更换高效过滤器或增大层流风机功率 4. 调整网带走速，合理摆放药瓶 5. 调整后滑门板高出瓶口 5~10 mm 即可
网带传动慢，有异响	1. 网带过松 2. 有杂物进入传动系统	1. 调整网带张紧度 2. 清理传动系统
设备运行震动、噪声大	1. 设备未调水平 2. 传动轴承损坏 3. 电动机或其他螺丝松动 4. 网带过紧	1. 重新调节设备水平 2. 维修或更换传动轴承 3. 紧固电动机或其他松动螺丝 4. 调整适宜张紧度

第三节　湿热灭菌设备

一、概述

湿热灭菌法系指将物品置于特制容器中，利用高压饱和蒸汽或过热水喷淋等手

段使微生物菌体中的蛋白质、核酸发生变性而杀灭微生物的方法。由于水蒸气的潜热大，穿透力强，所以灭菌效率高于干热灭菌法，是热力灭菌法中最有效、应用最广泛的灭菌方法。药品、器皿、橡胶制品以及其他在高温、潮湿条件下稳定的物品，均可采用本法灭菌。2020 年版《中国药典》规定，湿热灭菌通常采用温度－时间参数或者结合 F_0 值（F_0 值为标准灭菌时间，系灭菌过程赋予被灭菌物品 121℃下的等效灭菌时间）综合考虑，无论采用何种控制参数，都必须证明所采用的灭菌工艺和监控措施在日常运行过程中能确保物品灭菌后的无菌保证水平≤ 10^{-6}。

根据加热方式的不同，湿热灭菌法又分为热压灭菌法、流通蒸汽灭菌法、煮沸灭菌法和低温间歇灭菌法。热压灭菌法需要在耐压容器中进行，利用高压蒸汽杀灭细菌，是最可靠的灭菌方法，能够杀灭所有的细菌及其芽孢。低温间歇灭菌法是将待灭菌的物品置于 60~80℃的水或蒸汽中 1 h，杀灭其中的繁殖体，室温放置 24 h，使其中的芽孢发育成繁殖体，再次重复杀菌操作，如此反复 3~5 次，达到杀灭所有微生物的目的。本法适用于不耐热药品的灭菌，缺点是工序时间长且芽孢杀灭效果往往不理想。其余两种灭菌法均不能较好地杀灭芽孢，属于非可靠灭菌法。常见的湿热灭菌设备有热压灭菌器、卧式热压灭菌柜、脉动式真空灭菌柜和水浴式灭菌器等。

二、常用湿热灭菌设备

（一）小型立式热压灭菌器

小型立式热压灭菌器根据外形的不同可分为手提式和立式两种，是最常用的小型湿热灭菌设备，广泛应用于药厂、科研院所、医院及家庭的灭菌场合。该设备主要由耐压锅体、灭菌内筒、压力表、放气阀、安全阀及加热装置等部分组成（图 9-8、图 9-9）。

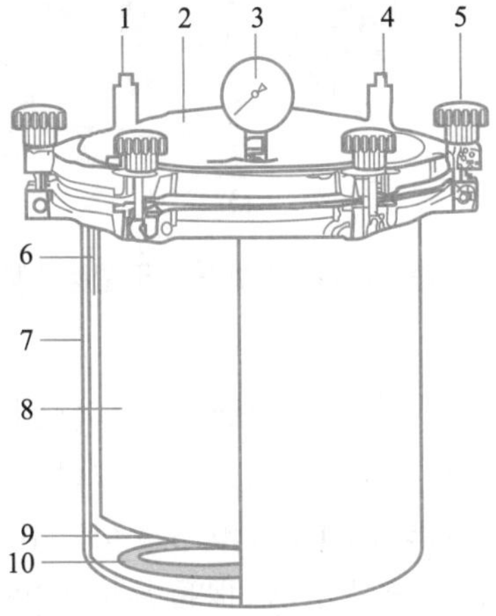

1. 自动放气阀；2. 锅盖；3. 压力表；4. 手动放气阀；5. 密封螺母；6. 排气管；7. 耐压锅体；8. 灭菌内筒；9. 内筒架；10. 加热管。

图 9-8　立式热压灭菌器结构示意图

图 9-9　立式热压灭菌器实物图

使用热压灭菌器灭菌时，先将灭菌内筒取出，并将纯净水倒入锅内至刻度线处，而后将盛有待灭菌物品的内桶放入灭菌器外桶内。盖锅盖时，必须把放气软管插到灭菌桶内壁方管中，同时按对角线顺序旋紧密封螺母，最后接通电源加热。当压力表指针开始移动时，手动打开放气阀，待阀门冲出大量蒸汽时，表明灭菌器内空气已排尽，此时关闭放气阀。当达到灭菌所需的温度、压力时，开始计算灭菌时间。达到规定灭菌时长后，停止加热，使温度渐渐下降，当压力降为零时，手动开启放气阀，将锅内剩余蒸汽放出，缓缓打开锅盖，取出灭菌物品。

（二）卧式热压灭菌柜

卧式热压灭菌柜是工业上常用的大型高压蒸汽灭菌设备，其外层夹套为耐压钢制结构，外部附有隔热保温层，并装有夹套压力表；内层为不锈钢灭菌室，并装有压力表与温度计，灭菌柜配有蒸汽进入管道、蒸汽过滤器、蒸汽控制阀、蒸汽压力调节阀等（图 9-10、图 9-11）。

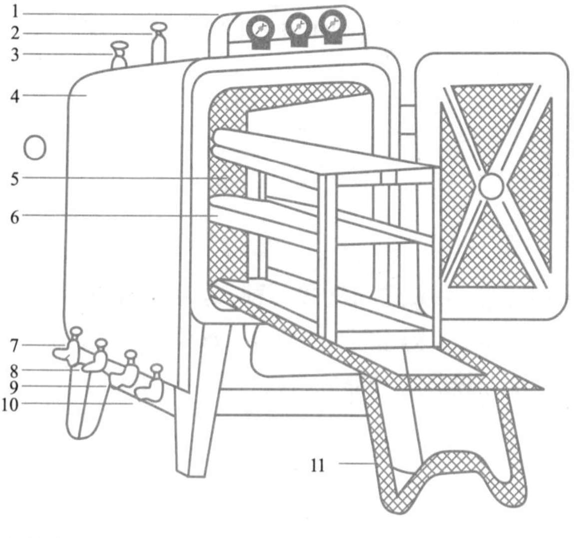

1. 仪表盘；2. 安全阀；3. 灭菌室放气阀；4. 外壳；5. 灭菌室；6. 层架；7. 蒸汽总阀门；8. 灭菌室进气阀；9. 外柜排水阀；10. 外柜排气阀；11. 层架转移车。

图 9-10　卧式热压灭菌柜结构示意图

图 9-11　卧式热压灭菌柜实物图

该设备使用步骤如下：① 将待灭菌物品推入灭菌室，关闭柜门。② 打开夹套进气阀，使蒸汽进入外层夹套，对灭菌室内壁加热。③ 当夹套内压力已达灭菌要求时，将蒸汽控制阀移至灭菌位置，此时蒸汽进入灭菌柜内，柜内冷空气和凝结水由下部疏水器排出；待灭菌柜内压力和温度达到灭菌要求时，保持其恒定至规定灭菌时间。④ 灭菌结束后，排出灭菌柜内蒸汽，待温度接近室温，压力表归零后，打开柜门。

此类灭菌设备具有结构简单、造价低廉、适用范围广等优点，广泛应用于耐热、耐湿物品的消毒灭菌，如瓶（袋）装药液、金属器械、玻璃器皿、工器具、包装材料、织物等。

视频

脉动式真空灭菌柜的结构

（三）脉动式真空灭菌柜

脉动式真空灭菌柜的灭菌原理是：通过真空泵借助水的流动抽出灭菌柜室内冷空气，使待灭菌物品处于负压状态。然后充入饱和蒸汽，使其迅速穿透到物品内部，在高温和高压的作用下使微生物蛋白质变性凝固而灭活，达到灭菌要求。灭菌后，抽真空使灭菌物品迅速干燥。工作流程采用电脑控制，具有方便、省时、省力、总灭菌时间短、灭菌彻底可靠、物品干燥等特点。脉动式真空灭菌柜结构（图 9-12、图 9-13）与卧式热压灭菌柜相似，区别是装有抽真空系统。

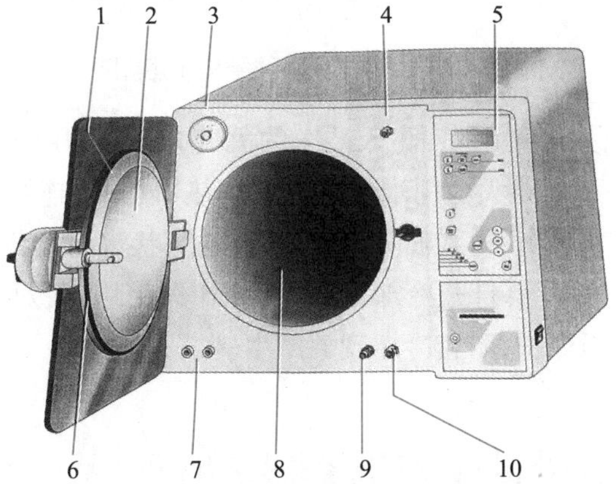

1. 密封圈；2. 门盘；3. 进气口过滤器；4. 蒸馏水入口；5. 操作面板；
6. 门锁；7. 保险柱；8. 灭菌仓；9. 蒸馏水出口；10. 残水出口。

图 9-12　脉动式真空灭菌柜结构示意图

图 9-13　脉动式真空灭菌柜实物图

（四）水浴式灭菌器

水浴式灭菌器是一种使用高温水喷淋杀菌的设备，一般由筒体、换热系统和控制系统组成（图 9-14）。筒体一般为方形或圆柱形钢制结构，主体外部包裹保温材料。门一般为气动平移式或电动升降式密封门，保证灭菌室内有压力和操作未结束时，密封门不能被打开。供热系统主要由板式换热器、内循环泵、外供热系统组成。控制系统采用计算机自动控制箱控制，自动化程度较高，并可实时显示工作流程和系统状态。

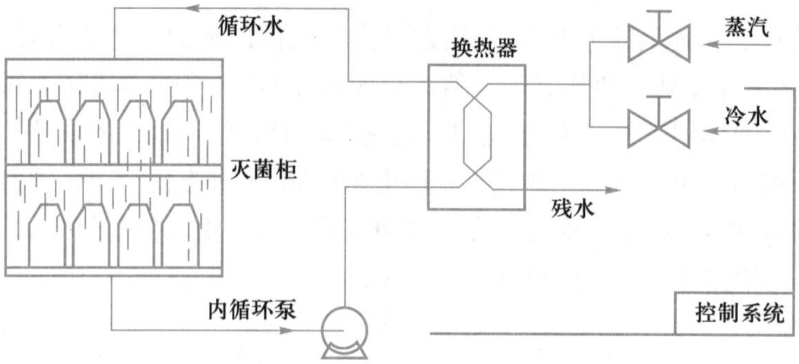

图 9-14 水浴式灭菌器结构示意图

灭菌操作时，首先关闭灭菌室，注入洁净的灭菌介质(常用纯化水)至规定液位。开启循环泵及蒸汽阀门，抽取灭菌用水经过板式换热器加热，连续循环进入灭菌柜顶喷淋系统。喷淋系统由喷淋管道和喷头组成，喷出的雾状水与灭菌物品均匀接触。降温时关闭换热器的蒸汽阀门，打开冷却水阀门，冷却灭菌用水，对灭菌物品进行快速冷却，并给予一定的反压保护，防止冷爆现象产生。

视频

脉动式真空灭菌柜的使用

三、YG-0.6 型脉动式真空灭菌柜的操作

(一) 开机前准备

(1) 检查设备外观及相应标志牌，确认无异常。

(2) 开启设备总开关，触摸屏上电，待设备自检完成，屏幕出现灭菌系统的起始画面，输入相应的用户名和用户密码后进入主控页面。

(3) 开启前门，在主控页面选择“前门操作”，确认灭菌室压力为零，按“门排空”键，排出门圈内压缩空气，约 10 s 后按“开前门”键，前门自动打开。对设备灭菌室清洁准备。

(4) 清洁完毕后，将待灭菌物品利用转运车推至柜门并送入灭菌室，手动关闭前门。点击“关前门”键，前门自动锁死，前后门关闭正常后指示灯变红色，启动门密封。

(二) 开机操作

从“主控界面”进入“自控程序”界面，按下“启动”键，设备将按预设程序自动运行，此时画面将同时动态显示实时工况。灭菌过程分为 4 个部分：

(1) 脉动式真空，预热至规定温度，开启真空泵，循环 3 次真空后转入升温程序。

(2) 升温灭菌，随温度升高，灭菌室内压力不断上升，到预设灭菌温度后，转入灭菌阶段，维持灭菌温度到规定时间。

(3) 干燥，排出灭菌室内蒸汽，开启真空泵，到预设时间，结束真空干燥。

(4) 卸载，灭菌室压力归零后，点击“停止”自动程序，按“后门排空”按钮约 10 s 后，点击“开后门”，将柜内的灭菌物品转移至指定位置。

生产结束后填写设备运行记录，按批填写。清洁设备，并填写清洁时间、清洁人及清洁时效。关闭总电源，关闭蒸汽源，关闭夹层和内室的蒸汽阀门，关闭压缩空气，关闭水源。

（三）设备的维护与保养

(1) 每次灭菌结束，须对灭菌室进行清理，去除柜内、滤污网上的污物。

(2) 每天灭菌结束，关闭蒸汽源，将进夹层和内室的蒸汽阀门关闭，夹层中的蒸汽将自然冷凝从夹层疏水阀中排出。

(3) 定期检查安全阀状态，可反复提拉数次，保证其状态灵活。

(4) 定期清洗管路上的过滤网。

(5) 定期校验设备的压力表、测温探头。

（四）常见故障及排除方法

脉动式真空灭菌柜常见故障、原因及排除方法见表 9-2。

表 9-2 脉动式真空灭菌柜常见故障、原因及排除方法

故障现象	故障原因	排除方法
灭菌室压力异常	1. 真空泵故障 2. 通气阀门故障	1. 检修真空泵 2. 检修通气阀门
柜门无法打开	1. 内室有正压或负压 2. 灭菌程序正在运行 3. 门电动机故障 4. 门内传动系统损坏	1. 待室内压力回零后，再开门 2. 退出灭菌程序 3. 检修门电动机 4. 检修传动系统
手动开关门不正常	1. 灭菌室内有压力 2. 密封胶条有异物 3. 转动部件有异物 4. 固定螺栓松脱，门变形 5. 气动装置故障	1. 检查内室压力，等待压力归零 2. 去除密封条异物 3. 去除转动部件异物 4. 调整门位置并锁紧螺栓 5. 检修气动装置
灭菌室温度异常	1. 温度传感器故障 2. 蒸汽源故障	1. 维修温度传感器 2. 检修蒸汽源

课堂讨论

我们已经学习了多种灭菌设备，那么具体到特定生产线的要求，该如何选用灭菌设备呢？

第四节　空气净化设备

案例导入

某药厂无菌药物生产车间，由于未定期检查各洁净区间压差情况，导致洁净室受邻室污染，造成当批次药品的尘粒和微生物检测不合格，给药厂带来不小的损失。

一、概述

空气净化设备是一类能够滤除或杀灭空气中的微生物或尘粒，并有效提高空气洁净度的设备的总称，按其工作过程可分为空气净化系统、空气输送系统、洁净室三部分。

空气洁净度是指洁净环境空气中含尘量和含菌量的程度，2010 年版 GMP 对无菌药物的生产环境划分了 4 个等级：① A 级（高风险操作区），如灌装区、放置胶塞桶和与无菌制剂直接接触的敞口包装容器的区域以及无菌装配或连接操作的区域。应采用单向流操作台（罩）维持该区的环境状态。单向流系统在其工作区域必须均匀送风，风速为 0.36~0.54 m/s（指导值）。应当有数据证明单向流的状态并经过验证。在密闭的隔离操作器或手套箱内，可使用较低的风速。② B 级通常是无菌配制和灌装等高风险操作 A 级洁净区所处的背景区域。③ C 级和 D 级，指无菌药品生产过程中操作步骤的重要程度较低的洁净区。

以上各级别空气悬浮粒子和微生物标准规定见表 9–3、表 9–4。

表 9–3　洁净区空气洁净度级别及标准

洁净度级别	悬浮粒子最大允许数 /m^3			
	静态		动态①	
	≥ 0.5 μm	≥ 5.0 μm②	≥ 0.5 μm	≥ 5.0 μm
A 级③	3 520	20	3 520	20
B 级	3 520	29	352 000	2 900
C 级	352 000	2 900	3 520 000	29 000
D 级	3 520 000	29 000	不作规定	不作规定

注：

① 动态测试可在常规操作、培养基模拟灌装过程中进行，证明达到动态的洁净度级别，但培养基模拟灌装试验要求在“最差状况”下进行动态测试。

② 在确认级别时，应当使用采样管较短的便携式尘埃粒子计数器，避免 ≥ 5.0 μm 悬浮粒子在远程采样系统的长采样管中沉降。在单向流系统中，应当采用等动力学的取样头。

③ 为确认 A 级洁净区的级别，每个采样点的采样量不得少于 1 m^3。A 级洁净区空气悬浮粒子的级别为 ISO 4.8，以 ≥ 5.0 μm 的悬浮粒子为限度标准。B 级洁净区（静态）的空气悬浮粒子的级别为 ISO 5，同时包括表中两种粒径的悬浮粒子。对于 C 级洁净区（静态和动态）而言，空气悬浮粒子的级别分别为 ISO 7 和 ISO 8。对于 D 级洁净区（静态）空气悬浮粒子的级别为 ISO 8。测试方法可参照 ISO14644–1。

表 9-4　洁净区微生物监测的动态标准[1]

洁净度级别	浮游菌/(cfu·m^{-3})	沉降菌(直径 90mm)/(cfu·4 h[2])	表面微生物	
			接触(直径 55 mm)/(cfu·碟$^{-1}$)	5 指手套/(cfu·手套$^{-1}$)
A 级	<1	<1	<1	<1
B 级	10	5	5	5
C 级	100	50	25	—
D 级	200	100	50	—

注：
① 表中各数值均为平均值。
② 单个沉降碟的暴露时间可以少于 4 h，同一位置可使用多个沉降碟连续进行监测并累积计数。

口服液体和固体制剂、腔道用药(含直肠用药)、表皮外用药品等非无菌制剂生产的暴露工序区域及其他直接接触药品的包装材料最终处理的暴露工序区域，应当参照“无菌药品”的 D 级洁净区的要求设置，企业可根据产品的标准和特性对该区域采取适当的微生物监控措施。

空气洁净是实现 GMP 的一个重要因素。同时应看到空气洁净技术并不是实施 GMP 的唯一决定因素，而是一个必要条件。没有成熟先进的处方和工艺，多高的空气洁净度也生产不出合格的药品。

知识拓展

洁净区的温湿度控制

洁净区的温湿度控制是为了满足产品质量要求和操作人员的舒适性要求。我国现行 GMP 对不同洁净区温湿度给出的指导值为温度应控制在 18~26℃，相对湿度应控制在 45%~65%。

1. 空气的增湿方法

(1) 直接往空气中通入蒸汽。

(2) 喷水，使水以雾状喷入不饱和的空气中，达到增湿的目的。

2. 空气的减湿方法

(1) 喷淋低于该空气露点温度的冷水。

(2) 使用热交换器把空气冷却至其露点以下。

(3) 空气经压缩后冷却至初温，使其中水分部分冷凝析出，使空气减湿。

(4) 采用吸收或吸附方法除掉水汽，使空气减湿。

(5) 通入干燥空气。

3. 空气的温度控制　空气温度的控制较为简单，通过常规的制冷、制热即可实现。但由于环境温度的变化会影响湿度的变化，故温度的控制需与湿度控制相联动。

二、常用空气净化设备

(一) 空气过滤器

空气过滤器是空气洁净系统中的核心部件，是营造各类洁净环境不可或缺的设备。

1. 按过滤效率的不同分类　可将过滤器分为初效、中效、高中效、亚高效和高效五类。

(1) 初效过滤器：主要用于空调系统的初级过滤，用于截留直径 5 μm 以上的各种微粒，防止其进入系统。初效过滤器有板式、折叠式、袋式 3 种样式。

(2) 中效过滤器：通常作为一般空调系统的最后过滤器，主要用于截留 1~5 μm 的悬浮微粒。此外它还可作为高效过滤器的前端过滤器，以减少高效过滤器的负荷，延长其使用寿命。中效空气过滤器分袋式和非袋式两类。

(3) 高中效过滤器：可作为一般净化系统的末端过滤器，也可用于提高系统净化效果，更好地保护高效过滤器；而用作中间过滤器，主要用于截留粒径在 1~5 μm 的悬浮微粒。

(4) 亚高效过滤器：主要用于截留粒径在 1 μm 以下的亚微米级微粒，其过滤效率以过滤 0.5 μm 为准。通常作为洁净室末端过滤器使用；也可作为高效过滤器的前端滤器，进一步提高和确保送风洁净度；还可以作为新风的末级过滤，提高新风品质。

(5) 高效过滤器：是洁净室最主要的末级过滤器，以实现 0.5 μm 的洁净度级别为目的，其过滤效率通常以过滤 0.3 μm 为准。此外，过滤效率以 0.1 μm 为准的高效过滤器称为超高效过滤器，主要用于实现 0.1 μm 的洁净度级别。

2. 按滤材不同分类　一般可将空气过滤器分为滤纸过滤器和纤维层过滤器。

(1) 滤纸过滤器：是应用最为广泛的一类高效过滤器，通常由玻璃纤维、合成纤维或植物纤维素等材料制成。一般根据使用场合的不同，滤纸可制成 0.3 μm 级的普通高效过滤器或亚高效过滤器，或制成 0.1 μm 级的超高效过滤器。

(2) 纤维层过滤器：是利用各种纤维填充制成过滤层的过滤器，所采用的纤维可分为天然纤维(羊毛纤维、棉麻纤维)和化学纤维。纤维层过滤器是一类低填充率过滤器，阻力较小，通常用作初效、中效过滤器。

(二) 洁净工作台

洁净工作台是一种可提供一定洁净等级局部操作环境的箱式空气净化设备(图 9–15)，主要由预过滤器、高效过滤器、风机机组、静压箱、外壳、台面等部件组成。

图 9–15　垂直层流洁净工作台

洁净工作台通常用于营造局部 A 级洁净区，滤过效率通常为 0.3 μm。因洁净工作台有独立空气循环系统，特别适用于产生污染物的工序或局部要求洁净等级较高的工序，但不宜用于要求操作者不能遮挡作业面的场合。在实际使用中，可根据用途的不同或使用单位的要求，设计制作各种类型的专用洁净工作台，如化学处理用洁净工作台、实验室用洁净工作台、微生物洁净工作台等，并可选装灭菌设备或温控设备。

（三）层流罩及空气自净器

层流罩及空气自净器结构相似，都是一种单向流的局部洁净送风设备，局部区域的空气洁净度可达 A 级或更高级别的洁净环境。其基本组成一般包括壳体、各级过滤器、风机、静压箱等，其中高效过滤器的性能决定了设备的最终洁净等级。由于洁净单向流空气直吹开放工作区，故此类设备不适用于产尘、产污染物的工序。除此之外，层流罩较之洁净工作台具有设备成本低、安装简便、可单个或组合使用等优点。

三、净化空调系统

（一）净化空调系统的特征

与一般空调系统相比，洁净区用净化空调系统有如下特征：

(1) 净化空调系统需控制的参数除室内温度、湿度之外，还包括室内的洁净度和压力，而且温湿度控制精度高。无特殊要求下，洁净区的温度应控制在 18~26℃，相对湿度应控制在 45%~65%，并且温湿表应每年校验一次。

(2) 洁净室的气流分布及气流组织方面，要尽量限制和减少尘粒的扩散，避免二次气流和涡流的形成，使洁净的气流不受污染，以最短的距离直接送到工作区。

(3) 为确保洁净室不受室外或邻室的污染，洁净区与非洁净区之间、不同级别洁净区之间的压差应当不低于 10 Pa。这就要求洁净级别高的区域较之洁净级别低的区域需要有一定的正压风量或排风。

(4) 净化空调系统的风量较大（每小时换气次数一般十次至数百次），相应耗能量也多，整套系统造价也较高。

(5) 净化空调系统的空气处理设备、风管材质及密封材料依据空气洁净等级的不同都有一定的要求。风管制作和安装完成后必须严格按规定进行清洗、密封等维护操作。

(6) 净化空调系统安装完毕后，需对各个洁净区的综合性能指标进行检测，以达到 GMP 所要求的空气洁净度等级。对系统中的高效过滤器及其安装质量均应按规定进行检测。

（二）净化空调系统的划分

洁净区使用的净化空调系统应基于其生产产品的工艺要求确定，通常不能按区域或简单地按空气洁净度等级划分。净化空调系统的划分原则如下：

(1) 普通空调系统、两级过滤的送风系统与净化空调系统需分开设置。

(2) 运行班次、运行规律或使用时间不同的净化空调系统要分开设置。

(3) 生产流程中某一工序或房间散发有毒、有害、易燃、易爆物质，对其他工序或房间产生有害影响或危害人身健康或产生交叉污染等情况的，应分别设置独立的净化空调系统。

（4）温度、湿度的控制要求或精度要求差别较大的系统宜分别设置。

（5）单向流系统与非单向流系统要分开设置。

（6）净化空调系统划分时，对送风、回风以及排风管路的安排，要尽量做到布置合理，使用方便，并尽量避免风管管路交叉重叠。必要时，对系统中个别房间可按要求配置温度、湿度调节装置。

（三）净化空调系统的分类

净化空调系统一般由送风系统、回风系统、排风系统、温湿调控系统以及净化除尘系统等部分组成。根据设备布局类型的不同，一般可分为集中式和分散式两种。其中，集中式净化空调系统是将主体设备集中设置在空调机房内，并用风管将洁净空气送至各个洁净室（图 9–16）。分散式净化空调系统通常是指在低级别净化环境中，设置相应空气净化设备，如洁净工作台、空气自净器、层流罩等，以达到更高级别洁净度的要求。

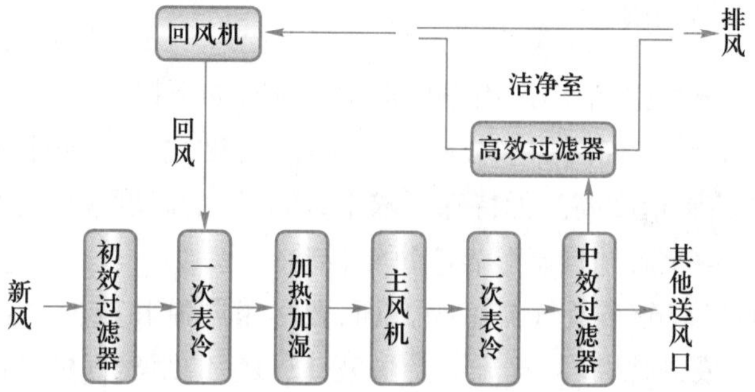

图 9–16　集中式净化空调系统示意图

1. 集中式净化空调系统　根据系统中风机的数量及分布形式的不同，净化空调系统可分为单风机系统、双风机系统、串联风机系统及值班风机系统。其中，单风机系统结构最简单，占用面积较小。与双风机系统相比，其风机的压头大，相应的噪声、振动较大，而双风机系统噪声和振动都较小，因为主风机及回风机的设计分担了整个系统的阻力。通常空气温湿度调节所需风量远远小于环境净化所需风量，洁净室的回风大部分只需经过相应过滤就可再次循环使用，而无须送至空调机组进行温湿度处理。因此可将湿度处理和净化处理分开，温湿度处理风量用小风机，后部的净化处理风量用大风机，构成风机串联净化空调系统（图 9–17）。

配备值班风机的净化空调系统属于一种风机并联系统，值班风机就是并联于系统主风机上的一个小风机（图 9–18），其风量通常按维持洁净室内压力和送风管路损失所需空气量选取。非工作时间，主风机关闭而值班风机开启，保证洁净室的正压状态，使室内的洁净度维持稳定。

2. 分散式净化空调系统　在已有的集中空调环境下，通过增设空气自净器、洁净工作台、层流罩等局部的净化装置，营造更高级别的局部净化环境称为分散式净化空调系统（图 9–19）。

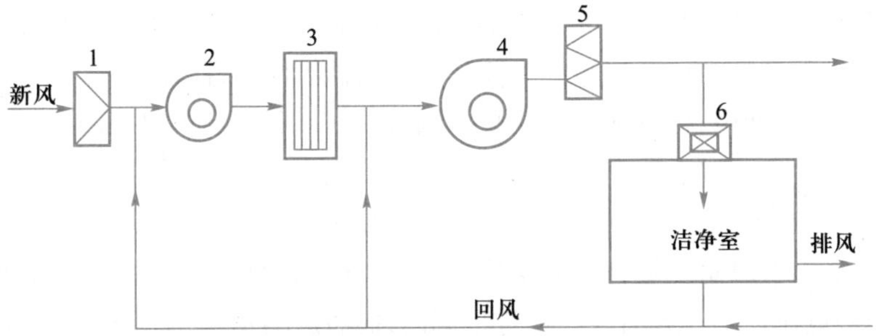

1. 初效过滤器；2. 空调风机；3. 温湿处理室；4. 净化风机；5. 中效过滤器；6. 高效过滤器。

图 9-17 风机串联净化空调系统示意图

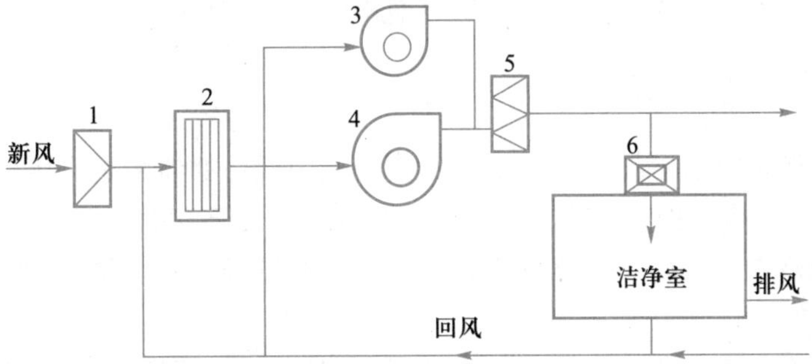

1. 初效过滤器；2. 温湿度处理室；3. 值班风机；4. 主风机；5. 中效过滤器；6. 高效过滤器。

图 9-18 配备值班风机的净化空调系统示意图

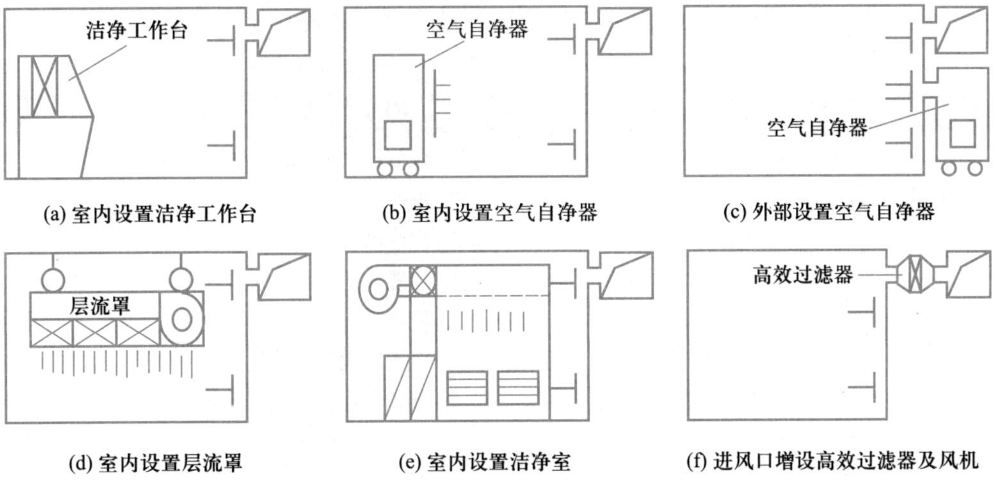

图 9-19 常见分散式净化空调系统示意图

四、集中式净化空调系统的操作

(一) 开机前准备

(1) 清洁设备、工具及机房。

(2) 检查设备状况：① 检查系统各风阀状态，保证开启关闭正常；② 检查风机及相关传动机构状态;③ 检查冷水管路、热水管路、阀门及换热器状态,确认无泄漏,排净蒸汽管路中的冷凝水;④ 校验温湿计及压力表;⑤ 检查各过滤器是否完好。

(3) 控制面板通电,确认无报警信息,开启送风口,关闭新风口和回风口。

(二) 开机操作

(1) 启动空调器风机,运行无异常后,缓慢部分开启回风口,而后开启新风口。

(2) 温湿度调控:① 开启表冷器进口阀门,而后启动水泵;② 开启蒸汽阀。

(3) 空调系统调整正常后,开启净化区内排气风机。

生产结束,首先关闭净化区排风风机,关闭表冷器水泵及阀门,关闭蒸汽阀门,关闭风机,关闭回风主阀、新风阀。关闭设备总电源,填写设备运行记录。

(三) 设备的维护与保养

(1) 根据设备要求定期检查过滤器状态,初、中效过滤器清洗后压差仍大于初始压差两倍以上时,应更换相应滤材。高效过滤器压差大于 400 Pa 后应予以更换。

(2) 定期检查设备各种管路状态,及时发现跑、冒、滴、漏现象,定期校验温度计、湿度计、压力表。

(3) 定期检查风机机组状态,叶轮及皮带有损坏的需立即更换,定期添加润滑油。

(四) 常见故障及排除方法

集中式净化空调系统的常见故障、原因及排除方法见表 9-5。

表 9-5 集中式净化空调系统常见故障、原因及排除方法

故障现象	故障原因	排除方法
风机过热	1. 通风量过大,设备超载 2. 风机皮带过松 3. 风道短路	1. 调节各风阀,使电动机电流在额定范围内 2. 更换风机皮带 3. 检修风道
风量不足	1. 相关过滤器堵塞 2. 风道短路或泄漏 3. 风机皮带过松 4. 相关风阀设置错误	1. 清洗或更换相关过滤器 2. 检修风道 3. 更换风机皮带 4. 重新设置相关风阀
噪声过大	1. 叶轮与壳体接触 2. 部分叶轮损坏 3. 风机轴承损坏 4. 设备紧固螺丝松脱 5. 风机超负荷运行	1. 调整或检修叶轮 2. 更换叶轮 3. 更换轴承 4. 紧固松脱螺丝 5. 调低设备负荷
送风温度偏高	1. 冷水管堵塞或压力太低 2. 蒸汽压力偏高	1. 调整或维修表冷器送水系统 2. 降低蒸汽压力
送风洁净度不达标	1. 过滤器破损 2. 风管有破损 3. 回风污染严重	1. 更换相关过滤器 2. 检修风管 3. 查看相关洁净区状态

岗位对接

本章主要介绍了灭菌法、干热灭菌设备及湿热灭菌设备的工作原理和主要结构，并着重讲授了灭菌设备的操作规程以及常见故障排除等内容。

常见灭菌生产人员相对应国家职业工种是《中华人民共和国职业分类大典》(2015年版)药物制剂工(6-12-03-00)包含的制剂及医用制品灭菌工。从事的工作内容是操作灭菌设备，对和药品直接接触的包装材料、器具及制剂中间产品灭菌。相对应的工作岗位有灭菌岗位。其知识和技能要求主要包括以下几个方面：

(1) 进行生产前的准备和作业确认；

(2) 使用衡器、量器，计量、配制原辅料；

(3) 操作干热灭菌设备、湿热灭菌设备以及相关辅助设备；

(4) 操作空气净化设备，制备洁净空气，并进行环境、设备、器具消毒；

(5) 判断和处理灭菌作业中的故障，维护保养灭菌设备；

(6) 进行生产现场的清洁作业；

(7) 填写操作过程的记录。

思考题

在线测试

1. 简述湿热灭菌法的特点及应用。
2. 简述层流式干热灭菌机主要的设备保养项目。
3. 简述脉动式真空灭菌柜操作注意事项。
4. 案例分析：某药厂脉动式真空灭菌柜在使用中出现灭菌柜门无法正常关闭，系统报警。试分析问题原因，并提出解决措施。

（张　密）

第十章

小容量注射剂生产设备

学习目标

1. 掌握常见配液、洗瓶、灌封、灭菌检漏设备、印字设备的工作原理和结构。
2. 能按照 SOP 正确操作配液、洗瓶、灌封、灭菌检漏设备、印字设备。
3. 熟悉常见配液、洗瓶、灌封、灭菌检漏设备、印字设备的清洁和日常维护保养。
4. 能排除配液、洗瓶、灌封、灭菌检漏设备、印字设备的常见故障。
5. 了解小容量注射剂生产的基本流程及生产工序质量控制点。

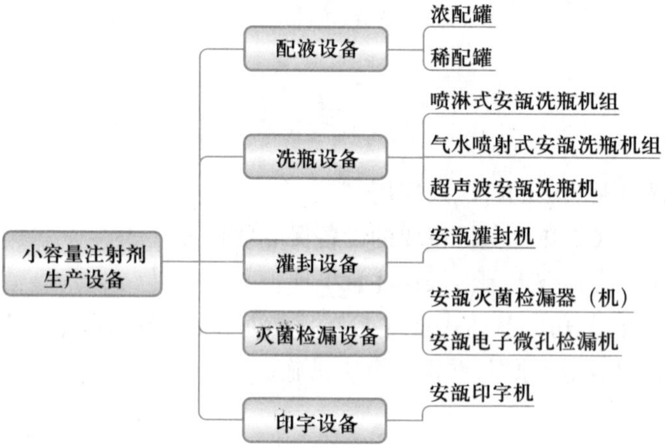

第一节　小容量注射剂生产工艺

一、生产工艺

小容量注射剂为无菌制剂，要严格按照 GMP 进行生产和管理，以保证药品的质量和用药安全。其生产过程包括原辅料和容器的准备、配液、过滤、灌封、灭菌、质检、印字、包装等。具体生产流程如图 10–1 所示。

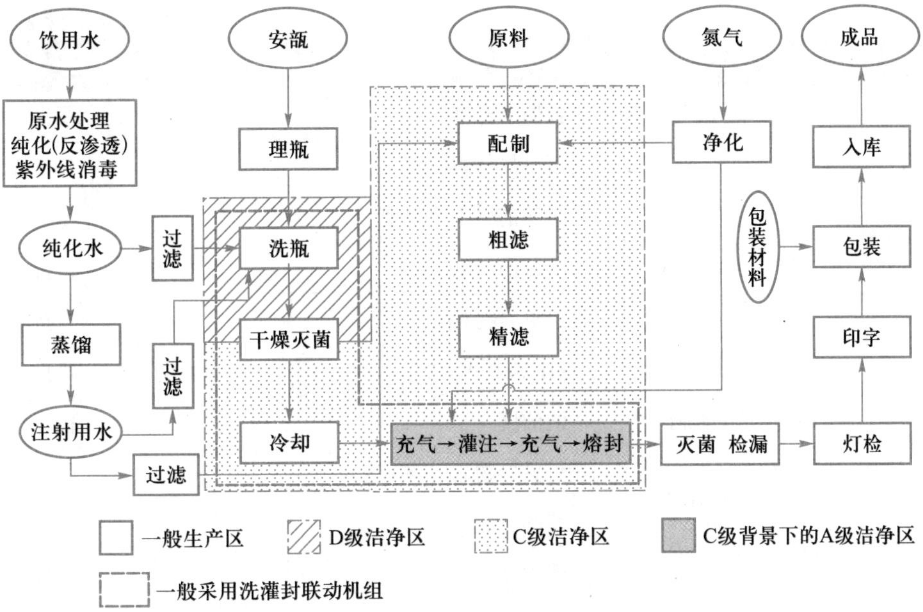

图 10-1 小容量注射剂生产工艺流程

图 10-1 为最终灭菌产品的生产环境洁净级别要求，若为非最终灭菌的无菌制剂，则要采用无菌生产工艺进行生产，要求的洁净度级别更高。

从图 10-1 可以看出，总流程由制水、安瓿前处理、配料及成品四部分组成，注射用水的制备、安瓿处理和注射液配制同时进行。在整个生产过程中，所使用的设备较多，本章主要介绍配液设备、洗瓶设备、灌封设备、灭菌检漏设备以及印字设备，其余设备在其他章节介绍。

二、生产工序质量控制点

药品在生产过程中需要进行严格的质量控制，结合小容量注射剂生产流程，原辅料和容器的准备、配液、过滤、灌封、灭菌、质检、印字、包装等工序均是质量控制点(表 10-1)。

表 10-1 生产工序质量控制点

生产工序	质控对象	具体项目	检查次数
车间	洁净区、无菌区	尘埃粒子	每批
		换气数	每批
		沉降菌	每批
		浮游菌	每批
氮气	送气口	含量、水分、油分	随时
压缩空气	各使用点	水分、油分	随时

续表

生产工序	质控对象	具体项目	检查次数
配料	原辅料	按质量标准	每批
	产品溶液	可见异物(粗滤)	每批
		过滤前微生物限度	每批
		细菌内毒素	每批
		可见异物(精滤)	每批
		pH、澄明度、含量	每批
洗瓶	安瓿瓶	清洁度	每批
	注射用水	可见异物	每批
		菌落总数	每周
干燥灭菌	安瓿瓶	清洁度	每批
		不溶性微粒	每批
		细菌内毒素	每批
工器具	无菌区工器具	可见异物	每批
	工器具淋洗水	电导率	每批
过滤	微孔过滤器	完整性实验	每批
		滤芯可见异物	随时
		压差	随时
		流速	随时
		过程时间	随时
灌装	药液	不溶性微粒	每批
	灌装后制品	装量差异	每批
		可见异物	每批
灭菌	灭菌制品	灭菌方式	每批
		灭菌柜中码放方式及数量控制、灭菌温度、达到灭菌温度后的保温时间、F_0值、可见异物、含量、pH、无菌、热原检验	每批
灯检、印字	印字制品	装量、可见异物、印字内容	每批
包装	在包装品	清洁度、装量、封口、填充物	随时
	装盒	数量、说明书、标签	随时
	标签	内容、数量、使用记录	每批
	装箱	数量、装箱单、印刷内容	每箱

第二节　配液设备

一、配液概述

注射剂配制方法分为浓配法和稀配法两种。

1. 稀配法　将全部药物加入溶剂中，一次性配成所需浓度，再行过滤。药液浓度不高或配液量较小、原料质量较好时，可采用稀配法。

2. 浓配法　将全部药物加入部分溶剂中配成浓溶液，加热或冷藏后过滤，然后稀释至所需浓度。浓配法适合于原料药质量稍差的，配制过程可滤除溶解度小的杂质。

若药液不易滤清，可加入配液量 0.01%~0.5% 的活性炭，或通过铺有炭层的布氏漏斗。活性炭须注意进行酸处理并活化后使用。

若为油溶液，注射用油应经 150~160℃，干热灭菌 1~2 h 后，冷却至适宜温度，趁热配制、过滤。

二、常用配液设备

视频

配液罐

配液罐为全密封、立式结构的卫生洁净型容器设备，分为浓配罐和稀配罐。浓配时在浓配罐中进行。稀配时，药液经粗滤后沿药液输送管道送入稀配罐中再完成稀配。只需稀配时可直接在稀配罐中进行。

（一）常见配液罐结构

设备构造多为不锈钢配液罐，根据结构不同可分为单层配液罐、双层配液罐（带保温层或夹套）、三层配液罐（带保温层和夹套），如图 10–2 所示。

以夹套型配液罐为例（图 10–3、图 10–4），罐体上带有夹层，罐盖上装有搅拌器、药液输送管道、纯化水连接管道和喷淋清洗装置。其他附件主要包括卫生人孔、视镜、射灯、料液进出口及其他工艺管口、搅拌系统、液位计、温度计、清洗球、呼吸器、压力表、安全阀等。

工作时，由电动机经减速器带动的搅拌器，转速约 20 r/min，能在加速原料、辅料扩散溶解的同时促进传热，防止局部过热。配液罐夹层既可通入蒸汽加热，提高原料、辅料的溶解速度，又可通入冷水，吸收药物溶解时的热量。

（二）配液罐搅拌控制系统

配液罐搅拌系统根据安装部位不同分为上搅拌和下搅拌。上搅拌常为机械搅拌，下搅拌常为磁力搅拌。

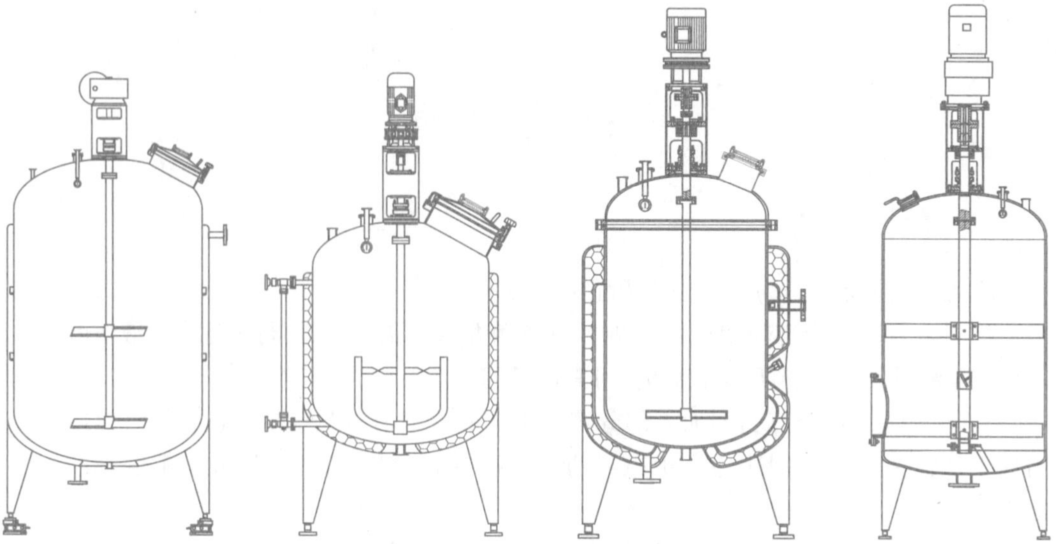

(a) 双层配液罐 (带夹套)　(b) 双层配液罐 (带保温层)　(c) 三层配液罐 (带保温层和夹套)　(d) 单层配液罐

图 10-2　不同结构的配液罐示意图

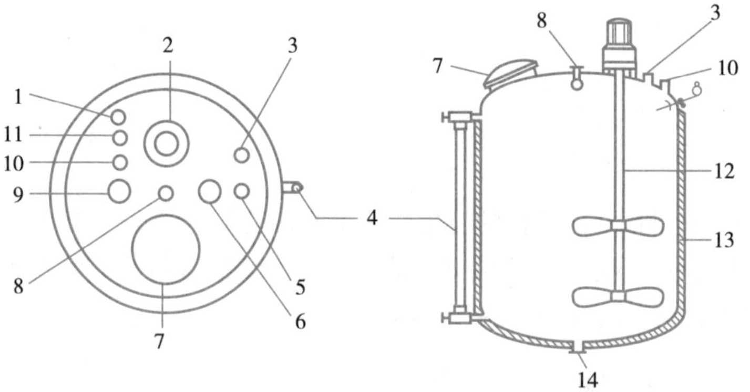

1. 蒸馏水入口;2. 搅拌器;3. 呼吸口;4. 液位计;5. 温度计;6. 视镜;7. 人孔;8. 洗罐器;9. 射灯;10. 进料口;11. 回流;12. 搅拌桨;13. 夹套;14. 出料口。

图 10-3　夹套型配液罐结构示意图

图 10-4　浓稀配液罐实物图

1. 机械搅拌　搅拌电动机安装在罐顶，搅拌轴由上半轴和下半轴组成。转速控制有手动机械调速和变频调速两种。机械调速通过转动减速机调速手轮完成，变频调速通过改变电源频率完成，也可固定转速。

2. 磁力搅拌　驱动电动机装于罐底，电动机轴与内磁钢直连，外磁钢与搅拌桨叶成型于一体，内外磁钢以套筒完全隔离，不直接接触。电动机转动时内磁钢通过磁效应带动外磁钢转动，从而达到搅拌效果。

三、PY-30/50浓稀配液罐的操作

（一）开机前准备

（1）使用前请仔细阅读《PY-30/50浓稀配液罐SOP》。

（2）检查设备的清洁是否符合生产要求，是否有清场合格证。

（3）检查确认各连接管密封完好，各阀门开启正常。

（4）检查确认各控制部分（含电气、仪表）正常。

（5）检查各泵的电路连接，确保各泵的电动机电路连接正常，防止反转、缺相等故障发生。

（6）检查各仪表的安装状态，确保各仪表按照规范进行安装，量程符合生产要求，且各仪表均在校定有效期内使用。

（7）检查各阀门安装状态，确保各阀门按照规范进行安装。

（8）检查系统的气密性，确保各管道无跑、冒、滴、漏等现象。

（9）检查安全阀等安全部件已按照规范安装；检查呼吸口处阀门已处于开启状态。

（二）开机操作

（1）开启进料阀及物料输送泵电源进料，观察液位高度，到适量后关闭进料阀及输送泵电源。

（2）如需加热或冷却，开启夹套蒸汽或冷冻水进口和出口，通过夹套对料液进行加热或冷却处理，观察温度表，达到工艺要求的温度后，关闭换热系统进出口阀门。

（3）运行中时刻注意换热系统的温度表、压力表的变化，避免超压超温现象。

（4）需要出料时，开启出料阀，通过泵输送至各使用点。

（5）搅拌适时后，关停搅拌器；先关闭媒介进口，后关闭媒介出口。

（6）开启出料阀，排料送出。

（7）出料完毕，关闭出料阀。采用浓配工艺时，将浓配罐产品输送至稀配罐中，重复（1）—（7）步。

（8）生产结束，关闭配电箱总电源。

（9）对配液罐按清洁操作规程进行清洗、消毒。

（三）设备的维护与保养

(1) 每个生产周期结束后，应对设备进行彻底清洁。

(2) 根据生产频率，定期对设备进行检查，有无螺丝松动，是否有垫片损坏，是否有泄漏，是否存在其他潜在可能影响产品质量的因素，并及时作好检查记录。

(3) 定期对搅拌器运转情况及机械密封、刮板磨损情况进行检查，发现有异常噪声、磨损等情况应及时修理。

(4) 搅拌器至少每半年检查一次，减速机润滑油不足时应立即补充，半年换油一次。

(5) 每半年要对设备筒体进行一次试漏试验。

(6) 长期不用应对设备进行清洁，并干燥保存。再次启用前，需对设备进行全面的检查，方能投入生产使用。

(7) 日常要记录好设备的使用日志，应包括运行、维修等情况。

（四）常见故障及排除方法

夹套型配液罐常见故障、原因及排除方法见表 10–2。

表 10–2　夹套型配液罐常见故障、原因及排除方法

故障现象	故障原因	排除方法
换热效果不好	1. 接出口连接错误 2. 夹套堵塞	1. 按照正确方式连接 2. 进行疏通
阀门漏水	1. 密封垫损坏 2. 阀门损坏	1. 更换新的密封垫 2. 更换新的阀门
仪器仪表显示不准确或不显示	1. 仪表损坏 2. 连接错误	1. 更换新的仪表 2. 重新按正确方式连接
罐体有泄漏	罐体破损	进行修补
罐体生锈	1. 外界环境不适合 2. 表面划伤	1. 除锈后，保存在适宜的条件 2. 重新处理，并进行局部钝化
夹套渗水	保温、夹套、罐体泄漏	查找漏点进行修补

第三节　洗 瓶 设 备

一、概述

国家标准《安瓿》(GB/T 2637—2016)规定小容量注射剂使用的安瓿一律为曲颈易折安瓿，规格有 1 mL、2 mL、3 mL、5 mL、10 mL、20 mL、25 mL 和 30 mL 共 8 种。安瓿材质多为玻璃，目前也有塑料安瓿使用。

玻璃安瓿按组成成分可分为中性玻璃、含钡玻璃和含锆玻璃三种。硬质中性玻璃是低硼硅酸盐玻璃，化学稳定性高，耐热压灭菌性能好，可用作中性或弱酸性注射剂的容器；含钡玻璃耐碱性好，可作较强碱性注射剂的容器；含锆玻璃具有较高的化学稳定性，耐酸耐碱性能均好，不易受药液腐蚀，适用于盛装具腐蚀性的药液。目前，多数安瓿用无色玻璃制成，有利于检查药液澄明度。

二、常用洗瓶设备

目前国内药品生产常使用的安瓿洗涤设备有三种，即喷淋式安瓿洗瓶机组、气水喷射式安瓿洗瓶机组与超声波安瓿洗瓶机。

（一）喷淋式安瓿洗瓶机组

喷淋式安瓿洗瓶机组由冲淋机、蒸煮箱、甩水机、水过滤器及水泵等组成。

工作过程：安瓿开口向上排列于安瓿盘内，在传送带带动下，进入隧道式箱体内经顶部淋水板中纯化水喷淋，使安瓿注满水后，送入蒸煮箱内，通入蒸汽，蒸煮 30 min，后趁热送入甩水机内将安瓿内水甩干，反复操作 2~3 次。最后一次精洗用注射用水。

该机组的生产效率高、设备简单，曾被广泛采用。但这种方式存在占地面积大、耗水量多且洗涤效果欠佳等缺点，一般适用于 5 mL 以下的安瓿，但不适用于曲颈安瓿，故使用受到限制。

1. 安瓿喷淋机　该机主要由运载链条、冲淋板、轨道、水箱、离心泵、过滤器等部分组成（图 10-5）。装满安瓿的安瓿盘，由人工放在运动着的运载链条上，安

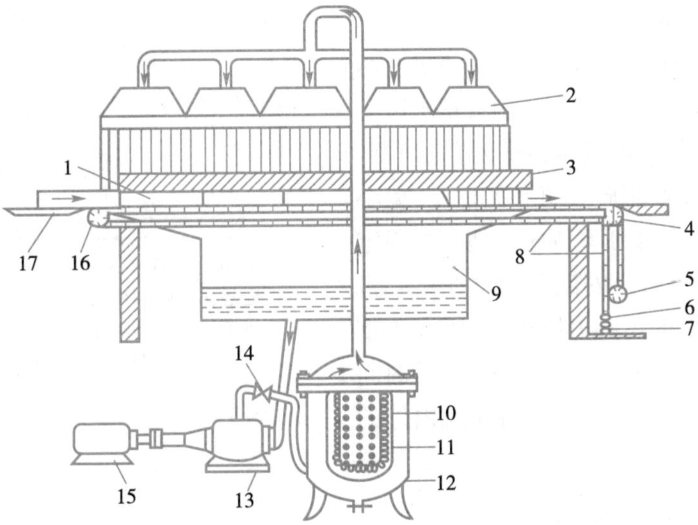

1. 盛安瓿铝盘；2. 多孔喷头；3. 尼龙网；4. 止逆链轮；5. 偏心凸轮；6. 垂锤；7. 弹簧；8. 链条；9. 水箱；10. 多孔不锈钢胆；11. 涤纶滤袋；12. 滤过器；13. 离心泵；14. 调节阀；15. 电动机；16. 链轮；17. 轨道。

图 10-5　安瓿喷淋机结构示意图

瓿盘随链条运动被送入喷淋区，接受顶部冲淋板中的净化水冲淋。循环水从水箱由离心泵抽出，经过泵的循环抽吸压送形成高压水流，高压水流通过过滤器滤净后压入冲淋板，冲淋板将高压水流分成多股细激流，急骤喷入运行的安瓿内，同时也使安瓿外部得到清洗。灌满水的安瓿由运载链条从机器的另一端送出，再由人工从机器上拿走，放入甩水机进行甩水。

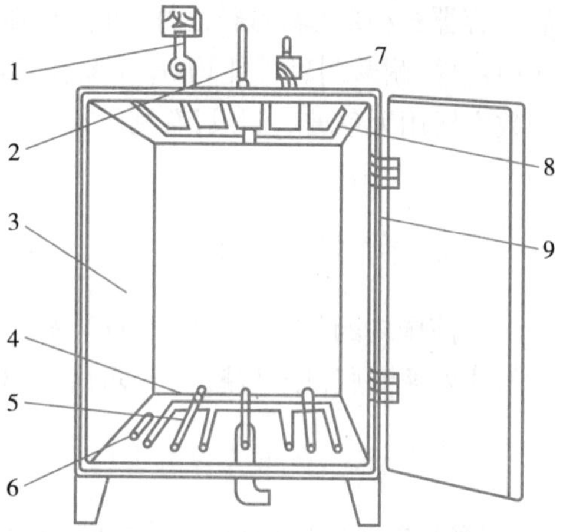

1. 压力表；2. 温度计；3. 箱体；4. 蒸汽排管；5. 导轨；6. 箱内温度计；7. 安全阀；8. 淋水排管；9. 密封圈。

图 10-6　安瓿蒸煮箱结构示意图

2. 安瓿蒸煮箱　该设备主要由箱体、蒸汽排管、导轨、箱内温度计、压力表、安全阀、淋水排管、密封圈等组成(图 10-6)。安瓿蒸煮箱的作用是将经过冲淋洗涤的安瓿外表面所附着的不溶性尘埃粒子，经湿热蒸煮后落入水中达到洗涤目的。箱的顶部设置淋水喷管，在箱内底部设置蒸汽排管，每根排管上开有喷气孔，蒸汽直接从排管中喷出，加热注满水的安瓿，完成安瓿的蒸煮。

3. 安瓿甩水机　图 10-7 所示为常见的安瓿甩水机，它主要由外壳、离心架框、机架、固定杆、不锈钢丝网罩盘、电动机及传动机件等组成。

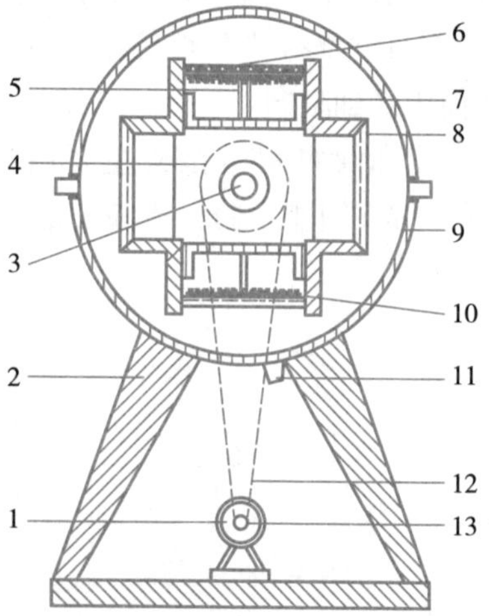

1. 电动机；2. 机架；3. 转动轴；4. 主轴带轮；5. 安瓿；6. 固定杆；7. 铝盘；8. 离心架框；9. 机身；10. 不锈钢丝网罩盘；11. 出水口；12. 传动皮带；13. 电动机皮带轮。

图 10-7　安瓿甩水机结构示意图

甩水机的作用是将从冲淋洗瓶机及蒸煮箱中取出的盘装安瓿内的剩余积水甩干净，以便再进行喷淋罐水，再经蒸煮消毒、甩水。将盘装安瓿放入离心架框中，离心架框焊有两根用于压紧固定安瓿盘的固定杆，用固定杆将数排安瓿盘固定在离心机的转子上。根据离心力原理，利用大于重力 80~120 倍的离心力作用并在极短的时间内急刹车时的惯性力作用，将安瓿内外的洗水甩净、沥干。

(二) 气水喷射式安瓿洗瓶机组

气水喷射式安瓿洗瓶机组的工艺及设备较复杂，但洗涤效果较喷淋式安瓿洗瓶机组好，完全符合 GMP 的要求。该机组适用于大规格安瓿和曲颈安瓿的洗涤，是目前小容量注射剂生产中常用的洗瓶方法。该机组主要由供水系统、压缩空气及其过滤系统、洗瓶机等三大部分组成(图 10-8)。

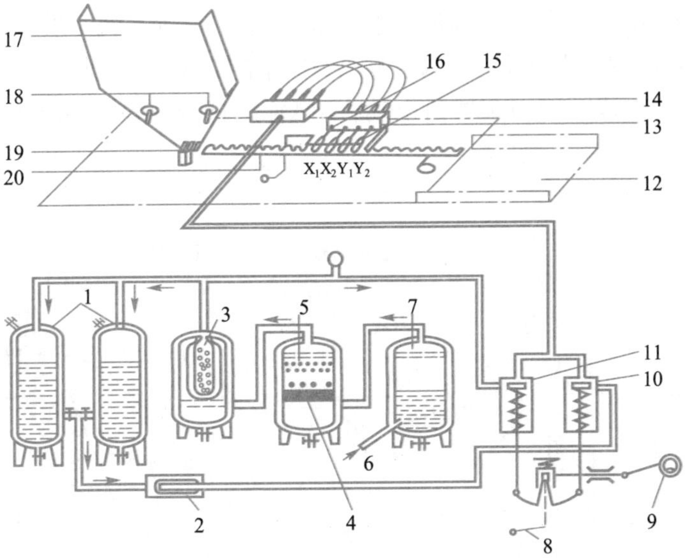

1. 储水罐;2,3. 双层涤纶袋滤器;4. 木炭层;5. 瓷环层;6. 压缩空气进口;7. 洗气罐;8. 脚踏板;9. 偏心轮;10. 喷水阀;11. 喷气阀;12. 出瓶斗;13. 针头架;14. 气水开关;15. 安瓿;16. 针头;17. 进瓶斗;18. 拨轮;19. 槽板;20. 移动齿板。

图 10-8 气水喷射式安瓿洗瓶机组结构示意图

1. 工作过程 气水喷射式安瓿洗瓶方法是利用已过滤的注射用水与已过滤的压缩空气由针头喷入安瓿内交替喷射洗涤,是逐支清洗。清洗介质的顺序是:水→水→气→气,一般冲洗 4~8 次。

2. 工作原理 整个机组的关键设备是洗瓶机。如图 10-8 所示,工作时,首先将安瓿加入进瓶斗。在拨轮的作用下,依次进入往复摆动的槽板中,然后落入移动齿板上,到达针头架位置,下移,安瓿送达位置 X_1 时,针头插入安瓿内,注水洗瓶;当安瓿到达位置 X_2 时,继续对安瓿补充注水洗瓶。到达位置 Y_1 时,针头向安瓿内通入已净化的压缩空气将瓶内的洗涤水吹去;到达位置 Y_2 时,继续由压缩空气对安瓿内的积水吹净。此时,针头架上移,针头离开安瓿;同时关闭气水开关,停止向安瓿供水供气,完成二水二气的洗瓶工序。

(三) 超声波安瓿洗瓶机

超声波安瓿洗瓶机是目前制药行业较为先进的安瓿洗瓶设备。该设备是将针头单支清洗技术与超声波技术相结合构成的间歇滚筒式清洗机,适合各种规格安瓿的洗涤,洗涤效果好,生产率高。

如图 10-9、图 10-10 所示,设备由清洗部分、供水系统及压缩空气系统、动力装置三大部分组成。清洗部分由超声波发生器、上下瞄准器、装瓶斗、推瓶器、出瓶器、水箱、转盘等组成。中间有一水平轴,沿轴向有 18 列针毂,每排针毂有沿径向辐射均匀分布的 18 支针头，共 324 个针头。18 列针毂构成可间歇绕水平轴回转的转盘。与转盘相对的固定盘上，于不同工位上配置有不同的气、水管路接口，在转盘间歇转动时，各排针毂依次与循环水、新鲜注射用水、压缩空气等连通。供水系统及压缩空气系统由循环水、新鲜注射用水、水过滤器、压缩空气精过滤器与粗过滤器、控制阀、压力表、水泵等组成。动力装置由电动机、蜗轮蜗杆减速器、分度盘、齿轮、凸轮等组成。

视频
洗瓶机

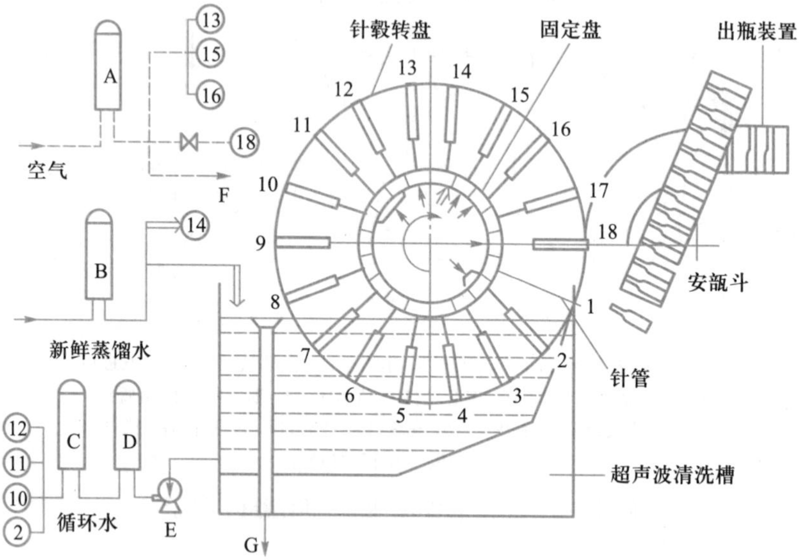

1. 引瓶；2. 注循环水；3—7. 超声波空化清洗；8,9. 空位；10—12. 循环水清洗；13. 吹气排水；14. 注新蒸馏水；15,16. 吹净化气；17. 空位；18. 吹气送瓶；A,B,C,D. 过滤器；E. 循环泵；F. 吹除玻璃屑；G. 溢流回收。

图 10-9　18 工位连续回转超声波洗瓶机结构及原理示意图

图 10-10　回转式超声波安瓿洗瓶机针毂转盘实物图

1. 工作过程 将安瓿排放在倾斜的安瓿斗中，安瓿斗下口与清洗机的1工位针头平行，并开有18个通道。利用通道口的机械栅门控制，每次放行18支安瓿到传送带的V形槽搁瓶板上，推瓶器依次将18支安瓿推入转盘的1工位，当转盘转到2工位时，由针头注入循环水。在2—7工位，安瓿进入水箱，共停留25 s左右接受超声波空化清洗，使污物振散、脱落或溶解。此时水温控制在50~60℃，这一阶段为粗洗。当针毂间歇旋转将安瓿带出水面到8与9工位时，将洗涤水倒出。针毂转到10、11、12工位时，安瓿倒置，针头对安瓿冲注循环水进行洗涤，到13工位时针管喷出压缩空气将安瓿内污水吹净，在14工位时，接受新鲜注射用水的最后冲洗，15与16工位再吹入压缩空气。至此安瓿洗涤干净，此阶段为精洗。最后安瓿转到18工位时，针管再一次对安瓿送气并利用气压将安瓿从针管架上推离出来，再由出瓶器送入输送带，推出清洗机。

2. 工作原理 浸没在清洗液中的安瓿，在安瓿与水溶液接触的界面，处于超声波振动状态下，产生一种超声的空化现象。空化现象是在超声波作用下，液体中产生微气泡，小气泡在超声波纵向传播形成的负压区生长，而在正压区迅速闭合，从而在交替正负压强下受到压缩和拉伸。在气泡被压缩直至崩溃的一瞬间，会产生巨大的瞬时压力，一般可高达几十兆帕至上百兆帕，气泡附近的微冲流增强了流体搅拌和冲刷作用。安瓿清洗时浸没在超声波清洗槽中，不仅保证外壁洁净，也能保证安瓿内部无尘、无菌。因此，使用超声波清洗能保证安瓿符合GMP中提出的卫生洁净技术要求。

三、QCA系列超声波洗瓶机的操作

（一）开机前准备

(1) 检查各管路接头水、气的供应情况。

(2) 检查水位是否上升到溢水管顶部。

(3) 检查机器的润滑情况，设备运转是否正常。

（二）开机操作

(1) 打开压缩空气阀门、新鲜水阀门、循环水阀门，观察压力表上显示的数值。

(2) 按下主机启动按钮，慢慢调节旋钮升高，根据安瓿的规格确定适当的数值，此时机器处于运行状态，转动超声波调节旋钮，使电流表数值处于最低状态。

(3) 调节推瓶吹气阀，使喷射的压力正好使安瓿从喷针上推入出瓶装置的通道内，压力太低会影响清洗质量，压力太高会使安瓿损坏。

(4) 停机：

1) 按下主机、水温、水泵停止按钮，关闭所有正常启动时开启的阀门。

2) 把水槽中的玻璃碴打扫并清洗干净，所有过滤器内的水放干净。

（三）设备的维护与保养

(1) 经常检查进瓶通道，及时清除玻璃屑，以防阻塞通道。

(2) 应定期按机器上的润滑标志和说明向主轴凸轮摆杆关节转动处加润滑油，以保持良好的润滑状态。

(3) 直流电动机切忌直接启动和关闭，启动应使用调压器由最小调到额定使用值，关闭时先由额定使用值调至最小值，再切断电源。

(4) 水泵、过滤器等设备在使用时应严格按照使用说明书来进行。

(5) 严格按照洗瓶机的清洁消毒规程和维护保养规程进行清洁和维护保养。

（四）常见故障及排除方法

QCA 系列超声波洗瓶机常见故障、原因及排除方法见表 10-3。

表 10-3　QCA 系列超声波洗瓶机常见故障、原因及排除方法

故障现象	故障原因	排除方法
循环水压力监测红灯亮，机器停止运转	1. 循环水控制阀门未开启或开启不够 2. 管接头漏水 3. 过滤器堵塞	1. 开启循环水控制阀门 2. 检查管接头 3. 清洗或更换过滤芯
喷淋水压力监测红灯亮，机器停止运转	1. 过滤器上的排水开启 2. 喷淋水控制阀门未开启或开启不够	1. 关闭过滤器上的排水阀 2. 开启喷淋水控制阀门
高频监测红灯亮，机器停止运转	1. 高频未接通 2. 高频发生器损坏	1. 接通启动开关 2. 根据线路图检修高频发生器
新鲜水压力监测红灯亮，机器停止运转	1. 外加新鲜水压力不够 2. 过滤器堵塞 3. 压缩空气控制阀门未开启或开启不够	1. 增加外加新鲜水压力 2. 清洗或更换过滤芯 3. 检修或更换电磁阀或开启新鲜水控制阀门
隧道安瓿过多红灯亮，机器停止运转	隧道入口处安瓿挤塞	调整进口限位开关
灌封安瓿过多红灯亮，机器停止运转	主机过载过流继电器跳开	用手转动主电动机手轮，找出过载原因并排除，合上主机回路继电器
清洗破瓶较多	1. 进瓶导向压力调整不当 2. 退瓶吹气调整不当	1. 调整导入瓶凸轮，使其符合进瓶要求 2. 调整吹气大小，使瓶刚好退出至出瓶槽底部
水槽内浮瓶较多	1. 喷淋槽堵塞 2. 进瓶吹气压力过大	1. 拍打喷淋槽或拆下喷淋槽上的孔板进行清洗 2. 调整吹气大小
清洗清洁度不够	1. 喷嘴或喷管堵塞 2. 过滤芯堵塞或泄漏	1. 疏通喷嘴或喷管 2. 清洗或更换滤芯
喷管折断	1. 进口不符合标准瓶较多 2. 水槽内浮瓶较多	1. 将不符合标准瓶挑出，将折断的喷管换下 2. 参照浮瓶较多现象解决

第四节　灌封设备

一、概述

灌封是将滤净的药液定量地灌装到安瓿中并加以封闭的过程。安瓿灌封的工艺过程包括安瓿的排整→充惰性气体→灌注→充惰性气体→封口等工序。灌封是注射剂生产工艺中最重要的一步,灌封室洁净级别要求最高,高污染风险的最终灭菌产品灌封在洁净级别C级背景下的A级,如为非最终灭菌产品洁净级别则为B级背景下的A级。

灌装时要求装量准确,每次灌装前必须调整装量,符合规定后再进行灌注。接触空气易变质的药液,在灌装过程中,应排出容器内的空气,可充入二氧化碳或氮气,并立即熔封。通入惰性气体的方法很多,一般1~2 mL的安瓿常在灌装药液后通入惰性气体,而5 mL以上的安瓿则在药液灌装前后各通一次,以尽可能驱尽安瓿内的残余空气。对温度敏感的药液在灌封过程中应控制温度,灌封完成后应立即将注射剂置于规定的温度下储存。

药液灌封要求做到剂量准确,药液不沾瓶口,以防熔封时发生焦头或爆裂,注入容器的量要比标示量稍多,以抵偿在给药时由于瓶壁黏附和注射器及针头的吸留而造成的损失。一般易流动液体可增加少些,黏稠性液体宜增加多些,2020年版《中国药典》规定的注射剂的增加装量见表10-4。

表10-4　注射剂的增加装量　　单位:mL

标示装量	增加量	
	易流动液	黏稠液
0.5	0.10	0.12
1	0.10	0.15
2	0.15	0.25
5	0.30	0.50
10	0.50	0.70
20	0.60	0.90
50	1.0	1.5

已灌装好的安瓿应立即熔封。安瓿熔封应严密、不漏气,安瓿封口后长短整齐一致,颈端应圆整光滑,无尖头和小泡。封口方法有拉封和顶封两种,顶封易出现毛细孔,不如拉封封口严密,故目前常用拉封。

二、常用灌封设备

药液灌封机是注射剂生产的主要设备之一(图 10-11)。目前国内生产的灌封机有多种型号,按照安瓿规格分为 1~2 mL、5~10 mL 和 20 mL 三种机型。它们的结构特点和原理差别不大。现以 1~2 mL 安瓿灌封机为例予以介绍。

图 10-11　ALG6 安瓿拉丝灌封机实物图

如图 10-12 所示,安瓿灌封机按其功能、结构分解为三个基本部分:传送部分、灌注部分和封口部分。传送部分主要负责进出和输送安瓿。灌注部分主要负责将一定容量的注射液注入空安瓿内。封口部分负责将装有注射液的安瓿实施封闭。

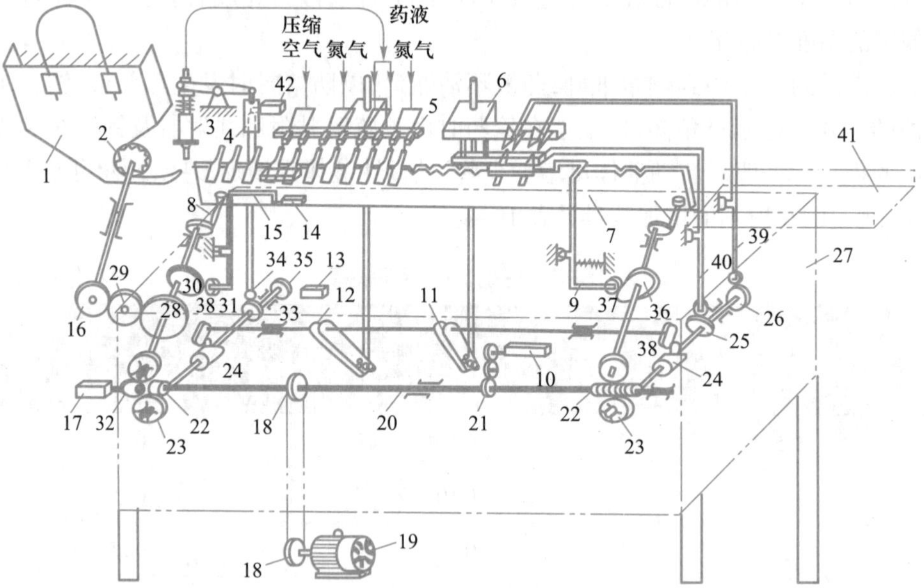

1. 进瓶斗;2. 拨瓶盘;3. 针筒;4. 顶杆套筒;5. 针头架;6. 拉丝钳架;7. 移动齿板;8. 曲轴;9. 封口压瓶机构;10. 转瓶盘齿轮箱;11. 拉丝钳上下拨叉;12. 针头架上下拨叉;13. 氮气阀;14. 止灌行程开关;15. 灌装压瓶装置;16,21,28,29. 圆柱齿轮;17. 压缩气阀;18. 主、从动带轮;19. 电动机;20. 主轴;22. 蜗杆;23. 蜗轮;24—26,30,32,33,35,36. 凸轮;27. 机架;31,34,37,39,40. 压轮;38. 拨叉轴压轮;41. 出瓶斗;42. 止灌电磁阀。

图 10-12　安瓿灌封机结构示意图

(一) 工作过程

灭菌的洁净安瓿瓶装入进瓶斗后,在拨瓶盘的拨动下依次排整齐进入移动齿板上，并随移动齿板逐步移动到灌注针头位置处，随后充气针头和灌药针头同时下降，分别插入数对安瓿内，完成吹气、充惰性气体以及灌注药液的动作，安瓿的充气和灌药都是两个一组同时完成的，先后次序为吹气→第一次充惰性气体→灌注药液→第二次充惰性气体，这几个工作步骤都是在针头插入安瓿内瞬间完成的。机器上还设有自动止灌装置（止灌电磁阀），如果灌注针头处没有安瓿，可通过止灌装置进行控制，停止供输药液，从而避免药液流出污染机器并造成浪费。在充气和灌药时，移动齿板与固定齿板位置重叠，安瓿停止在固定齿板上的同时，压瓶机构将安瓿压住，帮助安瓿定位，当针头退出时，吹气针头停止供气，灌药针头停止供药液，压瓶机构也相应移开。完成灌装的安瓿由移动齿板继续移动到封口位置。到了封口位置后，安瓿在固定位置上不停地自转。同时，压瓶机构压在安瓿上面，使安瓿不会左右移动，保证了拉丝钳在夹拉丝口时的正常工作。封口时，安瓿的瓶颈首先经过火焰预热。当瓶颈加热到融熔状态时，由钨钢制成的夹钳及时夹住已经软化的瓶颈，拉断达到融熔状态的安瓿头，安瓿瓶颈在被夹断处是熔融状态，且安瓿在不停地自转，熔化的玻璃便熔合密接在一起，完成了封口工序。在拉丝过程中，夹钳共完成 4 个连续的动作：夹钳张开→前进到安瓿瓶颈位置→夹住软化的瓶颈→退回到原始位置。然后再从第一步开始，重复上述动作。安瓿封口后，由移瓶齿板逐步移向出瓶轨道，最后移至出瓶斗。

（二）工作原理

1. 传送部分　安瓿灌封机传送部分的结构如图 10–13、图 10–14 所示。其主要部件是平行安装的两条固定齿板与两条移瓶齿板。两条固定齿板分别在最上和最下，两条移瓶齿板等距离地安装在中间。固定齿板为三角形齿槽，以使安瓿上下两端卡在槽中固定。移瓶齿板的齿形为椭圆形，以防在送瓶过程中将安瓿撞碎，并有托瓶、移瓶及放瓶的作用。

2. 灌注部分　安瓿灌封机灌注部分的结构如图 10–15、图 10–16 所示。安瓿灌装机构按功能可分为三组部件：① 灌药部件，使针头进出安瓿，注入药液完成灌装；② 凸轮 – 压杆部件，将药液从储液罐中吸入灌注针筒内，并定量推入安瓿内；③ 摆杆 – 电磁阀部件，当送瓶装置因某种故障致使在灌液工位出现缺瓶时，能自动停止灌液，以免药液浪费和污染机器。

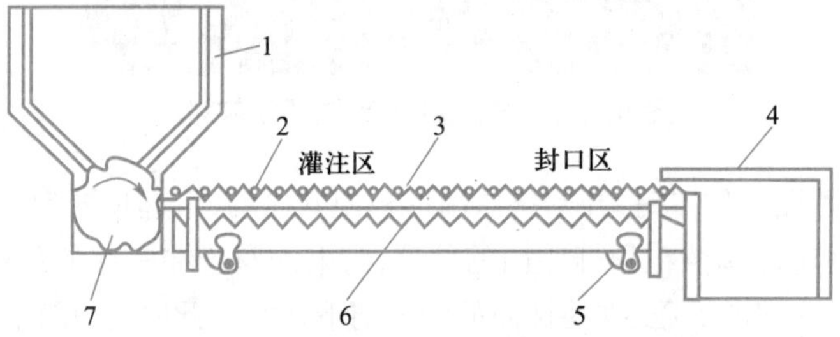

1. 进瓶斗；2. 安瓿；3. 固定齿板；4. 出瓶斗；5. 曲轴；6. 移动齿板；7. 拨瓶盘。

图 10–13　安瓿灌封机传动部分结构示意图

图 10-14　安瓿灌封机传送部分实物图

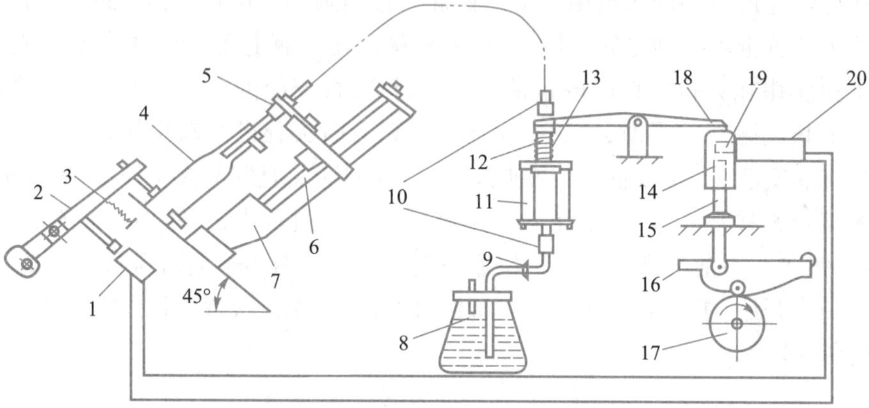

1. 行程开关；2. 摆杆；3. 拉簧；4. 安瓿；5. 针头；6. 针头架；7. 针头架座；8. 贮液罐；
9. 螺丝夹；10. 单向玻璃阀；11. 针筒；12. 针筒芯；13. 压簧；14. 顶杆座；
15. 顶杆；16. 扇形板；17. 凸轮；18. 压杆；19. 电磁探头；20. 电磁阀。

图 10-15　安瓿灌封机灌注部分结构示意图

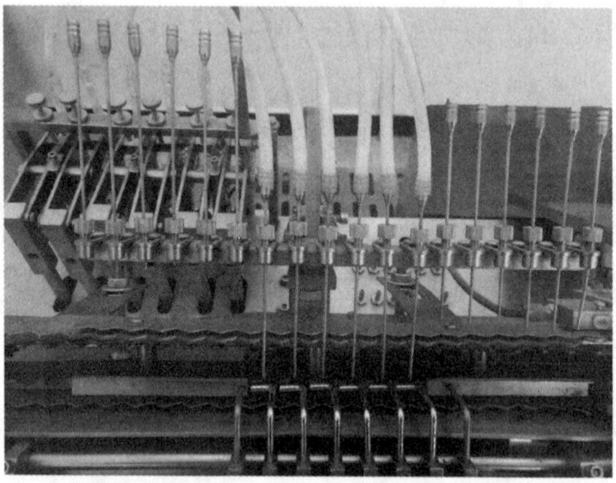

图 10-16　安瓿灌封机灌注部分实物图

当凸轮转到图示位置时，开始挤压扇形板使其摆动，引起顶杆上顶。在有安瓿情况下，顶杆顶在电磁阀伸在顶杆座内的部分，与电磁阀连在一起的顶杆座上升，使压杆摆动，压杆另一端即下压，推动针筒的活塞向下运动。此时，上单向玻璃阀开启，下单向玻璃阀关闭，药液经管道进针筒而注入安瓿内直到规定容量。当凸轮不再压扇形板时，针筒的活塞靠压簧复位，此时，下单向玻璃阀打开，上单向玻璃阀关闭，药液又被吸入针筒。顶杆和扇形板依靠自重下落，扇形板滚轮与凸轮圆弧处接触后即开始重复下一个灌药周期。当灌装工位缺瓶时，摆杆与安瓿接触的触头脱空，拉簧使摆杆摆动，触及行程开关，使其闭合，导致开关回路上的电磁阀拉开，使顶杆、顶杆座失去对压杆的上顶动作，停止灌装。

3. 封口部分　安瓿封口形式有熔封和拉丝封口两种。熔封是指旋转安瓿瓶颈玻璃在火焰的加热下熔封，借助表面张力作用而闭合的一种封口形式。拉丝封口是指将旋转的安瓿瓶颈玻璃在火焰加热下熔封时，采用机械方法将瓶颈闭合。有的熔封技术较不成熟，易发生漏气现象，因此主要采用拉丝封口。拉丝封口机构主要由拉丝、加热、压瓶三部分组成(图 10-17、图 10-18)。拉丝机构包括拉丝钳、控制钳口开闭部分及钳子上下运动部分。

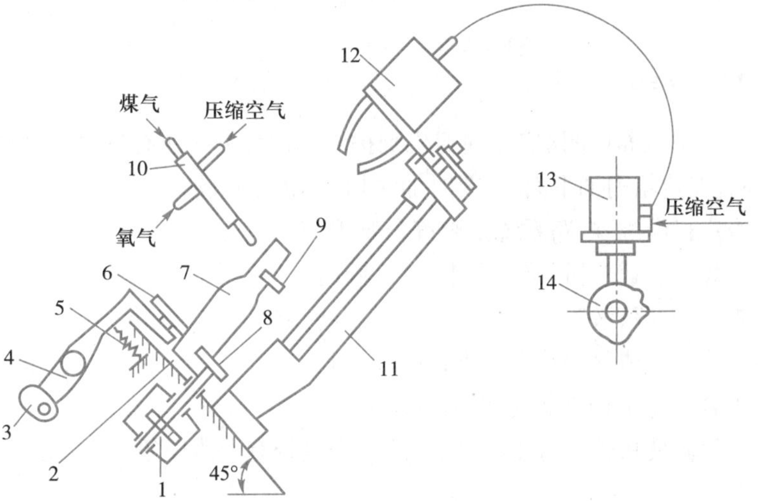

1. 蜗轮蜗杆箱；2. 半球形支头；3. 压瓶凸轮；4. 摆杆；5. 簧；6. 压瓶滚轮；7. 安瓿 8. 滚轮；9. 固定齿板；10. 燃气喷嘴；11. 钳座；12. 拉丝钳；13. 气阀；14. 凸轮。

图 10-17　安瓿灌封机封口部分结构示意图

动画

安瓿拉丝封口原理

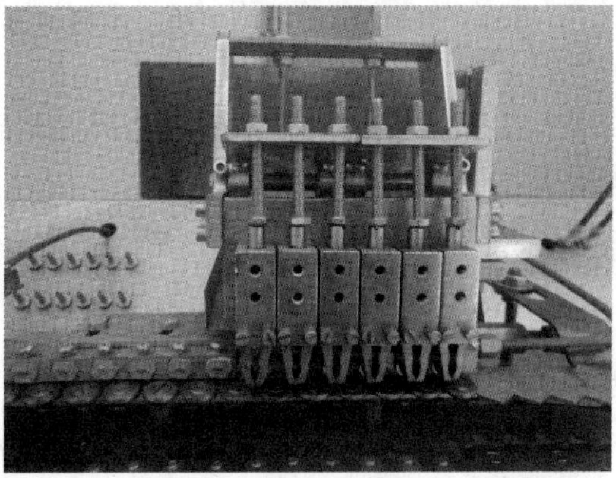

图 10-18　安瓿灌封机封口部分实物图

灌好药液并充入惰性气体的安瓿经移动齿板作用进入如图所示位置时，安瓿颈部靠在上固定齿板的齿槽上，安瓿下部靠在蜗轮箱的滚轮上，底部则靠在半圆形的支头上，安瓿上部由压瓶滚轮压住。此时由于蜗轮转动带动滚轮旋转，从而使安瓿旋转，同时压瓶滚轮也旋转。加热火焰由煤气、压缩空气和氧气混合组成，火焰温度为1 400℃左右，对安瓿颈部需加热部位圆周加热，为保证封口质量，应调节火焰头部与安瓿颈间的最佳距离为10 mm。到一定火候，拉丝钳口张开向下，达到最低位置时，拉丝钳收口，将安瓿头部拉住，并向上将安瓿已熔化的瓶颈拉断而使安瓿闭合。当拉丝钳到达最高位置时，拉丝钳张开，闭合两次，将拉出的废安瓿头甩掉，这样，整个拉丝动作完成。拉丝过程中拉丝钳的张合由气阀凸轮控制压缩空气完成。安瓿封口后，压瓶凸轮和摆杆使压瓶滚轮松开，移动齿板将安瓿送出。

三、AFG8/1-20型安瓿拉丝灌封机的操作

（一）开机前准备

（1）参照维护保养说明《安瓿灌封机维护维修规程》，对所有需要润滑的部件加注润滑油。检查变速箱内油平面，需要时加注相适用的润滑油。

（2）检查主机电源、电路系统是否符合要求。

（3）检查煤气、氧气是否符合要求，打开阀门。

（4）检查药液及药液管路、灌装泵是否符合要求。

（5）检查惰性气体是否符合要求，打开阀门。

（6）检查各管路是否有漏气、漏液现象。

（7）转动手轮使机器运行1~3个循环，检查是否有卡滞现象。

（二）开机操作

（1）打开电控柜，将断路器全部合上，关上柜门，将电源置于“ON”。

（2）先启动层流电动机，检查层流系统是否符合要求。

（3）按主机启动按钮，再旋转调整旋钮，开动主机。由慢速逐渐调向高速，检查是否正常，然后关闭主机。

（4）检查已烘干瓶是否已在机器网带部分排好，并将倒瓶扶正或用镊子夹走。

（5）手动操作管路充满药液，排空管内空气。

（6）开动主机，在设定速率试灌装，检查装量及装量调节装置，使装量在标准范围之内，然后停机。

（7）启动抽风按钮。

（8）启动氧气、煤气按钮。

（9）按点火按钮点燃各火嘴，根据经验调节流量开关，使火焰达到设定状态。

（10）按下转瓶电动机按钮。

（11）开动主机至设定速率并进行灌装，看拉丝效果，调节火焰至最佳。

（12）拉丝完后用推板把瓶赶入接瓶盘中，同时可用镊子夹走明显不合格产品。

（13）中途停机时先按绞龙制动按钮，待瓶走完后方可停机，以免浪费药液及包材。

(14) 总停机时先按氧气停止按钮,后按抽风停止按钮、转瓶停止按钮,之后按层流停止按钮,最后关断总电源。

(15) 如总停间隔时间不长,可让层流机一直处于开启状态,以保护未灌装完的瓶。

(16) 罐装结束:

1) 关闭煤气、氧气和惰性气体总阀门。

2) 拆卸灌装泵及管路,移往指定清洁位置清洁、消毒,注意泵体与活塞应配对作好标志,以免混装。

3) 对储液罐进行清洗、消毒。

4) 对机器进行清洗,并擦拭干净。

(三) 设备的维护与保养

(1) 应经常检查煤气头,以火焰的大小判断是否影响封口质量。

(2) 灌封机应在火头上安装排气管,用于排出热量及煤气中少量灰尘,保持室内温度、湿度和清洁,有利于产品质量及工作人员的健康。

(3) 灌封机必须保持清洁,严禁机器上有油污。

(4) 运动部件定期添加润滑油或润滑脂。

(四) 常见故障及排除方法

AFG8/1-20 型安瓿拉丝灌封机常见故障、原因及排除方法见表 10-5。

表 10-5 AFG8/1-20 型安瓿拉丝灌封机常见故障、原因及排除方法

故障现象	故障原因	排除方法
焦头	1. 冲液,即是指在灌注过程中,药液从安瓿内冲起溅到瓶颈上方或冲出瓶外	1. 将注射液针头端制成三角形开口、中间并拢的“梅花形”针端,使药液注入时沿瓶身下流,而不直冲瓶底,减少反冲力;调节注液针头进入安瓿的最佳位置;改进针头托架运动的凸轮轮廓,加长针头吸液的行程,缩短不给药时的行程,保证针头出液先急后缓
	2. 束液,即注液结束时,针头上不得有液滴沾留挂在针尖上	2. 改进灌药凸轮的轮廓,使其在注液结束时返回行程缩短,速率快;使用有毛细孔的单向玻璃阀,使针筒在注液完成后对针筒内的药液有倒吸作用;在储液瓶和针筒连接的导管上夹一只螺丝夹,以控制束液
	3. 针头不正碰到安瓿瓶口内壁	3. 更换针筒或针头
	4. 瓶口粗细不匀,碰到针头	4. 选用合格的安瓿
	5. 针头升降不灵	5. 调整修理针头升降机构

续表

故障现象	故障原因	排除方法
泡头	1. 燃气太大、火力太旺 2. 预热火头太高 3. 主火头摆动角度不当 4. 压脚没压好，使瓶子上爬 5. 钳子太低，造成钳去玻璃太多，玻璃瓶内药液挥发，压力增加而成泡头	1. 调小燃气 2. 适当降低火头位置 3. 一般摆 1°~2° 角 4. 应调整上下角度位置 5. 需将钳子调高
瘪头	1. 瓶口有水迹或药迹，拉丝后因瓶口液体挥发，压力减少，外界压力大而瓶口倒吸形成瘪头 2. 回火火焰不能太大，否则使已圆好口的瓶口重熔	1. 可调节灌装针头位置和大小，不使药液外冲 2. 调小回火火焰
尖头	1. 预热火焰太大，加热火焰过大，使拉丝时丝头过长 2. 火焰喷嘴离瓶口过远，加热温度过低 3. 缩气压力过大，造成火力太急，温度低于软化点	1. 把燃气调小 2. 调节中层火头，对准瓶口，离瓶 3~4 mm 3. 调小压缩空气量

第五节　灭菌检漏设备

一、概述

2020 年版《中国药典》四部规定，注射剂熔封或严封后，一般应根据原料药物性质选用适宜的方法进行灭菌，必须保证制成品无菌。注射剂应采用适宜方法进行容器检漏。

小容量注射剂从配液到灭菌要求在 12 h 内完成。灭菌和保持药物稳定是矛盾的两个方面，在选择灭菌方法的时候，需保证药物稳定又要达到灭菌完全。因而对热稳定品种可采用热压灭菌，属于最终灭菌产品，应满足灭菌效果 $F_0>8$。热不稳定品种则对生产环境要求较高，一般 1~5 mL 注射剂可采用 100℃ × 30 min 进行灭菌；10~20 mL 注射剂采用 100℃ × 45 min 进行灭菌。

安瓿如有毛细孔或微小的裂缝存在，则微生物或污染物可以进入安瓿或导致药物泄漏，引起药物质量问题，故注射剂必须进行有效检漏。小容量注射剂一般采用灭菌检漏两用的灭菌器。

灭菌原理及常用灭菌设备在第九章已有讲述，本章重点介绍灭菌检漏两用灭菌器。

二、常用灭菌检漏设备

（一）安瓿灭菌检漏器（机）

安瓿灭菌检漏器（机）是目前使用较多的小容量注射剂灭菌检漏设备，采用蒸汽灭菌、色水检漏、喷淋清洗和真空风干等技术，具有灭菌可靠、时间短、节约能源、控制程序先进等优点。

基本结构由设备框架、保温层、侧门罩板、前门面罩板、后门面罩板、大门罩板等组成。灭菌室及大门采用不锈钢板压制而成，筒体上装有超压泄放安全阀，设备上设有电气安全连锁装置，确保设备工作安全。

安瓿灭菌检漏器采用蒸汽对安瓿进行升温、灭菌，然后抽真空，喷有色液体，之后迅速恢复大气压，若安瓿有裂缝，则因压力差将有色液体吸入瓶内，可根据安瓿中药液量的变化或颜色的变化来判断安瓿是否泄漏。检漏结束后用清洗水对安瓿进行清洗。

安瓿灭菌检漏器（机）的运行主要包括6个行程：准备行程→升温行程→灭菌行程→真空行程→清洗行程→结束进程。

（二）安瓿电子微孔检漏机

该设备包括输送系统、检测核心（一般有多个工位，可同时检测多个安瓿）以及剔废机构。

在高频高压检测电源的两端分别连接发射极和接收极，然后将电极布置在容器可能泄漏处，施加电压（因绝缘瓶壁的隔断，电极不能和溶液接触，故产生电容）。当容器不泄漏时，会产生感应微电流。当容器泄漏时，瓶壁和电极之间的电容消失，由电容所产生的容抗为零，回路产生较大的微电流。通过比较微电流的大小，来判断容器是否泄漏。

与色水检漏方法相比，该法检测效率及精度较高，能够检出0.5 μm的微孔，检测范围包括瓶的微孔、封口处、瓶身、瓶底等处的裂纹。该法误检率极低，且不会对产品造成二次污染，适用的范围相对较广，玻璃安瓿、西林瓶、塑料安瓿、塑料输液瓶与袋均可使用。

动画

灭菌检漏岗位仿真软件

三、AQ2.0II型安瓿灭菌检漏机的操作

（一）开机前准备

(1) 检查空气压缩机正常，启动空气压缩机，使压缩空气储罐内充盈额定工作压力。

(2) 打开蒸汽阀门，并排放管路冷凝水及确认汽源压力正常。

(3) 打开进水阀，并确认其压力正常。

(4) 检查确认电源有良好接地，相继打开进线电源开关、控制电源开关。

(二) 开机操作

(1) 按开门按钮，门圈抽真空系统启动，抽排门圈内密封用压缩空气，时间一到，大门自动(或手动按开门按钮)向上移动打开。门电动机停止运行后，抓住门手柄将大门拉开。

(2) 将待灭菌物装进内车，然后用外车将内车推进灭菌室。

(3) 关好大门。

(4) 打开进蒸汽手动阀、进水手动阀、进压缩空气阀等所有阀门。

(5) 合上空气开关，打开电源，电源指示灯亮。

(6) 根据需要选择工作程序和工作参数。

(7) 可运行灯亮(或准备灯闪烁)后，按"启动"键直到下一行程。

(8) 程序自动运行直到结束灯亮，蜂鸣器报警，运行结束。

(三) 设备的维护与保养

(1) 每次关门前请检查一下门的密封胶条有无损伤等情况，若有损伤应及时更换。

(2) 在使用过程中，经常确认压力表的指示情况并根据国家规定定期进行计量校准。当压力达 0.15 MPa 以上时要关闭进蒸汽阀，切断电源，对供蒸汽的管路进行检查。

(3) 每次使用前，检查内筒及排泄口处有无杂物，如有杂物应清除干净。

(4) 每次灭菌前，排出蒸汽管中的冷凝水，并将进出设备的管路阀门打开，同时合上总电源空气开关。

(5) 每次灭菌结束后，将管路阀门全部关闭，断开电源空气开关。

(6) 真空泵及管道泵的维护与保养：

1) 不允许真空泵、管道泵在无水状态工作，否则易损坏机械密封件。

2) 真空泵、管道泵短期停用应放尽泵内的水，以防生锈锈死或天气寒冷时冻坏泵腔。若长时间停止使用，应在泵腔内注油。

3) 定期用钳形电流计检查电动机电流值，电流不得超过电动机额定电流的 1.5 倍。

(四) 常见故障及排除方法

AQ2.0Ⅱ型安瓿灭菌检漏机常见故障、原因及排除方法见表 10-6。

表 10-6 AQ2.0Ⅱ型安瓿灭菌检漏机常见故障、原因及排除方法

故障现象	故障原因	排除方法
打开电源开关系统无电	1. 电源灯坏 2. 保险丝断 3. 供电问题	1. 更换灯泡 2. 更换保险丝 3. 检查供电系统，根据实际情况处理

续表

故障现象	故障原因	排除方法
按动“启动”键不进入升温行程	1. 门未关闭 2. 按“启动”键时间不够	1. 关闭灭菌室门 2. 重新按要求按下“启动”键
真空泵、管道泵不运转	1. 电源（AC380 V）未接通 2. 热继电器坏 3. 交流接触器坏	1. 接通电源（AC380 V） 2. 检修热继电器 3. 检修交流接触器
门不能打开	1. 在准备或结束行程 2. 瓶内最低温度是否低于90℃ 3. 内筒压力是否是0 MPa	1. 待进程结束 2. 待温度降至90℃以下 3. 待压力降至0 MPa
门关不严	1. 设备筒体内框与大门胶条接触处有杂物 2. 手动门的门把手未转到位	1. 清除杂物 2. 将手动门的门把手顺时针转到位
灭菌时间过长	1. 汽源压力不正常 2. 灭菌参数设定不正确 3. 压缩空气压力不足造成进汽气阀未打开	1. 调整汽源压力 2. 重新设定灭菌参数 3. 调整压缩空气压力
温度异常	1. 汽源压力过高 2. 温度探头已坏 3. 温度变送器偏差太大 4. 温度修正值设定错误	1. 调整汽源压力 2. 更换探头 3. 更换温度变送器 4. 重新设定灭菌参数

第六节　印字设备

一、概述

灭菌检漏完成的安瓿先进入中间品暂存间，经质量检查合格后方可印字包装。印字内容包括品名、规格、批号、厂名及批准文号。经印字后的安瓿，即进行装盒、贴签等后续包装工序。目前已广泛使用印字、装盒、贴签及包装等一体的印包联动线，大大提高了安瓿印字包装效率。

二、常用印字设备

安瓿印字机（图10-19）一般包括蜗轮蜗杆、齿轮、链条传动，单（双）印版，往复式转盘推送板等结构。印字后的安瓿采用自落式入盒。

印字方式有传统的油墨上墨印字，之后烘干或者通过紫光灯固化，也可通过色釉印字，烧结固化。随着技术的革新，安瓿印字技术不论是质量还是效率都获得了较大提高。

图 10-19　安瓿印字机实物图

三、AY-1 型安瓿印字机的操作

（一）开机前准备

（1）检查电源正常，机器运转正常。

（2）使用前做好设备清洁工作，润滑机件应注上油。

（3）印字前字版内容应与当日开印的药品名称、规格和批号相符。

（4）检查纸盒、标签和说明书规格应符合要求。

（5）逐盘检查待印安瓿卡片（品名、规格、批号），应合格。

（6）开机前先用少许油墨进行印字并观察印字范围及字迹是否清晰，手动调整到机器符合要求。

（二）开机操作

（1）接通电源，使其正常运行。

（2）运行开始，供盒→印字→检查→贴签→盖盒→打批号→捆扎各工序同步进行。

（3）随时检查印字质量，及时调节油墨，字迹应清晰端正，不缺角掉字。不合格安瓿随擦随印，纸盒、标签、安瓿外观等质量均应符合要求。

（4）印字过程中若出现异常现象，应及时设法调整或停机检修，注意安全检查。

（5）工作完毕，关闭电源，设备停止运行。

（三）设备的维护与保养

(1) 机器在生产过程中如发生碎瓶，应停机，及时清除药液和玻璃碎屑。
(2) 生产结束后各零件清洁一次，用乙醇将沾有油墨的零件擦洗一次。
(3) 根据使用情况定期检查，及时更换易损零件。
(4) 机器工作前，应在相应部位的油孔滴加润滑油。
(5) 整机必须保持整洁美观，除日常清洁外，每月大擦洗一次。

（四）常见故障及排除方法

AY-1 型安瓿印字机常见故障、原因及排除方法见表 10-7。

表 10-7　AY-1 型安瓿印字机常见故障、原因及排除方法

故障现象	故障原因	排除方法
印字不清晰	1. 油墨不匀 2. 字模轮、印字铜板弧度、高度偏差 3. 油墨轮、印字轮、自行车内胎或字模等老化	1. 油墨调至均匀，浓度适中 2. 细调字模轮、印字铜板弧度、高度 3. 更换油墨轮、印字轮，自行车内胎或字模
印不上字	1. 字模角度偏差 2. 印字轮与底座较远 3. 安瓿洗涤不干净	1. 调整字模角度，使安瓿出口至印字轮下方时，印字轮上字迹位置正好旋转到安瓿位置 2. 调整底座与印字轮之间的距离，使之压力适中 3. 重新清洗安瓿
轧瓶、破瓶	1. 安瓿表面潮湿 2. 送板、针杆夹板等翘起或松动 3. 安瓿出口不锈钢板变形	1. 保证安瓿干燥 2. 拧紧螺丝，稳固 3. 更换不锈钢板

岗位对接

本章主要介绍了小容量注射剂生产工艺以及生产专用设备的结构、原理、标准操作、维护与保养、常见故障及排除方法等内容。

常见注射剂生产人员相对应国家职业工种是《中华人民共和国职业分类大典》（2015 年版）药物制剂工（6-12-03-00）包含的注射剂工。从事的工作内容是制备符合国家制剂标准的不同产品的小容量注射剂。相对应的工作岗位有辅料和容器的准备、配液、过滤、灌封、灭菌、质检、印字、包装等岗位。其知识和技能要求主要包括以下几个方面：

(1) 进行生产前的准备和作业确认；
(2) 使用衡器、量器，计量、配制原辅料；
(3) 操作配液设备、洗瓶设备和灌封设备、灭菌检漏设备、印字设备及辅助设备；
(4) 操作空气净化设备，制备洁净空气，并进行环境、设备、器具消毒；
(5) 操作包装设备，进行成品分装、包装、扫码；
(6) 判断和处理注射剂生产中的故障，维护保养注射剂生产设备；
(7) 进行生产现场的清洁作业；
(8) 填写操作过程的记录。

思考题

在线测试

1. 简述气水喷射式安瓿洗瓶机组的使用注意事项。
2. 简述安瓿灌封机的基本结构。

（黄　璇）

第十一章 大容量注射剂生产设备

学习目标

1. 掌握常见大容量注射剂生产设备的结构和工作原理。
2. 能按照 SOP 正确操作玻瓶、塑瓶、非 PVC 膜软袋大容量注射剂设备。
3. 熟悉常见玻瓶、塑瓶、非 PVC 膜软袋大容量注射剂设备的清洁和日常维护保养。
4. 能排除玻瓶、塑瓶、非 PVC 膜软袋大容量注射剂设备的常见故障。
5. 了解大容量注射剂生产的基本流程及生产工序质量控制点。

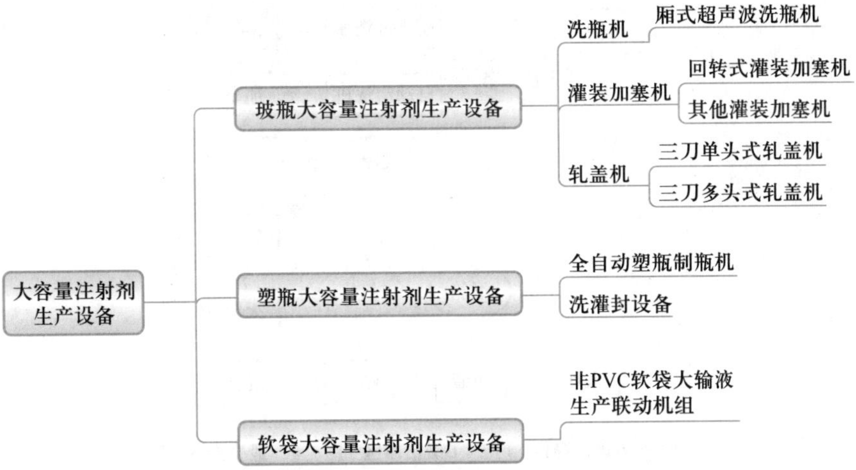

第一节 概 述

一、大容量注射剂生产工艺

大容量注射剂又称输液剂或大输液，常规包装形式为玻璃瓶、塑料瓶、输液袋等，其常用装量有 50 mL、100 mL、250 mL、500 mL 等规格，其中 1 000 mL、2 000 mL、3 000 mL 以上大规格通常采用塑料瓶或输液袋形式。

1. 玻瓶输液剂生产过程及主要设备　玻瓶输液剂生产工艺过程主要包括注射用

水制备、洗瓶、洗塞、配药、灌装加塞（丁基胶塞）、轧盖、灭菌（水浴）、灯检、贴签、包装等工序，其生产工艺如图 11-1 所示。

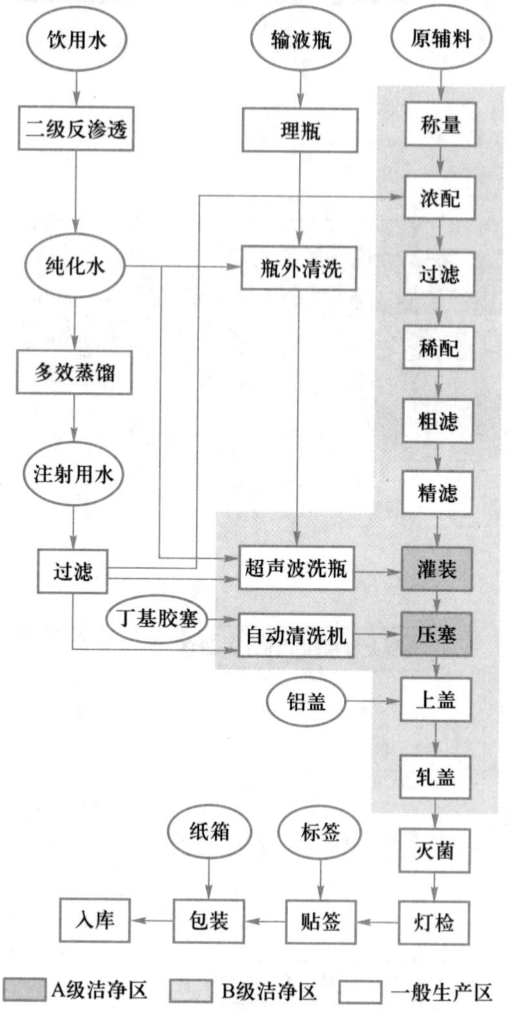

图 11-1　玻瓶输液剂生产流程图

2. 塑料瓶输液剂的生产过程及主要设备　生产分为两个过程：一是制作成型包材，采用聚丙烯（PP）材料颗粒注塑成瓶坯，将瓶坯吹塑成型；二是制剂过程，包括配药、灌装、洗塞、焊盖、灭菌、灯检、包装等工序。医用 PP 塑料输液瓶耐水、耐腐蚀，具有无毒、质轻、耐热性好、机械强度高、化学稳定性强的特点，可以热压灭菌。缺点是使用过程中可能产生倒吸现象。具体生产工艺如图 11-2 所示。

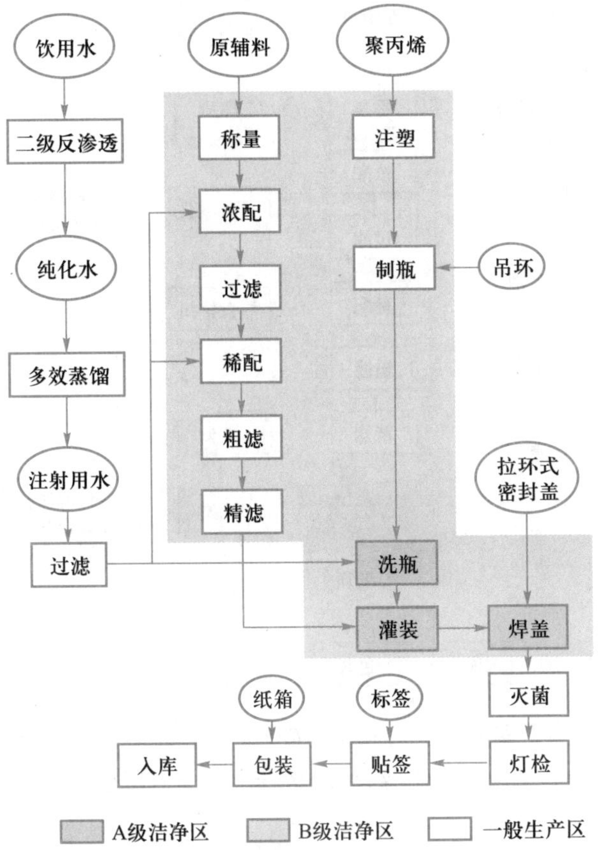

图 11-2 塑料瓶输液剂生产工艺流程图

3. 输液袋制剂的生产过程及主要设备 一种是采购输液袋进行制剂生产，另一种为现场制袋（生产企业应具备包材生产资格）生产输液剂，通常采用的是第二种。输液用袋有塑料袋和非聚氯乙烯（PVC）多层共挤膜输液袋。塑料袋由无毒 PVC 制成，有重量轻、运输方便、不易破损、耐压等优点，缺点是氧气及水汽透过率高，影响产品在储存期内的稳定性。同时其透明性和耐热性也较差，强烈振荡会产生轻度乳光。非 PVC 多层共挤膜输液袋（下称软袋）是将生物惰性好、药物相容性好、透氧、透水汽率低的材料采用多层交联挤出方式制成筒式薄膜并在 100 级环境下热合而成。通常为三层或五层膜，三层膜中每层均由不同比率的 PP 和 SEBS（热塑性丁苯橡胶）组成。该输液袋透明性好，抗低温性能强，韧性好，可在 121℃高温下进行热压消毒，无增塑剂，不污染环境，易回收处理，且输液时软袋能随大气压强改变袋型自动回缩，消除输液过程中的二次污染，缺点是包材成本较高。软袋输液剂生产工艺如图 11-3 所示。

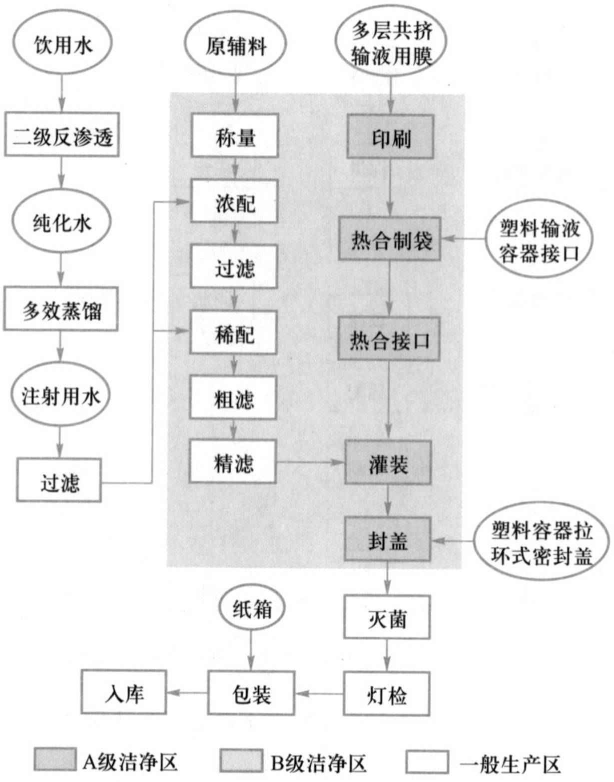

图 11-3　软袋输液剂生产工艺流程图

二、生产工序质量控制点

药品在生产过程中需要进行严格的质量控制，结合输液剂的生产工序，对输液剂质量进行监控，详见表 11-1~ 表 11-3。

表 11-1　玻瓶大容量注射剂的生产工序质量控制点

生产工序	质控对象	具体项目	检查次数
制水	纯化水	电导率、氨、酸碱度、氯化物，应有记录	每 2 h 或在线
	注射用水	电导率、氨、pH、氯化物，应有记录	每 2 h 或在线
空调	温度、湿度	18~26℃；45%~65%	每班或在线
	净化系统	空气洁净度（尘埃粒子、菌落数等）	定期或在线
洗瓶	过滤后纯化水	澄明度	定时
	过滤后注射用水	澄明度	定时
	洗瓶过程	水温、水压、超声波频率、速度	定时
	洗净后瓶	残留水滴、淋洗水 pH、淋洗水澄明度	定时

续表

生产工序	质控对象	具体项目	检查次数
配料	浓配	每次收料前应检查原辅料的外观质量，核对品名、批号、生产厂家、数量与批生产指令是否一致。脱外包装后，内包装上应贴标签，标明品名、批号，数量	每班
	投料管理	按工艺卡和SOP进行操作，投料前复核数量，如有偏差，应在规定的范围内，如不符合偏差规定，应及时通知质量保证员（QA）、工艺员，分析原因，进行偏差流程	每班
	稀配	1. 按工艺卡及SOP进行操作 2. 进行中间品质量检测，合格后通知下工序	每班
	配液罐、管道清洗	换批、换品种或恢复生产，根据清洁SOP进行清洁	每班
灌封	灌装前的确认	每班灌装的每个灌装点重点检查澄明度，确认除菌过滤前的微生物负载量≤10 cfu/100 mL，调节装量合格才可继续灌装	每班灌装前
	灭菌后胶塞	水分、清洁度	定时
	可见异物、装量	每小时抽查一次，每次20瓶，检查可见异物，用电子秤或量筒检查装量	每小时
	灌装后半成品	装量、澄明度、铝盖松紧度	定时
	管道清洁	换品种清洗管道后，取洗净水检查理化项目，停产后再生产需取洗净水作全检	每天
灭菌	装载灭菌车	1. 检查从灌封室输送过来的产品是否封口严密，是否有杂质，装量是否有明显差异 2. 摆放数量和形式符合工艺验证要求	每柜
	灭菌温度、时间、压力	1. 每次灭菌前检查柜内各点的温度探头是否完好，是否按规定放置冷点 2. 按工艺规定灭菌参数进行操作 3. 产品出柜后必须有标志，品名、批号要完整	每柜
	出瓶	检查冷点及F0值，核对产品品名、规格、批号	每柜
灯检	光源	照度2 000~3 000 lx	每批
	视力	0.9以上（不包含矫正后的视力）	每半年
	方法	按直、横、倒三步法，每次拿1瓶，保持人眼与产品的距离为25 cm，每瓶检测10 s；或使用自动灯检设备	每瓶

续表

生产工序	质控对象	具体项目	检查次数
灯检	判断	外观：瓶身完整清洁，铝盖封口严密，装量无明显差异	每瓶
		可见异物检查：药液澄明无异物	每瓶
	不合格品	不合格品划线，放入废品筒	每瓶
包装	物料	班长收料时应核对品名、数量规格，每批包装前班长应按生产指令计数领取标签、说明书、加药便签、合格证、纸箱	每班
	核对	每批纸箱、合格证的批号、生产日期、有效期打样后交班长复核，确认无误后开始包装。合格证上有对应的装箱人员签名	每班
		装箱时应每层或每箱逐瓶点数，封箱前检查合格证、装箱单、说明书、加药便签是否齐全	每班

表 11-2　塑瓶大容量注射剂生产工序质量控制点

生产工序	质控对象	具体项目	检查次数
制水	纯化水	电导率、氨、酸碱度、氯化物，应有记录	每 2h 或在线
	注射用水	电导率、氨、pH、氯化物，应有记录	每 2h 或在线
空调	温度、湿度	18~26℃；45%~65%	每班或在线
	净化系统	空气洁净度（尘埃粒子、菌落数等）	定期或在线
配料	浓配	每次收料前应检查原辅料的外观质量，核对品名、批号、生产厂家、数量与批生产指令是否一致。脱外包装后，内包装上应贴标签，标明品名、批号、数量	每班
	投料管理	按工艺卡和 SOP 进行操作，投料前复核数量，如有偏差，应在规定的范围内，如不符合偏差规定，应及时通知 QA、工艺员，分析原因，进行偏差流程	每班
	稀配	1. 按工艺卡及 SOP 进行操作 2. 进行中间品质量检测，合格后通知下工序	每班
	配液罐、管道清洗	换批、换品种或恢复生产，根据清洁 SOP 进行清洁	每班
洗罐封	上瓶	瓶子干净，无变形，无异物，无气泡，无杂质，瓶口、瓶身、胶口完整	逐个
	上吊环	1. 检查吊环，看是否完整、无毛边、无翘起现象 2. 保证每个瓶上都能上好吊环 3. 发现瓶子有不合格的要剔除	逐个

续表

生产工序	质控对象	具体项目	检查次数
洗罐封	焊吊环	1. 检查焊接头温度 2. 吊环焊接效果	每小时
	灌装前的确认	每班灌装的前40瓶重点检查澄明度，调节装量，合格才可继续灌装	每班灌装前
	组合盖	每桶组合盖使用前检查组合盖标志是否完整，盖是否干净无杂质	每桶
	气洗效果确认	吹针完整，能放电，吹气、吸气现象明显；气洗管路不漏气	每2 h
	封口	1. 观察加热片温度 2. 观察加热片、瓶口、吸盖头三者的位置和距离 3. 不定时地抽查两组产品，用人工挤压的方法检查封口情况、歪头情况	随时
	澄明度、装量	每小时抽查一次，每次30瓶，检查澄明度、装量	每小时
	管道清洁	换品种清洗管道后，取洗净水检查理化项目，停产后再生产需取洗净水作全检	每天
灭菌	上瓶	1. 检查从灌装室输送过来的产品是否有歪头、气泡、杂质，装量是否有明显差异 2. 摆放数量和形式符合工艺验证要求	随时
	灭菌温度、时间、压力	1. 每次灭菌前检查柜内各点的温度探头是否完好，是否按规定放置冷点 2. 按工艺规定灭菌参数进行操作 3. 产品出柜后必须有标志，品名、批号要完整	每柜
	下瓶	核对产品品名、规格、批号	每柜
检漏	检测度漏检率	所设参数与实际是否相符	每批
灯检	光源	塑瓶：照度2 000~3 000 lx	每月
	视力	0.9以上（不包含矫正后的视力）	每半年
	方法	按直、横、倒三步法，每次拿1瓶，保持人眼与产品的距离为25 cm，每瓶检测10 s；或自动灯检设备	每瓶
	判断	外观：瓶身完整清洁，无砂眼、大气泡等	每瓶
		药液澄明度：澄明无异物	每瓶
	不合格品	不合格品必须将拉环拉掉	每瓶
包装	物料	班长收料时应核对数量、品名、规格，每批包装前班长应按生产指令计数领取标签、说明书、合格证、纸箱	每班

续表

生产工序	质控对象	具体项目	检查次数
包装	核对	每批纸箱、标签、合格证的批号、生产日期、有效期打样后交班长复核，确认无误后开始包装。样签附于生产记录中。合格证上有对应的装箱人员签名	每班
		每层或每箱装完后应逐瓶点数，封箱前检查合格证、装箱单、说明书是否齐全	每班

表 11-3　大容量注射剂的工序与质量控制点（软袋）

生产工序	质控对象	具体项目	检查次数
制水	纯化水	电导率、氨、酸碱度、氯化物，应有记录	每 2 h 或在线
	注射用水	电导率、氨、pH、氯化物，应有记录	每 2 h 或在线
空调	温度、湿度	18~26℃；45%~65%	每班或在线
	净化系统	空气洁净度（尘埃粒子、菌落数等）	定期或在线
配料	浓配	每次收料前应检查原辅料的外观质量，核对品名、批号、生产厂家、数量与批生产指令是否一致。脱外包装后，内包装上应贴标签，标明品名、批号，数量	每班
	投料管理	按工艺卡和 SOP 进行操作，投料前复核数量，如有偏差，应在规定的范围内，如不符合偏差规定，应及时通知 QA、工艺员，分析原因，进行偏差流程	每班
	稀配	1. 按工艺卡及 SOP 进行操作 2. 进行中间品质量检测，合格后通知下工序	每班
	配液罐、管道清洗	换批、换品种或恢复生产，根据清洁 SOP 进行清洁	每班
制袋灌封	膜、口管	检查洁净度，是否脱外包装	逐件
	印字	确认品名、规格、批号、生产日期、有效期	每班生产前
	组合盖	每桶组合盖使用前检查组合盖标志是否完整，盖是否干净无杂质	每桶
	灌装前的确认	每班灌装的前 6 组重点检查澄明度，调节装量，合格才可继续灌装	每班灌装前
	口管焊接	检查焊接头温度、焊接效果	每小时
	气洗效果确认	吹针完整，能放电，吹气、吸气现象明显；气洗管路不漏气	每 2 h
	焊盖封口	1. 观察加热片温度 2. 观察加热片、组合盖、接口三者的位置和距离 3. 不定时地抽查两组产品，用人工挤压的方法检查焊接封口情况、歪头情况	随时

续表

生产工序	质控对象	具体项目	检查次数
制袋灌封	可见异物、装量	每小时抽查一次，每次 20 袋，检查可见异物，用电子秤检查装量	每小时
	洗净水	换品种清洗管道后，取洗净水检查理化项目，停产后再生产需取洗净水作全检	每天
灭菌	上袋	1. 检查从灌装室输送过来的产品是否有歪头、气泡、杂质，装量是否有明显差异 2. 摆放数量和形式符合工艺验证要求	每柜
	灭菌温度、时间、压力	1. 每次灭菌前检查柜内各点的温度探头是否完好，是否按规定放置冷点 2. 按工艺规定灭菌参数进行操作 3. 产品出柜后必须有标志，品名、批号要完整	每柜
	下袋	核对产品品名、规格、批号	每柜
烘干	温度	检查设定温度（60~70℃）	每班
检漏	剔除漏液	所设参数与实际是否相符	每批
灯检	光源	照度 2 000~3 000 lx	每月
	视力	0.9 以上（不包含矫正后的视力）	每半年
	方法	按直、横、倒三步法，每次拿 1 袋，保持人眼与产品的距离为 25 cm，每袋检测 10 s；或自动灯检设备	每袋
	判断	外观：袋身完整清洁，无砂眼，焊缝完整，印字清晰，袋身干燥，无明显水珠等	每袋
		可见异物检查：药液澄明无异物	每袋
	不合格品	不合格品必须将拉环拉掉，用剪刀剪破，倒出药液	每袋
包装	物料	班长收料时应核对品名、数量、规格，每批包装前班长应按生产指令计数领取膜、说明书、加药便签、合格证、纸箱	每班
	核对	每批纸箱、合格证的批号、生产日期、有效期打样后交班长复核，确认无误后开始包装。合格证上有对应的装箱人员签	每班
		装箱时应每层或每箱逐袋点数，封箱前检查合格证、装箱单、说明书、加药便签是否齐全	每班

知识拓展

输液发展简史

1628 年——英国医生哈维发现了血液循环，认识到血液的运输作用，从而奠定了静脉输液的基础。

1656 年——英国医生克里斯托弗和罗伯特用羽毛管针头把药物注入狗的静脉，为历史上首例注入血液的行为。

1656 年——伦敦的克里斯托弗教授第一次把药物注入病人的静脉，后人将其称为输液之父。

1832 年——欧洲的一次瘟疫流行，苏格兰医生托马斯成功将盐类物质输入人体，奠定静脉输液治疗模式。

19 世纪——静脉输液安全得到保证：英国医生李斯特创立了无菌的理论和方法；法国巴斯德借助显微镜发现微生物感染；弗洛伦斯发现热原。

20 世纪——研制出更安全的静脉注射液体。

第二节　玻瓶大容量注射剂生产设备

视频

玻瓶大容量注射剂生产设备

一、概述

玻瓶输液剂生产中多选用洗、灌、塞、封生产线，主要由洗瓶机、旋转式恒压灌装加塞机、胶塞清洗机、理盖机、铝塑盖轧盖机组成。

二、常用生产设备

（一）洗瓶机

根据进瓶、洗瓶方式的不同，玻瓶洗瓶机可分为滚筒式（图 11-4）、厢式和立式三种。洗瓶工艺基本相同，流程为：理瓶→输瓶→进瓶→超声波粗洗→冲循环水→冲纯化水→冲注射用水精洗。

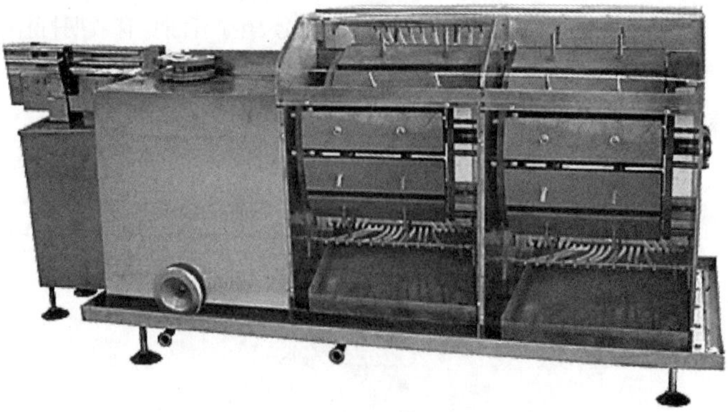

图 11-4　滚筒式洗瓶机实物图

其中，厢式超声波洗瓶机应用较多。洗瓶流程为：理瓶→玻瓶沿倾斜的进瓶盘自动下滑→循环水预冲→超声波水槽内粗洗→履带提升输瓶→循环水内冲两次，外冲一次→纯化水内冲两次，外冲一次→精洗→注射用水内冲两次，外冲一次→压缩空气内吹两次，外吹一次。最终随翻转轨道的运动，玻瓶从瓶套中脱出掉落到局部层流的输送带上。设备具体结构如图 11-5 所示。该设备洗瓶产量大，且瓶子破损率低，适合不同规格玻瓶，应用较广泛。各清洗工位分区，无交叉污染，清洗效果完全符合 GMP 的要求。

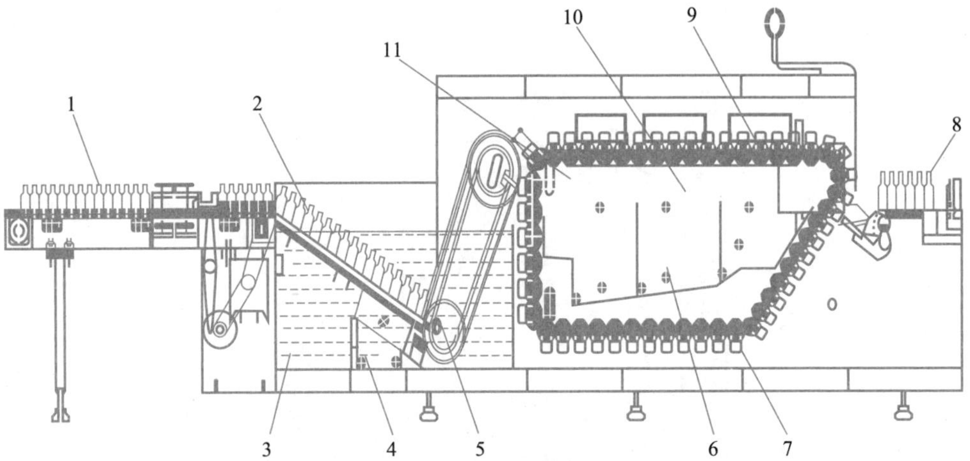

1. 理瓶；2. 循环水预冲洗；3. 超声波水槽；4. 超声波换能器；5. 提升轨道；6. 精洗箱；7. 输瓶套；8. 出瓶；9. 注射用水冲洗；10. 纯化水冲洗；11. 常水冲洗。

图 11-5　厢式超声波洗瓶机

（二）灌装加塞机

根据玻瓶灌装加塞机包装容器的输送方式和整机的摆放方式不同可分为直线式灌装加塞机和回转式灌装加塞机。按灌液方式不同分为常压灌装、负压灌装、压力灌装和恒压灌装。按计量方式不同可分为流量定时式、量杯容积式、计量泵注射式、恒压灌注式等。若选用计量泵注射式灌装，因与药液接触的零部件之间有摩擦可能会产生微粒，须加终端过滤器。灌装易氧化的药液则应有充氮装置。

1. 回转式灌装加塞机　是将药液灌装（充氮）、压胶塞过程合二为一的设备，是目前生产中使用的主流设备，其结构如图 11-6 所示。

工作时，输瓶轨道将来自前道工序的输液瓶送入进瓶绞龙，绞龙以给定的距离分瓶，接着进入灌装机构灌液，药液灌装后在进入过渡转盘前可增加充氮装置进行充氮，排除玻瓶上半部分的空气，防止药物被空气中的氧气氧化。充氮工序在中间转盘上完成，利用氮气储罐中储存的氮气压力，通过细的氮气喷管喷到灌装好的玻瓶内。充完氮气后玻瓶进入压塞定位转盘，先在加塞工位加塞，接着被压塞机构压平后进入下一道工序。

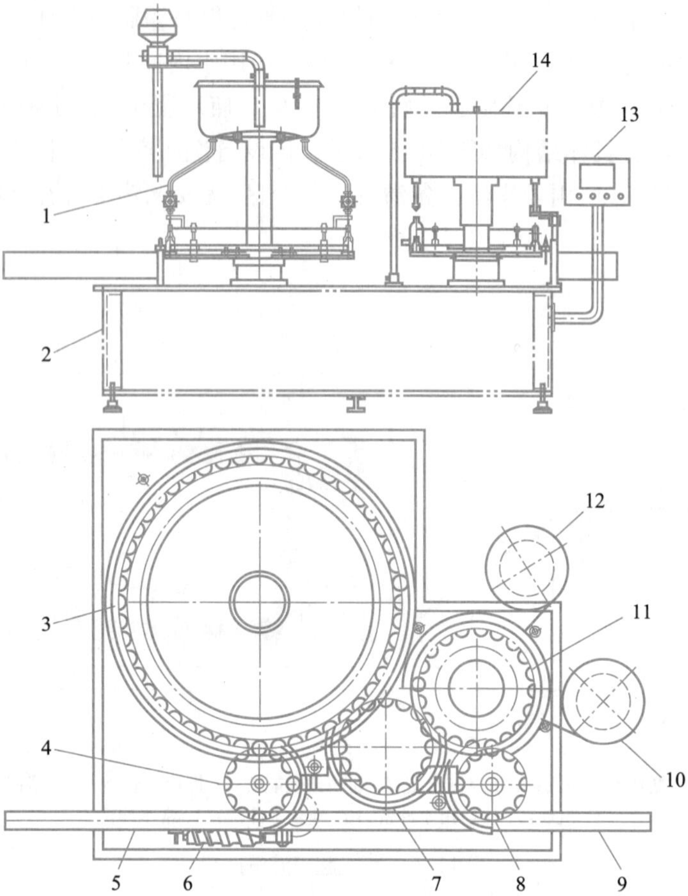

1. 灌液机构；2. 机架；3. 灌装定位转盘；4. 进瓶拨轮；5. 进瓶轨道；
6. 输瓶绞龙；7. 中间（充氮）转盘；8. 出瓶拨轮；9. 出瓶轨道；10. 胶塞斗；
11. 压塞定位转盘；12. 胶塞斗；13. 控制屏；14. 压塞机构。

图 11-6　回转式灌装加塞机

灌装机构采用恒压、恒流原理灌液，通过电脑控制流量节制阀调节装量可确保装量准确（图 11-7）。

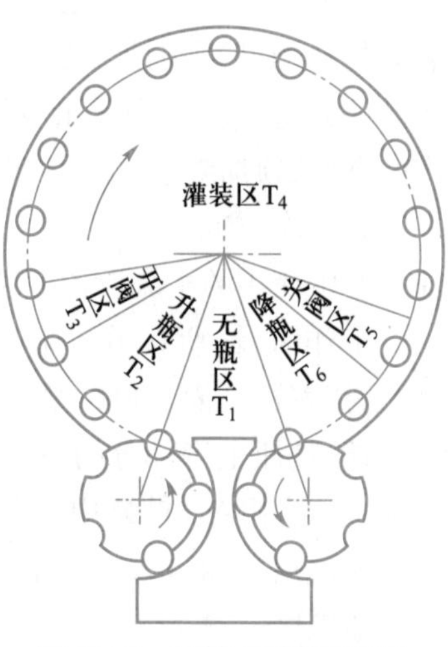

图 11-7　回转式灌装加塞机灌装示意图

上塞机构采用两个螺旋振荡理盖机上胶塞。理盖机由理盖机构和落盖机构组成，其中理盖机构又包括瓶盖提升装置及料斗。瓶盖提升装置内有瓶盖横向挡条，一部分区段的倾斜角度和挡条之间有一定要求，即该区段的反盖重心位于挡条之外，而正盖重心位于挡条之内。在电磁铁的作用下提升装置会产生圆周往复运动和上下运动，利用瓶盖的重心与其几何中心不重合的特点，使反盖在自身重力的作用下，在上述区段跌出挡条，自由落回料斗底部，完成理盖。经理盖机整理的胶塞直接输送到接塞板上，回转的压塞头经过接塞板时将塞子吸住带走，灌药后的输液瓶与压塞头同步回转，压塞头在凸轮的作用下逐步下降，将胶塞加在瓶口上并压至合适深度。

回转式灌装加塞机应用广泛，生产效率高，可有效避免交叉污染，有利于提高药品的稳定性和产品的合格率。同时，采用回转式转台可有效减少操作工人数量和洁净室面积，有利于控制产品的质量。

2. 其他灌装加塞机　在实际生产中，计量泵灌装加塞机、量杯式负压灌装加塞机等应用也非常广泛。

(1) 计量泵灌装加塞机：药液通过容积式计量泵计量，常压下借助活塞往复运动产生的压力将药液注入输液瓶内。药液的定量可先粗调活塞的行程，使其尽量接近预计灌装量，再微调定量螺母使装量精确（图 11-8）。

(2) 量杯式负压灌装加塞机：采用计量杯以容积定量（图 11-9），主要由计量杯、托瓶装置、无级变速装置三部分组成。计量调节也分粗定位和精确定位。粗定位是通过量杯溢流口完成，若药液超过溢流口则自动回流入药液容器内。精确定位则是根据计量调节块在计量杯中所占的体积来调节，计量块在调节螺母的控制下可上升或下降。灌装时，吸液管与真空管路接通，可使计量杯的药液负压流入输液瓶中，而且药液能被吸得更干净彻底无残留。

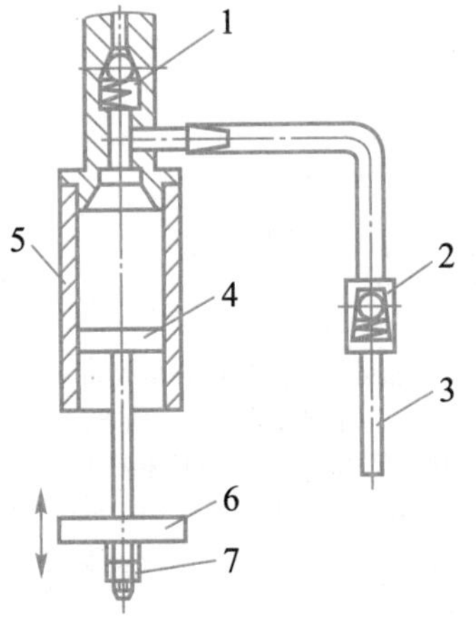

1. 单向阀（Ⅰ）；2. 单向阀（Ⅱ）；3. 灌装管；4. 活塞；5. 计量泵；6. 活塞升降杆；7. 定量螺母。

图 11-8　计量泵示意图

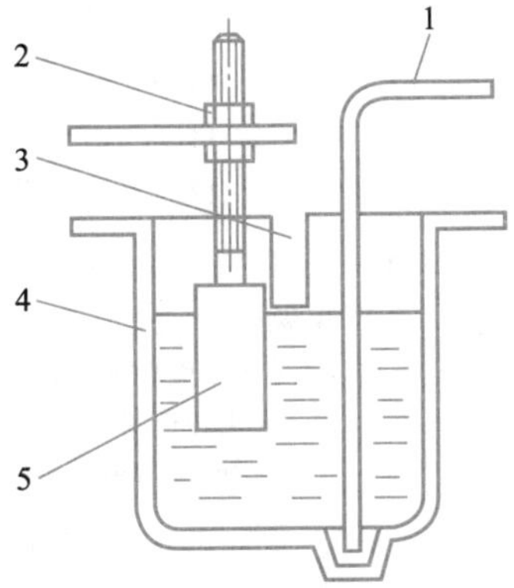

1. 吸液管；2. 调节螺母；3. 量杯溢流口；4. 计量杯；5. 计量调节块。

图 11-9　量杯计量示意图

（三）轧盖机

常用的是三刀单头式或三刀多头式，通常由振荡落盖装置、压盖头、轧盖头、输瓶机构等部分组成。轧盖分为五个步骤：进瓶→上盖→压盖→轧盖→出瓶。

1. 三刀单头式轧盖机　如图 11-10 所示。工作时，输液瓶经输瓶轨道被送入拨瓶转盘，随转盘作间歇性运动，每转动一个工位依次完成上盖、压盖、轧盖。在轧头上有三把呈正三角形分布的轧刀，凸轮控制轧刀收紧，一组专门的皮带变速机构控制轧刀旋转，转速和轧刀的位置均可调节。轧盖时，输液瓶和轧刀的对位由拨瓶转盘的粗定位和轧头上的压盖头准确定位同时完成，以保证轧盖质量。轧盖时输液瓶被压盖机构下压不动，轧刀则快速绕瓶旋转，使铝盖下端能迅速被滚压封边。

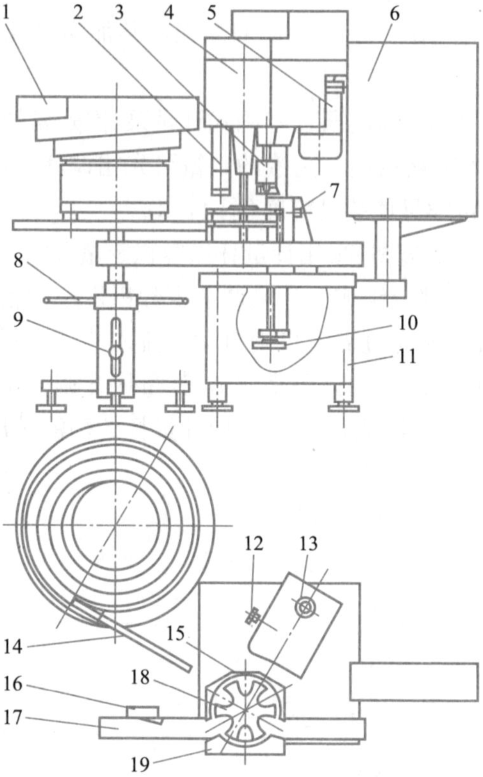

1. 振荡落盖料斗；2. 上盖装置；3. 轧盖工作头；4. 箱体；5. 电动机；6. 电气箱；7. 夹紧主轴偏心轴；8. 调节螺母；9. 紧固螺栓；10. 升降调节手轮；11. 机架；12. 轧头转速调节手轮；13. 产量调节手轮；14. 落盖滑道；15. 内月牙板；16. 缺瓶开关装置；17. 输送带架；18. 拨盘；19. 外月牙板。

图 11-10　三刀单头式轧盖机

2. 三刀多头式轧盖机　图 11-11 所示为轧盖机轧头。小齿轮既要绕轧盖机中心轴作公转，同时又要自转。支座上用销轴铰支三根轴向对称分布且有一定高度差的辊杆，其上分别装有两只螺旋辊和一个封边辊。升降套在固定凸轮的控制下作上下运动，压头与压头杆固连，在弹簧作用下也可随升降套作上下运动。

封盖时，整个轧盖头受升降套的控制下降，套在瓶口上的铝盖经导向罩与压头接触，升降套继续下降，直到压头被瓶盖顶住不能再下降。此时，弹簧被压缩，压头对铝盖顶端产生压紧力。同时，导筒、支座、辊杆均不能继续下降，而齿轮套却仍能随升降套继续下降，使得压块压迫辊杆绕销轴摆动，螺旋辊、封边辊作径向移动，对铝盖产生轧压径向力。同时在小齿轮的带动下绕瓶盖旋转，螺旋辊沿瓶口螺纹作螺旋运动（螺距的移动差值由弹簧来补偿），封边辊也沿铝盖底边进行滚轧压封。

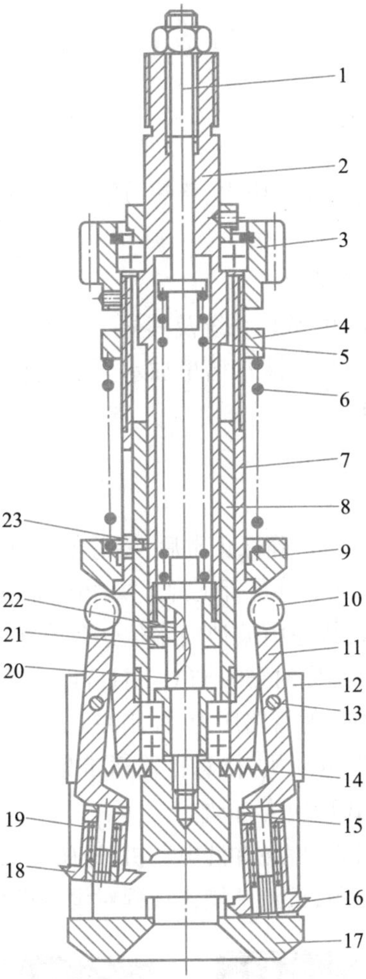

1. 顶杆；2. 升降套；3. 小齿轮；4. 螺母；5,6,14,19. 弹簧；
7. 齿轮套；8. 导筒；9. 压块；10. 滚子；11. 辊杆；12. 支座；
13. 销轴；15. 压头；16. 封边辊；17. 导向罩；18. 螺旋辊；
20. 压头杆；21. 导向螺帽；22,23. 导向键。

图 11-11　三刀多头式轧盖机轧头

完成封盖后，升降套开始上升，压块与滚子脱离接触，螺旋辊和封边辊在弹簧作用下张开，导向螺帽与压头杆的凸台相接触，使升降套带动整个轧压封盖头上升，恢复至初始位置。在实际生产中，根据需要可调节压紧力大小（通过调节顶杆，改变弹簧的压缩量），还可调节径向力大小（调节螺母，可以改变弹簧压缩量）。

课堂讨论

现在还有大容量注射剂采用玻璃瓶包装，为什么？

三、玻瓶输液剂洗灌塞封一体机的操作

（一）洗瓶机开机前准备

（1）检查自来水、纯化水、注射用水、蒸汽、压缩空气是否在可供状态，压力表、过滤器、电磁阀、阀门是否正常。

（2）检查各润滑点的润滑情况。

（3）检查主机、输送带电源、数控系统及其显示是否正常。

（4）打开自来水阀门，向超声波水槽里加水至水位超过超声波换能器，检查瓶托与喷射管中心线是否在一条线上。

（二）洗瓶机开机操作

（1）检查供电电源是否正常，确保正常后，将总电源开关打开，再检查一次可编程逻辑控制器（PLC）以及触摸屏供电是否正常。操作画面如图 11-12、图 11-13 所示。

（2）打开超声波池进水，待超声波池内水位达到高水位时，开蒸汽对超声波水池加温。当温度达到工艺要求温度时（50~55℃），打开超声波，同时打开自动补水。

（3）打开冲水阀门，检查喷射管路压力，控制在 0.1~0.2 MPa。

（4）开进瓶、出瓶传送带电动机，待每排输送带累积 10 个以上瓶子时，调整主机速度至生产速度，将操作模式切换为自动。

（5）停机前，应先停主机，后停各冲洗电动机、进瓶电动机、注水电动机。

（6）操作完毕后，关闭电源，按清洁操作规程对设备进行清洁。

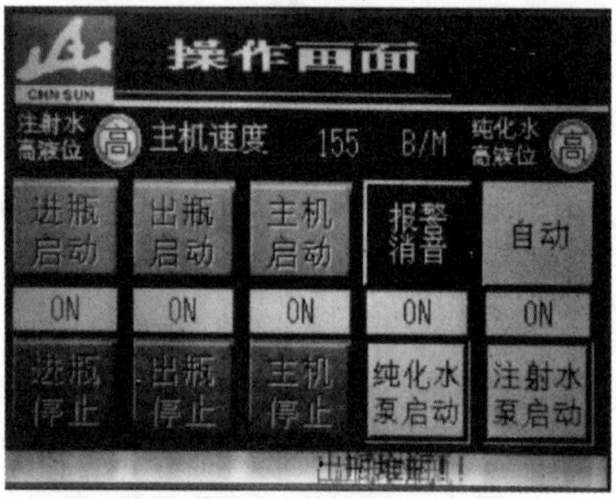

图 11-12　超声波粗洗瓶控制

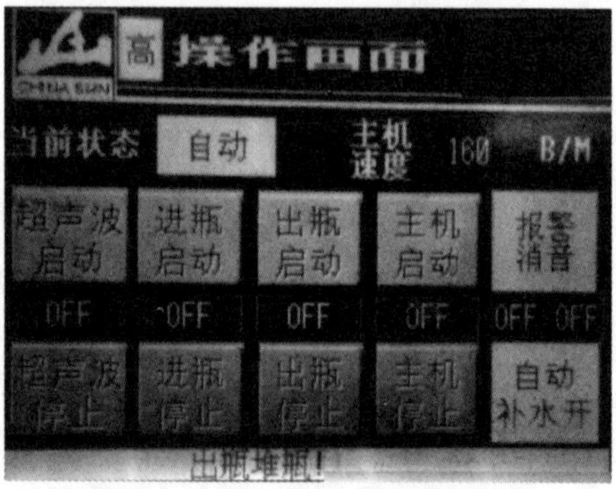

图 11-13　超声波精洗瓶控制

（三）灌装加塞机开机前准备

（1）检查主机、输送带电源、数控系统及其显示是否正常。

（2）检查各润滑点的润滑情况。

（3）检查药液管道阀门开启是否灵敏、可靠，各连接处有无泄漏情况。

（4）在输瓶轨道上放上适量精洗过的玻瓶，在理塞斗中加入约 1/3 量的胶塞。

(5) 开启药泵，向恒压罐内输入药液，调节恒压罐阀门，保持罐内恒定压力，手动检查各气动阀是否能正常开闭。

(6) 洁净压缩空气压力控制在 0.4~0.6 MPa。

（四）灌装加塞机开机操作

(1) 打开电源开关，再依次开振荡器、输送带、主机、变频调速器，调节频率使其与产量相符。

(2) 调节触摸屏，在操作画面中，根据需要进行选择(图 11-14)。可选项包括：手动或自动与点动、门保护与无门保护、无瓶不灌与全灌装，开启或者关闭进药阀、开启或者关闭灌装。可对轨道、真空泵、送塞斗、主电动机分别进行启动与停止。

图 11-14 灌装加塞控制

生产时，先启动轨道、送塞、真空，选择自动生产方式，门保护状态切换至有效，开启无瓶不灌功能。点“进药开”“灌装开”，空机运转，调整主机至合适的速度，待输瓶带上的输液瓶累积 10 个以上时，点击“主机启动”。

(3) 先试灌 30 瓶，检查药液澄明度及装量合格后才能灌装。

(4) 调节灌装速度至规定值，启动振荡按钮，调节振荡强度、振荡下塞速度，将胶塞送至下塞轨道。

(5) 启动送瓶、灌装进行生产。灌装过程中定时检查装量和澄明度。

(6) 生产结束时，先关进药阀门，再依次关闭变频调速器、振荡、主机、输送带，最后关闭电源，按清洁操作规程对设备进行清洁。

（五）轧盖机开机前准备

(1) 检查电源、数控系统及其显示是否正常。

(2) 检查各润滑点的润滑情况。

(3) 振荡器理盖斗内加入合格的铝盖。

（六）轧盖机开机操作

(1) 打开电源，开轧盖、传送带电动机、送盖振荡，待盖子充满上盖轨道且传送带上累积瓶子多于 10 个时，设定主机速度为生产速度，操作模式切换为自动，再开主机。在操作画面当中，分别对轧盖电动机、轨道电动机、送盖振荡电动机、主机进行启动(图 11-15)。

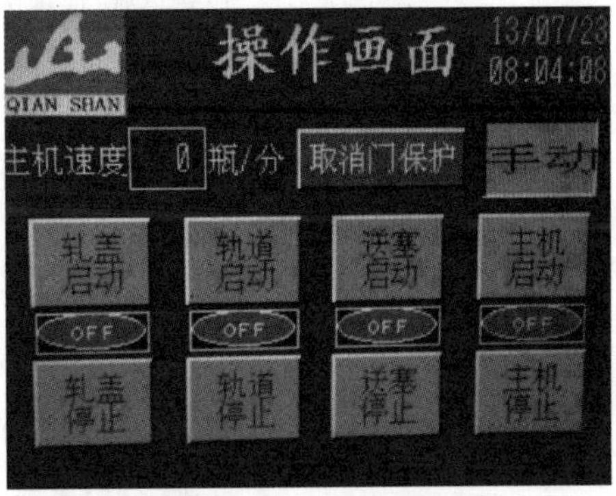

图 11-15 轧盖操作控制

(2) 如需停机,点击“主机停止”按钮。

(3) 生产结束后,关闭电源,按清洁操作规程对设备进行清洁。

(七) 设备的维护与保养

1. 机器润滑

(1) 查看设备运行、润滑记录。

(2) 润滑周期:每3个月打开机箱,清洁箱内油污及其他杂物,对各运动机构加注润滑油进行润滑。每年拆解减速机,将箱体内的润滑油放出,全部更换新的润滑油。清洗各传动齿轮,对磨损严重的齿轮予以更换。

2. 机器保养

(1) 保养周期:每月检查机件、传动轴一次;整机每半年检修一次。

(2) 保养内容:机器保持清洁;定期检查齿轮箱、传动轴、轴承等易损部件,检查其磨损程度,发现缺损应及时更换或修复;检查电动机同步带的磨损情况,更换破损同步带,调整传动带张紧机构,使之大小适度;检查各管路、阀门等有无泄漏,如有必要须进行更换;检查清洗各滤芯,如有必要须予以更换;检查控制柜、线路情况、电气元件、真空系统、压缩空气系统、氮气系统,更换垫圈、过滤器等易损件。

(八) 常见故障及排除方法

玻瓶输液剂洗灌塞封一体机常见故障、原因及排除方法见表11-4。

表11-4　玻瓶输液剂洗灌塞封一体机常见故障、原因及排除方法

故障现象	故障原因	排除方法
电动机无法运行	1. 保险丝熔断、开关接线断开 2. 设备过载,连锁保护脱开 3. 电气元件失灵 4. 电动机损坏 5. 减速机严重磨损 6. 电源电压过低	1. 更换保险丝,重新连接开关接线 2. 停机,重新连接连锁保护 3. 检查电气元件,维修或更换 4. 更换或维修电动机 5. 维修或更换减速机 6. 测量电源电压,根据需要调整
无法运行同步带	1. 连接用齿轮损坏 2. 设备过载,连锁保护脱开 3. 输送同步带打滑 4. 保险丝熔断 5. 进线有断线或开关接线断开 6. 电气元件失灵 7. 主电动机损坏或烧死	1. 维修或更换齿轮 2. 停机,排除后重新连接连锁保护 3. 同步带是否过松或磨损,紧固或更换 4. 更换保险丝 5. 检查进线、开关线头,重新连接 6. 检查传动装置,更换电气元件 7. 更换电动机
进瓶台进瓶不畅	1. 进瓶轨道间隙小 2. 进瓶轨道松动 3. 轨道垫条磨损 4. 轨道间有碎玻璃	1. 调整轨道间隙 2. 紧固轨道螺栓,调紧 3. 立即更换 4. 立即清理

续表

故障现象	故障原因	排除方法
进瓶台处倒瓶	1. 轨道间有碎玻璃 2. 过渡板严重磨损	1. 立即清理 2. 立即更换
推瓶片处倒瓶、翻瓶	1. 推瓶片上有毛刺或严重磨损 2. 推瓶片松动 3. 进瓶轨道有碎玻璃	1. 更换推瓶片 2. 紧固推瓶片 3. 立即清理
前离合器失灵	离合片松动	紧固螺栓
泵不工作或流量小	薄膜阀损坏或磨损严重	立即更换
洗瓶洁净度不够	1. 离子风压力不够 2. 滤芯损坏或堵塞	1. 检查离子风压力并调整 2. 清洁或更换滤芯
灌装计量不准	1. 液面高度不稳定 2. 电磁阀灌装时间设定不对 3. 电磁阀动作失效，不灵敏	1. 调整使其稳定 2. 调整灌装时间 3. 调整或更换电磁阀
送胶塞速度慢	1. 振荡螺钉松动，输塞轨道不畅 2. 输塞轨道入塞口与理塞斗出塞口不齐 3. 塞子太少	1. 调整并紧固 2. 调整平齐 3. 增加塞子数量

第三节　塑瓶大容量注射剂生产设备

一、概述

塑料瓶大容量注射剂生产设备主要包括制瓶机、洗瓶机、灌装机、封口机、灭菌柜、检漏机、灯检装置、贴签机和包装机等。

根据其生产过程又分为一步法和分步法。一步法是指从塑料颗粒处理到制瓶、灌装、封口等过程用一台机器来完成。分步法则是先将塑料颗粒制瓶，然后清洗、灌装、封口，这些步骤是在多台设备组成的联动线上完成。由于一步法是在一台设备上完成生产，故污染环节少，能完全满足 GMP 要求。设备占地面积小，自动化程度高，运行费用较低，且能在线清洗灭菌，没有存瓶、洗瓶等工序，应用非常广泛。

一步法成型机生产塑料瓶有两种工艺，即挤吹制瓶工艺和注拉吹制瓶工艺。挤吹制瓶工艺是把塑料颗粒挤料塑化成坯，然后直接通入洁净压缩空气吹制成瓶。注拉吹制瓶工艺是把塑料颗粒先注塑成坯，然后立即把它双向拉吹，在同一台设备上一步到位成型。目前药品生产企业应用较多的是注拉吹一步成型机。

SSY 型塑瓶输液剂吹洗灌封一体机在塑瓶输液剂生产中应用较广泛。该机对于 100~500 mL 各种塑料瓶均适用，适用性强且设备结构合理，性能稳定，生产效率高。

设备主要结构包括全自动制瓶机构、洗瓶机构、灌装机构、封口机构、输瓶中转机构和自动控制系统等，能自动完成 PP 瓶的吹瓶、洗瓶、灌装、封口等全部生产过程。

二、常用设备

（一）全自动塑瓶制瓶机

全自动塑瓶制瓶机主要由注塑机、自动吸料系统、注塑模具系统、温度控制系统、吹塑模具系统及传动机构组成，还包括吹瓶用无油空压机、运行用空压机、自动原料输送机、模具温度调节器、冷水温度调整机等辅机。

自动抽真空吸料系统主要是通过接收注塑机料斗内物料存储情况形成的反馈信号来完成，生产时为了有效防止粉尘外漏并及时收集，需在抽空气泵上加装滤网及收集袋。

注塑模具采用专用模具钢或专用合金制成，内表面经电镀后可防止脱落，不污染产品。常用 12 腔单排或双排模具，由注芯、上模和下模三部分组成。合模时，模具内设置的导柱协助导向，可确保精准合模避免损伤。另外，在上下模具间通过光电监控装置检测异物，可有效防止有异物时合模导致的模具损坏。

温度控制系统采用电加热控制热流道中的主流道及各注嘴温度，精度控制在 ±1℃之内。调温系统可采用电或热媒，能分段对管坯各部位调温及加热。

吹塑模具系统采用洁净压缩空气吹塑成型，包括吹塑模、底模及拉伸杆等部件。压缩空气由一个供气和排气管道连接至设备，主要供设备气动元件使用和吹瓶使用。由于两大使用部位的内部工位相互连接，须用缓冲装置确保压缩空气的压力稳定。另外，供吹塑产品用的压缩空气须为洁净空气，故在缓冲装置前应设置 0.22 μm 的空气过滤器。

整台设备具体的拉吹瓶坯流程如图 11-16 所示。

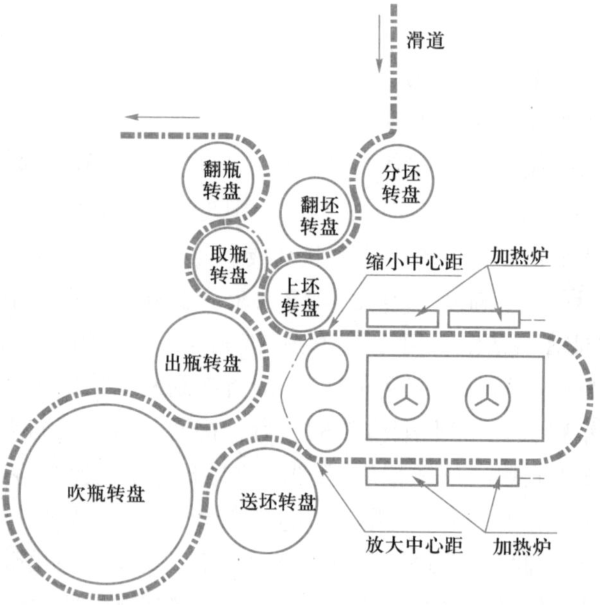

图 11-16　制瓶机拉吹瓶坯流程图

医用级 PP 原料被送料系统送入注塑台料斗内，接着流入注塑螺杆内被加热并熔融，经注塑系统注入注塑模具（瓶坯模）内，冷却后脱模形成瓶坯。瓶坯先在预吹塑工位经温度分布调节后由低压空气进行预吹塑，以消除原料内部应力并促进其双向拉伸。接着，瓶坯传动到吹瓶工位被高压空气吹塑及定型，最终产品经滑槽送出机台外。吹瓶共分四个工位：① 注射工位，PP 原料熔融后注入注射模具中，冷却定型后成管坯。② 加热工位，导热油将加热罐加热到设定温度，对管坯预热（图 11-17）及预吹。③ 吹塑工位，预热预吹后的管坯在吹塑模具被高压空气吹塑定型。④ 出瓶工位，成型塑瓶顶出（图 11-18）。

图 11-17　瓶坯成型工位

图 11-18　吹塑出瓶工位

（二）洗灌封设备

洗灌封设备包括输瓶和夹瓶传递装置、清洗工位、灌装工位、焊盖工位、出料工位以及上料、在线清洗 / 灭菌（CIP/SIP）等附加装置、电气控制、气动控制、传动系统等部分（图 11-19）。

图 11-19　塑瓶输液剂吹洗灌封设备

生产时可采用人工上瓶或与吹瓶机连线自动上瓶。塑瓶在离子风控制下加速，经输送带、变距螺杆、拨轮导板后被等距分开，进入夹瓶传递装置的机械手中。机械手将其夹持送入洗瓶区。洗瓶工序包括三道离子风气洗，在进瓶轨道上是第一道离子风气洗，对塑瓶瓶口、瓶外向下同时喷吹高压离子风，消除塑瓶内外壁的静电。第一个转盘上是第二道离子风气洗，塑瓶经过渡盘进入第一个转盘上的机械手中，机械手将其翻转，瓶口朝下正对离子风喷嘴，离子风喷嘴向上进入瓶内，同时排气机构对瓶内抽真空，带有离子的高压气体将瓶内冲洗后，被排气机构将废气抽走。第二个转盘上是第三道离子风气洗，再次对塑瓶进行抽真空冲离子气清洗，清洗时间足够长，可将前面残留的微粒清洗干净，切实保证清洗效果。离子风清洗工位如图 11-20 所示。

图 11-20　离子风清洗工位

清洗干净后的塑瓶接着进入灌装区内进行灌装，灌装转盘上有 30 个灌装气动隔膜阀，采用恒压罐加气动隔膜阀计量，能大大提高灌装的精确度，并能实现 CIP、SIP，塑瓶可连续旋转进行灌装。有特殊装置的恒压罐能保证罐内液体液面的波动在 1 cm 的范围内，因此可保持压力恒定。气动隔膜阀由多个组成，并能单个控制，可分别设定各个气动隔膜阀的灌装时间，有效保证装量的准确性、一致性，并能实现无瓶不灌装。另外，在 PLC 内可存储不同规格装量的灌装程序，更换规格时可直接调用，操作简便易行。恒压灌装工位如图 11-21 所示。

图 11-21　恒压灌装工位

完成灌装的塑瓶最后进入封口机构，在封口转盘上一共分布有 36 套封口机构。

每套封口机构上均装有三瓣类似人手结构的抓爪，可抓取塑料盖。即使盖子与正确位置有所偏离，也能实现准确取盖。另外，取瓶机械手与取盖机械爪都采用三角形定位结构，因此在理论上、装配上两者相互之间的位置相对稳定，不需要调节，可以确保在生产过程中不会产生松动和位移，严格保证盖口与瓶口的对应性。封口后的塑料瓶采用连续加热、连续封口，设备还有无瓶不送盖、自动排气等功能。热熔封口如图 11–22 所示。

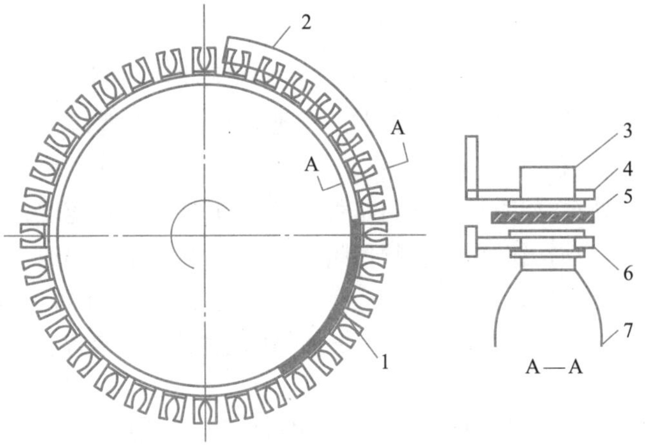

1. 压盖区；2，5. 加热板；3. 盖子；4. 上夹子；6. 下夹子；7. 瓶子。

图 11–22　热熔封口示意图

该设备的优点首先是整机全程采用机械手夹持瓶口完成气洗、水洗、灌装、封口等步骤，定位性好，规格件少，更换容器规格快捷。其次，气洗、水洗、灌装、封口四大功能在一台设备上完成，实现了洗、灌、封的一体化，中间环节的污染减少，全过程实现自动化。

课堂讨论

1. 电视电影上有使用椰子汁进行输液的镜头，为什么？
2. 对比欧美、亚洲、非洲等各地区的输液使用量，讨论如何合理运用输液剂型。

三、SSY200 型塑瓶输液剂洗灌塞封一体机的操作

（一）开机前准备

（1）检查各部分零件是否齐全，检查各连接件是否紧固。

（2）首次启动前，向各部分运动件加适量的润滑油。拉开焊盖旋转主体外罩的加油窗遮板，用油枪将润滑油加到焊盖头的活动轴上，并在加油后用手上、下推动焊盖头，使其灵活不阻卡。检查各减速箱内油面，根据需要加注相适应的润滑油。其余各

齿轮、轴承及凸轮槽加适量润滑脂。

(3) 顺时针盘动手轮，检查机器运转是否灵活，若不灵活需立即解决。

(4) 检查包装容器规格是否与机器相符，容器必须满足其相应的标准。

(5) 确认机器安装正确，气、水管路及电路连接符合要求。

(6) 将选配并清洗好的滤芯装入过滤器罩内，并检查滤罩及各管路接头是否紧固。

（二）开机操作

(1) 打开电源开关，接通电源，电源指示灯亮。

(2) 打开压缩空气、注射用水及冷却水控制阀门，将压力调至生产要求。

(3) 按下加热按钮，加热板开始加热。接通进出冷却水管，调节好加热电流，使加热板达到正常工作状态。

(4) 开启出瓶轨道，检查运转方向是否正确，调好振荡理盖速度，开启水泵。

(5) 按下主机启动按钮，调节变频器频率，低速运行稳定后提速。

(6) 空车运转检查确认无异常噪声、运动平稳后方可进行正常运行。

(7) 停机时，先关闭进液阀，依次点击加热停止按钮、水泵停止按钮、主机停止按钮、出瓶轨道停止按钮。

(8) 关闭压缩空气、水源供给阀，关闭主电源开关，电源指示灯灭。按清洁操作规程对设备进行清洁。

（三）设备的维护与保养

(1) 开机前要对各运转部位，特别是蜗轮减速机、轴承、齿轮、传动链条、滚轮、凸轮槽、滑套等部位加润滑油。

(2) 运行中要及时清理破损的瓶子、台面板上掉落的瓶盖，生产结束应将机器擦洗干净并切断电源。

(3) 易损件磨损后应及时更换，机器零件松动时，应及时紧固。

(4) 注意规格件的保管和储存，并按生产要求更换规格件。

(5) 机器须定期进行小修、中修和大修。

（四）常见故障及排除方法

SSY200 型塑瓶输液剂洗灌塞封一体机常见故障、原因及排除方法见表 11-5。

表 11-5　SSY200 型塑瓶输液剂洗灌塞封一体机常见故障、原因及排除方法

故障现象	故障原因	排除方法
机器无法启动或突然停机	1. 机器运行速度太低	1. 调节变频器频率，提高机器运行速度
	2. 出现卡瓶、卡盖或运动部位有异物卡阻	2. 停机排除异物
	3. 润滑情况不好	3. 加润滑油
	4. 焊盖头高度太低，负荷太大	4. 调整焊盖头高度

续表

故障现象	故障原因	排除方法
瓶子交接不畅掉瓶或瓶歪	1. 夹瓶机械手交接位置不准 2. 机械手夹紧与松开位置不准 3. 喷针与瓶口不对位 4. 机械手拉簧失效，拉力不够或机械手臂上轴承破损	1. 调整交接位置 2. 调整机械手夹紧凸轮及碰块，使其位置准确 3. 调整喷针位置 4. 更换拉簧或轴承
洗瓶洁净度不够	1. 喷针未对中、损坏或堵塞 2. 洁净水、压缩空气压力不够 3. 滤芯损坏或堵塞	1. 检查、调整喷针 2. 调大洁净水、压缩空气压力 3. 更换滤芯
灌装计量不准	1. 压力不稳定（液面高度不稳定） 2. 电磁阀灌装时间设定不对 3. 电磁阀动作失效、不灵敏	1. 保持液面高度稳定 2. 调整电磁阀灌装时间 3. 调整或更换电磁阀
焊盖不紧及焊接错位	1. 加热温度太低 2. 焊盖头高度不对 3. 瓶盖与瓶口对位不准	1. 调高加热片温度 2. 调节焊盖头高度 3. 调整夹瓶块与焊盖头
送盖速度慢	1. 振荡系统螺钉松动，输盖轨道不畅 2. 输盖轨道入盖口与理盖斗出盖口不齐 3. 盖子太少，振荡不振 4. 送盖压缩空气压力不够	1. 调整紧固 2. 调整平齐 3. 增加盖子数量 4. 加大压缩空气压力
取盖不理想	1. 输盖轨道高度不合适 2. 拨盖盘与焊盖头对位不准 3. 光电检测控制延时不对	1. 调整输盖轨道高度 2. 调整拨盖盘与焊盖头对位 3. 调节延时

第四节 软袋大容量注射剂生产设备

一、概述

软袋输液剂包括单室单管型、单室双管型、双（多）室型等多种类型。生产设备是软袋输液剂生产联动机组。

视频

软袋大容量注射剂生产设备

二、常用设备

非 PVC 软袋大输液生产联动机组是目前生产中应用较多的主流设备，主要由控制系统、主传动及定位夹、印字工位、预热工位、拉膜工位、接口焊接工位、袋传送工位、灌装工位、封口工位等组成（图 11-23）。

图 11-23　软袋输液剂制袋洗灌封生产线

该联动线能自动完成开膜、印字、打印批号、制袋、灌装、自动上盖、焊接封口、排列出袋等工序，再配上软袋传送、灭菌、检漏、灯检等辅助设备，能完成整个软袋大输液的生产，工艺流程如图 11-24 所示。

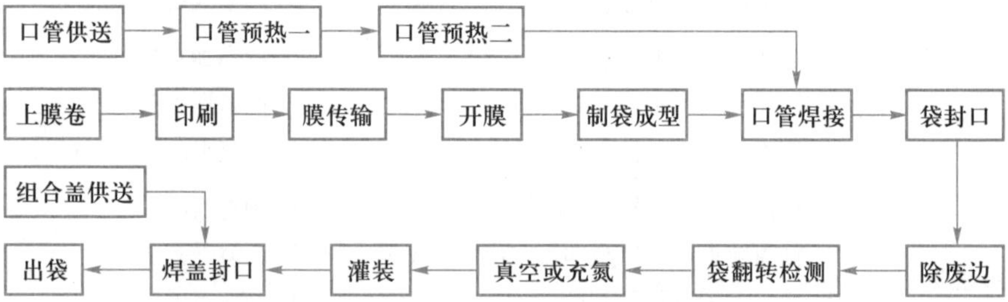

图 11-24　非 PVC 膜软袋大输液工艺流程

工作时，非 PVC 共挤膜卷在上膜工位通过一个上卷架完成自动进膜。膜卷通过气动夹具固定在卷轴上，将一部分膜覆盖在平衡辊上，在传感控制器作用下膜卷被电动机驱动完成连续、平稳、均匀的送膜（图 11-25）。接着软袋膜进入印刷工位（图 11-26），采用热箔膜印刷装置完成印字（如品名、批号和有效期等）。印刷温度、时间和压力可调，当箔膜卷用完或断裂时，编码器监测器会自动暂停设备，可保证连续印刷和印刷质量。通过手动气动夹具更换印刷箔膜卷轴，操作简便。对于各种规格的软袋，在工位处都可以手动调整预先设定其位置，数字更改不需取出印刷版即可完成。

图 11-25　上膜工位

图 11-26　印刷工位

输液袋口管装置则采用电磁振荡器整理，在洁净气流吹送下使其沿口管下落轨道下滑（图 11-27）。软袋膜印刷好后会通过开膜刀装置，在膜层顶部处被打开一个口（图 11-28）。口管被自动从送料器送入，随后到振荡盘上，然后再到线形口管传送装置上，通过 4 只机械手将口管放置到膜层开口内。

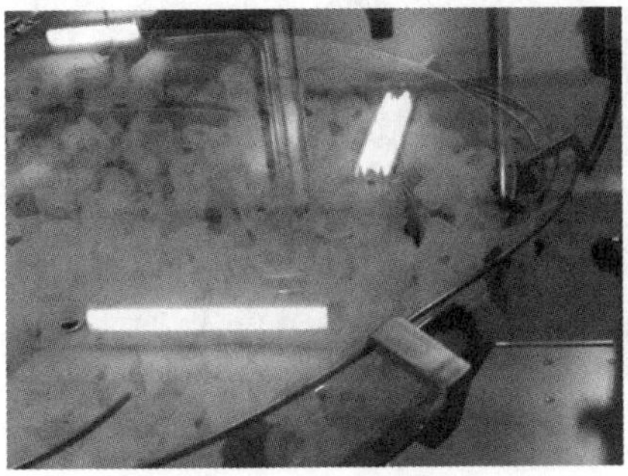

图 11-27 口管供送工位

图 11-28 开膜工位

接着进行软袋外缘热合、口管点焊、软袋外缘切割等操作（图 11-29）。通过可移动型焊接夹钳（与热合装置连在一起）来完成封口操作。热合时间、压力和温度均可调节。口管热合分为两步完成，预热和热合，均采用接触式热合系统，可设置最低、最高焊接温度控制，若温度超出允许范围，设备会自动停机以确保焊接质量（图 11-30）。

图 11-29 制袋成型工位

图 11-30 热合口管工位

待口管热合完毕后通过一种特殊的机械手切掉软袋的废边并收集到托盘中（图 11-31）。空袋被转移到灌装机的夹持机械手中进行灌装。灌装和封口操作过程中，软袋始终处于被吊起的状态，而坏袋会被自动剔除到坏袋收集托盘中。

图 11-32 所示为灌装工位。由 4 个带有电磁灌装阀和微处理控制器（位于主开关柜）的流量计系统来进行灌装。装量范围为 100~1 000 mL，通过按钮可调整不同的装量。灌装时，灌嘴通过一个圆锥形定中心装置定位伸入软袋口管的中心位置。灌装嘴到达最低点位置时，与口管一起进行检查。若有任何错误或故障信息，则不灌装。灌装系统还可进行完全的在线灭菌，不需拆卸任何部件。

灌装结束后就是上盖，盖子经送料器自动送料，到不锈钢振荡盘上，再到线形传送系统。通过一种特殊的管子用无菌空气将盖子以线形的方式吹到分送器上。接着被机械手塞入口管中，挡光板可检查盖子的正确性，若有错误则设备停机。上好的盖子还需要热合焊接(图 11-33),完成对药液的密封。最后,成品软袋被机械手放到传送带上,被传送到出袋区域(图 11-34)。

图 11-31　除废边工位

图 11-32　灌装工位

图 11-33　焊盖工位

图 11-34　出袋工位

课堂讨论

简述软袋、塑瓶、玻瓶输液剂的优缺点。软袋为什么要选用非 PVC 材质?

三、SRD7500A 型非 PVC 膜软袋制袋、灌装一体机的操作

(一) 开机前准备

(1) 安全检查,第一次运行前或设备经过长时间的停机后运行前,每次试车或运行都要仔细检查各安全功能是否完好;急停开关和各安全开关是否完好;确保没有人员、工具或其他物品在设备工作区域内。

(2) 检查各部分零件是否齐全,各连接件是否紧固,对各运动件加润滑油,直接接触药物的部分进行消毒。确认机器安装正确,气、水管路及电路连接符合要求,点动检查机器运转是否灵活。

(3) 将选配并清洗好的滤芯装入过滤器罩内,并检查滤罩及各管路接头是否紧固。

(4) 打开压缩空气总控制阀(图 11-35),调节气压为 0.6~0.7 MPa。检查机器各工作站是否正确到位,各电感指示是否正确,有无松动,并关好各安全门。旋转控制柜右侧开关至“ON”(开),如图 11-36 所示。

图 11-35 压缩空气总控制阀

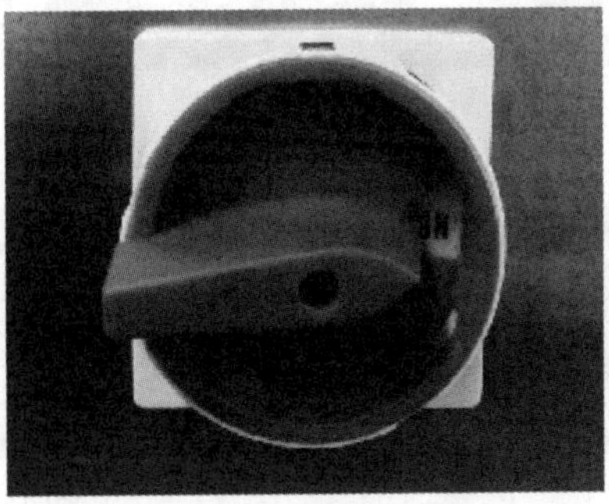
图 11-36 电源控制开关

(5) 安装膜卷,如图 11-37 所示。松开气动开关控制的滚夹,装上膜卷。将膜拉开,按照膜的宽度调整金属导向夹,将膜引入印字装置后再引出,进行膜传送。

图 11-37 安装膜卷

(6) 更换印字色带,如图 11-38 所示。停机,打开控制印字色带的气动夹。取出用完的色带导筒,更换到废色带驱动轴上。将新的色带卷置于驱动轴空导筒上,锁紧印字工作站色带气动夹,完成固定。

(7) 更换印字铅版,如图 11-39 所示。松开工作站两侧的 6 颗紧固螺丝。从左方向更换印字铅版,将印字铅版拉出,翻转,固定。更换印字模板,装入,固定,调整印字温度。

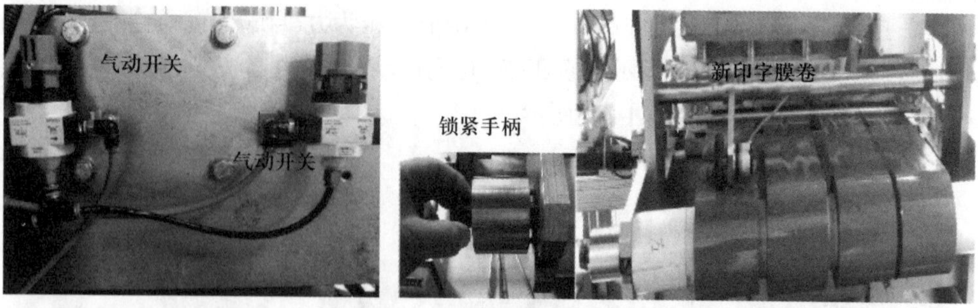

图 11-38　更换印字色带

图 11-39　更换印字铅版

(8) 更换批号，如图 11-40 所示。松开字钉托架紧固链环的螺丝，按箭头所指的方向拉出字钉托架。将字钉托架拉出印字铅版，使所有的字钉钢槽都能够更改字钉。根据需要安装钢字，接着重新开启机器，直到温度重新达到设定值。如果整个印字图像不清楚，需调整压力直到清晰为止。若单个印字板印字不清楚，用铝箔垫印字板，直至 4 块印字板保持在一个水平面。一般压力控制在 0.3 MPa 左右，不能过高。

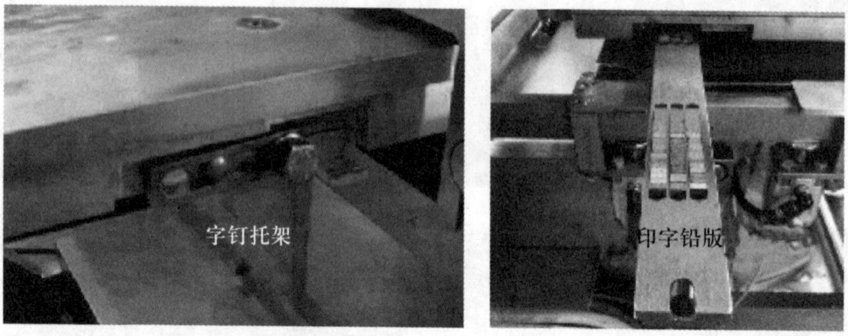

图 11-40　更换批号

（二）制袋机开机操作

(1) 打开电源总开关，触摸显示屏进入自检状态，待 2~3 min 后，进入操作画面。

(2) 温度设置：点击“温度设置”进入设定，分别按“成型上袋口”“成型下袋口及尾部”“预热一印字”“预热二”“焊袋口”按钮，设置温度值。

(3) 按参数设置按钮，进入设置界面。接着按“印字时间”“袋口预热”“周边封边”“袋口热合”“理袋口”按钮，进行设置。印字合模时间一般设置在 0~0.5 s，具体时间与色带材质、印字压力、印字温度有关。“口管预热”时间设置范围为 0~2 s。“再次口管预热”时间设置范围为 0~60 s。具体时间与口管和膜材有关，保证主机停机时间过长，口管再次预热一次也能焊接好。周边热合增压时间范围为 0~2 s，提前卸压时间范围为 0~2 s。坏袋检测时间范围为 0~999 s（具体时间与口管、膜材有关）。焊袋口坏袋时间范围为 0~999 s。

(4) 若机器运行时出现故障，屏幕会弹出报警提示，显示报警内容和报警时间，数字则代表报警的个数。若报警的故障较严重，屏的下面会显示“报警自锁”的字样。在报警解除后，再按“报警复位”按钮，才能消除“报警自锁”。

(5) 计数器会显示制袋总数、成品计数、运行时间、运行周期的一些信息，“复位”按钮则将成品计数清零。

(6) 手动操作时，按“手动操作”按钮，进入“膜传送”“印字”“周边热合”“真空加热”“袋口热合”“整形拉废”“袋输出”“理口管”的手动操作画面。在操作每个工位时，必须在功能选择画面里先关联该工位，且有的工位运行要求所有的工位都在原点。

(7) 自动操作是在机器每个工位都调整好后进行的操作。自动操作可以是全部工位一起关联动作，也可以选择需要调整的几个工位一起关联动作。第一次操作自动，可按“顺序开机”按钮，机器会先送 3 组口管，然后开始送膜，进入全自动状态。若想停下调整机器或更换色带、换膜，可按“停在原点”按钮，机器所有部件会自动停在原点，就能进行调整了。待调整好机器或更换好色带、膜后，直接按“自动”，机器就会自动运行。若在自动运行过程中，因机器原因检测开关不到位或其他电气故障造成机器报警自锁，在排除故障后，按“报警复位”，再按“自动”，也能自动运行。需要注意的是，若只自动运行主机和拉膜两个工位，则必须再关联一个预热 1 或预热 2 或热合工位，才能自动运行。

（三）灌装机开机操作

(1) 打开电源总开关，触摸屏进入自检系统状态，等 2~3 min 后，待机。

(2) 参数设定，主要设定灌装时间、装量、抽真空、充氮等相关参数。根据具体生产要求在触摸屏上调节装量。

(3) SIP/CIP：进行 CIP 或 SIP 前，应设置好清洗量、清洗时间、灭菌时间、灭菌温度。把清洗或消毒装置安装到灌装头上，按“CIP 清洗”，灌装阀就会打开，同时清洗阀也会打开，直到清洗时间到，灌装阀和清洗阀都关闭，完成 CIP（按“CIP 清洗关”，可停止 CIP）。按“SIP 灭菌开”，灌装阀和灭菌阀都打开，当灭菌温度达到设定温度时开始计时，灭菌时间到，关闭灌装阀和灭菌阀（按“SIP 灭菌关”，可停止 SIP）。进行 SIP 时，消毒装置必须安装严实牢固，以防蒸汽泄漏烫伤人。

(4) 灌装有质量流量计和时间压力法两种灌装方式可选。通常选择质量流量计灌装。焊盖也分无预压和有预压两种方式。无预压方式是取盖气缸取到盖后，加热气缸马上进行加热，达到加热时长后进行焊盖。有预压方式是取盖气缸取到盖后，先向下进行一次焊盖动作，然后再复位到取盖位置，这时加热气缸才进行加热，达到加热时长后进行焊盖。有预压方式的优点是：在热合前，把盖和袋口都压平，可防止加热片撞上盖子和袋口，使焊盖质量得到保证。

(5) 通常生产 500 mL 软袋输液剂时，多用慢速，可防止袋内药液在主机运行时外溢。生产 250 mL 以下规格时，多用快速，在保证生产质量前提下，提高产量。

(6) 速度设定后按“检测打开”，会显示“检测关闭”和“检测打开”，选择“检测打开”，即进袋处检测到有袋时，才进行灌封。按“正常运行”，也显示“正常运行”和“空运行”。正常运行状态下，取盖处有盖才能取盖。检测和正常按钮可组合使用，以满足调试和工作的要求。调试时，可选择“空运行”和“检测关闭”。工作时，则选择“检测打开”和“正常运行”。

(7) 选择自动分盖，主机自动运行时，分盖就运行，主机停止时，分盖也停止。

(8) 设定加热开关跳闸报警，若加热开关跳闸或加热电流变化不在设置范围内，会报警停机。

(9) 生产过程中还需要进行密封性检测。将软袋产品放于检测台正中间，按检测仪气动阀开关，被检产品会受压 1 min。在受压过程中，用手摇动两个口管或组合盖，观察口管处或接口热合、焊盖热合处有无渗漏。受压结束后，观察产品其他部位有无渗漏。密封性检测无问题方可连续生产。

(四) 设备的维护与保养

(1) 开机前要对各运转部位，特别是蜗轮减速机、轴承、齿轮、传动链条、滚轮、凸轮槽、滑套等部位加润滑油。

(2) 如台面板上落有瓶盖，应及时清理干净，下班前必须把机器擦洗干净，切断电源。

(3) 按时清洗更换过滤器；易损件磨损后应及时更换，机器零件松动时，应及时紧固。

(4) 机器须定期进行小修、中修和大修。

(五) 常见故障及排除方法

SRD7500A 型非 PVC 膜输液剂制袋灌封一体机常见故障、原因及排除方法见表 11-6。

表 11-6　SRD7500A 型非 PVC 膜输液剂制袋灌封一体机常见故障、原因及排除方法

故障现象	故障原因	排除方法
试生产时微粒超标，澄明度不达标	1. 员工自身及洁净服清洁消毒不彻底，人员数量多，操作幅度大，操作动作不标准等	1. 严格按 GMP 文件控制进入洁净区人员，严格按 SOP 及相关文件操作
	2. 设备磨合产生金属及其他微粒、设备运行卡阻、故障维修等	2. 按设备清洁维修相关文件操作
	3. 进入洁净区的物料污染	3. 物料必须经消毒进入，不储存过多的物料
	4. 环境因素	4. 检查空调的净化、浮游菌、沉降菌、尘埃粒子等指标

续表

故障现象	故障原因	排除方法
印字不清	1. 印字安装板与底板不平行 2. 印字模板两面的平行度达不到要求 3. 印字板高度与批号体架的高度不一致 4. 模板变形 5. 印字时间、温度及压力设定值不合适	1. 调整底板四个支撑柱高度 2. 调整平行度 3. 在印字板、安装板之间(或批号体架与安装板)垫垫板,使所有印字板高度一样 4. 更换调整 5. 根据色带性能调整合适的印字时间、温度及压力等参数
印字位置改变	1. 膜没有张紧 2. 环境温度太高致拉膜阻力太大 3. 更换不同规格的膜没调整好	1. 调整张紧 2. 保持制袋间温度恒定 3. 调节印字组的位置
软袋生产中产生塑屑	1. 包材本身所带 2. 设备运行中产生(如分膜刀、夹子、取袋杆、灌装头、接口管、接盖处等)	1. 包材应为真空包装,内部双层包装 2. 调整各部件,保证取盖头、灌装头各部位位置对正,接触面圆滑;在上接口位置及定位停顿位置加离子风吹,真空吸收
接口与膜焊接处出现渗漏现象	1. 包材因素 2. 焊接不良:温度、时间设定值不合适、焊接位置不正、模具不干净、盖接焊表面有料液或水等 3. 热合膜的位置不对	1. 选用合格包材;根据接口焊接性能不同,调整焊接的温度及时间 2. 调整焊接位置,使间隙合理;调整焊接参数,使接口预热充分,能正常生产不黏模具;及时清除黏在模具上的熔化物,保证焊接模具干净;保证盖接焊表面干净 3. 紧固螺丝,调整热合膜位置
装量不稳	1. 计量泵压力不稳 2. 罐内回流、灌装回流不合适 3. 灌装黏稠液体时未调好	1. 调整计量泵压力 2. 减少罐内回流,保证灌装回流流量充足 3. 灌黏稠液体时,放慢速度,设隔膜阀
开膜器将膜划破	开膜器温度太高,膜经过开膜器的摩擦阻力太大造成	控制制袋间空调系统,保持制袋间温度恒定、均匀
盖输送不畅	1. 送盖洁净空气压力不稳 2. 组合盖质量不好	1. 保持洁净空气压力恒定 2. 选用质量合格的组合盖
焊盖不牢	1. 焊接温度、时间不合适 2. 内盖突出太多或内盖焊接面低于外盖 3. 焊盖时取盖不正,造成盖加热不均匀	1. 根据盖性能不同,调整焊接的温度及时间 2. 选用合格的组合盖 3. 调整取盖位置

岗位对接

本章主要介绍了大容量注射剂的生产工艺、主要工序与质量控制点，以及玻瓶、塑瓶、软袋输液剂生产设备的主要结构、工作原理、设备操作规程和常见故障及排除方法等内容。

常见大容量注射剂生产人员相对应国家职业工种是《中华人民共和国职业分类大典》(2015 年版)药物制剂工(6-12-03-00)包含的注射剂工。从事的工作内容是制备符合国家制剂标准的大容量注射剂。相对应的工作岗位有制水、洗瓶、配料、制瓶、制袋、灌装扣塞、轧盖、焊盖、灭菌检漏、质检、贴签、包装等岗位。其知识和技能要求主要包括以下几个方面：

(1) 进行生产前的准备和作业确认；

(2) 使用衡器、量器，计量、配制原辅料；

(3) 操作洗涤设备，清洗干燥直接接触药品的包装材料及器具；

(4) 操作灭菌设备，进行直接接触药品的包装材料、器具、制剂中间产品的灭菌；

(5) 操作制水设备，制备符合《中国药典》(2020 年版)要求的制药用水；

(6) 空气净化设备，制备洁净空气，并进行环境、设备、器具消毒；

(7) 操作玻瓶洗灌塞封一体机、塑瓶洗灌封一体机、非 PVC 膜输液剂制袋灌封一体机，生产大容量注射剂；

(8) 操作包装设备，进行成品分装、包装、扫码；

(9) 进行生产现场的清洁作业；

(10) 填写操作过程的记录。

思考题

在线测试

1. 简述玻瓶洗灌塞封一体机的操作注意事项。
2. 简述非 PVC 膜输液剂制袋灌封一体机的主要功能模块及操作过程。

（蒋　猛）

第十二章

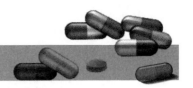

粉针剂生产设备

学习目标

1. 掌握常见分装、冻干、轧盖设备的结构和工作原理。
2. 能按照 SOP 正确操作分装、冻干、轧盖设备。
3. 熟悉常见分装、冻干、轧盖设备的清洁和日常维护保养。
4. 能排除分装、冻干、轧盖设备的常见故障。
5. 了解粉针剂生产的基本流程及生产工序质量控制点。

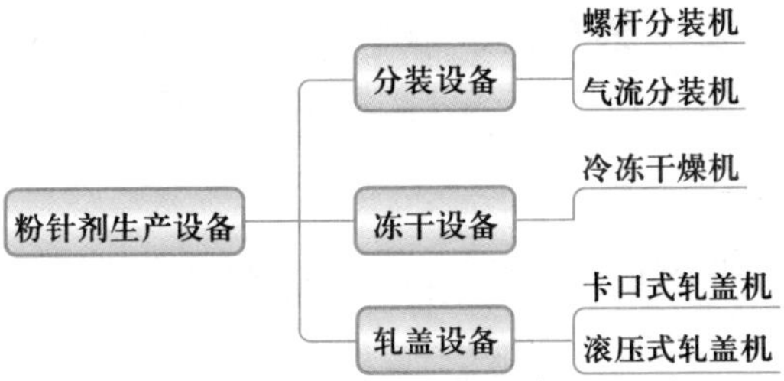

第一节 概 述

一、粉针剂生产工艺

注射用无菌粉末又称粉针剂，系指原料药物或与适宜辅料制成的供临用前以无菌溶液配制成注射液的无菌粉末或无菌块状物，适用于遇热或遇水不稳定的药物，如某些抗生素、一些酶制剂及血浆等生物制剂，一般采用无菌分装或冷冻干燥法制得。无菌分装粉针剂系用无菌操作法将经过无菌精制的药物粉末分装于洁净灭菌小瓶或安瓿中密封制成。冷冻干燥粉针剂系将药物制成无菌水溶液，以无菌操作法灌装，冷冻干燥后，在无菌条件下密封制成。具体生产流程见图 12-1、图 12-2。

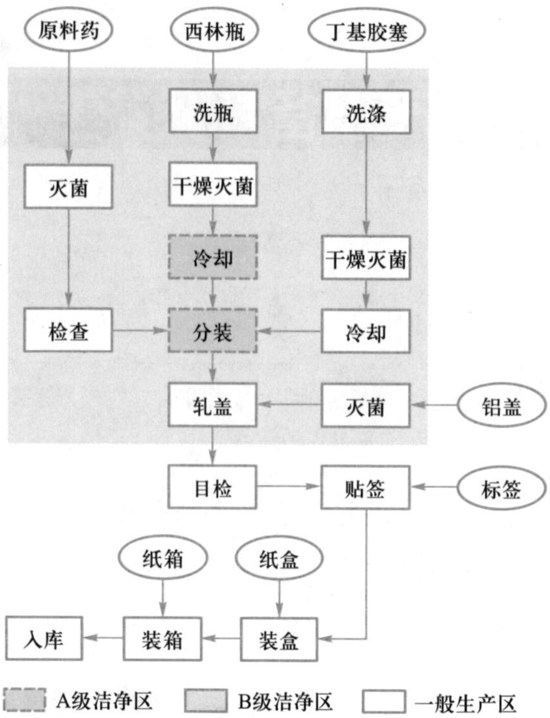

图 12-1　无菌分装粉针剂生产流程图

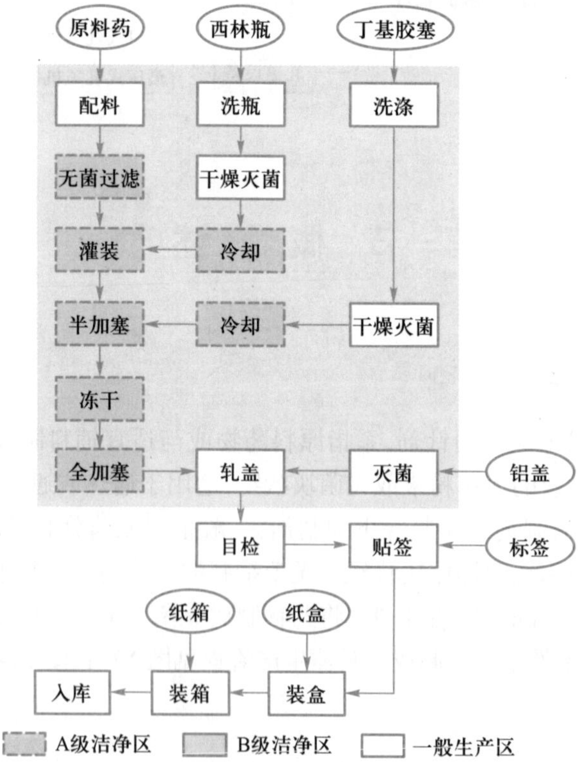

图 12-2　冷冻干燥粉针剂生产流程图

二、生产工序质量控制点

药品在生产过程中需要进行严格的质量控制，结合无菌分装粉针剂的生产流程，洗瓶、西林瓶灭菌、胶塞洗涤灭菌、铝盖洗涤灭菌、分装、轧盖、容器具和洁具清洗、贴签、包装等工序均是质量控制点，具体要求详见表 12-1。

表 12-1　无菌分装粉针剂生产工序质量控制点

生产工序	质控对象	具体项目	检查次数
洗瓶	纯化水	压力	每 2 h（使用前 1 次）
		电导率	每 2 h（使用前 1 次）
		pH	每 2 h（使用前 1 次）
		可见异物	每 2 h（使用前 1 次）
	注射用水	压力	每 2 h（使用前 1 次）
		pH	每 2 h（使用前 1 次）
		可见异物	每 2 h（使用前 1 次）
	压缩空气	压力	每 2 h（使用前 1 次）
	洗后空瓶	可见异物	每 2 h（灭菌前 1 次）
西林瓶灭菌	灭菌条件	灭菌温度	每 30 min
		网带转速	每班 2 次
胶塞洗涤灭菌	注射用水	pH	每批
		压力	每批
		可见异物	每 2 h（使用前 1 次）
	灭菌条件	灭菌温度	每批
		灭菌时间	每批
	胶塞清洗水	可见异物	每批
	灭菌后胶塞	水分	每批
		可见异物	使用前 1 次
铝盖洗涤灭菌	注射用水	pH	使用前 1 次
		压力	使用前 1 次
		可见异物	使用前 1 次
	灭菌条件	灭菌温度	每 30 min
		灭菌时间	每批
	灭菌后铝盖	可见异物	使用前 1 次

续表

生产工序	质控对象	具体项目	检查次数
分装	无菌空瓶	可见异物	每 2 h
		水分	每批
	原料药	可见异物	每桶
	中间产品	装量差异	每 30 min
		可见异物	每 2 h
轧盖	压盖质量	松紧度	每 30 min
		气密性	每班
		外观	随时
容器具和洁具清洗	注射用水	可见异物	每次使用前
贴签	贴签后半成品	标签内容	随时
		贴签外观	随时
包装	外包质量	装盒	随时
		装箱	随时
		纸箱	随时
		打包	随时

冷冻干燥粉针剂的生产流程中洗瓶、西林瓶灭菌、胶塞洗涤灭菌、铝盖洗涤灭菌、药液配制、过滤、灌封、冻干、轧盖、目检、容器具和洁具清洗、贴签、包装等工序均是质量控制点，具体要求详见表 12–2。

表 12–2　冷冻干燥粉针剂生产工序质量控制点

生产工序	质控对象	具体项目	检查次数
洗瓶	纯化水	压力	每 2 h（使用前 1 次）
		电导率	每 2 h（使用前 1 次）
		pH	每 2 h（使用前 1 次）
		可见异物	每 2 h（使用前 1 次）
	注射用水	压力	每 2 h（使用前 1 次）
		pH	每 2 h（使用前 1 次）
		可见异物	每 2 h（使用前 1 次）
	压缩空气	压力	每 2 h（使用前 1 次）
	洗后空瓶	可见异物	每 2 h（灭菌前 1 次）
西林瓶灭菌	灭菌条件	灭菌温度	每 30 min
		网带转速	每班 2 次

续表

生产工序	质控对象	具体项目	检查次数
胶塞洗涤灭菌	注射用水	pH	每批
		压力	每批
		可见异物	每 2 h(使用前 1 次)
	灭菌条件	灭菌温度	每批
		灭菌时间	每批
	胶塞清洗水	可见异物	每批
	灭菌后胶塞	水分	每批
		可见异物	每次使用前
铝盖洗涤灭菌	注射用水	pH	每次使用前
		压力	每次使用前
		可见异物	每次使用前
	灭菌条件	灭菌温度	每 30 min
		灭菌时间	每批
	灭菌后铝盖	可见异物	每次使用前
药液配制、过滤	称量	品名、型号、规格、检验报告	每批
	药液	主药含量、pH、澄明度、色泽	每批
	滤膜	起泡点	每批
灌封	半加塞后中间产品	装量、澄明度、加塞率	随时
冻干	冻干后中间产品	澄明度、外观	每批
轧盖、目检	压盖质量	松紧度	每 30 min
		气密性	每班
		外观	随时
容器具和洁具清洗	注射用水	可见异物	每次使用前
贴签	贴签后半成品	标签内容	随时
		贴签外观	随时
包装	外包质量	装盒	随时
		装箱	随时
		纸箱	随时
		打包	随时

第二节　分 装 设 备

一、概述

分装是无菌分装粉针剂生产的关键工序。分装工序必须在高度洁净的无菌室中按照无菌操作法进行。除另有规定外，分装室温度为18~26℃，相对湿度应控制在分装产品的临界相对湿度以下。通过粉剂分装机将无菌的粉剂药品定量分装在经过灭菌干燥的玻璃瓶内，并盖紧胶塞密封。依据计量方式的不同，粉剂分装机有螺杆分装机和气流分装机两种。

1. 螺杆分装机　利用螺杆的间歇旋转将药物装入瓶内达到定量分装的目的，有单头分装机和多头分装机两种。螺杆分装机具有结构简单，无须净化压缩空气及真空系统等附属设备，使用中不会产生漏粉、喷粉现象，调节装量范围大及药粉损耗小等优点，可适应多品种、多规格生产。

2. 气流分装机　利用真空吸取定量容积粉剂，再通过净化干燥压缩空气将粉剂吹入玻璃瓶中。气流分装机装填速度快，一般可达每分钟300~400瓶，装量误差小，自动化程度高，机器性能稳定，是一种较为先进的粉剂分装设备。

二、常用分装设备

（一）螺杆分装机

图12-3、图12-4所示为双头螺杆分装机结构示意图和实物图，其结构包括输瓶部分、药物输送及分装机构、输塞部分、扣塞部分、传动部分、电气控制部分等。工作原理如图12-5所示。

输瓶部分包括理瓶转盘、进瓶轨道、出瓶轨道。理瓶转盘用于理顺杂乱无章的瓶子，经过转盘旋转，使瓶子整齐地进入输送轨道内。进出瓶轨道主要是用于将瓶子送入控瓶盘后，将分装、扣塞好的瓶子送出分装机，使其进入下一道工序。

药物输送及分装机构包括粉斗、送粉螺杆、分装机构。粉斗是用来储存药粉的，由操作人员加入药粉。粉斗内的药粉通过送粉螺杆将其送入分装机构，分装机构内的分装螺杆通过步进电动机的旋转步数来准确控制下粉量的多少，从而达到GMP要求。

输塞、扣塞部分包括电磁振荡胶塞斗、下塞轨道、扣塞机构。电磁振荡器将胶塞斗内杂乱无章的胶塞定向排列后，通过下塞轨道将胶塞送入扣塞机构，扣塞机构通过关节轴承的机械运动将胶塞准确地压入瓶口内，从而达到工艺要求。

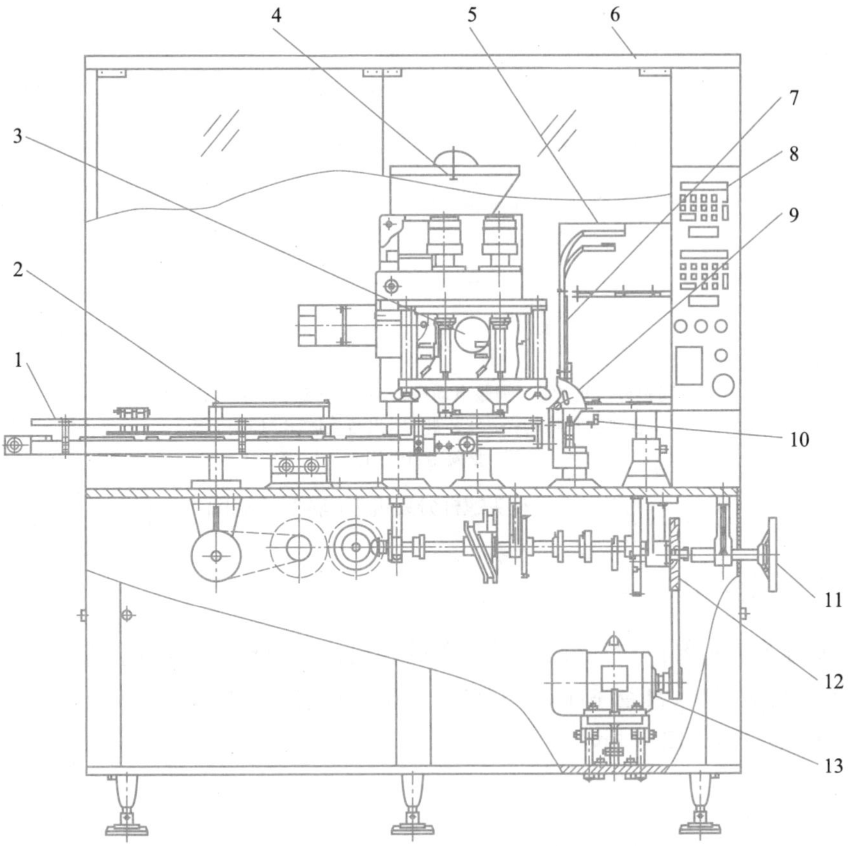

1．进出瓶轨道机身；2．理瓶转盘；3．螺杆计量分装机构；4．带搅拌的粉箱；5．胶塞振动料斗；6．有机玻璃罩；7．输塞轨道；8．控制面板；9．扣塞机构；10．分装控盘；11．手轮；12．主传动系统；13．主电动机。

图 12-3　双头螺杆分装机结构示意图

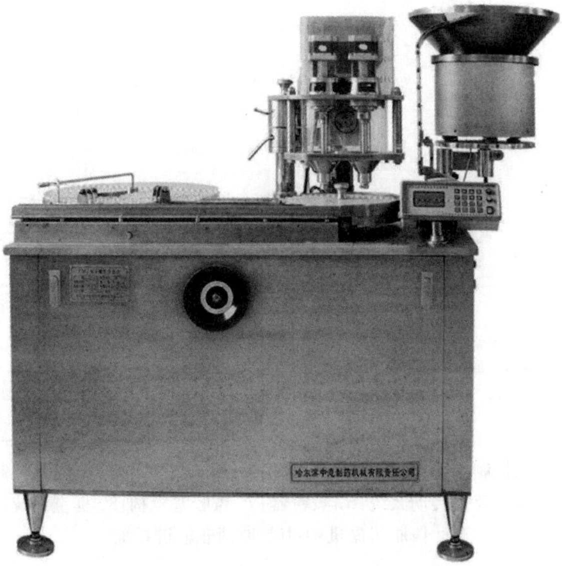

图 12-4　双头螺杆分装机实物图

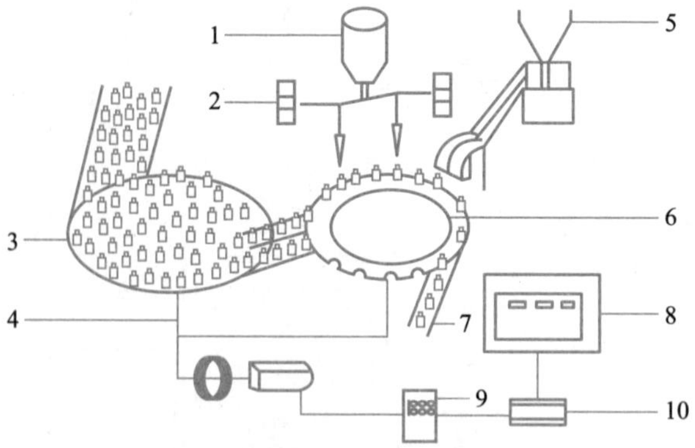

1. 粉剂分装机构;2. 伺服电动机;3. 理瓶转盘;4. 主传动系统;
5. 输塞扣塞机构;6. 分装盘;7. 出瓶轨道;8. 控制面板;
9. 变频器;10.PLC。

图 12-5 双头螺杆分装机工作原理示意图

(二) 气流分装机

气流分装机主要由粉剂分装系统、盖胶塞机构、床身及主传动系统、玻璃瓶输送系统、拨瓶转盘机构、真空系统、压缩空气系统、电气控制系统、空气净化控制系统等组成,如图 12-6、图 12-7 所示。

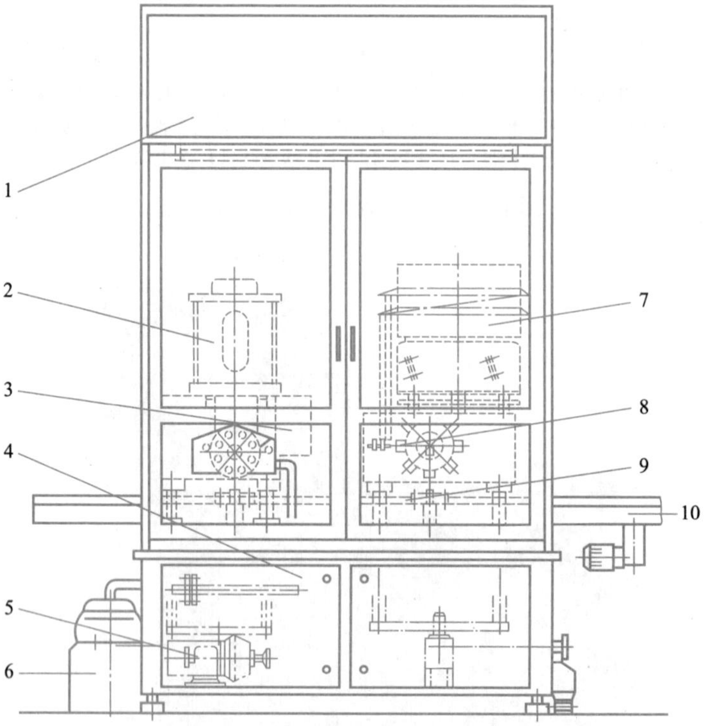

1. 空气净化控制系统;2. 粉剂分装系统;3. 压缩空气系统;4. 电气控制系统;
5. 床身及主传动系统;6. 吸粉器;7. 盖胶塞机构;8. 真空系统;
9. 拨瓶转盘机构;10. 玻璃瓶输送系统。

图 12-6 气流分装机结构示意图

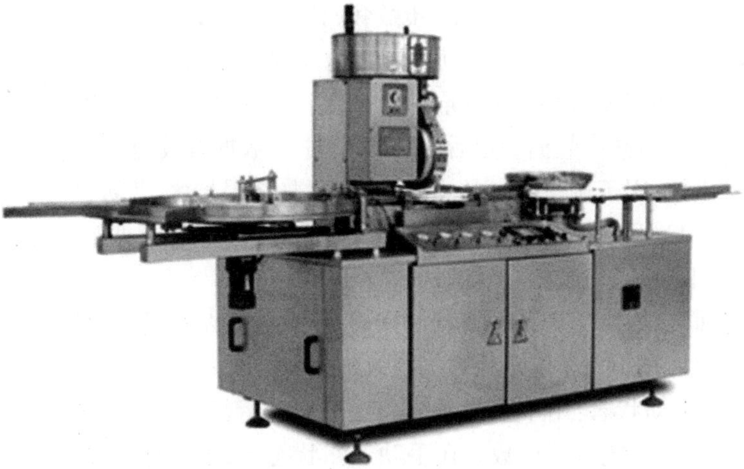

图 12-7　气流分装机实物图

气流分装机工作流程为进空瓶、装粉、盖胶塞、出瓶 4 个步骤。其分装原理（图 12-8）为：将通过结晶或冷冻干燥处理后的药物粉末加入装粉筒，搅粉斗中的搅粉器旋转使装粉筒落下的药粉保持疏松，从而使药粉顺利下落。分量盘间歇转动，当药粉孔转到口朝上与搅粉斗下口相对时，孔底的轴向圆孔与上气嘴相对，接通真空，利用真空将盛粉斗内的药粉吸入药粉孔。当药粉孔转到口朝下与西林瓶口相对时，孔底的轴向圆孔与下气嘴相对，接通压缩空气，利用压缩空气将药粉孔内的药粉吹入西林瓶中。

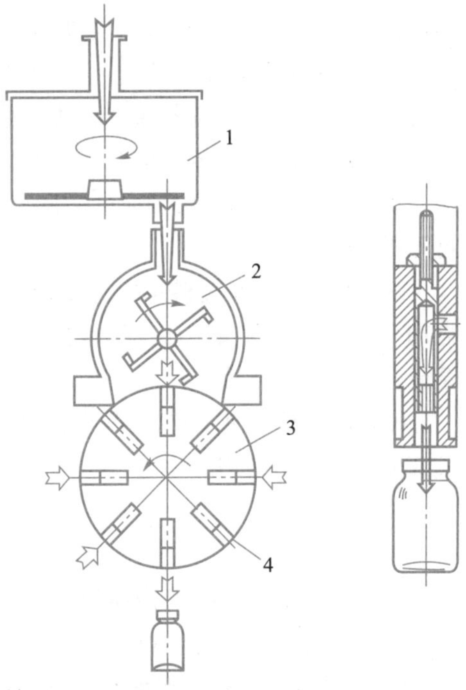

1. 装粉筒；2. 搅粉斗；3. 分量盘；4. 药粉孔。

图 12-8　气流分装机工作原理示意图

三、KFG-200 型螺杆式粉针剂分装机的操作

（一）开机前准备

(1) 打开百级层流罩开关，稳定 30 min 后进行操作。检查设备电源，供电电压是否为 220 V/50 Hz。通过真空表检查真空度，并调整到工作要求。

(2) 安装搅拌器、螺杆、小漏斗，检查各部位是否拧紧。

(3) 接通电源，打开电脑电源开关，此时系统处于初始状态，频率、步数和回转步数均保留上一次使用数据。

(4) 根据生产工艺要求设定频率、步数和回转步数等数值。

1) 设定频率：用于调整步进电动机的转速，最低转速限定在 800 步 /s。按“频率”键，进入频率设定状态。轻触触摸屏可调整频率，通过加“10”“100”“1 000”频率进行数据的调整，最后频率数据确定后，按回车键进行数据有效确认。

2) 设定步数：用于调整装量的大小，步数增加装量增大，步数减少装量减少。操作按键分为个、拾、佰、仟，可根据品种规格用“+”键或“-”键来调整装量，最后步数数据确定后，按回车键进行数据有效确认。

3) 设定回转步数：用于调整螺杆的回转角度，回旋步数越大，螺杆的回旋角度越大。选定步数后，按下回车键进行数据有效确认。

4) 自动 / 手动状态：用于控制系统是处于自动运行状态还是手动工作状态。在自动运行状态下，系统自动计数。在手动工作状态下，手动键每按一次，步进电动机按所设定的频率、步数运行一次。

(5) 开启传送带电源，输送西林瓶至分装机进瓶轨道内。检查是否有卡瓶和瓶位不正情况。查看下粉口、胶塞与瓶口是否对准，机器是否有卡滞现象，如有应及时调整，使各部分处于正常状态。

(6) 空车运转，检查各部位运动情况，检查有无异常噪声。

(7) 观察电脑故障指示灯，检查两个螺杆是否转动正常，与小漏斗是否有摩擦碰撞。如果故障指示灯亮，则应微微调节漏斗位置至指示灯灭，直至故障显示无误后方可开机。

(8) 将原料加入大料斗中，关闭料斗盖。按下加料电钮，向小料斗中加入药粉后，启动分装机。按机头顺序连续取样两支称重，根据称量结果调节装量及速度，反复至装量合格后方可正式生产。

(9) 振荡器中加入胶塞，开启振荡开关，旋转振荡调节旋钮，调整好理塞速度，使胶塞充满轨道后备用。

（二）开机操作

(1) 开启送粉开关，开启搅拌开关，按变频器的启动键，全机进入运行状态。

(2) 生产过程中要经常检查装量，通过触摸屏及时调节。

(3) 调整好送粉量，保证有足够的粉末进行分装，以减少装量误差。同时随时向振荡器内补充胶塞。

(4) 及时将未扣好胶塞的半成品补上胶塞。

(5) 机器需要暂时停机时，可按变频器上停止按键。如遇有紧急情况应立即切断电源停机，按下电源按钮，整机电源将被全部切断。

(6) 停机：

1) 关闭送粉开关及搅拌开关，关闭振荡器开关。

2) 关闭百级层流罩的电源开关，按下电源按钮，切断总电源。

3) 将分装机上的粉末和碎瓶清除干净，按清洁操作规程进行清洁。

（三）设备的维护与保养

(1) 在各运动部位应加注润滑油，槽凸轮及齿轮等部件可加钙基润滑脂进行润滑。

(2) 开机前应检查各部位是否正常，确认无误后方可操作。

(3) 调整机器时工具要适当，严禁用过大的工具或用力过猛拆卸零件，以防影响或损坏其性能。

(4) 机器必须保持清洁，机器上不允许有油污、染物，以免损坏机器。工作完毕要擦拭好机器，切断电源。做清洁工作时，应用软布擦拭，严禁用水冲洗或淋洗。

(5) 应定期进行检修，及时更换磨损的零件，一般每月小检修一次，每年大检修一次。

（四）常见故障及排除方法

双头螺杆分装机常见故障、原因及排除方法见表 12-3。

表 12-3　双头螺杆分装机常见故障、原因及排除方法

故障现象	故障原因	排除方法
卡瓶	1. 转盘进入轨道瓶不顺畅 2. 进出瓶轨道内卡瓶 3. 运输带及同步带磨损严重	1. 调节理瓶转盘围栏上的蝴蝶螺丝至适当宽度，使其走瓶顺畅 2. 调节进出瓶轨道上的 4 个螺丝至适当宽度 3. 重新更换运输带及同步带
瓶不入位	卡瓶后分装控瓶盘移位	松开控瓶盘上的两个压紧螺丝，将控瓶盘校正，使瓶能准确进入控瓶盘槽内
机器运转正常，但送瓶拨盘停止转动	送瓶拨盘被瓶子卡住	取出瓶子，转动送瓶拨盘使其复位
运转中突然停车或开不起车	1. 计量螺杆跳动量过大 2. 计量螺杆与粉嘴接触，造成控制电器自动断电	1. 拆卸漏斗，调整计量螺杆 2. 调整漏斗使其不与计量螺杆发生接触
主机不启动	1. 控制箱内开关未合闸 2. 保险丝熔断 3. 电源电压过低 4. 电气元件失灵	1. 合上空气开关 2. 检明原因，更换熔丝 3. 测量电压予以排除 4. 更换电气元件
装量不准	1. 装粉漏斗粉位太低或太高 2. 药粒黏满计量螺杆 3. 伺服电动机及控制系统故障 4. 计量螺杆与落粉头空隙不相配 5. 搅拌不均匀药粉有结块	1. 调节输粉螺杆加粉量 2. 拆开漏斗，清除药粉 3. 相应排除或重新设定参数 4. 调节落粉头 5. 调整好搅拌螺杆，排除水分
分装头不转	1. 人机界面未设定好 2. 保险丝熔断 3. 螺杆漏斗相碰 4. 药粉含水过大	1. 检查参数加以修订 2. 查明原因更换熔丝 3. 重新调整螺杆 4. 按工艺要求解决

续表

故障现象	故障原因	排除方法
胶塞振荡器不振或振荡力不足	1. 电源断线 2. 调压电位器损坏 3. 震片紧固螺丝松动 4. 震片折断 5. 衔铁间隙超出正常范围	1. 接好电源线 2. 更换电位器 3. 紧好固定螺丝 4. 换同规格弹簧片 5. 按要求调整好衔铁间隙，为 1~1.5 mm
胶塞供量不足	1. 弹簧片松动或外力造成振荡不均 2. 电位器失控	1. 紧固弹簧片；调整电磁铁静、动磁铁之间间隙 2. 更换电位器
下塞不顺畅或胶塞连续下落	1. 振荡斗与下塞轨道配合不好 2. 下塞轨道与扣头配合不好 3. 胶塞卡口松	1. 松开振荡器立轴上固定螺丝，旋动振荡器，调整到适当位置 2. 调整至适当位置 3. 调整胶塞卡口
加塞不准确	1. 扣塞器扣塞不准确 2. 控瓶盘变形 3. 控瓶盘有微小位移 4. 胶塞卡口与瓶子不对位	1. 校正扣塞器 2. 更换瓶盘 3. 松开瓶盘上的两个压紧螺丝，进行校正 4. 调整卡口与瓶子的对中性
噪声大	下塞轨道与振荡斗碰撞	调整振荡器与下塞轨道的距离，相互之间距离 2~3 mm 为最佳
无瓶灌装	1. 电磁传感器损坏 2. 电磁传感器弹簧损坏	1. 更换电磁传感器 2. 更换弹簧，检查传感器

第三节　冻干设备

一、概述

冷冻干燥是利用升华的原理进行干燥的一种技术，是将被干燥的物质在低温下快速冻结，然后在适当的真空环境使冻结的水分子直接升华成水蒸气逸出的过程。物质在干燥前始终处于低温（冻结状态），同时冰晶均匀分布于物质中，升华过程不会因脱水而发生浓缩现象，避免了由水蒸气产生泡沫、氧化等副作用。干燥物质呈干海绵多孔状，体积基本不变，极易溶于水而恢复原状。在最大程度上防止干燥物质的理化和生物学方面的变性。

冷冻干燥机将被干燥的物品先冻结到三相点温度以下，然后在真空条件下使物品中的固态水分（冰）直接升华成水蒸气，从物品中排除，使物品干燥。所得冻干制品生物活性不变，外观色泽均匀，形态饱满且结构牢固，溶解速度快，残余水分低，适用于血清、血浆、疫苗、酶、抗生素、激素等药品的生产。

二、冷冻干燥机

冷冻干燥机主要由制冷系统、真空系统、循环系统、液压系统、控制系统、CIP/SIP系统及箱体等组成，其结构和工作原理如图12-9、图12-10所示。

1. 循环系统；2. 真空系统；3. 制冷系统；4. 气动系统；5. 液压系统；6. SIP、CIP配管；7. 冻干箱冷凝器。

图12-9　冻干机结构图

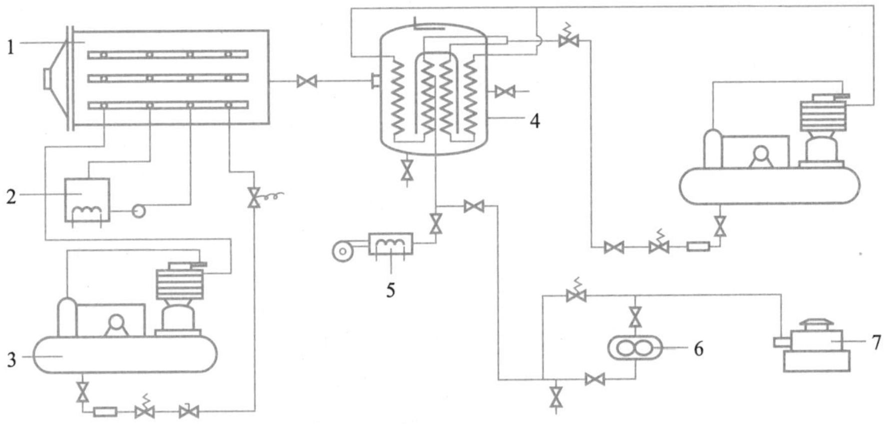

1. 干燥箱；2. 加热系统；3. 制冷机组；4. 冷凝器；5. 加热器；6. 罗茨泵；7. 旋片式真空泵。

图12-10　冻干机工作原理示意图

（一）制冷系统

制冷系统在冻干设备中最为重要，被称为“冻干机的心脏”。制冷系统由制冷压缩机、冷凝器、蒸发器和热力膨胀阀等构成，主要是为冻干箱内制品前期预冻供给冷量以及为后期冷阱盘管捕集升华水汽供给冷量。制冷机组可采用双级压缩制冷（单机双级压缩机组，其蒸发温度低于 -60℃）或复叠式制冷系统（蒸发温度可至 -85℃）。在冷凝器内，采用直接蒸发式，在冻干箱内采用间接供冷。

制冷剂制冷系统中使用的制冷剂沸点低，在低温下极易蒸发，当它在蒸发时吸收了周围的热量，使周围物体的温度降低。然后蒸气循环至压缩机经压缩成为高压过热蒸气，后者将热量传递给冷却剂（通常是水或空气）而液化，如此循环不断，便能使蒸发部位的温度不断降低，这样制冷剂就把热量从一个物体移到另一个物体上，实现了制冷的过程。常用的制冷剂有氨（R717）、氟利昂 12（R12）、氟利昂 22（R22）、共沸制冷剂 R502 等。

载冷剂在冻干机中是一种中间介质，亦称第二制冷剂，主要用于箱体内搁板的冷却和加热，它将所吸收的热量传给制冷剂或吸收加热热源的热量传给搁板，提供产品冻结时所需的冷量及产品干燥的升华热，通过载冷剂的作用可使搁板温度比较均匀。常用的载冷剂有低黏度硅油、三氯乙烯、三元混合溶液、8 号仪表油、丁基二乙二醇等。

知识拓展

制冷剂分类简介

目前，广泛使用的制冷剂是氨、氟利昂和烃类。按照化学成分，制冷剂可分为五类：无机化合物制冷剂、卤碳化合物制冷剂（氟利昂）、饱和碳氢化合物制冷剂、不饱和碳氢化合物制冷剂和共沸混合物制冷剂。

无机化合物制冷剂：这类制冷剂使用得比较早，如氨（NH_3）、水（H_2O）、空气、二氧化碳（CO_2）和二氧化硫（SO_2）等。对于无机化合物制冷剂，国际上规定的代号为“R”及后面的 3 位数字，其中第一位为“7”，后两位数字为分子量，如水为 R718 等。

卤碳化合物制冷剂（氟利昂）：氟利昂是饱和碳氢化合物中全部或部分氢元素被氯（Cl）、氟（F）和溴（Br）代替后衍生物的总称。国际规定用“R”作为这类制冷剂的代号，如 R22 等。

饱和碳氢化合物制冷剂：这类制冷剂中主要有甲烷、乙烷、丙烷、丁烷和环状有机化合物等。代号与氟利昂一样采用“R”，这类制冷剂易燃易爆，安全性很差，如 R50、R170、R290 等。

不饱和碳氢化合物制冷剂：这类制冷剂中主要是乙烯（C_2H_4）、丙烯（C_3H_6）和它们的卤族元素衍生物，它们的“R”后的数字多为“1”，如 R113、R1150 等。

共沸混合物制冷剂：这类制冷剂是由两种以上不同制冷剂以一定比例混合而成的共沸混合物，这类制冷剂在一定压力下能保持一定的蒸发温度，其气相或液相始终保持组成比例不变，但它们的热力性质却不同于混合前的物质，利用共沸混合物可以改善制冷剂的特性，如 R500、R502 等。

（二）箱体

干燥箱（又称冻干箱）是冻干机中的重要部件之一，它的性能好坏直接影响到整个冻干机的性能。冻干箱是矩形或圆桶形的真空密闭的高、低温箱体，既能够制冷到 -50℃左右，又可以加热到 50℃左右。制品的冷冻干燥在冻干箱中进行，箱内有若干层搁板，搁板采用不锈钢制成，内有载冷剂导管分布其中，可对制品进行冷却或加热。板层组件通过支架安装在冻干箱内，由液压活塞杆带动可上下运动，便于进出料和清洗。最上层的一块板层为温度补偿加强板，它保证箱内所有制品的热环境相同。

冷阱（又称冷凝器）与冻干箱相连，是一个真空密闭容器，在它内部有一个较大表面积的金属吸附面，吸附面的温度能降到 -70℃以下，并能恒定地维持这个低温。冷阱的作用是把冻干箱内制品升华出来的水蒸气冻结吸附在其金属表面上。从制品中升华出来的水蒸气能充分地凝结在与冷盘管相接触的不锈钢柱面的内表面上，从而保证冻干过程的顺利进行。冷阱的安装位置可分为内置式和外置式两种，内置式的冷阱安装在冻干箱内，外置式冷阱安装在冻干箱外，两种安装各有利弊。

（三）真空系统

制品中的水分在真空状态下才能很快升华，达到干燥的目的。冻干机的真空系统由冻干箱、冷凝器、真空阀门、真空泵、真空管路、真空测量元件等部分组成。

系统采用真空泵组，具有强大的抽吸能力，在冻干箱和冷凝器形成真空。一方面促使冻干箱内的水分在真空状态下升华，另一方面该真空系统在冷凝器和冻干箱之间形成一个真空度梯度（压力差），使冻干箱内水分升华后被冷凝器捕获。

真空系统的真空度应与制品的升华温度和冷凝器的温度相匹配，真空度过高或过低都不利于升华，冻干箱的真空度应控制在设定的范围之内，其作用是可缩短制品的升华周期，对真空度控制的前提是真空系统本身的泄漏率很少。另外，真空泵应有足够大的功率储备，以确保达到极限真空度。

（四）循环系统

冷冻干燥本质上是依靠温差引起物质传递的一种工艺技术。制品首先在板层上冻结，升华过程开始时，水蒸气从冻结状态的制品中升华出来，到冷凝器捕捉面上重新凝结为冰。为获得稳定的升华和凝结，需要利用循环系统通过板层向制品提供热量，并从冷凝器的捕捉表面去除。搁板的制冷和加热都是通过循环系统中导热油的传热来进行。为了使导热油不断地在整个系统中循环，在管路中要增加一个屏蔽式双体泵，使得导热油强制循环。循环泵一般为一个泵体两个电动机，工作时，只有一台电动机运转，若一台电动机工作不正常时，另外一台能及时切换上去。这样系统就有良好的备份功能，适用性强。

（五）液压系统

液压系统是在冷冻干燥结束时，将瓶塞压入瓶口的专用设备。液压系统位于干燥箱顶部，主要由电动机、液压泵、单向阀、溢流阀、电磁阀、油缸及管道等部分组成。冻干结束，液压系统开始工作，在真空条件下，使上层搁板缓缓向下移动完成制品瓶加塞工序。

(六) 控制系统

控制系统(图 12-11)是整机的指挥机构。冷冻干燥过程的控制包括制冷机、真空泵和循环泵的起、停,加热功率的控制,温度、真空度和时间的测试与控制,自动保护和报警装置的控制等。根据所要求自动化程度不同,对控制系统要求也不相同,可分为手动控制(即按钮控制)、半自动控制、全自动控制和微机控制系统四大类。

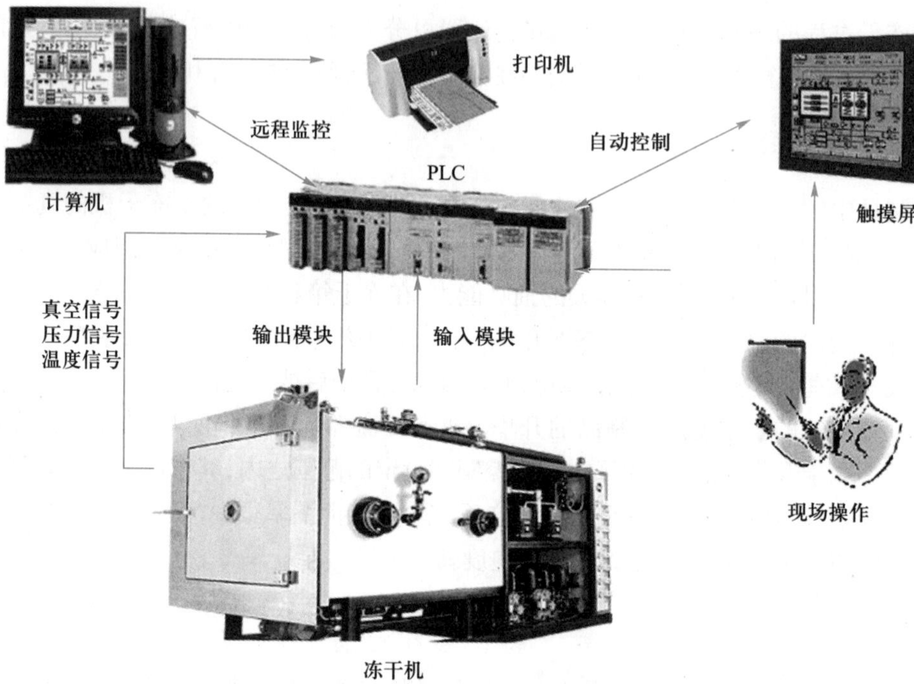

图 12-11 冻干机控制系统示意图

(七) 在线清洗(CIP)系统

CIP 系统是指系统或设备在原安装位置不作任何移动的条件下完成清洗工作,它由许多喷嘴、电动控制阀门组成。带有清洗装置的冻干机在冻干箱内装有广角式和球形喷头(图 12-12)。有些喷嘴是活动式的,喷头的布置要保证每一个死角都能彻底清洗干净。当一台加压泵工作时,清洗管道内通入压力在 0.15 MPa 以上的蒸馏水或清洗水,喷头作雾状喷射的同时板层作上下运动,这样能消除箱内和板层未清洗到的残留物质,达到彻底清洗的目的。清洗过程根据 GMP 要求设计,清洗操作控制集成在控制系统内,CIP 程序控制系统起动运行时间可由操作人员根据实际情况设定。在线清洗结束后,在其他阀门都关闭的情况下,

图 12-12 在线清洗系统喷头实物图

水环式真空泵进行抽空排水。

（八）在线灭菌（SIP）系统

SIP 系统是指系统或设备在原安装位置不作任何移动的条件下的蒸汽灭菌。蒸汽消毒型冻干机采用 SIP 装置（121℃蒸汽灭菌、过氧化氢灭菌装置），从根本上避免了无菌室的二次污染问题。可消毒的波纹管套有效地防止了液压油的污染，使用蒸汽消毒的冻干机本身则相当于一台高压消毒柜。冻干箱和冷凝器均采用蒸汽消毒，因此它们必须能耐受负压，而且要能耐受正压。为了灭菌后对系统进行冷却，冻干箱和冷凝器还装有安全放气阀，因此大型冻干机的冻干箱和冷凝器均设计成双层夹套式结构，以便用冷却水进行冷却。

三、LYO-15 型冻干机的操作

（一）开机前准备

(1) 检查机器的各个系统有无异常，检查电气柜中所有电气元件有无异常。

(2) 清除所有油脂、灰尘泥土等非凝结的材料。清洗、完全排空并干燥箱体和冷凝器。

(3) 检查总电源为 79 kW（380 V、50 Hz，三相），检查压缩机的冷却水压力在 0.15~0.4 MPa 范围内，温度≤ 25℃。冷却水量供应正常稳定，水压开关处在正常状态。检查压缩空气压力在 0.6~0.8 MPa 范围内，供应正常稳定。

(4) 确认真空冷冻干燥机各部位运转正常，仪器仪表在校验期内；确认冷凝器已化霜完毕，化霜水及溶媒液已排放干净，并关闭溶媒排放手动阀门；确认待冻干产品已全部放入干燥箱内，产品温度探头已安放准确，温度反应正常，箱门已经关闭；确认报警系统运行正常。

(5) 根据实际操作需求通知动力人员开启注射用水（CIP）或纯蒸汽（SIP 操作或化霜操作）。打开冻干机水循环泵的进水阀，打开冻干机上的注射用水（CIP）或蒸汽（SIP 操作或化霜操作）总阀，确保压力显示正常。开始进入主界面，进入参数管理界面。

（二）开机操作

(1) 开启电气箱总电源，开启电脑用储备电源箱，旋转控制开关钥匙到开启状态，给控制系统供电，此时压缩机因低压高会启动收液。

(2) 将选择操作方式的开关钥匙旋转到正常的“远程”控制方式上。

(3) 开启控制计算机的电源，开显示器及主机电源。

(4) 进入冷冻干燥主菜单：

1) 点击冷冻干燥菜单，出现冻干名称批号的对话窗体，正确键入内容后，按“OK”钮，即可进入冷冻干燥主画面。

2）点击冷冻干燥手动按钮后，显示“手动参数”的设定，正确键入参数后按启动钮，回到冷冻干燥控制主画面，系统进入“手动”控制状态。

（5）预冻：

1）点击导热油“循环泵 1”或“循环泵 2”，循环泵开始工作，并确认循环泵的压力在 0.05~0.1 MPa。

2）开启“压缩机 1”先收气数秒后开“板冷阀 1”，开启“压缩机 2”先收气数秒后开“板冷阀 2”，对产品进行预冻，直到硅油的入口温度（在参数管理中设置好的）达到设置值。注意压缩机的工作状况、导热油、产品温度的变化是否正常。

3）产品预冻到工艺要求温度后，通过板冷阀 1 和板冷阀 2 之间的切换，来进行保温，通过设置的数值来确保产品完全冷冻下保持一定的时间，根据工艺要求一般为 1~2 h。

（6）冷凝器预冷：恒温结束前 40 min 对冷凝器进行制冷降温，将“板冷阀 1”“板冷阀 2”关掉收液后，再开启“冷凝器阀 1”“冷凝器阀 2”，对后箱进行预冻，直到冷凝器的温度（在参数管理中已设置好的）低于或等于冷凝器所设置的温度，一般温度为 −40℃，在此期间通过板冷阀 1、板冷阀 2，冷凝阀 1 和冷凝阀 2 之间的切换，来控制产品的温度。也可以用一台继续恒温，另一台转换到冷凝器制冷。

（7）箱体抽真空：冷凝器降温达到工艺规定温度，即低于 −45℃，方可开启真空泵组，2 min 后再开启小蝶阀，2 min 后开启中隔阀，开始抽真空。20 min 左右开始显示干燥箱真空度，30 min 左右箱真空度达到 10 Pa，报警真空设置为 22 Pa，上下偏差为 5 Pa（真空泵工作到冻干结束才能停止）。

（8）一次干燥：当前箱真空度达到 <10 Pa 后，方可进行产品加热。

（9）温度维持阶段（一次干燥）：

1）在此阶段，产品温度因导热油自身循环产热而缓慢上升，设备自动掺冷（有时因冻干工艺要求要对导热油进行掺冷处理，降低产品温度上升速度，延长维持时间）。

2）此阶段要注意产品温度，应保持平稳上升，当制品中水分大量排出后可适当加快升温速度，使产品到达共熔点温度，维持阶段结束。此过程时间较长，一般在 10 h 以上。此过程中要时刻观察药品干燥情况、晶形情况，这是冻干过程中最重要的阶段。

3）当制品温度达到共熔点温度以上，冷凝器温度明显下降，干燥箱真空度明显上升后，一次干燥结束。

（10）二次干燥：提高导热油温度进行加热，此时制品温度上升并超过共熔点，随着导热油温度上升，制品温度也不断上升，直至工艺允许的最高温度，达到此温度一般需用 3~4 h（根据工艺规程规定的参数选定）。

（11）终点判断阶段：

1）当制品达最高温度并恒温一段时间（时间长短依工艺而定）后，对特定制品进行有限量泄漏处理，并将有限量泄漏设定为 15 Pa，偏差为 5 Pa，停止有限量泄漏，再恒温 2~3 h，冷冻干燥结束前不作真空有限量泄漏处理的产品按工艺要求保持时间。检查产品最终温度和保持时间，真空度达到极限时间后，经压力升高实验（若冻干箱内压力没有明显升高，则冻干完成；若压力明显升高，说明还有水分逸出，需要延长时间）合格后，冻干结束。

2）关闭中隔阀、小蝶阀、真空泵组。关闭冷凝器阀1、冷凝器阀2、压缩机1、压缩机2、电加热、循环泵。

3）干燥箱内产品进行真空状态压塞。开启板层液压泵，按下降按钮直至板层下降到不动，将塞压紧为止。

4）开启干燥箱进气阀，输入洁净干燥的气体至箱内外压力平衡，将板层提升到工作位置，即可出箱。

5）点击退出按钮，退出冷冻干燥画面，冻干全部结束。

6）待制品全部出箱后，关闭设备电源，锁好配电箱门。

（三）设备的维护与保养

1. 制冷系统的维护与保养

(1) 每次开机前要例行检查。

(2) 送电后应注意压缩机是否自动收液，油压差是否复位等。

(3) 开机后应注意压缩机运行声音是否正常，制冷管路是否有异常震动。如果有，则采用相应的固定措施。检查视液镜流量是否正常，若有气泡，则说明制冷剂缺少或膨胀阀流量太大。还要注意膨胀阀结霜情况，压缩机结霜情况，冷冻油的回油情况（一般保持在油视镜的1/3~3/4）。

(4) 压缩机不能频繁启动，两次启动的间隔时间应大于3 min。

2. 真空系统的维护与保养

(1) 开启真空泵前，检查真空泵的油位，一般为油视镜1/2~3/4。

(2) 开真空泵、小蝶阀前，如果是对整箱抽真空，则注意将箱门和阀门都置于关闭状态。如果是只对后箱抽真空，注意前箱箱门开度大于90°，并注意人员安全。

(3) 真空泵对箱体开始抽真空前，应确保后箱是干燥的。如果有水蒸气，则要使冷凝器温度低于−45℃。若设备所配的真空泵是水冷的，一定要保证冷却水于真空泵开启前到位，运行过程中可以用手触摸一下泵体的温度。

(4) 检查泵是否能在正常的时间内抽到极限真空，观察真空泵运行时是否产生杂音，真空泵油和泵头上的各个连接部分是否存在松动现象等。

(5) 每星期都要打开真空泵的气振阀，在空载的情况下运行2 h左右，检查泵体是否漏油，工作时是否有杂音等。

(6) 如果泵油出现乳白色、黑色或其他颜色，说明油已经变质乳化，需要对真空泵油进行更换。如果运行的过程中在油的上部分出现由白色的小液滴状构成的白色浑浊现象，则说明有水汽或有机溶剂进入真空泵，应将气振阀门打开一段时间（根据实际情况而定，一般为1 h左右）。

(7) 检查真空泵进出气口的过滤器、排气阀和O形圈，必要时更换。

(8) 定期清洗真空泵内部油过滤器。

一般来讲，药品升华过程中药粉进入真空泵会对泵油和真空泵的旋片造成很大的影响，真空泵中有水或有污染的情况下也会损害真空泵，应注意这些情况对泵的影响。

3. 循环泵的维护与保养

(1) 开机前检查循环泵的运转方向（指示灯绿灯为正常，红灯为反向）。

(2) 观察平衡桶的液位，应在 1/3~1/2。

(3) 开循环泵后，观察压力表读数，应在 0.08~0.12 MPa。

(4) 观察导热油进出口温度，特别是进口温度，确保导热油进口温度显示准确。

(5) 注意导热流体的性能，硅油每 5 年更换一次。

4. 液压系统的维护与保养

(1) 开机前确认油位，液压油应达到液位计高度的 4/5。

(2) 在电动机正常运转的条件下，调节系统工作参数。

(3) 液压系统工作结束以后应关闭液压泵站，以避免液压油在电动机的作用下发热。

（四）常见故障及排除方法

冻干机常见故障、原因及排除方法见表 12-4。

表 12-4　冻干机常见故障、原因及排除方法

故障现象		故障原因	排除方法
冷冻机不工作或运行不正常	冷冻机不工作	1. 断路器未投入使用 2. 高压继电器断开 3. 油压差继电器断开 4. 循环泵未投入使用 5. 运动部件卡死 6. 冷冻机马达故障	1. 开启断路器，检查运行电流 2. 检查接触点，复位 3. 检查接触点，复位 4. 投用循环泵，检查连锁装置 5. 检查修理 6. 检查修理
	运行中高压不正常偏高，甚至高压继电器动作	1. 冷却水水量不足或水温偏高 2. 冷凝器传热表面污垢太多或部分堵塞 3. 风冷冷凝器风机故障或翅片太脏 4. 低压管路有漏点，空气进入系统 5. 制冷剂太多	1. 检查冷却系统水泵及冷却塔风机 2. 检查冷凝器，清洗污垢 3. 检查风机，清洗翅片 4. 低压管路查漏，高压端适量放空气 5. 适当抽出制冷剂
	运行中油压不正常偏低，甚至油压差继电器动作	1. 系统冷冻机油不足 2. 油分离器回油阀（浮球阀）堵塞 3. 中压调节功能未投入使用 4. 制冷剂不足（视镜中有大量气泡） 5. 供液电磁阀故障 6. 系统含水分较多，引起膨胀阀冰堵 7. 膨胀阀调节不当	1. 适量补充冷冻机油 2. 检查修理 3. 检查、调节中压压力继电器 4. 适量补充制冷剂 5. 检查、更换电磁阀线圈 6. 检查、更换过滤器滤芯，去除水分 7. 调节膨胀阀

续表

故障现象		故障原因	排除方法
冷冻机不工作或运行不正常	冷冻机降温不正常	1. 中冷器膨胀阀调节不当 2. 油分离器回油阀关闭不严或失灵 3. 高压排气阀片断裂或气缸垫被击穿 4. 膨胀阀开启过大或感温包未扎紧 5. 工作继电器未动作或未设定好压力值 6. 吸气阀片断裂或气缸垫被击穿	1. 调节中冷器膨胀阀 2. 检查修理油分离器 3. 检查修理,更换排气阀片或气缸垫 4. 调节膨胀阀,扎紧感温包 5. 检查接触点,调整设定压力值 6. 检查修理,更换吸气阀片或气缸垫
	运行中中间压力不正常偏高	1. 中冷器膨胀阀调节不当 2. 油分离器回油阀关闭不严或失灵 3. 高压排气阀片断裂或气缸垫被击穿	1. 调节中冷器膨胀阀 2. 检查修理油分离器 3. 检查修理,更换排气阀片或气缸垫
	运行中低压端压力不正常偏高	1. 膨胀阀开启过大或感温包未扎紧 2. 工作继电器未动作或未设定好压力值 3. 吸气阀片断裂或气缸垫被击穿	1. 调节膨胀阀,扎紧感温包 2. 检查接触点,调整设定压力值 3. 检查修理,更换吸气阀片或气缸垫
板层降(升)温不正常	冷冻机不工作	1. 温控仪表设定值不正确(高于硅油入口温度) 2. 温度探头损坏,导致温控仪表工作不正常 3. 循环泵出口压力太低	1. 正确设定温控仪表 2. 更换温度探头 3. 检查循环泵是否反转,硅油是否不足
	降温速率很慢	1. 冷冻系统(电磁阀、膨胀阀、缺氟等)故障引起 2. 循环系统中缺少硅油,或系统中气体太多 3. 硅油入口处温度探头接触不良	1. 检查、调整冷冻系统及各部件状态 2. 适量补充硅油,排放气体 3. 清洁探头,在套管中加入少量硅油加强传热
	产品温度探头显示温度差值较大	1. 产品温度探头安放位置不一致 2. 探头偏差过大或已经损坏	1. 统一探头的安放位置,并良好固定 2. 调整或更换温度探头
	电加热器不工作	1. 温控仪表设定值不正确(低于硅油入口温度) 2. 温度探头损坏,导致温控仪表工作不正常 3. 系统真空度未达到设定值	1. 正确设定温控仪表 2. 更换温度探头 3. 检查真空仪表设定值
	加热速度很慢	1. 固态继电器中一路或几路不导通或被击穿 2. 电加热器内加热电阻多根已损坏	1. 检查、更换固态继电器 2. 检查、启用备用加热电阻,更换加热电阻组件
冷阱降温不正常	降温速率很慢	1. 冷冻系统(电磁阀、膨胀阀、缺氟等)故障引起 2. 盘管温度探头接触不良	1. 检查调整冷冻系统工况及各部件状态 2. 清洁探头,在套管中加入少量硅油加强传热
	极限温度不理想	1. 膨胀阀调整不当 2. 循环冷却水量不足或温度偏高	1. 调整膨胀阀开度 2. 增加循环冷却水流量及降低温度

续表

故障现象		故障原因	排除方法
真空泵不工作或不正常	真空泵(组)不工作	1. 泵油温度太低(<10℃)或泵油太黏稠 2. 冷阱温度未达到真空泵启动温度(≤ -40℃) 3. 罗茨泵未达到启动的真空度(≤ 1 000 Pa) 4. 真空泵转动部件卡死 5. 真空泵马达故障	1. 加热泵油或换油 2. 待冷阱温度降至 -40℃以下时，再启动真空泵 3. 待系统真空度达到启动点时，再启动罗茨泵 4. 检查修理 5. 检查修理
	真空泵运行噪声较大	1. 油位太低，缺油 2. 油过滤器堵塞 3. 叶片或轴承损坏	1. 补充真空泵油 2. 清洗或更换油过滤器 3. 检查修理
	真空泵(组)自身真空度较差	1. 泵油已乳化 2. 泵内防返油阀或排气阀故障	1. 换油并冲洗泵腔 2. 检查修理
真空系统不正常	系统抽空速率很慢	1. 真空泵组有故障 2. 箱门密封条有泄漏或箱门未关好 3. 系统中有泄漏 4. 冷阱中残存有水(冰)	1. 检查并排除 2. 检查箱门密封条，关好箱门 3. 检查系统中的阀门、接头、法兰等连接处 4. 彻底化霜，排除存水
	系统真空度不稳定	1. 真空探头故障 2. 产品中有不易凝结的物质(溶媒) 3. 产品升华速度太快	1. 检查更换真空探头 2. 降低产品中该成分的含量 3. 修改冻干工艺曲线

课堂讨论

某药厂的冻干机冷阱降温不正常，请你分析一下原因，并找出解决办法。

第四节　轧 盖 设 备

一、概述

粉针剂一般易吸湿，吸湿后药物的稳定性下降，因此在分装扣胶塞后应轧上铝盖，保证瓶内药粉密封不透气，确保药物在储存期内的质量。西林瓶轧盖机是用铝(或铝塑)盖对压塞的西林瓶进行再密封与保护的设备，轧盖后铝盖应不松动且无泄漏。

轧盖机的种类很多，根据操作方式不同，可分为手动、半自动、全自动轧盖机。根据铝盖收边成型的工作原理不同，可分为卡口式和滚压式两种。卡口式轧盖机是利用分瓣的卡口模具将铝盖收口包封在瓶口上，卡口模具有三瓣、四瓣、六瓣、八瓣等。滚压式轧盖机是利用旋转的滚刀通过横向进给将铝盖滚压在瓶口上。滚压式轧盖机根据滚刀数量不同，可分为单刀式和三刀式两种；根据轧刀头数不同分为单头式和多头式。生产中滚压式轧盖机因其轧盖严实、美观，铝盖、铝塑盖兼容性好，胶塞不松动，密封性能好，结构简单，轧刀调整较为简便，操作和维护简单易行等特点，应用最为广泛。

视频

轧盖机

二、常用轧盖设备

滚压式轧盖机主要由理瓶转盘、进出瓶输送轨道、理盖振荡器、轧头体机构、等分拨瓶盘、传动机构、主电动机、下盖轨道与电气控制系统等组成（图 12-13、

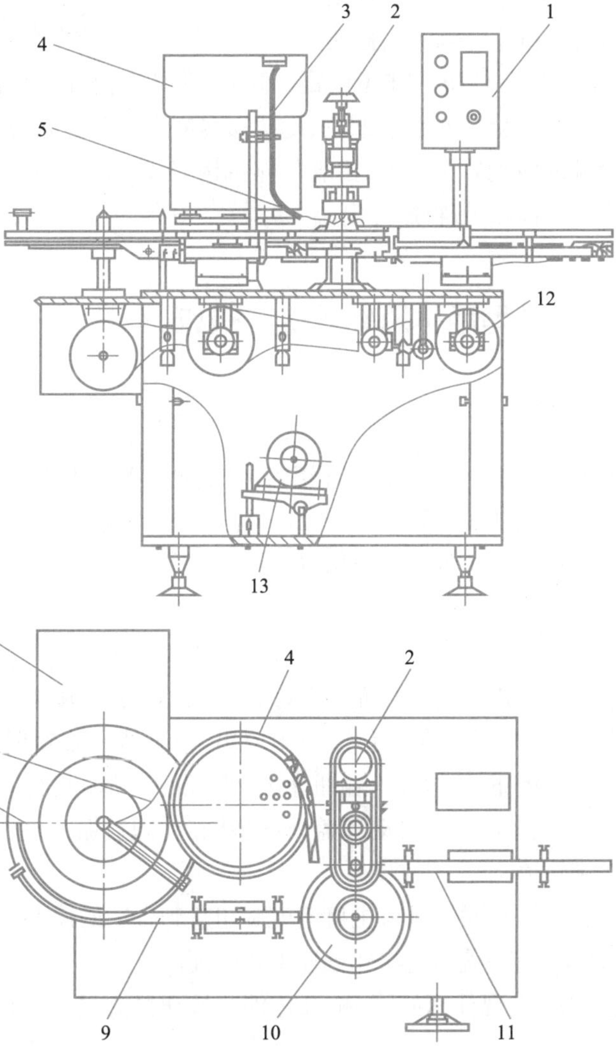

1. 控制面板；2. 轧盖机构；3. 落盖轨道；4. 理盖斗；5. 挂盖位置；
6. 上瓶方盘；7. 拨瓶片；8. 理瓶转盘；9. 进瓶轨道；10. 等分拨瓶盘；
11. 出瓶轨道；12. 传动系统；13. 主电动机。

图 12-13 滚压式轧盖机结构示意图

图 12-14)。理瓶转盘、进出瓶输送轨道、等分拨瓶盘的作用与螺杆分装机相应部分相同。振荡理盖机构是将铝盖斗内杂乱无章的铝盖理顺后，通过落盖轨道将铝盖送至挂盖位置，挂在西林瓶口上。轧盖机构将瓶口上的铝盖进行滚压密封。

图 12-14　滚压式轧盖机实物图

工作时，将铝盖放入理盖斗，在电磁振荡器的作用下，铝盖沿理盖斗内的螺旋轨道向上跳动，上升到轨道缺口、弹簧处完成理盖动作，口朝上的铝盖继续上升到最高处后进入料斗外侧的输盖轨道，沿输盖轨道下滑到西林瓶的挂盖位置。同时，西林瓶由理瓶转盘送入进瓶轨道，由输送链条将瓶送入等分拨瓶盘的凹槽，随拨瓶盘间歇转到挂盖位置接住铝盖后，挂上盖的西林瓶会继续转到轧头体下，由轧头体机构完成滚压轧盖。随后，西林瓶被拨瓶盘推入出瓶轨道，由输送带将瓶送出。

三、ZG-400 型西林瓶轧盖机的操作

（一）开机前准备

(1) 确认铝盖已清洗干燥灭菌，打开铝盖清洗机后门，打开箱体内盖，挂好灭菌的卸料斗，将已灭菌的铝盖接收桶放在出料口，点击“卸料”按钮。

(2) 接通设备电源，确认各个旋钮位置归零。

（二）开机操作

(1) 打开电源开关，进入操作画面，依次启动理盖电动机、输瓶网带电动机。

(2) 将分装（冻干）好的药瓶从传递窗内取出，整齐地码放到理瓶机输瓶网带上。顺时针旋动输瓶网带旋钮，慢慢加大输瓶速度，使药瓶布满输瓶网带。

(3) 将铝盖加入振荡斗内，启动理盖，顺时针旋动理盖振荡旋钮，加大振荡频率，使铝盖进入并布满轨道。

(4) 启动主机，慢慢顺时针调节主机速度旋钮直到合适的速度，开始轧盖。

(5) 调节输瓶速度、理盖速度与轧盖速度相匹配。

(6) 轧盖过程中，出现任何故障，按红色停止按钮紧急停机，进行检查，排除故障后方可继续操作。

(7) 操作中随时检查轧盖质量，如连续发现轧盖松动或外观有异常擦痕等现象，应停车检查，进行调整。

(8) 铝盖振荡斗中应保持足够的铝盖，以防堵塞和卡壳。

(9) 输瓶网带内药瓶减少时，应防止倒瓶，中途轧碎药瓶立即停车，清除药粉和碎玻璃后重新开车。

(10) 生产结束，轨道上药瓶走完后，将各个旋钮逆时针调至零，然后依次关闭操作界面中的主机、输瓶网带电动机和理盖电动机。

(11) 关闭设备总电源。

（三）设备的维护与保养

(1) 凡有加油孔的位置，每半年加适量的润滑油或润滑脂。

(2) 下班前必须把机器擦干净，保证表面清洁。

(3) 易损件磨损后，应及时更换。

（四）常见故障及排除方法

滚压式轧盖机常见故障、原因及排除方法见表 12–5。

表 12–5　滚压式轧盖机常见故障、原因及排除方法

故障现象	故障原因	排除方法
绞龙与拨轮、拨轮与拨轮、拨轮与定位板交接瓶时卡破瓶子	因绞龙、拨轮可能松动，引起相互之间孔距错位	校对好孔位将其紧定
在绞龙处时常出现空位	进瓶跟不上	加快输瓶速度
输盖不畅通卡阻	盖子变形太大	筛选出不合格盖子，人工辅助下盖
盖轧不紧	1. 压盖弹力不够 2. 轧刀向心轧力不够 3. 盖子过长	1. 将轧头下降一段距离 2. 加大轧刀轧力（将弹簧压力加大） 3. 选用合适的包装材料
轧盖压碎瓶子	1. 瓶子本身超过规格要求或瓶子质量问题 2. 压头力太大	1. 把超高的筛选出来及对瓶子供应厂家提出除应力要求 2. 调整压头力度

岗 位 对 接

本章主要介绍了粉针剂生产工艺以及生产专用设备的结构、原理、标准操作、维护与保养、常见故障及排除方法等内容。

常见粉针剂生产人员相对应国家职业工种是《中华人民共和国职业分类大典》(2015 年版) 药物制剂工 (6–12–03–00) 包含的注射剂工。从事的工作内容是制备符合国家制剂标准的不同产品的粉针剂。相对应的工作岗位有洗瓶、西林瓶灭菌、胶塞洗涤灭菌、铝盖洗涤灭菌、粉剂分装、药液配制、过滤、灌封、冻干、轧盖、容器具、洁具清洗、贴签、包装等岗位。其知识和技能要求主要包括以下几个方面：

(1) 进行生产前的准备和作业确认；
(2) 使用衡器、量器，计量、配制原辅料；
(3) 操作分装设备、冻干设备、轧盖设备及辅助设备；
(4) 操作洗涤设备，清洗、干燥直接接触药品的包装材料及器具；
(5) 操作灭菌设备，进行直接接触药品的包装材料、器具及制剂中间产品灭菌；
(6) 操作空气净化设备，制备洁净空气，并进行环境、设备、器具消毒；
(7) 操作包装设备，进行成品分装、包装、扫码；
(8) 判断和处理粉针剂生产中的故障，维护保养粉针剂生产设备；
(9) 进行生产现场的清洁作业；
(10) 填写操作过程的记录。

思 考 题

在线测试

1. 简述螺杆分装机的维护与保养。
2. 简述冻干机的结构组成。
3. 简述滚压式轧盖机的操作过程。

（马改霞）

第十三章 口服液体制剂生产设备

学习目标

1. 掌握常见口服液体制剂生产设备的结构和工作原理，熟悉口服液体制剂的灌装设备的清洁和日常维护保养，能排除口服液体制剂灌装设备的常见故障。
2. 熟悉口服液体制剂灌装机的清洁和日常维护保养。
3. 了解口服液体制剂生产的基本流程及生产工序质量控制点。

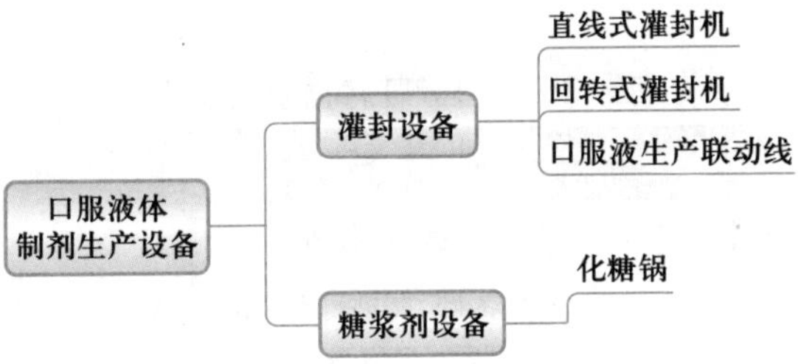

第一节 概 述

一、口服液生产工艺

口服液是液体制剂生产工艺中最简单的剂型，主要生产工序包括原辅料的处理、配液、滤过、分装等。具体生产流程如图 13-1 所示。

二、生产工序质量控制点

药品在生产过程中需要进行严格的质量控制，结合口服液的生产流程，配料、配液、过滤、灌封和包装等工序均是质量控制点。具体要求详见表 13-1。

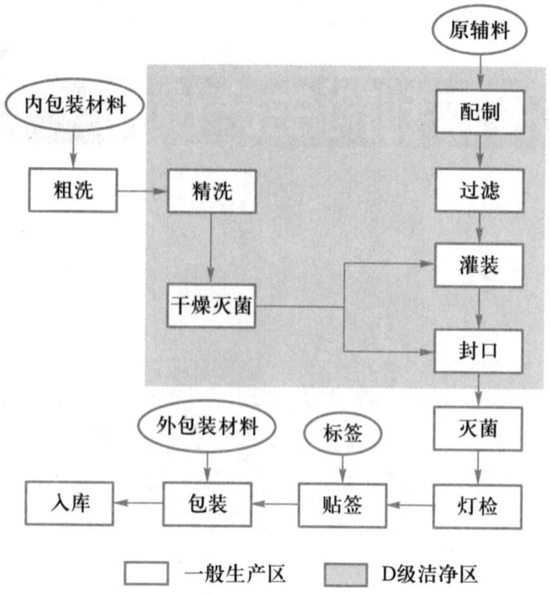

图 13-1　口服液生产流程图

表 13-1　生产工序质量控制点

生产工序	质控对象	具体项目	检查次数
配料	称量、配料	原辅料、数量、品种	每批
配制	配料	工艺条件、药液性状、pH、相对密度	每批
	过滤	滤材及过滤方法、药液澄清度	每批
灌封	灌装	速度、位置、装量	随时
	轧盖	速度、压力、严密度、外观	
灭菌	灭菌柜	标记、装量、排列层次、温度、时间、性状、微生物数	每柜
	灭菌前后中间产品	外观清洁度、标记、存放区	每批
包装	装盒	数量、说明书、标签	随时
	标签	内容、数量、使用记录	随时
	装箱	数量、装箱单、印刷内容	每箱

第二节　口服液灌封设备

一、概述

灌封设备是口服液生产过程中使用的关键设备。按照功能的不同，可分为灌封机、灌装机和洗烘封联动线。灌封机可完成两步操作，分别是药液的定量灌装和封口，主要用于口服液的生产。灌装机只能完成定量灌装操作，主要用于糖浆剂的生产。洗烘灌封联动线可自动完成洗瓶、干燥灭菌、灌装、封口、贴标签等一系列操作工序，因而在口服液体制剂的生产中应用最为广泛。

（一）灌封机

按灌封过程中口服液瓶输送形式的不同，可分为直线式灌封机和回转式灌封机。前者工作时传动部分将药瓶送至灌注部分，药液由直线式排列的喷嘴灌入瓶内，瓶盖由送盖器送出并由机械手完成压紧和轧盖，整机呈直线型。而回转式与直线式的不同之处在于其灌注和封口是在一个绕轴转动的圆盘上完成的，采用旋转灌装结构，可连续自动完成理瓶、定量灌装、理盖、送盖、轧盖等工序。

（二）灌装机

按分装容器输送形式的不同，分为回转式灌装机和直线式灌装机；按灌装的连续性不同，分为间歇式灌装机和连续式灌装机；按自动化程度不同，分为手工灌装机、半自动灌装机和全自动灌装机；按灌装工作时的压力不同，可分为常压灌装机、真空灌装机和加压灌装机。目前，制药企业最常用的是四泵直线式灌装机，其主要特点有：① 自动化程度高，理瓶、送瓶、挡瓶、灌装等工序速度可控，卡瓶、堆瓶、缺瓶也能立即自动停机；② 多头计量泵灌装，生产效率高；③ 适用范围广，可用于各种液体、容器的灌装；④ 灌注头数相同时，占地面积较回转式灌装机大。

（三）洗烘灌封联动线

洗烘灌封联动线是口服液体制剂为了生产的需要和保证产品质量，将用于制剂生产、包装的各台设备有机地连接起来而形成的生产联动线，主要包括洗瓶设备、灭菌干燥设备、灌封（装）设备、贴签设备等。采用联动线生产方式可减少污染的可能，保证产品质量达到 GMP 要求，减少了人员数量和劳动强度，也使设备布置更加紧密，从而使车间管理得到改善。

课堂讨论

灌装设备除了可以完成口服液的灌装，还可用于哪些剂型的制备？

二、常用灌封设备

灌封设备是指将口服液定量灌装并密封于容器内的设备。口服液灌封机一般结构分为三部分：容器输送机构、液体灌注机构、送盖封口机构。

容器输送机构将容器定量、定向、定时地输送至相应工位，口服液多用螺旋输送机构。液体灌注机构一般采用常压灌装，即依靠液体自重产生流动，从计量筒或储液槽灌入包装容器，灌注量可采用阀式、量杯式和等分圆槽定量控制，灌针随着液面的上升而上升，起到消泡的作用。送盖封口机构主要是将口服液盖挂到瓶体上，然后通过旋盖装置及电磁感应装置将盖子旋紧封好。

（一）直线式灌封机

直线式灌封机的结构主要包括五部分：理瓶机构、输瓶机构、挡瓶机构、灌装机构和动力部分（图 13-2、图 13-3）。

1. 理瓶机构　主要由理瓶盘、推瓶盘、翻瓶盘、储瓶盘、拨瓶杆、异形搅瓶器等组成。由理瓶电动机通过一对三级塔轮和涡杆减速器带动理瓶盘和输瓶轨道的左端轴旋转。

2. 输瓶机构　主要由输瓶轨道、传送带等组成。由输瓶电动机经动力箱变速后，带动传送带右端的轴旋转，使传送带上的瓶子作直线运动。

3. 灌装机构　主要由 4 个药液计量泵、曲柄连杆机构、药液储罐等组成。灌装机构由灌装直流电动机通过三级塔轮、涡轮涡杆减速器变速后，通过链轮、链条带动曲柄连杆机构，带动计量泵实现药液的吸、灌动作。当活塞杆向上运动时，向容器中灌注药液。当活塞杆向下运动时，则从储液罐中吸取药液。

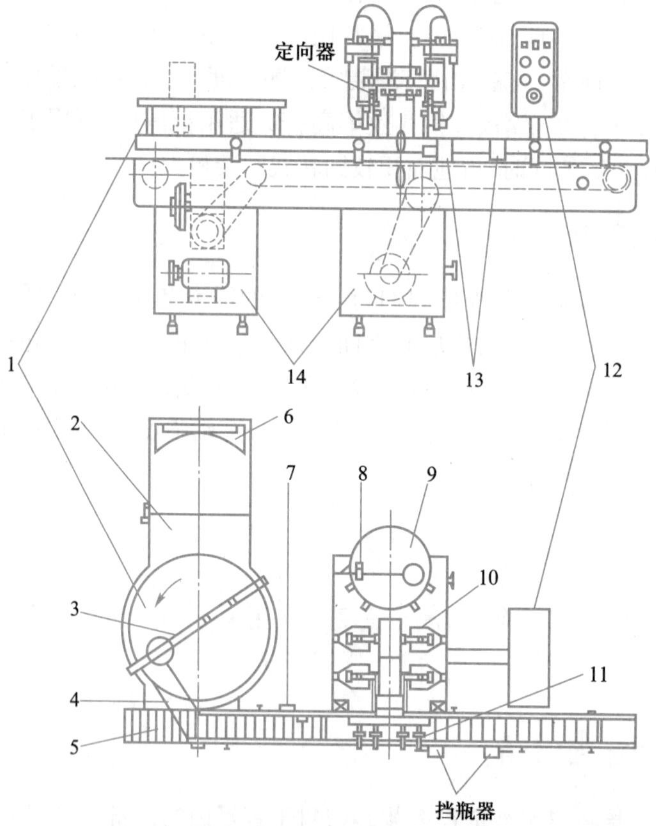

1. 理瓶圆盘；2. 储瓶盘；3. 拨瓶杆；4. 输瓶轨道；5. 传送带；6. 推瓶板；
7. 限位器；8. 液位阀；9. 储液槽；10. 计量泵；11. 喷嘴调节器；
12. 控制面板；13. 挡瓶器；14. 电气箱。

图 13-2　直线式灌封机结构示意图

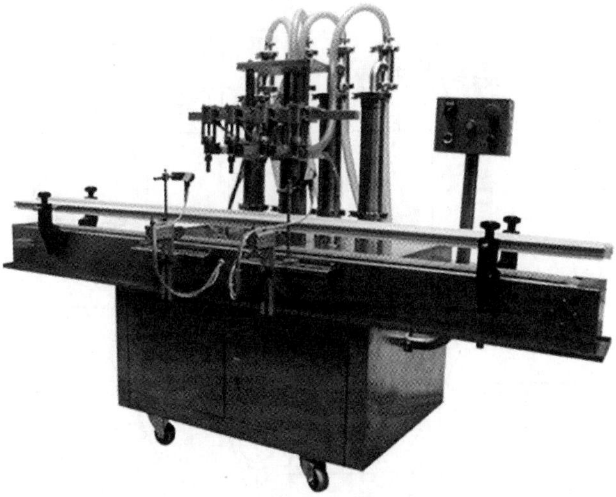

图 13-3　直线式灌封机实物图

4. 挡瓶机构　主要由两只直流电磁铁组成，两只电磁铁交替动作，使输送带上的瓶子定位及灌装后输出。

5. 动力部分　主要由 3 个电动机、2 个涡轮涡杆减速器、2 对三级塔轮、动力箱、链条、链轮等组成。

工作时，输瓶电动机经动力箱变速后，带动机器工作。电动机带动理瓶转盘旋转，位于理瓶转盘上的拨瓶杆将瓶子送入输瓶传送带上呈单行排列，挡瓶机构将瓶子定位于灌装工位，在灌装工位由曲柄连杆机构带动计量泵将待装液体从储液槽内抽出，通过喷嘴注入传送带上的空瓶内，然后挡瓶机构再将灌装后的瓶子送至输瓶传送带上送出。

直线式灌装机有如下特点：① 自动化程度高，理瓶、输瓶、挡瓶、灌装等速度可控。② 卡瓶、堆瓶、缺瓶能自动停机。③ 多头计量泵灌装，生产效率高。④ 适应性广，适用于各种液体，适用于圆形、方形或异形瓶（除倒锥形瓶外）等玻璃或塑料容器。

（二）回转式灌封机

回转式灌封机结构包括五部分，分别是传动机构、容器输送机构、液体灌注机构、送盖机构和封口机构（图 13-4、图 13-5）。工作过程为：① 传动机构将动力传到拨轮轴及灌装部分和轧盖头。② 容器输送机构将容器定量、定向、定时地输送至相应工位。③ 液体灌注机构使药液从计量筒或储液槽灌入包装容器。④ 送盖机构包括输盖轨道、理盖头及戴盖机构。理盖头采用电磁螺旋振荡原理，将杂乱的盖子理好排队，经换向扭道进入输盖轨道，经过戴盖机构时，再由瓶子挂着盖子经过压盖板，使盖子戴正。⑤ 口服液瓶戴好盖子转入轧盖头转盘后，已经张开的三把轧刀将以瓶子为中心，随转盘向前转动，在凸轮的控制下压住盖子，同时三把轧刀在锥套的作用下向盖子轧去，轧好后，同时又离开盖子，回到原位。NFDGK-10/20 系列口服液灌封机就属于回转式灌封机。

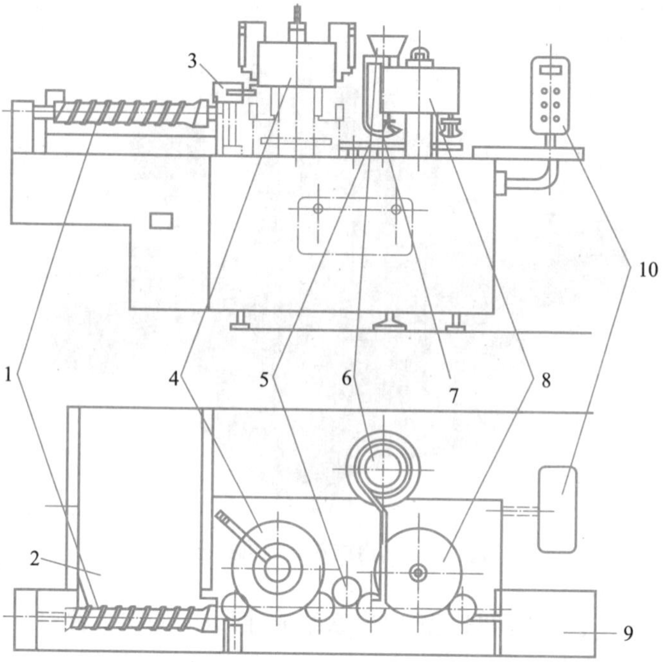

1．绞龙送瓶机构；2．储瓶盘；3．控制无瓶；4．储液槽；5．拨瓶轮组；
6．输盖机构；7．下盖口；8．轧盖机构；9．出瓶盘；10．控制面板。

图 13-4　回转式灌封机结构示意图

图 13-5　回转式灌封机实物图

动画

回转式灌装机

(三) 口服液生产联动线

口服液生产联动线是将口服液剂生产过程中的各台设备有机联结起来组合在一起，包括洗瓶机、灭菌干燥设备、灌装轧盖机和贴标签机等。口服液单机生产中单元操作较为普遍，洗好的瓶要等着待用，灌装时人工排瓶使得污染机会增多。而采用联动线生产的优点是：口服液瓶在各工序间由机械传输，减少了中间停留时间，尤其灭菌干燥后的瓶子由传输装置直接送入洁净度为 A 级的平流罩中，保证了产品不受污染，能够保证口服液的产品质量达到 GMP 的要求。

口服液生产联动线的联动方式有两种，如图 13-6 所示。一种是由各种单机以串联方式组成的联动线，这种联动方式要求各单机的生产能力要匹配。目前国内企业多采用单机串联方式联动线进行生产，并通过计算机对设备进行自动控制来达到连续、密闭操作。其缺点是一台单机出故障时会使全线停产。另一种是分布式联动方式，它是将同一种工序的单机布置在一起，完成工序后将产品集中起来，送入下道工序。它能够根据各台单机的生产能力和需要进行分布，可避免因一台单机出故障而使全线停产。分布式联动线主要是用于产量很大的品种。

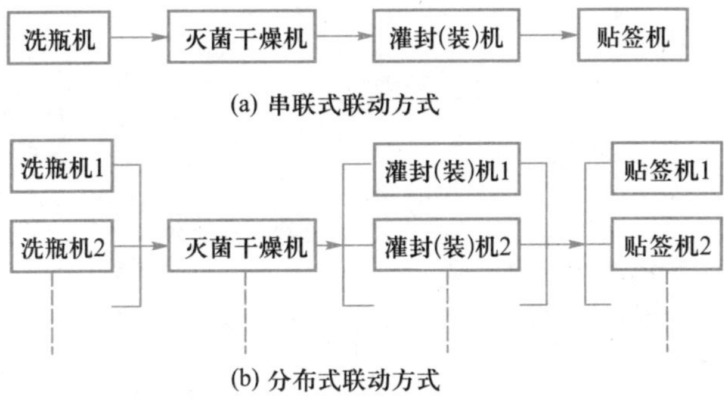

图 13-6　联动方式示意图

目前，生产过程中常用的联动设备有 BXKF 系列洗烘灌轧联动机、YLX 系列口服液自动灌装联动线和 YZ 系列液体灌装自动线。

1. BXKF 系列洗烘灌轧联动机　该设备主要由超声波洗瓶机、隧道式灭菌干燥机、口服液灌轧机组成，设备外形如图 13-7 所示。工作原理如下：① 将瓶子放入盘中，推入翻盘装置中。在计算机程序控制下，翻盘将瓶口朝下的瓶子旋转 180°，使瓶口朝上，注满水并浸没在水中进行超声波清洗，两次精洗完毕后自动进入分瓶装置（瓶子与瓶盖分开），再由出瓶气缸把瓶子推入隧道烘箱。② 瓶子进入网带式隧道烘箱后，在计算机程序控制下，瓶子随网带先后进入预热区、高温区、冷却区。③ 干燥灭菌后的瓶子自动进入液体灌装轧盖机内后，依次进入变螺旋距送瓶杆的导槽内，然后被间歇性送入等分盘的 U 形槽内进行灌装、轧盖，最后在拨杆作用下进入出瓶轨道。

1. 超声波洗瓶机；2. 隧道式灭菌干燥机；3. 口服液灌轧机。

图 13-7　BXKF 系列洗烘灌轧联动机

2. YLX 系列口服液自动灌装联动线　是生产中最常用的口服液灌封联动生产线，主要由回转式超声波洗瓶机、隧道式灭菌干燥机、口服液灌轧机组成（图 13-8），还可与灯检、贴签机作生产线配套。工作时，口服液瓶由洗瓶机入口处送入后，经洗瓶机进行洗涤。清洗后的瓶子被推入灭菌干燥机的隧道内，完成对瓶子的灭菌、干燥。随后瓶子随传送带到达出口处的振动台，由振动台送到灌封机入口处，再由输瓶螺杆送到罐装药液转盘和轧盖转盘，完成灌装封口后再由输瓶螺杆送至出口处。

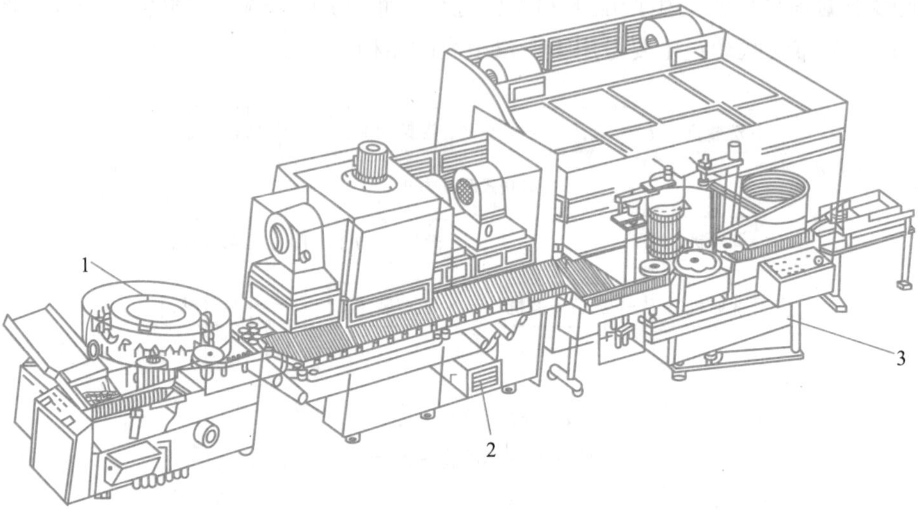

1. 回转式超声波洗瓶机；2. 隧道式灭菌干燥机；3. 口服液灌轧机。

图 13-8　YLX 系列口服液自动灌装联动线示意图

3. YZ 系列液体灌装自动线　是糖浆剂较常用的联动生产线，主要由洗瓶机、四泵直线式灌装机、旋盖机、贴签机和喷码机组成，可自动完成洗瓶、灌装、旋盖（或轧防盗盖）、贴签和印批号等工序（图 13-9）。工作时，经洗瓶机清洗后的瓶子通过拨瓶盘进入输送带，然后进入灌装工序。灌装时灌装头自动伸进瓶中，转阀自动打开将药液灌入瓶内，灌装完毕后转阀自动关闭。灌装后的瓶子自动进入旋盖系统，理盖器自动将杂乱无规的瓶盖理好，排列有序地自动盖在瓶口上，然后旋盖头自动将盖子旋好后，自动进入贴标机和喷码机进行贴签、印批号。

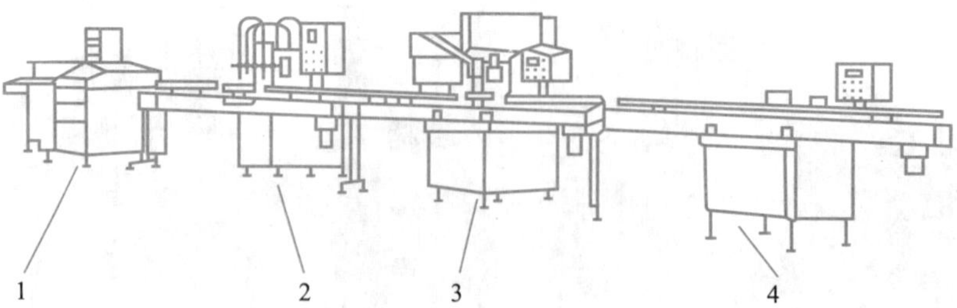

1. 洗瓶机；2. 四泵直线式灌装机；3. 旋盖机；4. 贴签机。

图 13-9　YZ 系列液体灌装自动线示意图

知识拓展

口服液的送瓶机构能协调各工作工位的配合，使生产设备工作状态最佳化，且保证在输送过程中容器不受损坏。口服液的送瓶机构有如下几种形式：① 直线型送瓶机构，进瓶与出瓶由同一根输送带完成，输送带的走速可调节。② 输送带与拨轮送瓶机构，这种机构由输送带、拨瓶轮、工作盘完成。容器由输送带进入拨瓶轮，拨轮将瓶逐个拨进灌装工作盘，容器随工作盘旋转完成灌装，灌装后由另一拨轮转至输送带，进入下一工位。③ 绞龙送瓶机构，这种送瓶机构采用变节距螺杆，将输送带送来的成排瓶子按一定的间距隔开逐个送到主工位。④ 齿板送瓶机构，这种机构由排瓶机构和移瓶齿板组成。移瓶齿板在凸轮摇杆机构或偏心轮－连杆机构带动下完成容器的前移。

三、NFDGK-10/20 系列口服液灌封机的操作

视频

口服液灌封机的操作

（一）开机前准备

(1) 检查设备的清洁是否符合生产要求，是否有清场合格证。

(2) 按要求装配好灌封机的灌注器、连接胶管、输送管道等。

(3) 调整好送盖器位置、旋盖器高度、更换相应规格的拨轮。

(4) 灌装调试，空机注入药液以排尽管道中的空气，将瓶送入瓶槽，将盖装入振荡器，开启振荡器检查是否正常，进盖是否通畅。

（二）开机操作

(1) 打开电源，指示灯亮。

(2) 将瓶子整齐地放置在供瓶盘上，打开供瓶开关，在供瓶机的作用下将瓶子整齐地排列在供瓶盘出口。

(3) 将瓶盖放入振荡器内，打开电源，打开送盖开关，在振荡器的作用下，瓶盖开口向上整齐地进入送盖轨道中。

(4) 开启主机进行灌封，检查装量、封盖质量合格后正式灌封。

（三）设备的维护与保养

(1) 机器安装时，台面要校准水平，防止机器晃动不稳。

(2) 电源接通后，先试机运转方向防止逆转，机器在每班生产前，先空转 3~5 min，检查设备运转是否正常。

(3) 生产结束切断电源，做好清洁工作，减速箱及传动部位定时加以保养。

(4) 注意各部位的润滑，减速箱切勿断油。

(5) 设备到位后安装好漏电接地装置，确保设备使用安全。

(四) 常见故障及排除方法

口服液灌封机常见故障、原因及排除方法见表 13-2。

表 13-2　口服液灌封机常见故障、原因及排除方法

故障现象	故障原因	排除方法
两拨轮间,拨轮与定位盘交接瓶时卡破瓶子	拨轮松动,相互之间孔距错位	校对好孔距,将其紧固
进瓶处倒瓶、碎瓶	输送带速度与大拨轮不相匹配	旋动送瓶旋钮,调整进瓶网带速度
针管插不进瓶口	瓶口对位不好	调整好喷针架的位置
剂量不准确	管路连接某处有泄漏或泵阀密封性差	排除泄漏或更换泵、阀

第三节　糖浆剂的生产设备

一、概述

糖浆剂的生产有两种常见方法:溶解法和混合法。其中,溶解法又分为热溶法和冷溶法。

(一) 热溶法

热溶法是将蔗糖溶于沸纯化水中,继续加热使其全溶。降温后加入其他药物搅拌溶解、过滤,再通过滤器加纯化水至全量,分装即得。热溶法有很多优点,蔗糖在水中的溶解度随温度升高而增加,在加热条件下蔗糖溶解速度快,趁热容易过滤,可以杀死微生物。但加热过久或超过 100℃时,转化糖的含量增加,糖浆剂颜色容易变深。热溶法适合于对热稳定的药物和有色糖浆的制备。

(二) 冷溶法

冷溶法是将蔗糖溶于冷纯化水或含药的溶液中制备糖浆剂的方法。本法适用于对热不稳定的药物或挥发性药物的糖浆剂制备,制得的糖浆剂颜色较浅。由于不加热溶解,故制备所需时间较长并容易污染微生物。

(三) 混合法

混合法系将含药溶液与单糖浆均匀混合制备糖浆剂的方法。这种方法适合于制备含药糖浆剂。本法的优点是方法简便、灵活,可大量配制,也可小量配制。一般含药糖浆的含糖量较低,要注意防腐。

二、常见生产设备

糖浆剂的生产设备是指将蔗糖溶解、煮沸灭菌、过滤、冷却和灌装等工序的设备，主要设备有化糖锅、糖浆专用过滤器、糖浆配制罐、隧道式干燥灭菌机、灌装机等。下面主要介绍化糖锅，其他设备参考口服液生产设备。

化糖锅又称溶糖锅，是一种不锈钢夹层锅，由锅体、支脚、电动机、搅拌轴、搅拌桨等组成(图13-10)。锅体包括内外锅体和中间夹层等。夹层为整体夹层，可提供蒸汽加热溶解药液或冷却水降温使物料处于适宜温度。

工作时，根据生产工艺的要求称取蔗糖与溶剂纯化水投入化糖锅内，然后进气管道通入蒸汽，达到工作压力时关闭进气阀门。通蒸汽时，若压力过大，则安全阀自动打开，释放多余压力。当夹层内有冷凝水时，疏水阀工作，排出冷凝水。锅内加热熔化物料，通过搅拌桨搅拌，加速物料的熔化。当物料熔化，关闭加热，打开卸料阀，物料则排放出来。化糖锅具有如下特点：受热面积大，热效率高，加热均匀，物料沸腾时间短，加热温度容易控制，外形美观，安装容易，操作方便，安全可靠等。实物如图13-11所示。

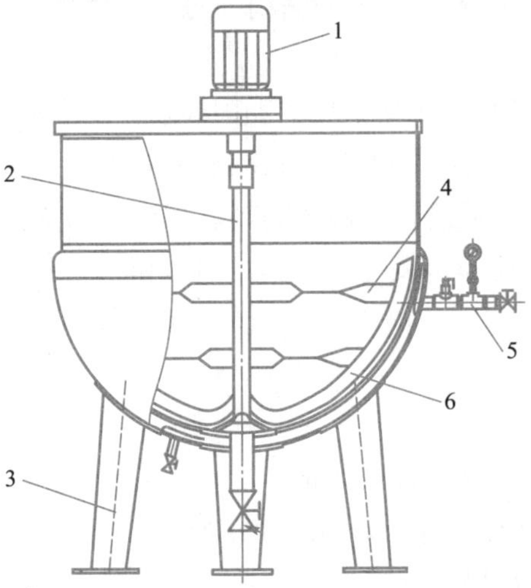

1．电动机；2．搅拌轴；3．支脚；4．搅拌桨；5．蒸汽进口；6．锅体夹层。

图13-10　化糖锅结构示意图

图13-11　化糖锅实物图

使用时需注意：① 使用蒸汽压力，不得长时间超过额定工作压力。② 进气时应缓慢开启蒸汽阀，直到需要压力为止。冷凝水出口处的截止阀，如装有疏水器，应始终将阀门打开。如无疏水器，则先将阀门打开直到有蒸汽溢出时，再将阀门关小，开启程度保持在有少量水蒸气溢出为止。③ 化糖锅在使用过程中，应注意蒸汽压力的变化，用进气阀适时调整。④ 停止进气后，应将锅底的直嘴旋塞开启，放完余水。⑤ 可倾式和搅拌化糖锅在每班使用前，应在各转动部位加油。搅拌式夹层锅锅体面上的部件，一般使用食用油，其他各处均采用机械油。

化糖锅的维护保养主要包括：① 进气管和出水管接头漏气，应当旋紧螺帽。

② 压力表和安全阀应定期检查，如有故障及时调换和修理。③ 减速箱开始使用 50 h 后，应拆下来放掉润滑油，用煤油或柴油冲洗，加入干净机油；使用 150 h 后，第二次换油，以后视具体情况，每使用到 1 000 h 左右换油一次。④ 化糖锅使用 5 年后，建议进行安全性水压试验。

知识拓展

化糖锅的种类多种多样，按照结构形式分为可倾斜式和固定式结构。按照加热方式分为电加热式、蒸汽加热式、燃气加热式、电磁加热式化糖锅。按照工艺需要可采用带搅拌桨或不带搅拌桨。按照密封方式分为无盖型、平盖型、真空型等。从整体结构上说，固定式主要由锅体和支脚组成；可倾斜式主要由锅体和可倾斜架组成；搅拌式主要由锅体和搅拌装置组成。

岗位对接

本章主要介绍了口服液生产工艺以及生产专用设备的结构、原理、标准操作、维护与保养、常见故障及排除方法等内容。

常见口服液生产人员相对应国家职业工种是《中华人民共和国职业分类大典》(2015 年版）药物制剂工（6-12-03-00）包含的口服液调剂工和口服液灌装工。从事的工作内容是制备符合国家制剂标准的不同产品的口服液体制剂。相对应的工作岗位有容器具清洗、称量配料、配液、灌封、检验和包装等岗位。其知识和技能要求主要包括以下几个方面：

(1) 进行生产前的准备和作业确认；

(2) 使用衡器、量器，计量、配制原辅料；

(3) 操作清洗设备、过滤设备和灌装封口设备及辅助设备；

(4) 操作空气净化设备，制备洁净空气，并进行环境、设备、器具消毒；

(5) 操作包装设备，进行成品分装、包装、扫码；

(6) 判断和处理口服液生产中的故障，维护保养口服液生产设备；

(7) 进行生产现场的清洁作业；

(8) 填写操作过程的记录。

思考题

在线测试

1. 口服液体制剂生产车间的布局及洁净度有何要求？
2. 简述口服液回转式灌封机的操作过程。

（王　咏）

第十四章

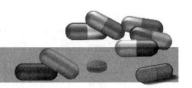

软膏剂生产设备

学习目标

1. 掌握常见软膏剂生产设备的结构和工作原理，常见故障与解决措施。
2. 熟悉常见软膏剂生产设备的清洁和日常维护保养。
3. 能按照 SOP 正确操作软膏剂制膏及灌装设备。
4. 了解软膏剂的基本工艺流程及质量控制点。

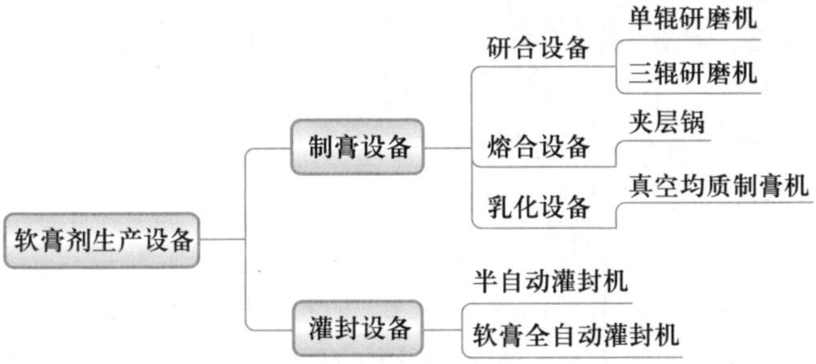

第一节 概 述

一、软膏剂生产工艺

软膏剂指药物与适宜基质均匀混合制成的具有适当稠度的半固体外用制剂。常用基质分为油脂性、水溶性和乳剂型基质，其中用乳剂型基质制成的易于涂布的软膏剂称乳膏剂。

制备常用的方法有研合法、熔合法和乳化法。具体生产流程如图 14–1 所示。

二、生产工序质量控制点

药品在生产过程中需要进行严格的质量控制，结合软膏剂的生产流程，物料准备、称量、配制、灌封及包装等工序均是质量控制点，具体见表 14–1。

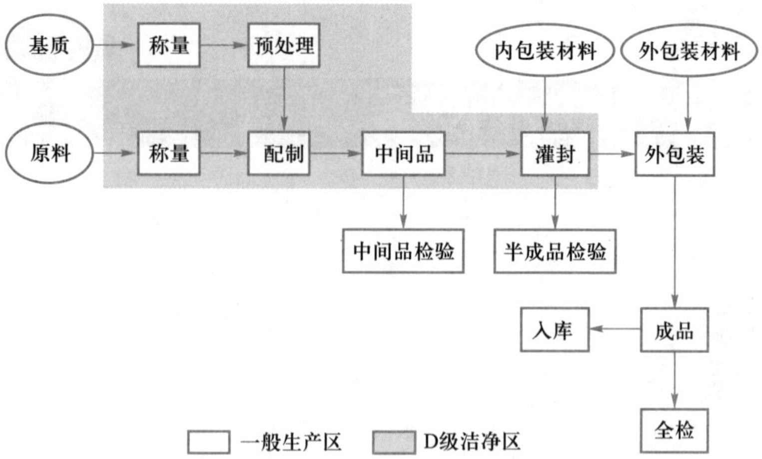

图 14-1　软膏剂生产流程图

表 14-1　生产工序质量控制点

生产工序	质控对象	检查项目	检查次数
物料准备	物料	色泽、异物及合格证	每批
称量	物料	品名、重量	每批
配制	原料	外观、黏稠度、粒度	每批
灌封	物料	密封性、软管外观、装量	每批
包装	内包装	外观、气密性、批号、生产日期、有效期	每班
	外包装	包装类型、数量、说明书、批号、生产日期、有效期	每班
	标签	内容、数量、使用记录	每班
	装箱	数量、装箱单、印刷内容	每箱

知识拓展

护手霜的选择

秋冬季节，人体会因气候原因导致皮肤干燥，缺水缺脂，因此许多人会使用护手霜。护手霜虽然能有效治疗并且预防秋冬季节皮肤的干裂问题，但是在具体选择的时候，一定要根据具体的问题具体使用，才能起到有效防护作用。

护手霜属于乳膏剂，有油包水型和水包油型两种。油包水型护手霜油润润滑，具有保湿隔湿的效果；水包油型护手霜滋润润滑，注重水分的渗入，与前者相比通常油腻感小，但维持时间稍短。

若自身属于干性肌肤，在冬季气候干燥时尽量选择油包水型的护手霜较好，这种护手霜涂抹之后维持时间长，具有防裂保湿润肤的作用。如果皮肤比较敏感或者有伤口，建议不要使用添加了香料、色素等刺激性物质的护手霜。这些成分都会加重肌肤的开裂程度，导致伤口不容易愈合。

第二节　制膏设备

一、概述

为了满足软膏剂临床使用的要求，软膏剂首先应具有适当的黏稠性，易于涂布于皮肤或黏膜上使疗效持久。其次，药物在基质中的分布必须足够均匀、细腻，以保证药物剂量准确、稳定。在实际生产中，软膏剂的制备方法主要有三种，即研合法、熔合法和乳化法。

1. 研合法　是指将药物与基质通过研磨混匀制成软膏的方法。具体操作是先将药物与部分基质研匀成糊状后，再等量递增其余基质至全量研匀。常用的生产设备如单辊研磨机或三辊研磨机等。研合法在生产过程中不加热，故特别适用于软膏中主要成分不耐热，且在常温状态下通过研磨即可混合均匀的药物。

2. 熔合法　是指通过加热的方式使药物与基质熔合混匀制成软膏的方法。具体操作是先将熔点较高的基质或主药熔化后再依次加入其余低熔点基质，最后加入液体组分混合均匀。常用的生产设备主要是夹层配料锅。熔合法通过加热的方式能使药物和基质更易混匀，但由于生产过程中需要加热，故特别适用于主药成分对热较稳定，且在常温下不易混匀的药物。

3. 乳化法　是指将处方中的油性组分与水性组分通过乳化的方式制成乳膏剂的方法。具体操作是将油性组分（油相）与水性组分（水相）先分别单独加热到一定温度，待两温度相近且水相略高于油相时将水相加入油相中，同时边加边沿同一方向搅拌，直至乳化完成。常用的生产设备主要有胶体磨、真空均质乳化机等。由于生产中需要加热，故主要适用于对热稳定的药物。

二、常用制膏设备

（一）辊式研磨机

辊式研磨机的核心工作机构主要包括可旋转的辊筒和转动装置。根据辊筒个数的不同，可分为两辊、三辊、四辊及多辊研磨机。

工作时由于辊筒与辊筒之间有一定间歇，且辊筒转速不同，使物料在转动时发生相对运动，在辊筒表面被剪切循环混合，研磨粉碎，最终达到研磨与混匀的目的。在实际生产中三辊研磨机应用最广泛（图 14-2）。三辊研磨机有水

图 14-2　三辊研磨机实物图

视频

三辊研磨机

平排列的三根辊筒，在第一和第二辊筒之间有加料斗。工作时先调节好三辊筒间的缝隙间距，三个辊筒相对转动且转速各不相同，从加料处至出料处辊速依次加快，物料在辊筒表面相互挤压、摩擦，经压缩、剪切、研磨完成混匀，同时第三辊还可沿轴线方向往返移动，使物料受到辊辗与研磨，软膏成品更加均匀细腻。三辊研磨机是高黏度物料最有效的研磨、分散设备。

（二）真空均质制膏机

真空均质制膏机的核心工作机构主要包括高速均质器、夹层罐体、搅拌器、电动机、真空系统、升降翻转倾倒机构等（图 14-3），可在罐体内一次性完成物料的搅拌混匀、升温和乳化。罐体内的搅拌包括三组：刮板搅拌、中心搅拌、均质搅拌。刮板搅拌是通过可活动的聚四氟乙烯刮板，将黏附在罐壁的软膏刮下，避免软膏受热时间太长而变色。刮板搅拌速度较慢，可使物料中各成分混合且不影响乳化过程。中心搅拌速度较刮板搅拌快，是借助主轴上的不锈钢叶片将罐体内的各物料混匀的同时促进固体粉末成分的溶解。均质搅拌则是高速转动，均质器由定子和转子组成，运转时高速旋转的转子与定子之间产生强力剪切、冲击、乱流等过程，使物料在剪切缝中被切割，迅速碎成 0.2~2 μm 的微粒。同时，在搅拌叶的带动下，膏体在罐内上下翻动，把膏体中颗粒打细并搅拌均匀。生产乳膏剂还需要配备相应辅机，辅机主要包括辅机架、副锅、副锅搅拌系统等，如真空均质乳化机（图 14-4、图 14-5）。

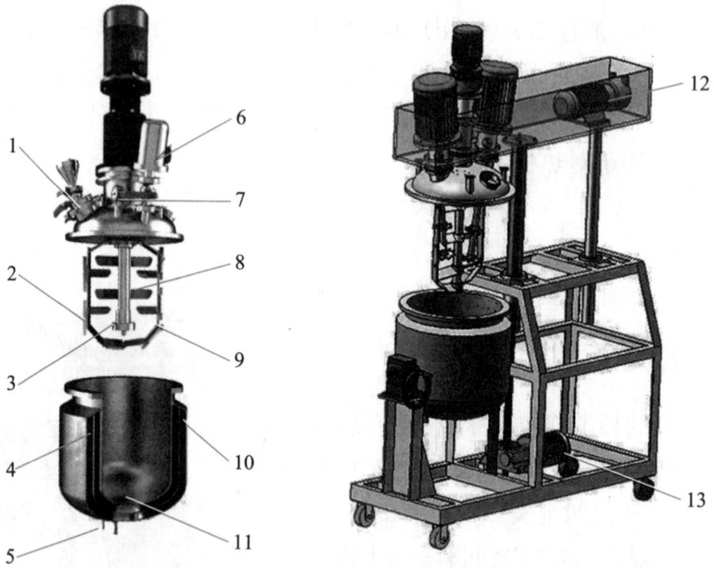

1. 观察窗；2. 刮板；3. 高速均质器；4. 隔热保温层；5. 温控探头；6. 空气过滤器；7. 真空压力表；8. 中心搅拌；9. 框式搅拌；10. 加热介质层；11. 底部出料口；12. 真空泵；13. 升降电动机。

图 14-3　真空均质制膏机结构示意图

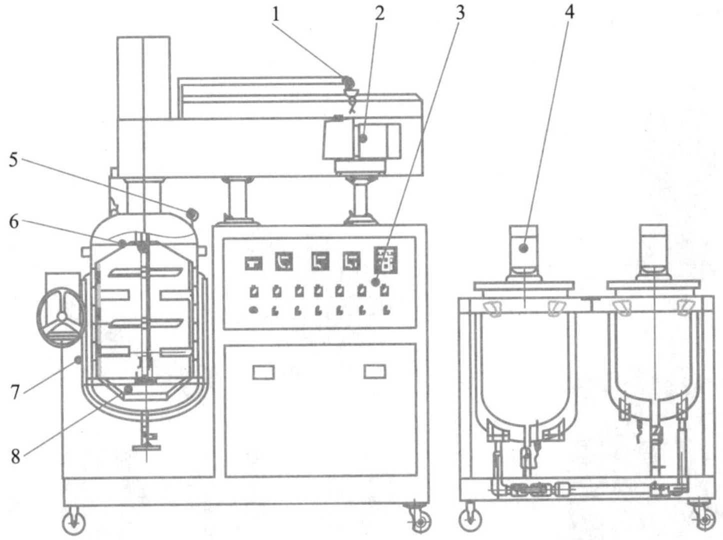

1. 真空过滤器；2. 真空泵；3. 控制面板；4. (油或水) 锅搅拌；
5. 真空表；6. 搅拌框；7. 均质锅；8. 高速均质器。

图 14-4　真空均质乳化机结构示意图

图 14-5　真空均质乳化机实物图

工作时，物料在罐体内聚四氟乙烯刮板（刮板始终迎合锅形体，扫净挂壁黏料）的搅拌作用下，不断产生新界面，再经过中心搅拌器的剪切、压缩、折叠，使其搅拌、混合向下汇聚至下方的均质器处，均质器的转子与定子高速旋转产生强力的剪切、冲击和乱流，物料被切割、破碎成 0.2~2 μm 的微粒。由于均质锅处于真空状态，物料在搅拌过程中产生的气泡能被及时抽走，使制得的膏体更细腻，外观更光泽。均质器工作原理及实物图如图 14-6、图 14-7 所示。

视频
均质器工作过程

乳化操作时，液体通过输送管道在真空状态下直接吸入制膏机罐体内。由于罐体是夹层，根据生产需要在夹层内通入不同的介质可实现加热或冷却。生产中可通过控制面板上的时间继电器调节均质器工作的时间长短。均质搅拌与桨叶搅拌可分开使用，也可同时使用。中心搅拌转速能无级变速，可随工艺要求在 5~20 r/min 之间调节。生产完成后罐盖靠液压自动升降，可采用锅底直接出料，也可锅体翻转倾倒出料（罐身可翻转 90°，利于出料和清洗）。

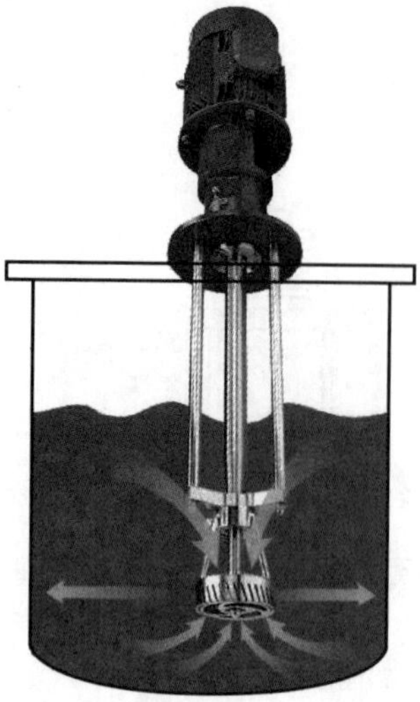

图 14-6　均质器工作原理

图 14-7　均质器实物图

视频

ZJR-150 均质乳化机

三、ZJR 真空乳化机的操作

（一）开机前准备

（1）检查设备的状态标志、设备使用基本情况以及进行开机前的准备。

（2）检查各开关、阀门是否处于原始位置。

（3）检查加热、搅拌、真空等装置是否正常，关闭底部出料口阀门，打开真空泵冷却水阀门，使真空泵箱体内的冷凝水保持其体积的 2/3。

（4）检查均质器、搅拌桨、刮板等转动部位是否安全可靠牢固。

（5）检查电源电压、仪表、指示等是否正常。输入总电，检查所有按钮是否处于关闭状态，然后打开急停按钮与电源按钮。

（6）分别点按“均质按钮”“水锅搅拌”“油锅搅拌”“主锅搅拌”等按钮，观察是否正常。

（二）开机操作

（1）将水相、油相物料分别投入水相锅和油相锅内，开始加热，待加热快完成时，开动搅拌器，使物料混合均匀。

（2）开动真空泵，待乳化锅内真空度达到 −0.06 MPa 时开启水相阀，待水相吸进一半时关闭水相阀。

（3）开启油相阀门，待油相吸进后关闭油相阀门。

（4）再次开启水相阀门，直至水相完全吸完，关闭水相阀门，待水相与油相混合均匀后，关闭真空泵。

(5) 开启均质器及真空系统(锅内真空度达 -0.06 MPa)一定时间后停止,开启刮板搅拌器,开启夹套阀门,在夹套内通冷凝水冷却。

(6) 待乳剂制备完成后,停止刮板搅拌,开启阀门使锅内压力恢复正常,开启压缩空气排出物料,将乳化锅夹套内的冷却水放出。

(7) 操作完毕后,关闭电源,按清洁操作规程对设备进行清洁。

(三) 设备的维护与保养

(1) 均质锅内没有物料时严禁开动均质器,以免空转损坏。

(2) 经常检查液体过滤器滤网是否完好并经常清洗,以免杂质进入罐体内,确保均质器正常运行。

(3) 往水相锅和油相锅投料时应小心,不要将物料投在搅拌轴或桨叶上。

(4) 经常检查搅拌浆、刮板器、均质器、过滤部件等的情况,如有松动应及时紧固,损坏应及时更换。

(四) 常见故障及排除方法

ZJR 真空乳化机常见故障、原因及排除方法见表 14-2。

表 14-2 ZJR 真空乳化机常见故障、原因及排除方法

故障现象	故障原因	排除方法
真空泄漏	1. 阀门未关闭,锅盖抽真空阀未打开 2. 密封圈已损坏造成泄漏 3. 真空泵未正常运转	1. 关闭各个阀门 2. 更换密封圈 3. 检修真空泵
泵不能产生真空	1. 无工作液 2. 系统泄漏严重 3. 旋转方向错误	1. 检查工作液 2. 修复泄漏处 3. 更换两根导线,改变旋转方向
电动机不启动	1. 电源线断 2. 电动机轴承故障 3. 均质转子烧结 4. 有异物卡住均质头或搅拌器	1. 检查接线 2. 更换电动机轴承 3. 均质转子转动是否灵活 4. 清除异物
电动机开动时,电流断路器跳闸	1. 绕组短路 2. 均质转子滑动轴承损坏 3. 升降不同轴或升降丝杠与升降螺母已损坏	1. 检查电动机绕组(线圈) 2. 更换滑动轴承 3. 重新调整导向套与升降立柱的同轴度,更换丝杠及丝杠螺母
刮板升降时碰锅或运转时有金属声响	1. 定位不好 2. 刮板座转动不灵活,卡在不合适位置 3. 刮板磨损	1. 定位调节准确 2. 去除刮板座中污物,更换销轴 3. 更换刮板
真空泵中油进入净化器及锅内	关闭真空泵时净化器上真空阀未关闭	先关闭净化器上真空阀再关闭真空泵

> **课堂讨论**
>
> 氧化锌软膏、维生素 E 乳膏用什么方法和设备进行制备生产?

第三节 软膏灌封设备

一、概述

实际生产中,软膏剂灌封设备种类繁多,按照不同的分类方式主要包括以下几种。根据灌封机的生产自动化程度可分为手工灌封机、半自动灌封机和全自动灌封机。根据膏体定量装置不同可分为活塞式灌封机、旋转泵式容积定量灌封机。根据膏体开关装置可分为旋塞式灌封机和阀门式灌封机。根据软膏操作工位可分为直线式灌封机和回转式灌封机。根据软管材质可分为金属管灌封机、塑料管灌封机和通用管灌封机。根据灌装头数可分为单头灌封机、双头灌封机或多头灌封机。

二、常用软膏灌封设备

GF 型全自动灌封机主要由人机控制界面、灌装机构、光电对位装置、封合切尾机构、出管机构和管座高度调节机构等组成。该设备结构如图 14-8 所示,各管座工位如图 14-9 所示。

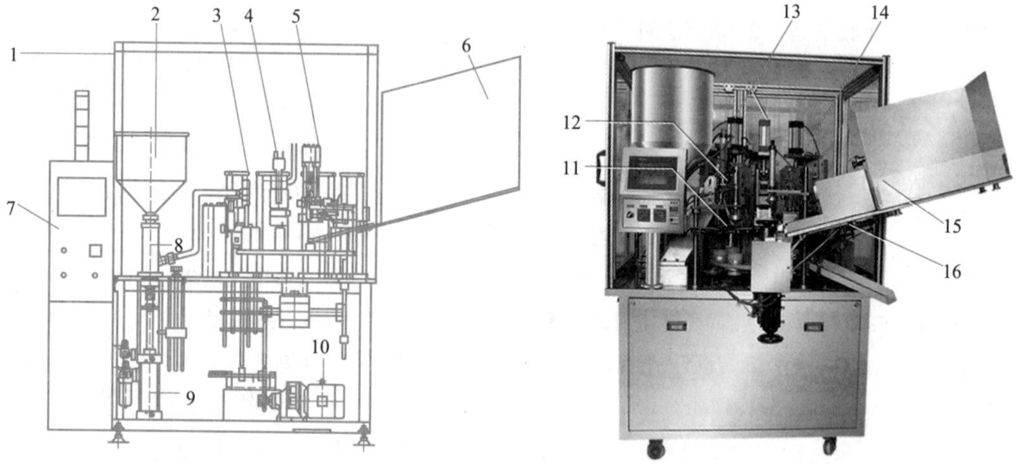

1. 框架;2. 料缸;3. 加热装置;4. 加热装置;5. 夹紧装置 (封口打码);6. 上管箱;7. 电箱;8. 活塞缸;9. 计量驱动气泵;10. 无级变速电动机;11. 对标装置;12. 灌注口;13. 加热热合装置;14. 夹紧装置 (封口打码);15. 上管装置;16. 切管装置。

图 14-8 GF 型灌装封尾机结构图

1. 感应装置；2. 喷嘴；3. 加热装置；4. 夹紧装置（封口打码）；5. 切管装置（管尾切边）；6. 高度调节；7. 出管；8. 光电对位装置（对标）。

图 14-9 GF 型灌装封尾机管座工位图

1. 人机控制界面 GF 型软膏灌封机通过控制按钮进行操作。控制按钮包括电源开关旋钮、主机开关旋钮、剂量调整按钮组、色标点动按钮、封合点动按钮、料阀点动按钮、料缸点动按钮、自动手动转换旋钮、色标开关旋钮、灌装开关旋钮、加热开关旋钮、温度控制Ⅰ、温度控制Ⅱ、计量预置和速度调整。

(1) 温度控制：将"关·加热·开"旋钮置于"开"位置，控制面板上温控仪亮起，并有数值显示。设定温控仪上加热温度（根据不同软管通过试封确定），即开始预热。待加热温度恒定后，观察实际温度与所设温度的差距，如在 ±1% 范围内，则属正常；若误差太大，可根据温控仪说明书再作校正。

(2) 计量调整：在人机界面上，将"自动·工作·手动"旋钮置于"手动"位置，再将"增·计量·减"旋钮置于"增（减）"位置，调整"计量预置"处数值（所设定数字并非实际灌装量值，而是代表灌装量的字节），按下"计量启动"，调整完成后按下"计量停止"，计量调整完成。

2. 灌装机构 灌装机构由料斗、活塞联动机构、喷嘴、喷嘴移动装置、感应装置、气泵组成。

(1) 料斗：不锈钢材料制成的锥形斗。储存配制合格的膏体，安放在活塞泵上方，与活塞泵进料阀门相通。

(2) 喷嘴：从进料端到出料口，中间有不锈钢球和弹簧装置，主要用于阻止膏体，使其不会主动流出。当活塞在活塞缸内挤压软膏时，对喷嘴的弹簧装置产生压力，使不锈钢球下降，软膏会通过喷嘴流出，当没有压力时，不锈钢球在弹簧的作用下上升，阻止软膏流出。

(3) 喷嘴移动装置：主要用于带动喷嘴灌装时下降，停止灌装时上升。

(4) 感应装置：用于检测管座上是否有软膏管，并引导产生灌装动作。

(5) 活塞联动机构：当感应装置感应到管座上软膏管时，气泵移动装置带动喷嘴下降，联动杆带动活塞泵、活塞阀的冲程动作，活塞在活塞缸内挤压软膏，喷嘴的弹簧装置受压力收缩，软膏通过喷嘴流出实现灌装。如没有感应到软膏管，气泵移动装置带动喷嘴下降，但不会触发联动杆动作，故不能实现灌装。活塞联动机构如图 14-10 所示。

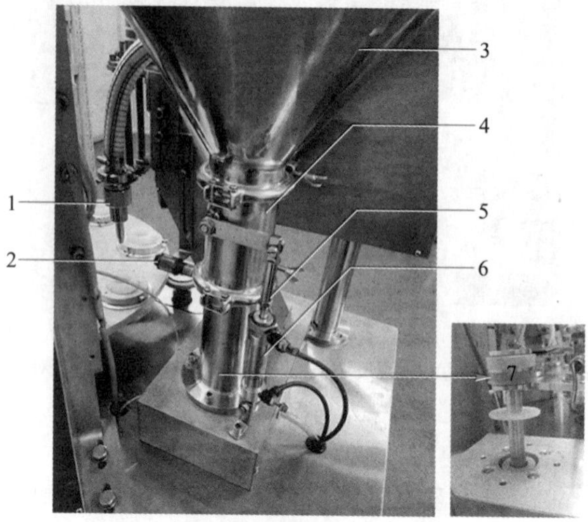

1. 喷头；2. 感应装置；3. 料缸；4. 活塞阀；
5. 联动杆；6. 气泵；7. 活塞。

图 14-10　活塞联动机构实物图

(6) 气泵：在联动杆和喷嘴移动装置处各有一个气泵。在泵体两端连接有气管，气泵的活塞杆可随泵体两端不同的进气规律推动，带动联动杆完成灌装动作和喷嘴移动装置下降上升动作。灌装机构如图 14-11 所示。

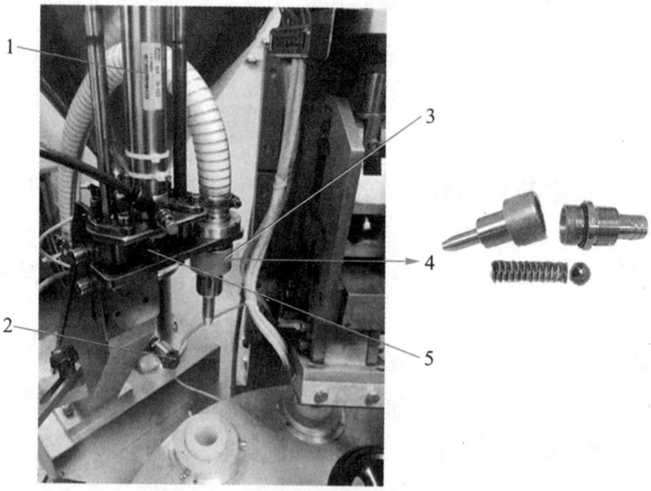

1. 气泵；2. 感应装置；3. 喷头；4. 喷头内部结构；5. 活塞杆。

图 14-11　灌装机构实物图

3. 光电对位装置　光电对位装置主要由步进电动机和色标感应器组成。软管被送到光电对位工位时，色标感应器启动，转轮移动与管座接触，步进电动机快速转动，管子和管座随之旋转。当反射式光电识别到管子上预先印好的色标条纹后，步进电动机随即制动，停止转动，转轮收回，完成对位工作。光电对位装置结构如图14-12所示。

1. 色标感应器；2. 转轮。

图14-12　光电对位装置实物图

4. 封合切尾机构　封合机构是由两个加热封合装置、一个生产日期及生产批号压印装置和切尾装置组成。加热封合装置分别有两个温度控制。生产日期和生产批号采用更换字码的方式进行调整，可在正反两面同时压印。切尾装置用于切掉由于加热封合产生的不规则边缘。

5. 出管机构　出管机构主要由出管顶杆、斜槽组成。切尾后的软管由管座带动至出管工位，同时出管顶杆从管座底中心顶出软管并翻落到斜槽，完成软膏灌封工序。出管顶杆的中心位置必须与管座的中心基本一致才能顺利出管。

6. 管座高度调节机构　主要用于调整软管的高度，使加热封尾，切尾能在软管的合理位置，让完成灌装动作的软管更加美观。

三、GF40型软膏灌封机的操作

视频

B·GFW-40软膏灌装封尾机

（一）开机前准备

（1）检查电源是否正常，气源气压是否正常。

（2）检查各固件是否完好可靠。

（3）检查各机械部位连接、润滑是否良好，在传动部位导杆上涂抹适量润滑油。

（4）检查上管工位、压管工位、光标工位、灌装工位、封尾工位是否协调一致。

（5）检查各控制开关是否处于原始位置，打开总电源开关，打开温控仪加热开关，设定温度。

（二）开机操作

（1）接通电源、气源，在人机界面上将电源开关旋至“开”位置，将主机开关旋至“开”位置；将加热开关旋至“开”位置；将“自动手动”旋钮旋至“手动”模式，分别按下各点动按钮，检查各工位是否工作。

（2）将“自动手动”旋钮旋至“自动”位置，机器进入自动运行状态，观察各工位工作是否协调一致，各紧固件是否牢固。

（3）将物料加入料斗中，所加物料不少于1/4桶，用料勺接在出料口上，会有料排出，待空气排尽后插管试灌，称重后，将计量预置值设定在3~5范围内，调节计量至符合规定。

（4）将空管插入管座，按下封合点动按钮，观察加热、封合、切尾情况，根据封尾情况对转盘速度、切尾刀、加热温度在生产中进行微调。

（5）待灌封完毕后关闭电源和气源。按清洁操作规程对设备进行清洁。

（三）设备的维护与保养

（1）逆时针旋转料筒，可将料筒拆下清洗。料阀的锥形阀体是精密部件，一般情况切勿拆下，一旦拆下又重新装上，必须重新检查其密封性。

（2）料缸底部的计量电动机导杆应经常涂抹润滑油，以保证灵活；料缸气缸下部的螺杆应抹入足量的润滑油，起润滑和密封作用。

（3）所有其他的润滑部件均应充满足够的润滑油（脂），以防机件磨损。

（4）将灌装机的内外清洗干净，严禁用高于45℃的热水清洗，以免损坏密封圈。

（5）定期紧固各连接部位，并检查感应器灵敏度。

（6）检查电控线路和各传感器连接并紧固。

（7）检查气动和传动机构是否良好，并作好调整和加换润滑油。

（四）常见故障及排除方法

GF型灌装封尾机常见故障、原因及排除方法见表14-3。

表14-3 GF型灌装封尾机常见故障、原因及排除方法

故障现象	故障原因	排除方法
自动连续工作不正常，试“手动”“点动”全部正常	安装在间隙传动箱上的发讯片位置不正确或该处的接近开关有故障	检查接近开关和发讯片位置
预热时间过长（超过1 h）温度达不到预置值，封合不牢固	1. 电热管阻值过大（断路） 2. 两根电热管阻值不一致 3. 温控仪自动控制部分失灵或损坏，或热电偶损坏	1. 更换新的电热管 2. 更换温控仪或热电偶 3. 电路板上控制加热的交流接触器的线头有无松动或接触不良
控制器正常，转位、封合都能连续工作，但不灌装或灌装量少，或有或无	1. 活塞联动机构联动杆气泵气压过低 2. 灌装系统是否漏气	1. 调节单向阀，使气压为0.5~0.6 MPa 2. 检查漏气点

续表

故障现象	故障原因	排除方法
机器空载运转不正常	1. 电动机或间隙传动箱故障 2. 气动部分工作气压过低	1. 检查电动机、间隙传动箱 2. 确保供气压力大于 0.5 MPa
灌装混乱、出料无力且少	1. 料阀气缸两根气管位置错误 2. 料缸气缸两根气管位置错误 3. 气压、电压不正常	1. 确定料阀气缸的原始位置 2. 确定料缸气缸的原始位置 3. 确保稳定的气压和电压
封合不牢	1. 加热温度过低 2. 气压过低 3. 加热带与封合带高度不一致 4. 管壁上不清洁	1. 适当调高加热温度 2. 气压调到规定值 3. 调整加热带与封合带高度 4. 保证管壁上清洁度
封合尾部外观不美观	1. 加热部位夹合过紧 2. 封合温度过高 3. 加热封合切尾工位高度不一致	1. 仔细调整加热头夹合间隙 2. 适当降低加热温度 3. 仔细调整各工位高度

岗位对接

本章主要介绍了软膏剂的生产工艺、主要工序与质量控制点，以及配制设备、灌装设备的主要结构、工作原理、设备操作规程和常见故障及排除方法等内容。

常见软膏剂生产人员相对应国家职业工种是《中华人民共和国职业分类大典》(2015 年版)药物制剂工(6-12-03-00)包含的软膏剂工。从事的工作内容是制备符合国家制剂标准的不同产品的软膏剂。相对应的工作岗位有基质准备、称量、配制、灌封及包装等岗位。其知识和技能要求主要包括以下几个方面：

(1) 进行生产前的准备和作业确认；

(2) 使用衡器、量器，计量、配制原辅料；

(3) 操作软膏剂配制设备和灌封设备；

(4) 操作空气净化设备，制备洁净空气，并进行环境、设备、器具消毒；

(5) 操作包装设备，进行成品分装、包装、扫码；

(6) 判断和处理软膏剂生产中的故障，能正确维护保养软膏剂生产设备；

(7) 进行生产现场的清洁作业；

(8) 填写操作过程的记录。

思考题

1. 简述 ZJR 真空乳化机的操作过程。
2. 简述 GF 型灌装封尾机的操作注意事项。

在线测试

（侯晓军）

第十五章

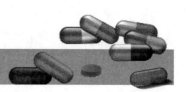

栓剂生产设备

学习目标

1. 熟悉栓剂配料罐、全自动栓剂灌封机组的工作原理和结构。
2. 能按照 SOP 正确操作栓剂配料罐、全自动栓剂灌封机组。
3. 熟悉栓剂配料罐、全自动栓剂灌封机组的清洁和日常维护保养。
4. 能解决在栓剂生产过程中出现的一般问题。
5. 了解栓剂生产的基本流程及生产工序质量控制点。

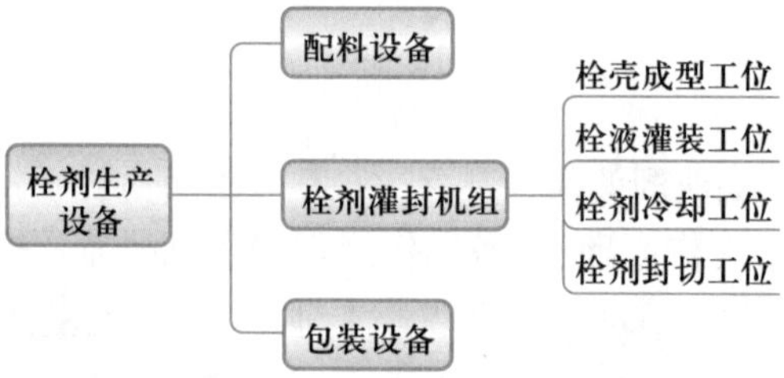

第一节　概　　述

一、栓剂生产工艺

栓剂的制法主要有热熔法(即模制成型法)、冷压法(即挤压成型法)和搓捏法。其中热熔法应用最广泛,生产工序包括配料、灌装、冷却、封口、打码和剪切等,具体生产流程如图 15-1 所示。

二、生产工序质量控制点

药品在生产过程中需要进行严格的质量控制,结合栓剂的生产流程,领料及准备工作、称量和配料、制壳、灌装、冷却、封切、包装、待验库等工序均是质量控制点(表 15-1)。

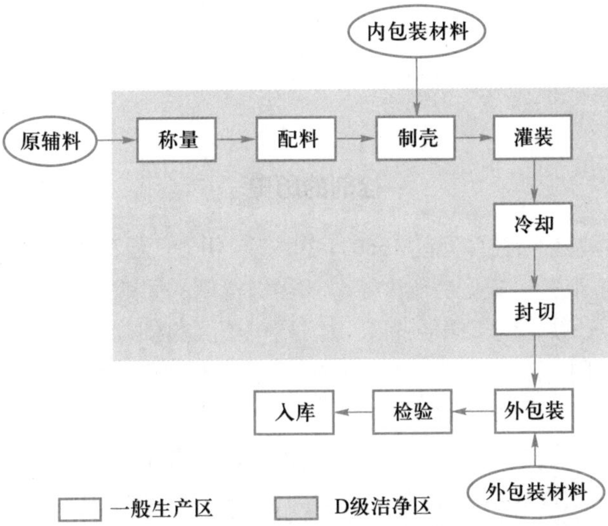

图 15-1　栓剂生产工艺流程图

表 15-1　生产工序质量控制点

生产工序	质控对象	具体项目	检查次数
领料及准备工作	物料	原辅料质量检验合格	每批
	称量	称量室洁净度级别、称量仪器校验合格	
称量和配料	物料	核对物料品名、批号、数量等信息	每批
	称量	计算与投料，双核对	
	基质融化	加热温度和时间	
	混合	搅拌时间	
制壳	制壳主机	预热温度、加热温度、吹泡成型压力、外观	随时
灌装	栓剂壳	有无损伤、数量	随时
	灌装	温度、速度、位置、装量	
冷却	冷却主机	冷却风机转速、冷却温度	每批
封切	热封	热风温度、密封压力、封口严密、外观	随时
	剪切	切口高度、推片机构位置、切刀剪切位置、外观	
包装	贴签	牢固、位正、外壁清洁	随时
	装盒	数量、批号、说明书	
	装箱	数量、装箱单、封箱牢固	每箱
待验库	成品	清洁卫生、温度、湿度、货位卡、状态标志、分区、分品种、分批	定时

知识拓展

栓剂的历史

栓剂为古老剂型之一，在公元前 1550 年的埃及《伊伯氏纸草本》中即有记载。中国使用栓剂也有悠久的历史，《史记·仓公列传》有类似栓剂的早期记载，后汉张仲景的《伤寒论》中载有蜜煎导方，就是用于通便的肛门栓；晋代葛洪的《肘后备急方》中有用半夏和水为丸纳入鼻中的鼻用栓剂和用巴豆鹅脂制成的耳用栓剂等；其他如《千金方》《证治准绳》等亦载有类似栓剂的制备与应用。

栓剂应用的历史已很悠久，但都认为是局部用药起局部作用的。随着医药事业的发展，逐渐发现栓剂不仅能起局部作用，而且还可以通过直肠等吸收而起全身作用，以治疗各种疾病。由于新基质的不断出现和使用机械大量生产，以及应用新型的单个密封包装技术等，近几十年来国内外栓剂生产的品种和数量显著增加，中药栓剂不断涌现，有关栓剂的研究报道也日益增多，这种剂型又重新被重视起来了。

第二节　栓剂灌封设备

一、概述

栓剂生产常用设备包括配料设备和栓剂灌封设备。灌封设备又分为半自动栓剂灌封机组和全自动栓剂灌封机组，以下主要讲解全自动栓剂灌封机组。

二、常用栓剂生产设备

（一）配料设备

生产中常用且较为先进的设备是高效均质机，该机是栓剂药物灌装前的主要混合设备，通过搅拌、均质、乳化使药物与基质按一定比例混合均匀。该设备主要由夹层保温罐、罐外强制循环泵、搅拌均质机构、电气控制系统等组成（图 15-2）。

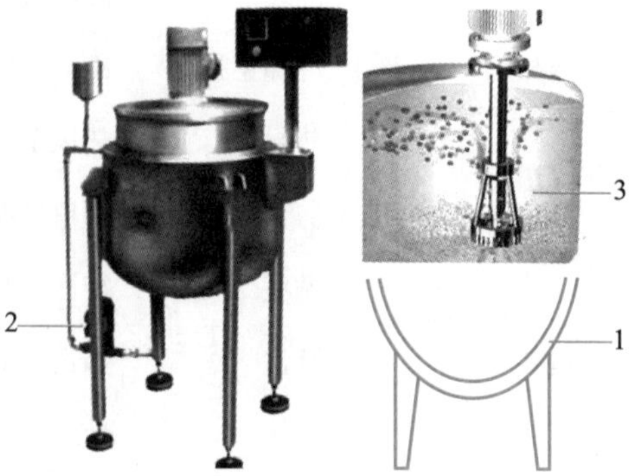

1. 夹层保温罐；2. 罐外强制循环泵；3. 搅拌均质机构。

图 15-2　栓剂高效均质机实物图

设备结构简单，适用于混合多种不同物料。药物与基质混合效果好，产品栓液均匀，且冷却成型后不易分层，灌注时不易产生气泡或致药物分离，混合效果远远优于配料罐。

（二）栓剂灌封机组

半自动栓剂灌封机组仅可完成灌注、低温定型、封口整型和单板剪断等工作，但不能生产栓壳，需要另外购买。生产过程的连续性和密闭性都不如全自动栓剂灌封机组好，故药品生产企业多选择全自动栓剂灌封机组，能一次性完成栓剂的制壳、灌注、冷却成型、封切等工序。

以下内容以 HY 型全自动栓剂灌封机组为例。

该机组主要由栓壳成型工位、栓液灌装工位、栓剂冷却工位、栓剂封切工位组成（图 15-3）。卷装 PVC/PE 膜在加热成型机构部分被制成各种形状的栓壳，并完成虚线切割和底边修整。接着已成型的栓壳经过灌装机构被灌注栓液，然后进入冷却隧道（由冷水机组供冷），栓液温度降低冷却而凝固。固化后的栓剂条带再经过平整、封尾、印字等工序，根据要求被分切成固定粒数的栓剂产品。

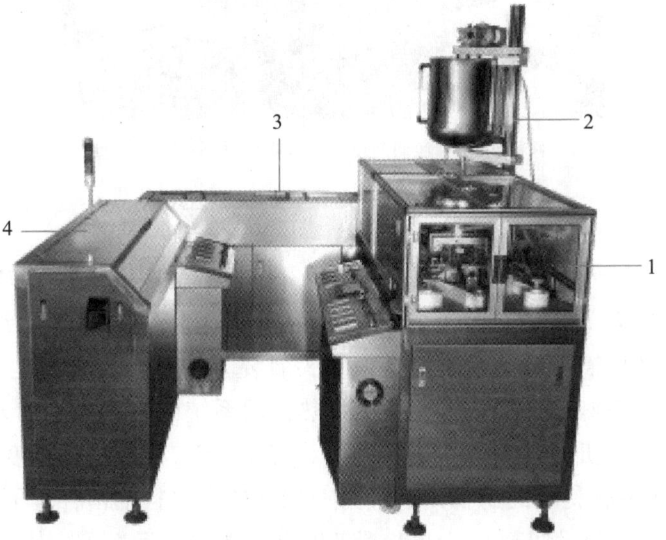

1. 栓壳成型工位；2. 栓液灌装工位；3. 栓剂冷却工位；4. 栓剂封切工位。

图 15-3　HY-U 型全自动栓剂灌封机组

1. 栓壳成型工位　该工位包括放膜盘、传送夹具、成型、修整底边、虚线切割等结构（图 15-4、图 15-5）。工作时，复合膜沿夹持机构进入栓壳成型区经预热、加热模具→成型模具→吹气模具→吹泡成型等过程制成一定形状的栓壳，即将膜料从放膜盘经导向轮、传送夹具送入，再经预热、加热模具使膜材受热软化增加其塑性。在成型模具上装有与之相对应的吹气模具，当吹气模具与成型模具对接时，压缩空气将膜材吹向成型模具的凹槽底使膜材产生塑性形变并正压成型，完成制壳。最后经切刀进行底边修整、虚线切割，使栓壳外观形成统一的底型且便于分成单粒。

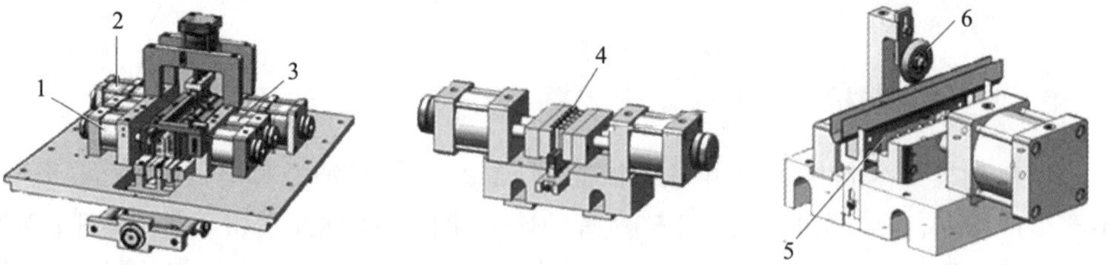

(a)成型示意图 (b)修整底边示意图 (c)虚线切割示意图

1. 预热工位；2. 吹气、成型工位；3. 加热工位；4. 切刀；5. 三角刀；6. 导向轮。

图 15-4 栓壳成型工位示意图

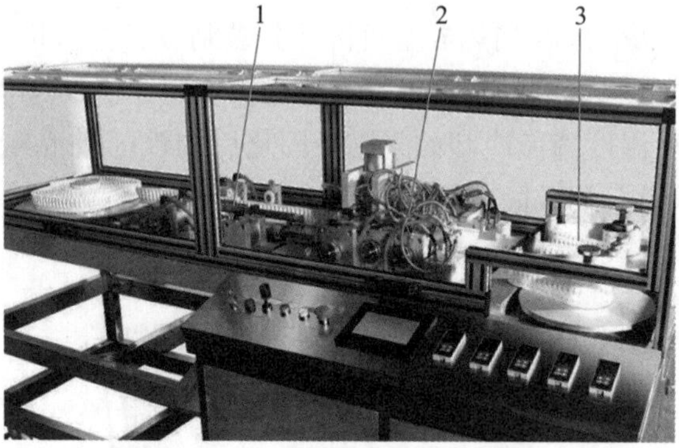

1. 修整底边、虚线切割；2. 加热、吹气、成型；3. 放膜盘。

图 15-5 栓壳成型工位实物图

2. 栓液灌装工位 由灌装泵、物料桶、物料循环泵和分段切刀结构组成(图15-6~图15-8)。灌装泵体有若干个柱塞泵，可通过顶部的手柄调节灌装量，泵体下部的注入器按生产所需可分为六头灌装或七头灌装。采用一次性埋入式灌装，栓液灌装精度控制在 ±2%。工作时，向装有电加热保温系统的物料桶内加入栓液，开启顶端配备的搅拌电动机使栓液保持均匀混合状态。接着，栓液经高精度灌装泵进入灌装头，若一次灌装有剩余的药物则通过另一端循环至原料桶留存至下次灌装。灌装后的栓带按设定被分段切割刀切成 28 粒 / 板或 30 粒 / 板后送入冷却工位。

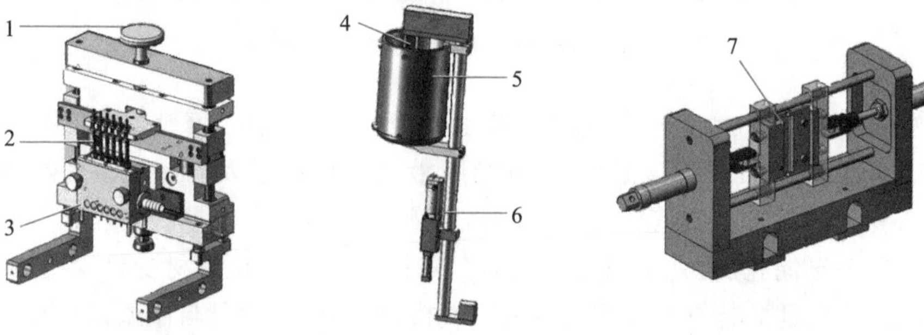

(a) 灌装泵示意图 (b) 物料桶、搅拌器、循环泵示意图 (c) 分段切割示意图

1. 灌装粗调；2. 灌装精调；3. 进口密封圈；4. 搅拌器；5. 物料桶；6. 循环泵；7. 高频淬火切割刀。

图 15-6 栓壳灌装工位示意图

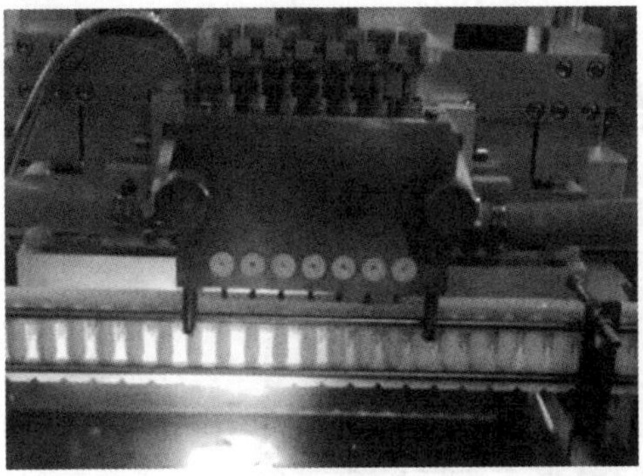

图 15-7　栓壳灌装工位灌装实物图

图 15-8　栓壳灌装工位切割实物图

3. 栓剂冷却工位　主要是通过冷却箱完成固化工序，包括两组冷却隧道和冷风机（图 15-9、图 15-10）。经分段的条带进入冷却隧道进行逐级冷却，冷源是冷水机提供的冷水，冷却风扇将冷却风均匀分散，通过冷却箱中的 4 个冷凝器对冷却架上的栓剂进行冷却（温度控制在 8~16℃），最后由交替往复运动的循环器将冷却后的栓剂送至封尾工位。

4. 栓剂封切工位　该工位包括预热模具、封口模具和打码模具（图 15-11~图 15-13）。固化后的条带经封尾传送夹具进入预热模具被加热软化，接着进入封口的加热模具进一步加热熔封，然后被打码模具夹紧打批号，最后被切刀修整顶边并剪切成需要粒数的栓剂产品。

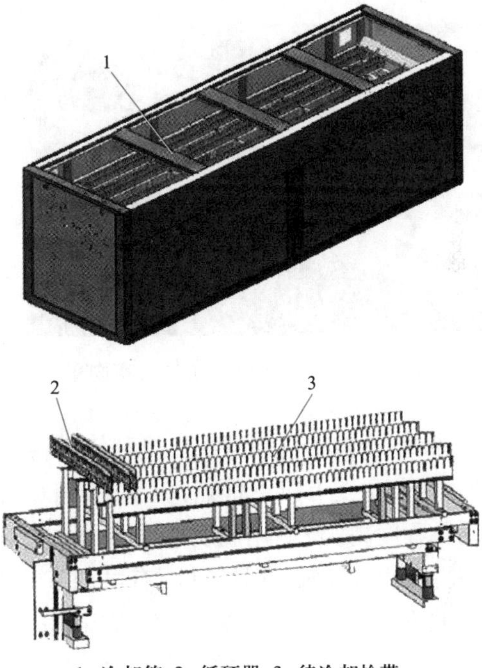

1. 冷却箱；2. 循环器；3. 待冷却栓带。

图 15-9　栓壳冷却工位示意图

图 15-10　栓剂冷却工位实物图

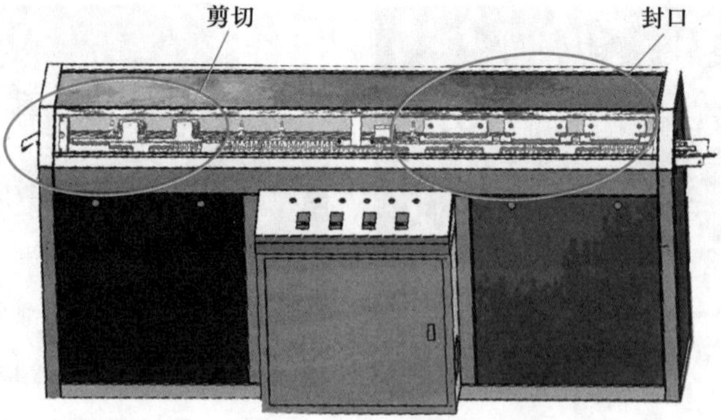

图 15-11 栓剂封切工位示意图

图 15-12 栓剂封切工位封口实物图

图 15-13 栓剂封切工位剪切实物图

HY 型全自动栓剂灌封机组可使用卷装 PVC、PVC/PE 或双铝复合膜为包装材料生产栓剂，主要有以下优点：① 采用 PLC 可编程控制和人机界面操作，使用更简便，自动化程度高；② 专用温度传感器和微电脑控制系统能对模具实现高精度恒温控制；③ 大容量的栓液储存桶，并配有可调节的恒温、搅拌装置；④ 插入式直线灌注机构，定位准确，不滴药，不挂壁，也适用于高黏度中药的灌注；⑤ 带有除静电系统的灌装工位，药液不爬升，不影响封口质量；⑥ 冷却隧道采用一进一出的方式，能使灌注后的栓剂壳带有充分的时长完成冷却定型，固化效果好；⑦ 封口工位采用两级预热，预热效果好，成品剪切粒数可根据需要设置。

（三）包装设备

通常选用多功能自动装盒机，此类包装设备结构上一般包括折纸机、说明书输送部件、纸盒输送部件、产品推送部件、封盒部件和产品输送部件，可以自动完成开盒、装料、折盒、插盒、封盒等全部工序，适用于多品种、多规格纸盒的包装，既可单独使用也可与其他设备连线配套使用。具体内容详见第十六章。

课堂讨论

栓剂的灌装量如何调节？

三、HY 型全自动栓剂灌封机组的操作

（一）开机前准备

(1) 检查是否有清场合格证，并确定是否在有效期内。

(2) 检查设备是否有“完好”标牌、“已清洁”标牌，检查机器表面有无异物。

(3) 根据生产需要安装成型模具和相应部件，检查模具情况是否完好，有无缺边、裂缝、变形等情况，更换批号、生产日期等钢字。

(4) 检查并接通电源、水源、冷源、气源，准备好生产所需原料。

(5) 测试机器上的所有开关、按钮和温控器是否正常。

（二）开机操作

(1) 在停机状态下安装 PVC 膜卷，物料桶内加入原料并确保最高料位≤桶边10 cm左右。

(2) 调节气压至 0.6~0.7 MPa。

(3) 打开触摸屏上的手动运行窗口，点击进入“参数操作”界面，根据产品工艺要求设定性能参数、成型参数和封尾参数。

(4) 在启动机器前，对所有运行机构进行观察和调试，包括：调整成型模具、编码模具等模具的位置；调整加温模块的位置或数量；设置各温控器上的温度等。

(5) 点击“成型操作”“冷却操作”“封尾操作”“功能选择操作”，依次开启成型、灌装、冷却和封切工位，对预调的位置进一步微调，直到符合要求为止。

(6) 在打开冷水机前检查冷却水位，然后开机。

(7) 打开预热模具、封尾模具的加热升温开关，待加热温度上升到工作所需温度后，将预先配好的栓液倒入物料桶（料桶温度上升到预设温度，打开搅拌、回料及循环泵），打开灌装泵进行栓剂的灌装生产。

(8) 生产结束后依次关闭进料、成型、灌装、冷却、封切工位。按标准清洁规程进行清洁、清场。

（三）设备的维护与保养

(1) 每周需在气压装置三联机件上的油杯内加注防锈润滑油一次；每月润滑一次机械部件，活塞、导杆涂上润滑油，轴承、齿轮、齿条等各机械运动部件的摩擦部位涂上润滑脂，以确保正常运转。

(2) 每日生产结束后清洗物料桶、循环泵、灌装计量泵和循环管道，清洗液为热水与混合清洗剂或消毒肥皂水的稀释液。

(3) 每周排除气压系统中残留的水分一次。空气中的水汽也会凝结成水分，因此气压源装置底孔应经常放水，以防止水分对活塞造成危害。

(4) 每周清洗气压过滤器系统一次。气压系统有三个过滤器，其中一个过滤水分，

另外两个过滤空气中的尘埃和来自三联杯里的油渣等。定期拆下其零件，用热水或清洗剂加以清洗，再用压缩空气吹净。

(5) 每周清理光电和光纤的传感面一次，采用软质干燥且吸水性好的抹布擦拭。

(6) 每 3 个月更换消音器一次，消音器安装在各处电磁阀的底座上，如要安装集中排气过滤器，则需每个月更换一次。

(7) 随时检查，必要时更换损坏或磨损超限的零件和易损件，确保机器正常运转。

(四) 常见故障及排除方法

HY 型全自动栓剂灌封机组常见故障、原因及排除方法见表 15-2。

表 15-2　HY 型全自动栓剂灌封机组常见故障、原因及排除方法

故障现象	故障原因	排除方法
机器无法启动	1. 机器连接不恰当 2. 电、气连接不正确 3. 电控箱内保险丝不完整；急停开关未旋开 4. 显示器出现异常信息	1. 重新连接机器 2. 重新连接电、气 3. 更换保险丝 4. 旋开急停开关；检查控制器
机器无法启动自动模式	1. 机器未复位 2. 急停开关未旋开 3. 保险丝不完整 4. 显示器出现异常信息，有传感器信号不正确 5. 未关闭手动	1. 机器复位 2. 旋开急停开关 3. 更换保险丝 4. 检查控制器 5. 关闭手动
机器无法复位	动力控制异常	检查传感器读数是否正确；按急停开关并重新操作
模具无法加热	1. 温控器设置不正确 2. 加温器接触不良，电热丝断裂，加温器短路	1. 重新设置温控器 2. 检查加温器电路
产品在冷却隧道内未凝固	1. 箱体密封不好 2. 冷却风扇工作不正常 3. 冷水机连接不正确	1. 修复箱体泄漏处 2. 检查冷却风扇工作情况 3. 重新连接冷水机
显示器无法通讯阅读	通讯器与动力控制连接不正确	检查控制系统，重启设备
机器速度变慢	1. 气压异常 2. 气动管道堵塞 3. 活塞密封圈破损	1. 检查气压 2. 疏通管道 3. 更换活塞密封圈
按下复位按钮，气压不复位	安全开关电路断路	检查电路

岗位对接

本章主要介绍了栓剂生产工艺、主要工序与质量控制点，以及全自动栓剂灌封机的主要结构、工作原理、设备标准操作、维护与保养、常见故障及排除方法等内容。

常见栓剂生产人员相对应国家职业工种是《中华人民共和国职业分类大典》(2015 年版)药物制剂工(6-12-03-00)包含的栓剂工。从事的工作内容是制备符合国家制剂标准的不同产品的栓剂。相对应的工作岗位有称量、配料、制壳、灌装、冷却、封切和包装等岗位。其知识和技能要求主要包括以下几个方面：

(1) 进行生产前的准备和作业确认；

(2) 使用衡器、量器，计量、配制原辅料；

(3) 操作配料设备、制壳设备、灌装设备、冷却设备和封切设备及辅助设备；

(4) 操作空气净化设备，制备洁净空气，并进行环境、设备、器具消毒；

(5) 操作包装设备，进行成品分装、包装、扫码；

(6) 判断和处理栓剂生产中的故障，维护保养栓剂生产设备；

(7) 进行生产现场的清洁作业；

(8) 填写操作过程的记录。

思考题

1. 某药厂在一次使用 HY 型全自动栓剂灌封机组生产栓剂时，发现产品在冷却隧道内未凝固，请分析可能的原因，并提出解决办法。

2. 在使用 HY 型全自动栓剂灌封机组生产栓剂时，如果机器无法启动，请分析可能原因，并提出具体解决方案。

在线测试

(高莉丽)

第十六章 药品包装设备

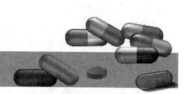

学习目标

1. 掌握常见药品包装设备的结构和工作原理。
2. 能按照 SOP 正确操作药品包装设备。
3. 熟悉常见药品包装设备的清洁和日常维护保养。
4. 能排除药品包装设备的常见故障。
5. 了解药品包装生产的基本流程及生产工序质量控制点。

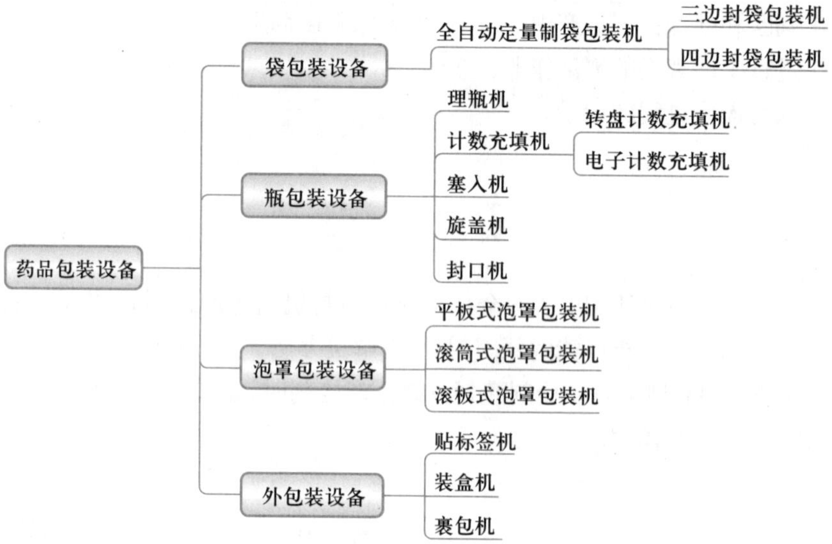

第一节 概　述

药物制剂包装是指采用适宜的材料或容器，按一定包装技术对药物制剂的半成品或成品进行分（灌）、封、装、贴签等操作，为药品提供品质保护、签订商标和说明的一种加工过程总称。完成药品直接包装和药品包装物外包装及药包材制造的设备，称为药品包装设备。

一、药品包装的作用

药品作为特殊商品，其生产有其特殊性。从原料、中间体、成品、制剂、包装到使用，一般要经过生产和流通（含销售）两个领域。在产品到商品的转化过程中，药品包装起着重要的桥梁作用，有其特殊的功能。

1. 保护药品

(1) 药品包装应对药品质量起到保护作用。药品包装的包装材料，尤其是直接接触药品的包装材料对保证药品稳定性起决定作用，因而材料的适用性将直接影响用药的安全性。

(2) 药品包装应与药品的临床应用要求相配合，如与各类药物剂型的使用要求、使用方法配合，与用药疗程配合，与用药剂量配合，且应便于患者按剂量准确使用，防止待用过程中的药品污染、失效、变质、减少浪费。

2. 方便生产、流通和销售

(1) 包装要适应生产的机械化、专业化、自动化和智能化的需要，符合药品社会化生产的要求。

(2) 从储运过程和使用过程的方便性出发，考虑药品包装的形式、规格、尺寸等。

(3) 既要适应流通过程中的仓储、货架、陈列的方便，也要适应临床过程中摆设、室内的保管等。

3. 包装防伪　药品的防伪包装可降低药品造假的可能性，防止药品包装被伪造和假冒，起到保护药品的功能。目前国际上已有多种防伪技术，如全息防伪、油墨防伪、纸张或特殊材质防伪、电码标志防伪、定位烫印防伪、激光膜防伪、激光射码防伪、揭开留底防伪标志等。

4. 方便携带和安全使用　药品包装在考虑保证药品稳定性的同时还应进行人性化设计，以方便患者的使用，方便临床使用，保证药品质量及配合临床治疗。包装形式、造型结构、材质、开启方式、容量、规格便于患者及临床使用、携带、储存；包装印刷图形、色彩、商标、文字等能够让患者对药品信息清晰明了，引导患者科学、安全地用药，并对药品产生真实感与信任感；采用儿童不易轻松打开、撕开的包装，可防止儿童误服，但能让成年人顺利开启。

二、药品包装的分类

药品包装主要分为单剂量包装、内包装和外包装三类。

1. 单剂量包装　指对药品按照用途和给药方法进行分剂量包装的过程。例如：将颗粒剂装入小包装袋；将注射剂、口服液采用玻璃瓶包装；将片剂、丸剂、胶囊剂装入泡罩式铝塑材料中的分装过程等，此类包装也称分剂量包装。

2. 内包装　是指直接与药品接触的包装。例如：将成品颗粒、药片、药丸或胶囊等直接装入塑料袋、塑料（玻璃）瓶或铝塑泡罩包装中，然后装入纸盒、塑料袋、金属容器等，以防止潮气、光、微生物、外力撞击等因素对药品造成影响或破坏。

3. 外包装　将已完成内包装的药品装入箱、袋、桶或罐等容器中的过程称为外包装。进行外包装的目的是将小包装的药品进一步集中于较大容器内，以便药品储存和运输。

三、包装设备的分类

1. 按包装机械的自动化程度分类

(1) 全自动包装机：全自动包装机是自动供送包装材料和内容物，并能自动完成其他包装工序的机器。

(2) 半自动包装机：半自动包装机是由人工供送包装材料和内容物，但能自动完成其他包装工序的机器。

2. 按包装产品的类型分类

(1) 专用包装机：是专门用于包装某一种产品的机器。

(2) 多用包装机：是通过调整或更换有关工作部件，可以包装两种或两种以上产品的机器。

(3) 通用包装机：是在指定范围内适用于包装两种或两种以上不同类型产品的机器。

3. 按包装机械的功能分类　包装机械按功能不同可分为：充填机械、灌装机械、裹包机械、封口机械、贴标机械、清洗机械、干燥机械、杀菌机械、捆扎机械、集装机械、多功能包装机械以及完成其他包装作业的辅助包装机械。我国国家标准采用的就是这种分类方法。

4. 包装生产线　由数台包装机和其他辅助设备联成的能完成一系列包装作业的生产线，即包装生产线。

药品包装是商品包装的一种特殊包装，因此，商品包装与药品包装有共同点也有区别点。在制药工业中，药品包装设备一般是按制剂剂型及其工艺过程进行分类。按照 GB/T 15692—2008，药品包装机械分为药品直接包装机械、药品包装物外机械、药包材制造机械。

四、药用包装设备的组成

药用包装设备作为包装设备的特殊类型，主要由以下八部分组成：

1. 药品的计量与供送装置　指将包装药品进行计量、整理、排列，并输送至预定工位的装置系统。

2. 包装材料的整理与供送装置　指将包装材料进行定长切断或整理排列，并逐个输送至锁定工位的装置系统。有的在供送过程中还完成制袋或包装容器竖起、定型、定位等工作。

3. 主传送系统　指将被包装药品和包装材料由一个包装工位依次传送到下一个包装工位的装置系统。单工位包装机没有主传送系统。

4. 包装执行机构　指直接进行裹包、充填、封口、贴标、捆扎和容器成型等包装操作的机构。

5. 成品输出机构　指将包装成品从包装机上卸下、定向排列并输出的机构。有的机器是由主传送系统或靠成品自重卸料。

6. 动力机与传动系统　指将动力机的动力与运动传递给执行机构和控制元件，使之实现预定动作的装置系统。通常由机、电、光、液、气等多种形式的传动、操纵、控制以及辅助等装置组成。

7. 控制系统　由各种自动和手动控制装置等所组成，是现代药物制剂包装机的重要组成部分，包括包装过程及其参数的控制、包装质量、故障与安全的控制等。

8. 机身　用于支承和固定有关零部件，保持其工作时要求的相对位置，并起一定的保护、美化外观的作用。

课堂讨论

"人要衣装，佛要金装"，从产品到商品的转换必须要通过包装才能完成。包装设计成功，代表产品成功了一半。

药品是特殊的商品。药品的包装必须保证药品从出厂到最终送到消费者手中保持效果的一致性。那么对于药品包装而言，有哪些特殊的要求？常用的药品包装设备有哪些？

第二节　袋包装设备

一、概述

袋包装设备是指采用可热封的复合材料，自动完成制袋、计量、充填、封合、分切、热压批号等功能，对药物进行袋包装的设备。目前应用广泛的袋包装设备是全自动定量制袋包装机。

二、全自动定量制袋包装机

全自动定量制袋包装机是直接用卷筒状的热封包装材料，自动包装所有的细小颗粒及粉末状药品，包括自动完成计量充填、制袋（背封、三边封、四边封、插角袋、手拎带、四边烫袋）、自动打孔、打码、计数、封口和切断等多种功能。常用于包装散剂、颗粒剂、片剂、丸剂、流体和半流体等物料。

（一）三边封袋包装机

三边封袋包装机是采用三边封合方式的袋包装机械，主要结构有卷筒薄膜、导辊、成型器、加料器、纵封滚轮、横封辊等（图 16-1、图 16-2）。

工作时卷筒薄膜经多道导辊被引入象鼻形成型器，在成型器下端薄膜逐渐卷曲成圆筒，接着被纵封器加热加压封合，同时薄膜受到纵封滚轮的作用被拉送。计量后的物料由加料斗与成型器内壁组成的充填筒被导入袋内。横封器将其横向封口，纵封器的回转轴线与横封器的回转轴线呈空间平行，切刀将封好的料袋从横封边居中切断分开，得到三边封口袋。该方法用于易流动颗粒或流动性差的粉粒状物料的包装。

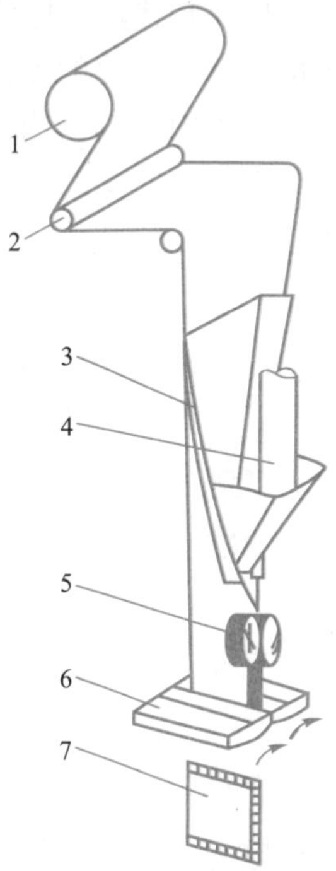

1. 卷筒薄膜；2. 导辊；3. 成型器；
4. 加料器；5. 纵封滚轮；
6. 横封辊；7. 成品袋。

图 16-1　三边封袋包装机结构示意图

图 16-2　三边封袋包装机实物图

（二）四边封袋包装机

四边封袋包装机是采用四边封合方式的袋包装机械，主要是由充填器、上卷膜轴、下卷膜轴、输送装置、纵封器、横封器和切刀等组成（图 16-3、图 16-4）。工作时，两个卷筒薄膜经导辊进入加料管的两侧，通过纵封器将其对接成圆筒状，紧接着充填物料，随后横封器将其横向封口，切刀将料袋切断成单个四面封口袋。

立式四面封口包装机多用于小剂量细颗粒状或流动性好的物料的包装，有多列和单列机型，随列数的增加，生产效率可大大提高。

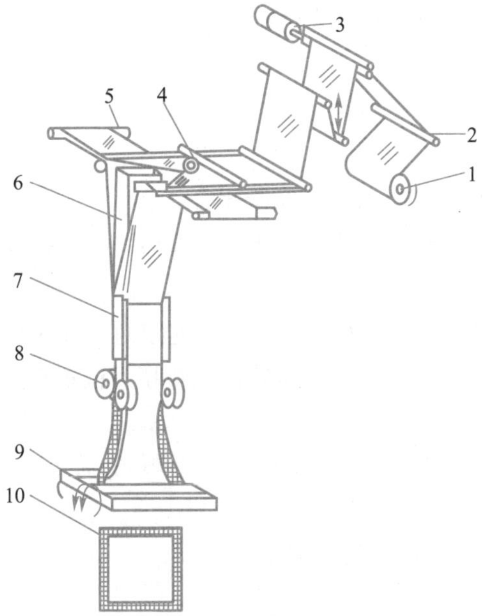

1. 卷筒薄膜；2. 导辊；3. 供纸电动机；4. 分切滚刀；
5. 转向导辊；6. 入料筒；7. 成型器；8. 纵封滚轮；
9. 横封辊；10. 成品袋。

图 16-3 四边封袋包装机结构示意图

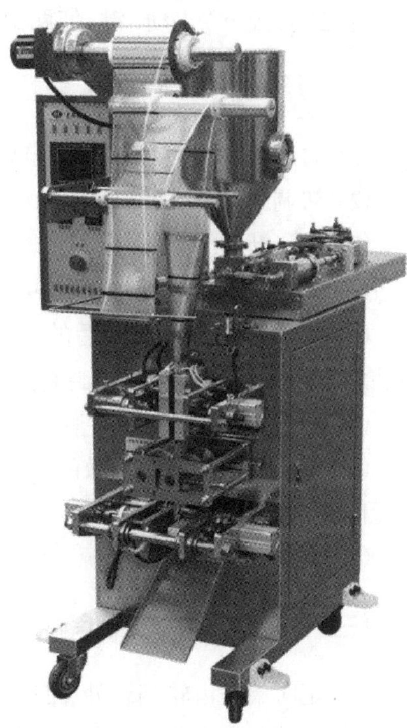

图 16-4 四边封袋包装机实物图

课堂讨论

收集一些袋包装形式的药品、食品（包括固态、液态），试区分三边封口、四边封口及其他袋包装形式。

三、PX-428 型立式全自动定量制袋包装机的操作

（一）开机前准备

(1) 检查设备的清洁是否符合生产要求，是否有清场合格证。

(2) 检查机器上安装的定量杯与制袋用的成型器是否相符，包装材料是否符合使用要求。

(3) 用手顺时针转动离合器手柄，使上离合器与下离合器分开。

(4) 将上转盘逆时针方向手动转动一周，在旋转过程中注意观察下转盘的下料门能否顺利地打开或关闭。

(5) 在架纸轴上放上包装材料，装上挡纸轮及挡套，然后把架纸轴放到架纸板上。

(6) 检查包装材料的印刷面方向，应与该机型的图示相符，调整包装材料与成型器对齐，使挡纸轮及挡套夹紧包装材料并拧紧旋钮。

(7) 向下拉动包装材料，并将包装材料插入成型器中向下拉动，使包装材料进入

两滚轮之间，按下“手动”键，使两滚轮夹住成型后的包装材料。

（二）开机操作

（1）通过数字温度控制器设定好封口温度。

（2）初调封合压力，手动传动皮带，使左右热封器处于完全闭合状态。

（3）进一步调整封合压力。开机连续封合几袋，观察包装袋是否封合严密，纹路是否清晰均匀，封合时撞击力是否过大。

（4）将两滚轮压住成型后的包装材料并向下拉动到切刀下方，连续封合几袋后将包装袋上的一个色标对正横封封道的中间位置，转动升降手轮以调整切刀位置。

（5）切刀位置调好后，调整切断时间。

（6）待所有部件都调整好后，可先连续封合几袋，观察运行是否顺畅，有无异响，若无问题则可开机进行生产。

（7）生产结束后关闭电源，按设备清洁规程做好清洁卫生。

（三）设备的维护与保养

（1）定时给各齿轮啮合处、带座轴承注油孔及各运动部件加注机油润滑，每班一次。

（2）减速机严禁无油运转，首次运转 300 h 后应清洗内部并换上新油，此后每工作 2 500 h 换新油。

（3）加注润滑油时，不要将油滴在传动皮带上，以免造成打滑丢转或皮带过早老化损坏。

（4）经常检查各部位螺钉，不得有松动现象。

（5）电气部分注意防水、防潮、防腐、防鼠。保证电控箱内及接线端子处干净，以防造成电气故障。

（四）常见故障及排除方法

立式全自动定量制袋包装机常见故障、原因及排除方法见表 16–1。

表 16–1　立式全自动定量制袋包装机常见故障、原因及排除方法

故障现象	故障原因	排除方法
包装材料被拉断	1. 供纸电动机线路故障，线路接触不良 2. 供纸接近开关损坏	1. 检修供纸电动机线路 2. 更换开关
袋封合不严	1. 封合压力不均 2. 封合温度不够 3. 包材不好	1. 调整封合压力 2. 调整封合温度 3. 换包材
封道不正	热封器位置不对	调整热封器
切袋位置偏离色标较大	1. 齿轮啮合不好 2. 减速机机械故障 3. 光电开关（电眼）位置不正确	1. 调整修理齿轮 2. 更换轴承 3. 调整电眼位置

续表

故障现象	故障原因	排除方法
不拉袋	1. 线路故障 2. 拉袋接近开关损坏 3. 自动包装机控制器故障 4. 步进电动机驱动器故障	1. 检查线路 2. 更换拉袋接近开关 3. 更换自动包装机控制器 4. 更换步进电动机驱动器

第三节　瓶包装设备

一、概述

瓶包装设备是用于片剂、丸剂、胶囊剂等制剂直接装瓶的设备。瓶包装设备能完成理瓶、计数、装瓶、塞纸、理盖、旋盖、贴标签、印批号等工作。目前应用广泛的瓶包装设备是药用瓶包装联动线。

二、药用瓶包装联动线

药用瓶包装联动线是以粒计数的药物由装瓶机械完成内包装过程的成套设备，一般由理瓶机、计数充填机、塞入机（塞纸机、塞棉机、塞干燥剂机）、上盖旋盖机、铝箔封口机、不干胶贴标签机、装盒机等组成，能自动整理空瓶，对胶囊、片剂（包括素片）、三角形、菱形、圆形等异形片按照设定规格自动计数装瓶、旋盖、封口、打码贴签等工作。组成生产线的每台设备均有独立的操作控制系统，可单机使用，也可组成完整的包装生产线使用，智能联控功能保证各道工序动作协调，生产线计数准确，连续运行稳定，能够满足所有品种的生产，且生产出来的药瓶包装符合 GMP 标准。药用瓶包装联动线如图 16-5 所示。

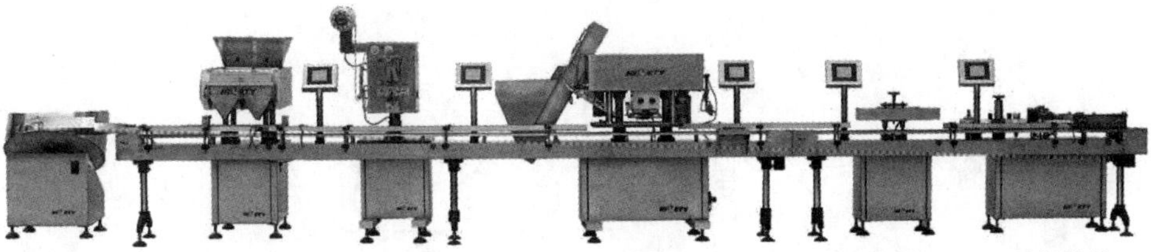

图 16-5　药用瓶包装联动线实物图

（一）理瓶机

理瓶机是能整理和排列瓶子，并调节输瓶速度的机械。本机可将药瓶整理成瓶口一致向上，并按整齐有序的队列输出。整机操作方便，维修简单，运行可靠。理瓶机主要包括槽盘、料斗、振动电动机、拨瓶电动机、翻瓶板等（图 16-6、图 16-7）。

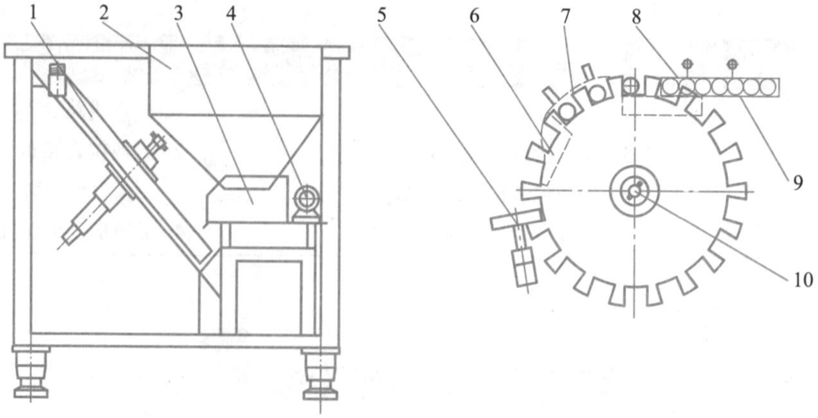

1. 槽盘；2. 料斗；3. 给料斗；4. 振动电动机；5. 拨瓶电动机；6. 翻瓶板；7. 理瓶内挡板；8. 外侧导板；9. 出瓶挡板；10. 槽盘螺钉。

图 16-6　理瓶机结构示意图

如图 16-8 所示，人工或自动将产品装入储料舱，并通过提升机构导入料桶，根据产品规格转盘以一定的速度旋转，将产品沿桶壁导入分瓶机构，再经理瓶输送带进入理瓶机构，理顺瓶口方向，再经理瓶输送带和扶正带将产品翻转至正确方向，导出进入下道工序（产品输送带）。

图 16-7　理瓶机实物图

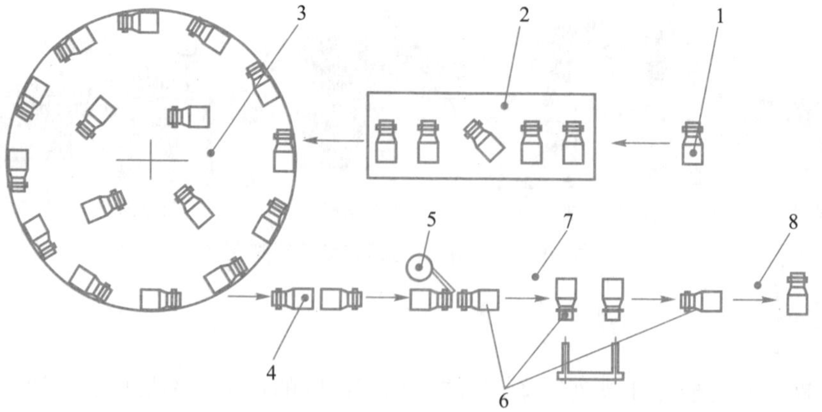

1. 药瓶；2. 储料舱；3. 料桶；4. 分瓶机构；5. 定向钩；6. 理瓶机构；7. 理瓶输送带；8. 扶正带。

图 16-8　理瓶机工作原理图

（二）计数充填机

计数充填机主要分转盘计数充填机和电子计数充填机（电子数粒机）两类。

1. 转盘计数充填机　转盘计数充填机是利用转盘上的计数孔板对片、丸、胶囊等制剂进行计数、充填的机械。如图 16–9、图 16–10 所示，其核心结构是一个与水平成 30° 倾角的不锈钢固定圆盘，中间安装有一个旋转的计数孔板，孔板上均布 3~4 组小孔，每组的孔数由每瓶的装量数决定，圆盘上开有扇形缺口，仅可容纳一组小孔。缺口下方连接着落片斗，落片斗下口直抵装药瓶口。

工作时，圆盘内存积一定数量的药片或胶囊，药粒一边随孔板转动，一边靠自身的重量沿斜面滚到孔板的最低处落入小孔中，填满小孔的药片随孔板旋转到圆盘缺口处，通过落片斗落入药瓶。注意孔板速度不能过高（通常为 0.5~2 r/min），必须要与输瓶带上的药瓶移动频率匹配，如果速度太快将产生离心力，药粒不能在孔板上靠自重滚动。当改变物料或装瓶粒数时，只需要更换孔板即可。

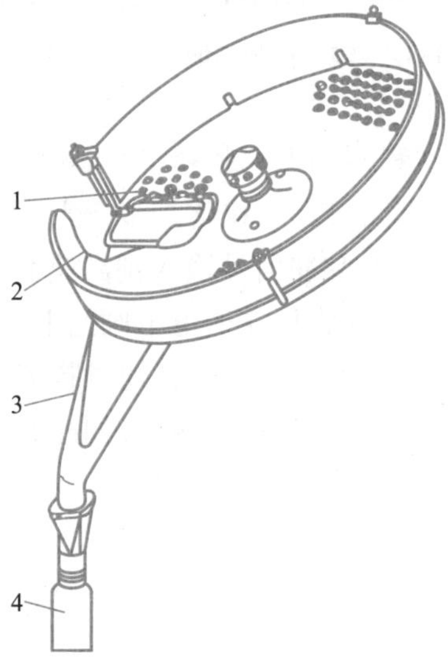

1. 计数孔板；2. 圆盘；3. 落片斗；4. 药瓶。

图 16–9　转盘计数充填机结构示意图

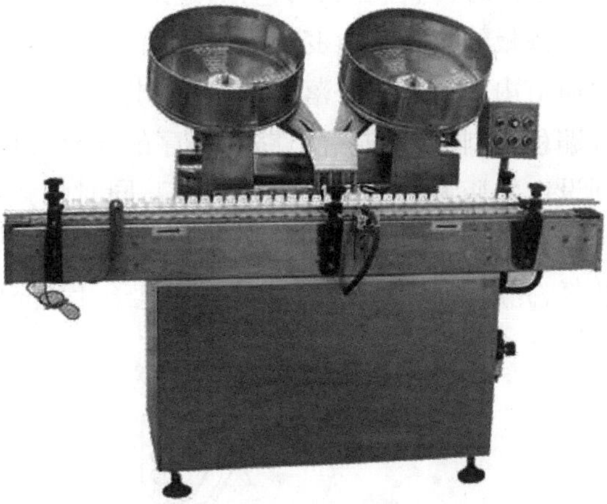

图 16–10　转盘计数充填机实物图

2. 电子计数充填机（电子数粒机）　电子计数充填机是利用光电传感器对片剂、丸剂、胶囊剂等制剂进行计数、充填的机械。电子计数充填机包括机座、供料斗、振动输送装置、下料装置等（图 16–11、图 16–12）。其中，下料装置包括下料斗、第一和第二闸门，第一和第二闸门互相间隔地设在下料斗内以将下料斗依次分隔为计数段、缓冲段和下落段。对计数段进行计数的检测装置和控制器分别与振动输送装置、第一和第二闸门相连。在进行分装的同时仍可以继续计数，提高设备产量，减少操作时间，提高生产效率，更好地体现工业自动化的优势。

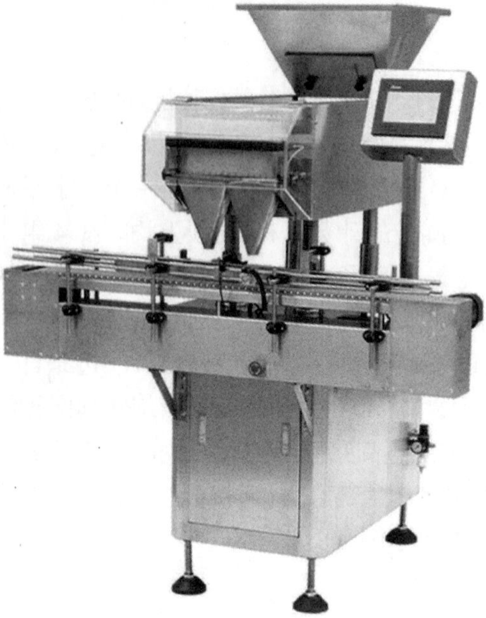

图 16-11　电子计数充填机实物图

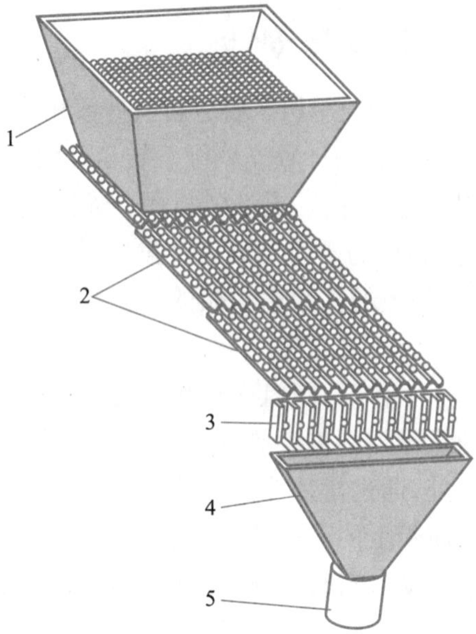

1. 料斗；2. 料槽；3. 计数通道；4. 滑动阀门；5. 漏斗。

图 16-12　电子计数充填机结构示意图

工作时，药粒装入料仓，通过适当调整三级振动送料器的振动频率，使药粒沿着振动槽板的多条轨道变成连续不断的条状直线下滑至落料口，逐粒落入多条光学检测通道内。当药粒下落时，通过光电传感器（电眼）产生的脉冲信号输入到高速 PLC 可编程控制器，再通过电路和程序的配合实现计数功能，并收集在通道下阀门上，达到设定装瓶量时，关闭通道上阀门，同时打开下阀门，使下料斗内的药粒通过料嘴落入药瓶内，然后关闭下阀门，打开上阀门、驱动气缸，使药瓶下移一个瓶位，如此循环往复，完成药粒的计数装瓶过程。电子计数充填机工作流程如图 16-13 所示。

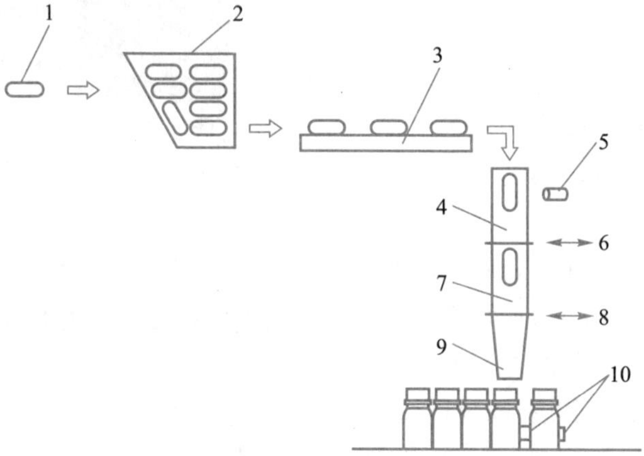

1. 药粒；2. 料仓；3. 三级振动给料器；4. 光学检测通道；
5. 光学检测电眼；6. 通道上阀门；7. 下料斗；8. 通道下阀门；
9. 料嘴；10. 驱动气缸。

图 16-13　电子计数充填机工作流程图

电子计数充填机采用振动式多通道下料，动态扫描计数、系统自检、故障指示报警、自动停机等先进技术，是集光电机一体化的高科技药品计数分装设备，可广泛应用于多种不同形状、大小的片剂、胶囊、丸剂、透明软胶囊等药品的快速计数装瓶。

(三) 塞入机

塞入机是对已充填药品的瓶装容器塞入相应填充物的机械。瓶装药物的实际体积小于瓶子的容积，为防止储运过程中药物之间相互碰撞，造成破碎、掉末等现象，保证药物的完好及延长保质期，常在药瓶中塞入相应的填充物，如洁净的碎纸条或纸团、脱脂棉等，对于易吸湿的药物可在瓶内加入干燥剂。在瓶装线上可根据装瓶工艺要求配置塞入机(塞纸机、塞棉机、塞干燥剂机)。

常见的塞纸机有两类：一类是利用真空吸头，从已裁好的纸堆中吸起一张纸，然后转移到瓶口外，由塞纸冲头将纸折塞入瓶；另一类是利用钢钎扎起一张纸后塞入瓶内。干燥剂塞入机是将整条带式卷状的干燥剂，剪切成单体包状，自动塞入瓶体中的设备(图 16-14、图 16-15)。干燥剂塞入机采用光电定位、步进电动机驱动、智能控制送料长度等技术，控制干燥剂带传送的松紧度，自动识别干燥剂连接缝处的标志；同时，在输送带侧面装有光电传感器对缺瓶与堵瓶进行检测，将此信号传至 PLC 可编程控制器，由其发出投料、停止、定瓶或放瓶等机台运行指示，准确快速地将干燥剂进行自动切割，自动塞入瓶内。

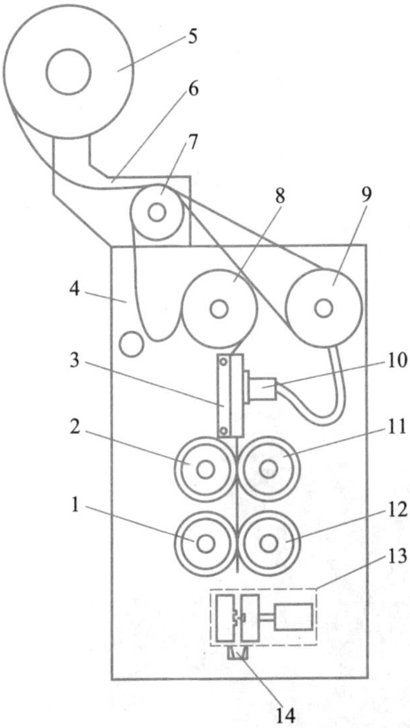

1. 第三驱动轮；2. 第一驱动轮；3. 固定架；4. 机座；5. 滚筒；6. 支架；7. 导向轮；8. 第二滚轮；9. 第一滚轮；10. 色标传感器；11. 第二驱动轮；12. 第四驱动轮；13. 切割装置；14. 漏斗。

图 16-14 干燥剂塞入机结构示意图

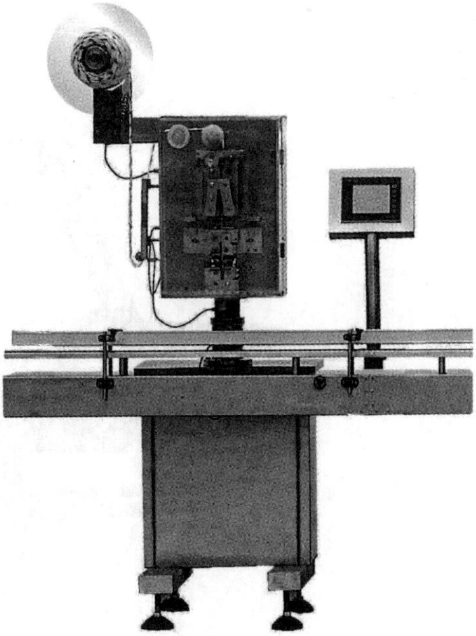

图 16-15 干燥剂塞入机实物图

（四）旋盖机

旋盖机是将螺旋盖旋合在瓶装容器口径上的机械。旋盖机主要由输送轨道、送瓶装置、送盖装置、旋盖装置、压盖装置等组成（图16-16、图16-17）。

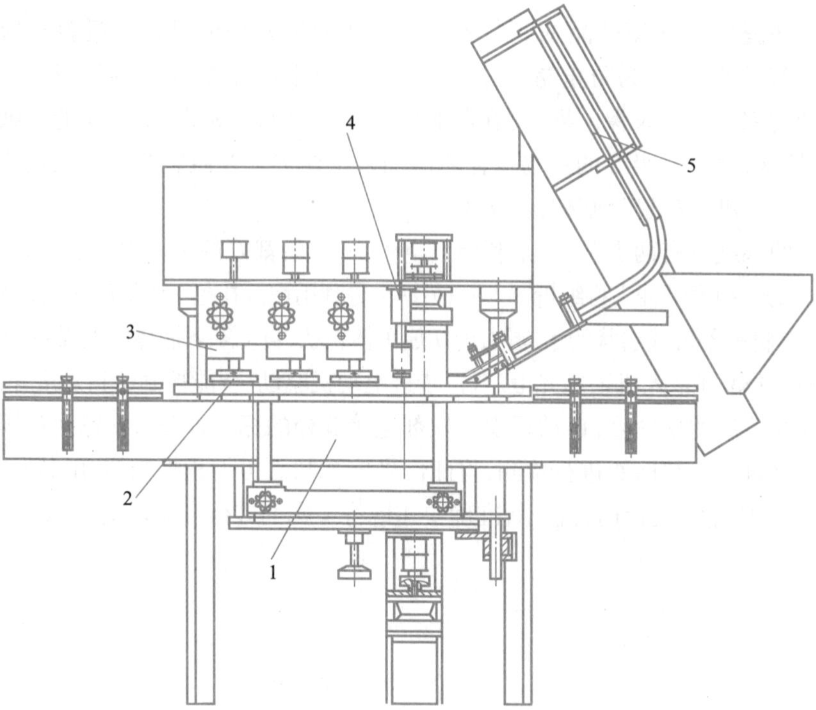

1. 输送轨道；2. 送瓶装置；3. 旋盖装置；4. 压盖装置；5. 送盖装置。

图16-16　旋盖机结构示意图

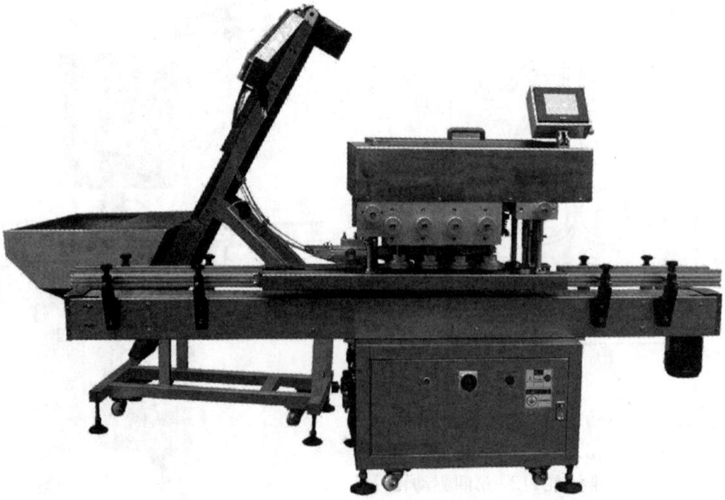

图16-17　旋盖机实物图

工作时，将需旋盖的瓶子放在设备进口处链板上（或从其他流水线直接送到链板上），由调距装置将瓶子分割成等距排列进入落盖区域。在瓶子被两边夹瓶装置夹紧向前移动时自动将瓶盖套上，压盖装置在旋盖前先将瓶盖压至预紧状态，在三对高速旋转的耐磨橡胶轮的作用下，瓶盖紧紧地旋在瓶身上。在旋盖过程中，接触瓶身和瓶盖的均为非金属零部件，最大程度减少了对瓶身和瓶盖的磨损，整个旋盖过程噪声小，速度快。

（五）封口机

瓶包装封口形式有压盖封口、旋盖封口、卷边封口、开合轧盖封口、压塞封口、电磁感应封口等多种形式。其中电磁感应封口质量较高，用于药瓶封口的铝箔复合层由纸板、蜡层、铝箔、聚合胶层组成。

电磁感应封口机是利用电磁感应原理，将瓶口上的铝箔片加热密封瓶口的机械。本机主要由电磁感应发生器、冷却水循环系统、升降调节器、输送带等组成（图 16-18）。铝箔封口机具有封口速度快，密封性好，可防伪防盗等优点。

工作时，瓶体在输送带上不停移动，经过电磁感应发生器时，通过非接触感应加热方式，激发电磁场透过瓶盖在铝箔表面产生高温，使密封铝箔黏附于瓶口，达到密封效果。

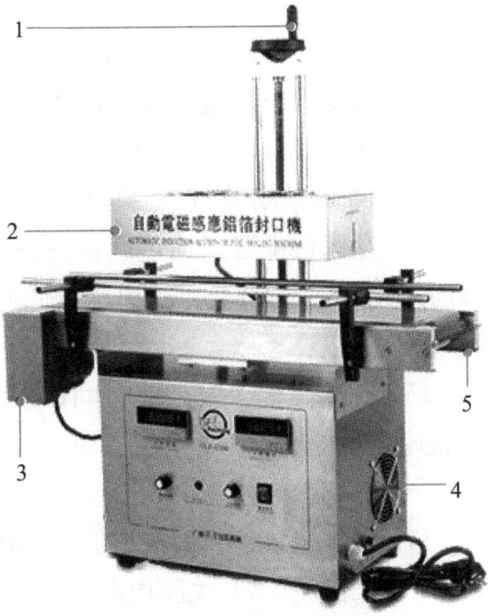

1. 升降调节器；2. 电磁感应发生器；3. 传送带电动机；4. 散热风扇；5. 输送带。

图 16-18　电磁感应铝箔封口机

课堂讨论

常用的药品瓶包装材料有哪些？试比较它们的优缺点。

三、PP-16 型电子数粒机的操作

（一）开机前准备

（1）操作人员按要求穿戴好工作服装。
（2）检查设备是否挂有“清洁合格证”，换上运行状态标志牌。
（3）检查工作室内设备、物料及辅助工器具是否已定位摆放。
（4）检查设备工作台面及周围空间。
（5）检查电气线路是否安全可靠；检查设备螺丝各零部件是否松动。
（6）操作前，应进行空载试转 10 min，确认正常后可正式操作。

视频
电子数粒机的运行

（二）开机操作

1. 调整机械结构

（1）根据药瓶的高度和直径调整输送带护栏。

（2）调整振动台倾角至符合要求。

（3）检测瓶传感器。

（4）调整瓶口位置至符合要求。

2. 操作步骤

（1）将药片放入料仓，调整料仓门，使仓门开口高度正好允许药片直立通过。

（2）启动输送带电源，使瓶子顺序排列，最前面的瓶口与漏斗口对准。

（3）在触摸屏上显示主画面，触摸“设备运行”按钮，触摸“装瓶粒数”输入域，即可设定每瓶的装填数量；如果已有该值，直接启动即可。

（4）在运行中可以通过调整二级高速和三级高速来调整振台的下料速度，另外可以通过调整二级低速度差和三级低速差来设定低速时的速度（低速的实际速度为高速减去速度差）。

（5）通过调整一级高速时间以及下料闸门，可以调整出料口的下料量，即最后的装瓶速度。

（6）所有参数如果正确，直接按启动即可，启动后每个下料口第一瓶被剔除。

（7）工作结束，关机，按下停止按钮。下班时，应关闭主机下方的总电源。

（8）操作完毕后，关闭电源，按清洁操作规程对设备进行清洁。

（三）设备的维护与保养

设备维护人员应对设备进行定期的检查、维护和保养。保养设备前，必须先断开电源，并遵守相关安全规范。任何固定的保护装置如因保养需要打开或者移走，保养完毕后，必须完整无损地回复原位。

（1）每星期进行一次清洁除尘工作，对电气控制柜内的电气元件进行除尘清洁工作。

（2）机器持续工作时，最好每隔一星期对机器的各个接线端子进行稳固，防止发生接触不良等现象。

（3）注意检查电动机线是否有脱皮等现象，如有，请立即更换电线，防止短路以及触电事故发生。

（4）调节零部件、导向件、执行件每两周检查一次；传动链、电子系统、气动系统、安全防护装置每个月检查一次；轴承及其他部件每 3 个月检查一次。必要时及时更换零部件。

（四）常见故障及排除方法

电子数粒机常见故障、原因及排除方法见表 16-2 所示。

表 16-2 电子数粒机常见故障、原因及排除方法

故障现象	故障原因	排除方法
接通电源后，机器不启动	1. 主机后侧电源没接通 2. 电气控制箱内电源没合上	1. 接通主机电源 2. 合上电气控制箱内电源
按“运行”按钮，机器不工作	如触摸屏上提示： 1. 提示“缺瓶” 2. 提示“堵瓶” 3. 提示通道堵粒	停机，按提示操作： 1. 加瓶 2. 排除故障 3. 排除故障
按“运行”按钮，直线料道不送料	屏幕上显示在“暂停”状态	重按“继续”钮，设备即可运行
光电计数探头自己计数	1. 探头前有杂物 2. 通道板固定不紧，在转台或是生产后有和电眼的相对运动，造成了人为的药粒信号	1. 及时清洗通道、探头 2. 检查关门机构，固定通道板，严格防止通道板有相对运动
光电探头不计数	开机前通道内光电计数探头内有物体存在	保证通道内无异物，重新开机
药片计数不准确，少粒或多粒	1. 气源压力不够 2. 漏斗口没对准瓶口 3. 换瓶不及时 4. 漏斗堵塞 5. 直线送料器振幅太大，药片受振出现上跳 6. 一级料道送料太快，药片在三级料道上重叠，同时进入计数管道	1. 气源压力要保证大于 0.5 MPa 2. 漏斗口要对准瓶口 3. 调整输送带速度，保证换瓶快速可靠 4. 清除漏斗内堵塞积存的药片 5. 通过直线料道的调速按钮调整送料速度 6. 通过直线料道的调速按钮调整送料速度
药片计数不准确，相邻两瓶中出现前多后少或前少后多	计数阀门没有关闭，下一瓶的药片落入前一瓶中	关闭计数阀门

第四节 泡罩包装设备

一、概述

泡罩包装机是指将底材成型为泡罩，用热合方法将药品封合在泡罩与复合膜之间，经打印批号，冲切成泡罩板的机械。泡罩包装机可分为 PVC 片 / 铝箔、铝 / 铝、铝 / 塑 / 铝三种包装形式。常用的泡罩包装机为铝塑泡罩包装机。

(一) 泡罩包装机的工艺流程

采用热塑性塑料膜材，加热使其软化，在成型模具上利用真空或正压，将其吸(或吹)塑成与待装药物外形相近形状及尺寸的凹泡，再将药物置于其中，以铝箔覆盖后，用热压辊将无药物处(即无凹泡处)的塑料膜及铝箔挤压黏结成一体。根据药物的常用剂量，将若干粒药物构成的部分(多为长方形)切割成一片，完成铝塑包装的过程。泡罩包装工艺流程如图16-19所示。

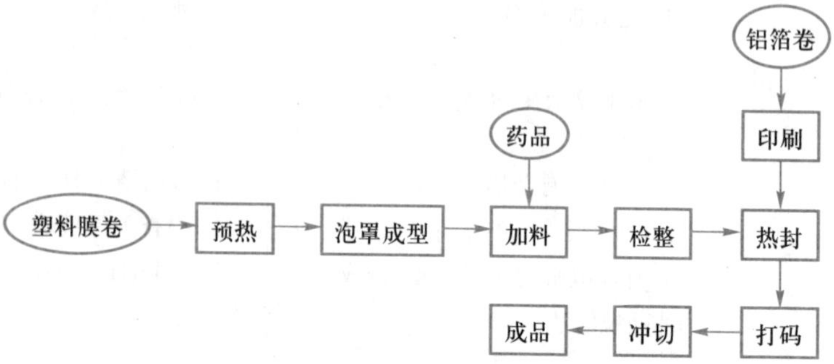

图16-19　泡罩包装工艺流程图

泡罩包装机可完成薄膜输送、加热、凹泡成型、加料、印刷、打批号、密封、压痕及冲裁等工艺过程。如图16-20所示，泡罩包装机通过加热装置对PVC进行加热至设定温度，泡罩成型装置将加热软化的PVC吹成光滑的泡罩，然后通过给料装置充填药片，由入窝压辊将已成型的PVC泡带同步平直地压入热封铝筒相应的窝眼内，再由滚筒辊热封装置将铝箔与PVC热封，最后由打字冲裁装置，在产品上打上批号并使产品成型。

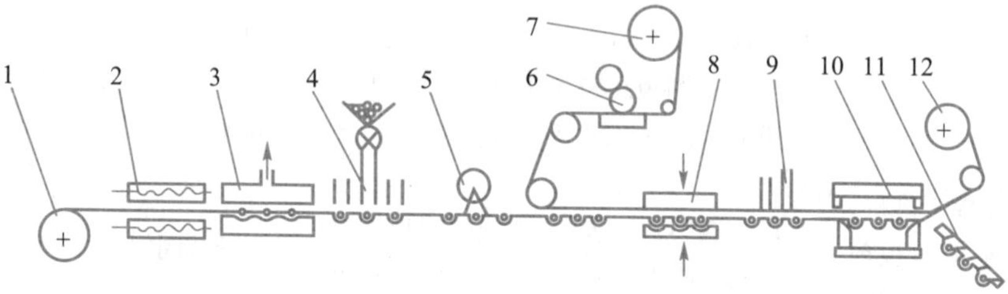

1. 薄膜辊；2. 加热器；3. 成型器；4. 加料装置；5. 检整装置；6. 印刷装置；7. 铝箔辊；8. 热封装置；9. 压痕；10. 冲裁部；11. 成品；12. 废料辊。

图16-20　泡罩包装机的工艺流程

1. 加热　将成型膜加热到能够进行热成型加工的温度。加热温度值由包材确定。对硬质PVC而言，较易成型的温度范围为110~130℃，此范围内PVC薄膜具有足够的热强度和伸长率。温度的高低对热成型加工效果和包装材料的延展性有影响，因此要求对温度控制相当准确。但应注意：这里所指的温度是PVC薄膜实际温度，是用点温计在薄膜表面上直接测得的(加热元件的温度比此温度高得多)。

国产泡罩包装机加热方式有辐射加热和传导加热。大多数热塑性包装材料吸收3.0~3.5 μm波长红外线发射出的能量。因此，最好采用辐射加热方法对薄膜加热[图16-21(a)]。

传导加热又称接触加热，这种加热方法是将薄膜夹在成型模与加热辊之间[图 16-21(b)]，或者夹在上下加热板之间[图 16-21(c)]。这种加热方法已经应用于 PVC 材料加热。

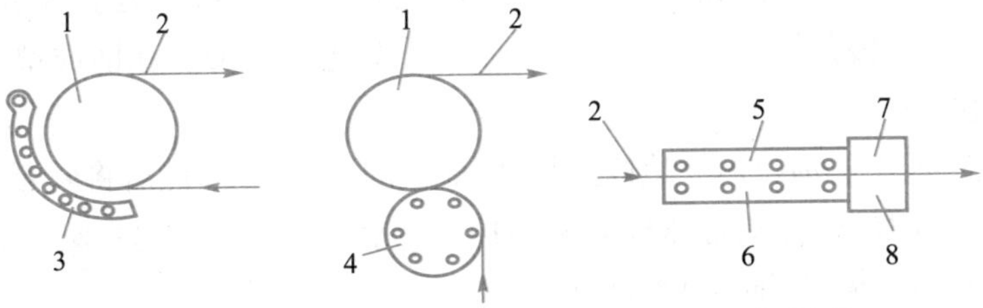

(a) 辐射加热　(b) 传导加热　(c) 传导加热

1. 成型模；2. 薄膜；3. 远红外线加热器；4. 加热辊；5. 上加热板；6. 下加热板；7. 上成型模；8. 下成型模。

图 16-21　加热方式

加热元件以电能作为热源，温度易于控制。加热器有金属管状加热器、乳白石英玻璃管状加热器和陶瓷加热器。前者适用于传导加热，后者适用于辐射加热。

2. 成型　成型是整个包装过程的重要工序，泡罩成型方法可分以下四种：

(1) 吸塑成型(负压成型)：利用抽真空将加热软化的薄膜吸入成型模的泡罩窝内成一定几何形状，从而完成泡罩成型[图 16-22(a)]。吸塑成型一般采用辊式模具，成型泡罩尺寸较小，形状简单，泡罩拉伸不均匀，顶部较薄。

(2) 吹塑成型(正压成型)：利用压缩空气将加热软化的薄膜吹入成型模的泡罩窝内，形成需要的几何形状的泡罩[图 16-22(b)]。成型的泡罩壁厚比较均匀，形状挺括，可以成型尺寸大的泡罩。吹塑成型多用于板式模具。

(3) 凸凹模冷冲压成型：当采用包装材料如复合(PA/ALU/PVC)刚性较大时，热成型方法显然不能适用，而是采用凸凹模冷冲压成型方法，即凸凹模合拢，对膜片进行成型加工[图 16-22(c)]，其中空气由成型模内的排气孔排出。

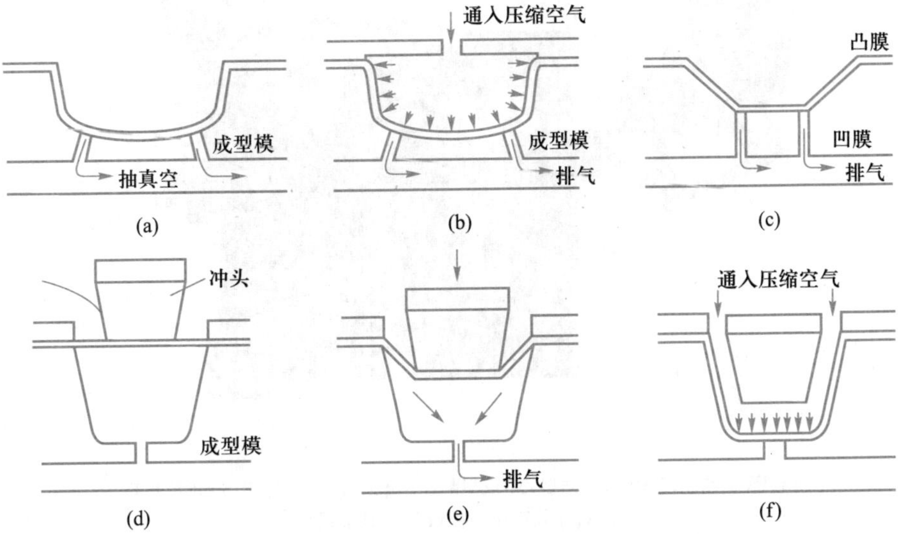

(a)　(b)　(c)

(d)　(e)　(f)

图 16-22　泡罩成型方式

(4) 冲头辅助吹塑成型：借助冲头将加热软化的薄膜压入模腔内，当冲头完全压入时，通入压缩空气，使薄膜紧贴模腔内壁，完成成型加工工艺[图16-22(d~f)]。冲头尺寸为成型模腔的60%~90%，合理设计冲头形状尺寸、冲头推压速率和推压距离，可获得壁厚均匀、棱角挺括、尺寸较大、形状复杂的泡罩。冲头辅助成型多用于平板式泡罩包装机。

3. 热封　成型膜泡罩内充填好药物，覆盖膜即覆盖其上，然后将两者封合。其基本原理是使表面加热，然后加压使其紧密接触，完成焊合，所有这一切在很短时间内完成。热封有两种形式：辊压式和板压式。

(1) 辊压式：将准备封合的材料通过转动的两辊之间，使之连续封合，但是包装材料通过转动的两辊之间并在压力作用下停留时间极短，若想得到合格热封，必须使辊的速度非常慢或者包装材料在通过热封前进行充分预热。

(2) 板压式：当准备封合的材料到达封合工位时，通过加热的热封板和下模板与封合表面接触，并将其紧密压在一起进行焊合，然后迅速离开，完成一个包装工艺循环。板式模具热包装成品比较平整，封合所需压力大。

热封板(辊)的表面用化学铣切法或机械滚压法制成点状或网状的网纹，提高封合强度和包装成品外观质量。更重要的是在封合时起到拉伸热封部位材料的作用，从而消除收缩褶皱。但必须小心，防止在热封过程中戳穿薄膜。

(二) 泡罩包装机的结构

泡罩包装机有多种形式，完成包装操作的方法各异，但它们的组成及其部件功能基本相同，主要由放卷部、加热器、成型部、充填部、热封部、夹送装置、打印装置、冲裁部、传动系统、机体和气压、冷却、电气控制、变频调速等系统组成(图16-23)。

视频

铝塑泡罩包装机的结构及工作原理

1.PVC卷筒；2.PVC加热器；3. 成型部；4. 填充部；5. 热封部；6. 铝箔卷筒；7. 打印装置；8. 冲裁部；9. 成品滑槽。

图16-23　铝塑泡罩包装机结构图

1. 放卷部　在设备上固定塑膜和铝箔卷材，带有压紧、制动和轴向位置调节装置，有的还安装了光标跟踪装置。

2. 加热器　采用电加热使塑膜硬片软化，以便成型。

3. 成型部　其由成型辊（板）、连接阀板、真空（压缩空气）系统、冷却水系统等组成，受热软化的塑膜片材通过成型器被吸（吹）成规定形状的光滑泡罩。

4. 充填部　加料器将片剂、胶囊等充填入已成型的泡罩中。

5. 热封部　由电加热系统、气压控制和机械张力装置等组成，使铝箔与泡罩塑膜封合。

6. 夹送装置　完成包装材料的往前送进工作。

7. 打印装置　在包装好的板块上打印出批号以及压出撕裂线等。

8. 冲裁部　由主体、曲轴、连杆、导柱、凹凸模、退（压）料板以及变频调速系统等组成，是将热合密封后的铝塑泡罩薄膜冲切成规定尺寸的板块，完成包装机的最后一道工序。由于变频调速系统的作用，可以根据行程长短等因素来设定冲裁次数。

9. 机体　用于支持和固定各种零部件、各系统，它是由壳体、安装面板及焊接底座组合而成。

二、常用泡罩包装设备

铝塑泡罩包装机按结构形式可分为平板式泡罩包装机、滚筒式泡罩包装机、滚板式泡罩包装机三类。

（一）平板式泡罩包装机

平板式泡罩包装机是指泡罩由平板模具吹塑成型，泡罩成型到热封合过程为间歇运动的泡罩包装机，其泡罩成型和热封合模具均为平板形（图 16-24、图 16-25）。

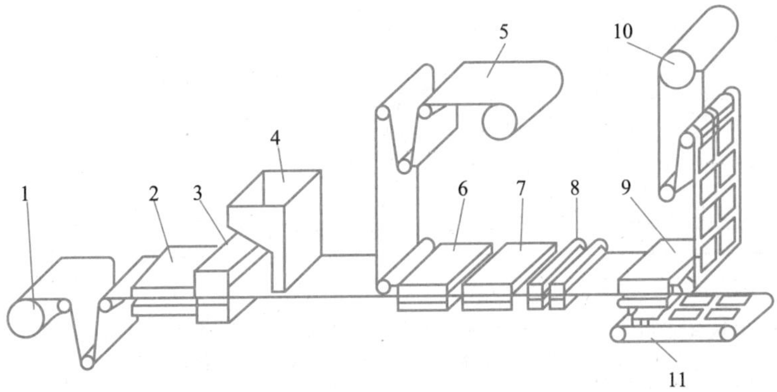

1. 薄膜卷筒；2. 加热；3. 成型；4. 充填物料；5. 铝箔卷筒；6. 热封；7. 打批号和压痕；8. 薄膜输送；9. 冲切；10. 废料卷筒；11. 输送机。

图 16-24　平板式泡罩包装机结构示意图

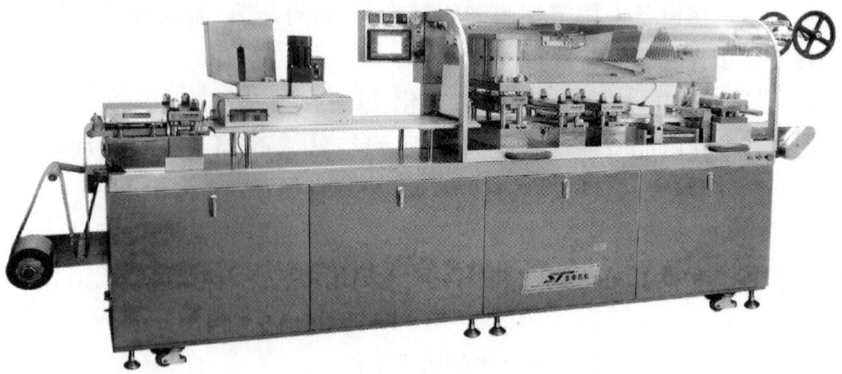

图 16-25　平板式泡罩包装机实物图

平板式泡罩包装机的特点：① 热封时，上、下模具平面接触，为了保证封合质量，要有足够的温度和压力以及封合时间，不易实现高速运转；② 热封合消耗功率较大，封合牢固程度不如滚筒式封合效果好，适用于中小批量药品包装和特殊形状物品包装；③ 泡窝拉伸比大，泡窝深度可达 35 mm，满足大蜜丸、医疗器械行业的需求。

（二）滚筒式泡罩包装机

滚筒式泡罩包装机是指泡罩由滚筒模具真空吸塑成型，泡罩成型到热封合过程为连续运动的泡罩包装机，其泡罩成型和热封合模具均为圆筒形（图 16-26、图 16-27）。

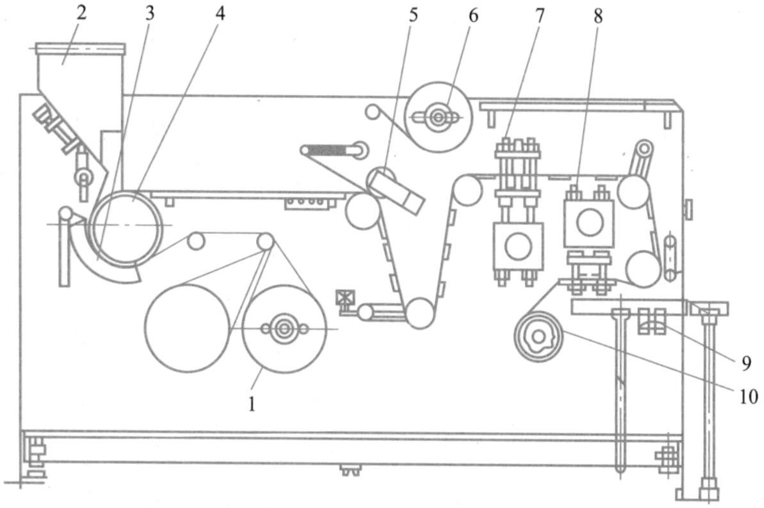

1. 薄膜卷筒；2. 料斗；3. 远红外线加热器；4. 成型装置；5. 热封合装置；6. 铝箔卷筒；7. 打字装置；8. 冲裁装置；9. 输送机；10. 废料辊。

图 16-26　滚筒式泡罩包装机结构示意图

滚筒式泡罩包装机的特点：① 真空吸塑成型，连续包装，生产效率高，适合大批量包装作业；② 瞬间封合，线接触，消耗动力小，传导到药片上的热量少，封合效果好；

③ 真空吸塑成型难以控制壁厚，泡罩壁厚不匀，不适合深窝成型；④ 适合片剂、胶囊剂、胶丸等剂型的包装；⑤ 具有结构简单，操作维修方便等优点。

（三）滚板式泡罩包装机

滚板式泡罩包装机是指泡罩由平板模具间隙吹塑成型，由滚筒连续热封合的泡罩包装机，其泡罩成型模具为平板形，热封合模具为圆筒形（图 16-28、图 16-29）。

图 16-27　滚筒式泡罩包装机实物图

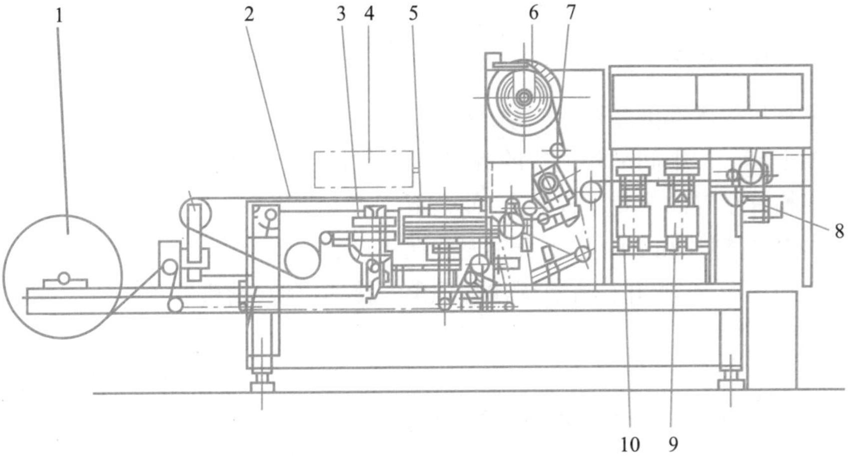

1.PVC 支架；2. 充填台；3. 成型上模；4. 上料机；5. 加热器；6. 铝箔支架；7. 热压辊；8. 冲裁装置；9. 压痕装置；10. 打字装置。

图 16-28　滚板式泡罩包装机结构示意图

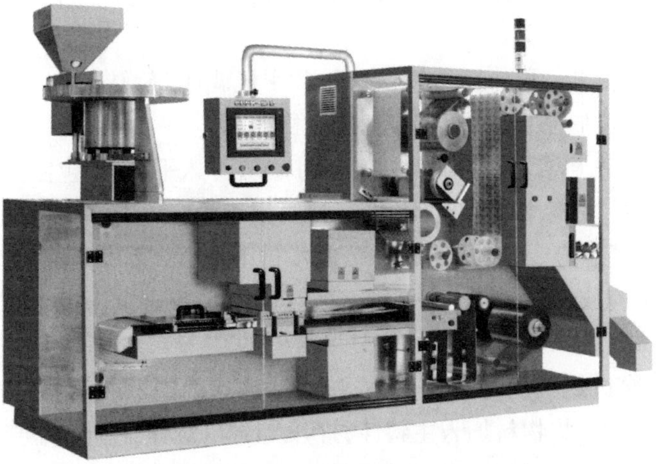

图 16-29　滚板式泡罩包装机实物图

滚板式泡罩包装机的特点：① 结合了滚筒式和平板式包装机的优点，克服了两种机型的不足；② 采用平板式成型模具，压缩空气成型，泡罩的壁厚均匀、坚固，适合于各种药品包装；③ 滚筒式连续封合，PVC 片与铝箔在封合处为线接触，封合效果好；④ 高速打字、压痕，效率高，无横边废料冲裁，包装材料省，泡罩质量好；⑤ 上、下模具通冷却水，下模具通压缩空气。

课堂讨论

观察药品的泡罩包装，试说出泡罩包装所用的材料有哪些？体会并试述泡罩包装的优缺点。

三、DPH-250 型滚板式泡罩包装机的操作

（一）开机前准备

（1）检查机器各部件是否有松动或错位现象。

（2）换上与生产中间品相适应的成型、热封、冲裁下模具、导向板。

（3）将换好字钉的热封上模装上，使上下模边大致平齐。

（4）将 PVC 塑片和 PTP 铝箔分别安装在各自的支承架上。

（5）接通气源、水源并检查有无渗漏现象。接通电源，给机器预热。

（二）开机操作

（1）打开主电源开关，接通压缩空气，接通冷却水。

（2）打开“加热”开关，主机开始加热。待加热温度达到设定值（吸塑加热温度范围为 145~155℃，热封加热温度范围为 190~200℃，打字加热温度范围为 100℃左右）后，压“点动”按钮，使成型下模打开。

（3）抬起上加热板，打开“步进夹持”按钮，将 PVC 穿过成型模具与夹持气缸，并将 PVC 穿到机体外。

（4）放下上加热板，压“启动”按钮，调整“主机调速”旋转，使主机低速运行，待成型后 PVC 走出 3 m 左右，压“准停”按钮使主机停车。

（5）用剪刀剪齐 PVC 端头，翻转 180° 后将 PVC 穿入平台，并包住主动辊，用压辊压紧 PVC。压“启动”按钮，使主机运行，再使 PVC 走出 1.5 m，压“准停”按钮使主机停车。

（6）将 PVC 穿过打字装置，抬起冲裁前步进上压板，将 PVC 穿入冲裁装置，注意冲裁前步进推板应放在两泡罩板块中间。放下冲裁前步进上压板，压“启动”按钮，观察打字和冲裁位置。

（7）将铝箔穿过热压辊，打开“热封”按钮，压“启动”按钮，观察封合效果。压“准停”按钮使主机停车，将物料加入主料斗，打开“上料”旋钮，使上料机工作。

（8）压“启动”按钮，开始进行正常生产，在生产过程中可缓慢提速，注意随时观察

成型、封合、上料质量。速度提升幅度较大时应适当提高加热温度及成型、封合压力。

(9) 停止生产时，压“准停”按钮使主机停机。

(10) 操作完毕后，关闭电源，按清洁操作规程对设备进行清洁。

（三）设备的维护与保养

(1) 根据润滑示意图加注 N46 机械油。

(2) 每月检查各箱体油箱及减速箱油位一次(可通过视油窗观察)，不够时加注到位。

(3) 链条、齿轮应保持有油(可涂润滑脂)。

(4) 压缩空气雾化器应加注食用油(色拉油)，以保证泡罩不污染气缸，每周检查油杯是否有油。

(5) 机器应保持整洁。定期用软布稍蘸肥皂水擦去表面油污、油垢，再用干布擦干。

(6) 定期清理成型模排气小孔，保证泡形完好。不用的模具，清理后应用皮纸包好，放置在模具间干燥的架子上。

(7) 工作时，各冷却部位不可断水，保持水路通畅，做到开机前先供水，然后再对加热部分进行加热。

（四）常见故障及排除方法

铝塑泡罩包装机常见故障、原因及排除方法见表 16-3。

表 16-3　铝塑泡罩包装机常见故障、原因及排除方法

故障现象	故障原因	排除方法
塑料泡罩底模穿孔	1. 成型温度太高 2. PVC 质量不好，本身有小孔	1. 调低温度 2. 调换 PVC 塑片
成型后铝箔泡罩泡眼破裂	1. 上模与下模中心未对正 2. 成型深度太深	1. 松开下模压板，调正下模位置 2. 调低成型深度
成型后铝箔泡罩上表面起皱	1. 成型深度太低 2. 上下模块之间压力不足	1. 调整成型深度 2. 调节成型螺母，加大上下模之间压力
塑片泡罩与热封模孔走过盈或未到位	1. 行程未调对 2. 成型至热封之间距离不对	1. 测量每版行程是否准确，与铝箔输出长度是否一致，如有差距可调节行程 2. 用摇手柄插入成型移运手柄轴孔内，调节成型模至热封模之间距离
热封黏合不牢固	温度太低，铝箔表面的胶未到熔点	调高温度使温度恒定保持在 160℃左右，确切温度与机速和室温有关
热封铝箔被压透	1. 热封温度太高 2. 热封压力太大 3. 网纹板上有污物	1. 降低热封温度 2. 降低热封压力 3. 清除网纹板上的污物

续表

故障现象	故障原因	排除方法
铝塑自然起皱	铝箔与塑料片黏合时未拉开	撕断铝箔，重新黏合
冲裁直向偏位	行程式未调对	调节冲裁移动手柄使冲切站向前或向后移动
冲裁横向偏位	1. 冲裁模安装不正 2. 牵引模安装不正	1. 重新安装冲裁模 2. 装正牵引模
加料不良	1. 热封模或热封位置未调好 2. 刀片磨损严重	1. 调对热封位置使塑泡眼准确落在模孔内 2. 更换刀片，减轻压力

第五节　外包装设备

一、概述

药品包装物外包装设备(简称外包装设备)是指对药品包装物实行装盒(袋)、印字、贴标签、裹包、装箱等功能的设备。印包机是典型的药品外包装设备，主要由开盒机、印字机、装盒关盖机、贴标签机等单机联动而成，其流程如图 16-30 所示。

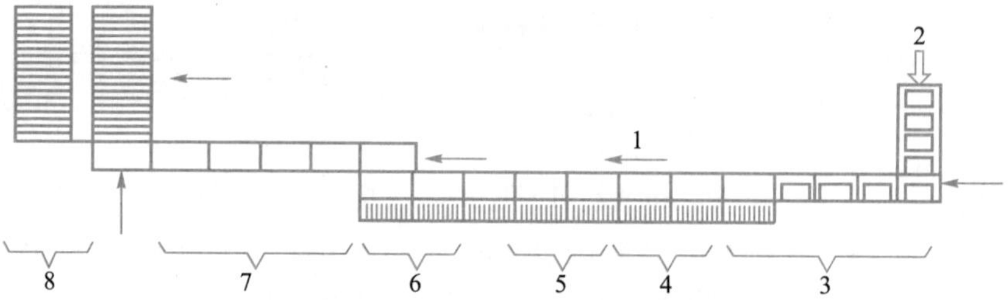

1. 传送带；2. 储盒输送带；3. 开盒区；4. 印字理放区；
5. 放说明书区；6. 关盖区；7. 贴标签区；8. 捆扎区。

图 16-30　印包生产线流程图

二、常用外包装设备

(一) 贴标签机

贴标签机是将标签贴在药品包装物上的设备。不干胶药用瓶贴标签机是将标签带上的单个不干胶标签剥离下来，粘贴在药用瓶身上的机械。如图 16-31、图 16-32 所示，不干胶贴标签机主要由瓶距调整轮、缓冲导轮架、标纸盘、导轮、热打码机打印头、光电传感器、瓶径调整架、标纸卷动轮等组成。

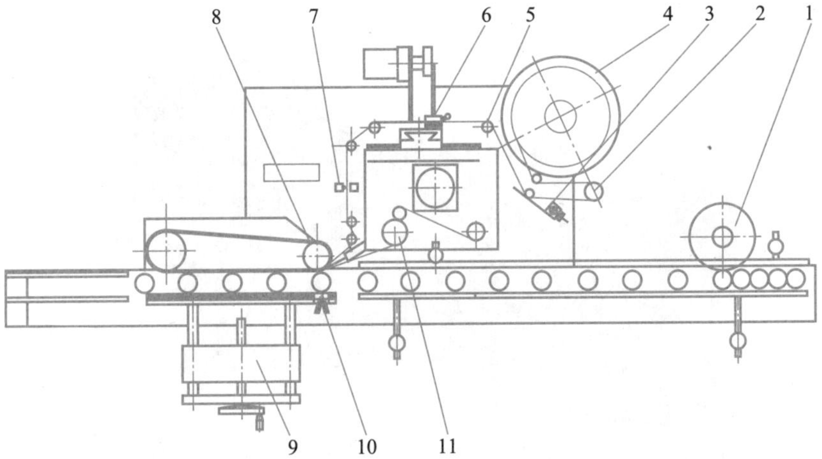

1. 瓶距调整轮；2. 缓冲导轮架；3. 标纸压片；4. 标纸盘；5. 导轮；6. 热打码机打印头；7. 光电传感器；8. 卷瓶胶带；9. 瓶径调整架；10. 光电传感器；11. 标纸卷动轮。

图 16-31　不干胶药用瓶贴标签机结构示意图

图 16-32　贴标签机实物图

工作时，由上道流水线将瓶子送到输送带上，瓶子经过调距装置成等距排列进入光电传感区域，由步进电动机控制的卷筒贴标纸得到讯号后自动送标，正确无误地将自动剥离的标纸贴到瓶身上。另一组光电传感器及时限制后一张标纸的送出。在连续不断的进瓶过程中标纸逐张正确地贴到瓶身上，经过滚轮压平后，自动输出，完成整个贴标工艺过程。

（二）装盒机

装盒机是指能完成开盒，插入使用说明书，对瓶子、泡罩板、软管等药品包装物装盒、封盒的设备。常用的装盒机是多功能型自动装盒机，其结构一般包括折纸机、说明书输送部件、纸盒输送部件、产品推送部件、封盒部件和产品输送部件，可以自动完成开盒、装料、折盒、插盒、封盒等全部工序，如图 16-33 所示。

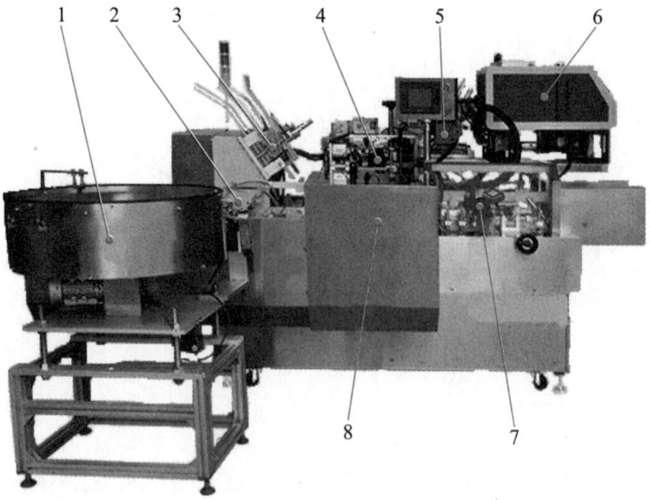

1. 自动理料装置；2. 产品输送；3. 纸盒架；4. 说明书折叠；5. 说明书批号打印；
6. 热熔胶机；7. 封盒机构；8. 装盒机构。

图 16-33　装盒机结构图

自动装盒机适用于多品种、多规格纸盒的包装，既可单独使用也可与其他设备连线配套使用，连线使用并结合各项自动控制功能使机器更加实用，功能更加完备，性能更加可靠，自动化程度及生产效率都得到了很大的提高。

（三）裹包机

裹包机（又称药用透明膜包装机）是采用透明薄膜包装材料，可对药品包装物自动送料、裹包、折叠、热封、计数，叠加集合裹包的机械。如图 16-34、图 16-35 所示，本机主要

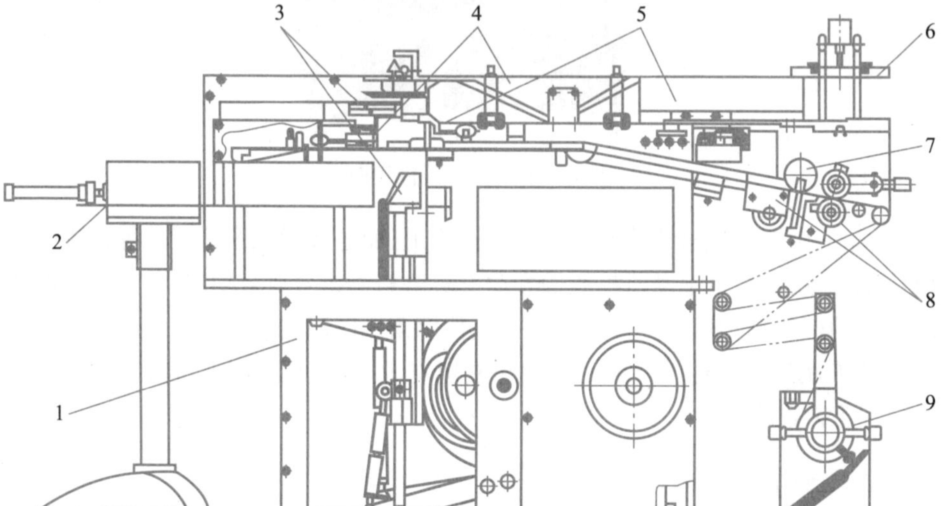

1. 机体；2. 输送机构；3. 包装盒推送机构；4. 包装盒垂直、水平成型机构；5. 包装盒热封机构；
6. 包装盒整理机构；7. 透明膜切断机构；8. 透明膜切断前、后输送机构；9. 透明膜安放供送机构。

图 16-34　裹包机结构示意图

由包装盒推送机构、包装盒垂直及水平成型机构、包装盒热封机构、包装盒整理机构、透明膜切断机构、透明膜切断前及后输送机构、透明膜安放供送机构等组成。全自动透明膜裹包机以机构、电气、气动为一体设计，实现透明膜全自动、高速度、稳定裹包包装盒。

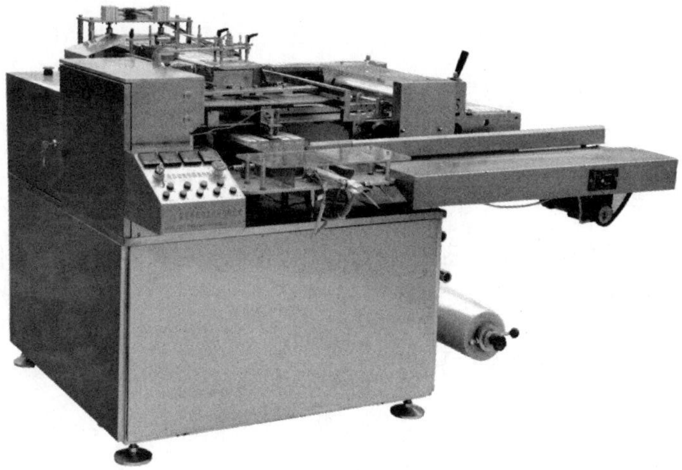

图 16-35　裹包机实物图

如图 16-36 所示，裹包机工作时，经由电动机驱动皮带输送机连续传送小盒到达 A 位，触动接近开关，气缸推动一定数量的小盒至 B 位，触动该位置的接近开关，机器开始周期运转。安装在支架上的筒状透明膜经导纸筒引导及橡胶滚的牵引，由旋转上刀裁切，并由皮带传送到 C 位的条、盒之上。提升顶板向上将条、盒托起，使条、盒抵住正好到达 C 位的透明膜到达最高位，形成 D 位的“Π”形包装；推进机构前进接触到条、盒时，固定于该机构底部的底折板和端折器分别折叠条、盒后侧的底部长边和端头短边；随着推进机构的行进，推条、盒自 D 位到 E 位的过程中，同时由成型通道对底部长边和端头短边进行折叠；底部加热器在 E 位对底部长边进行热封；底部长边热封后的条、盒自 E 位经 F 位到 G 位，由两端的端封加热器在 G 位对条、盒端头进行热封；条、盒通过在 H 位的美容器后，条、盒透明膜包装全部完成。

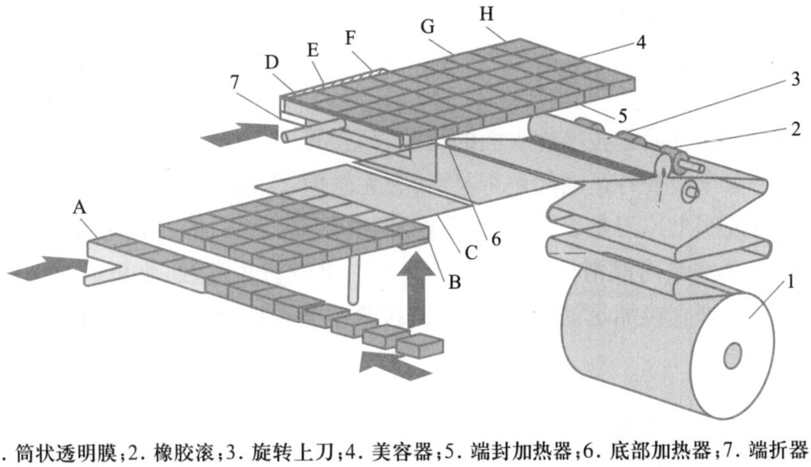

1. 筒状透明膜；2. 橡胶滚；3. 旋转上刀；4. 美容器；5. 端封加热器；6. 底部加热器；7. 端折器。

图 16-36　裹包机工作原理图

课堂讨论

观察药盒包装，试分析自动装盒机开盒、装盒、封盒工作过程。

视频

铝塑自动装盒生产线

三、YCZ-125K全自动装盒机的操作

（一）开机前准备

（1）检查机器上说明书，确认被包装物、纸盒等包装材料均已准确到位。

（2）接通压缩空气，打开电源，进入触摸屏主页。

（二）开机操作（触摸屏操作）

1. 进入主菜单画面

（1）当前速度：显示机器当前工作速度。

（2）剔除品：显示剔除品的数量。

（3）产量：显示机器当前产量。

（4）设置参数：按此键可进入参数设置画面。

（5）手动画面：按此键可进入手动操作画面。

（6）开门保护：点动此按钮，可以开启或关闭门保护开关。

（7）开启/停止/输送/清零：点动各按钮，可实现各自的功能。

2. 参数设置画面　可对装盒速度、伺服周期及剔除工位的参数进行相应的设置。

3. 手动画面　每个按钮均为点动操作，在非自动及无故障的状态下进行，多用于调试及维修阶段。

4. 关机

（1）输出机器上物料及包装盒。

（2）关闭总电源，关闭气源。

（三）设备的维护与保养

（1）清除工作台面上各零件表面的污渍、药粉等。

（2）用手盘车检查各运动部是否灵活，有无碰撞、卡滞现象。

（3）检查说明书拉刀是否锋利，如不锋利则拆下刀片去掉一段，再装回原位。

（4）检查真空泵内润滑油的颜色及油位，如果颜色很浑浊，则更换泵内润滑油到油位，油量不足则直接加足油量（润滑油应按真空泵说明书上规定的规格，定时、定量更换）。

（四）常见故障及排除方法

装盒机常见故障、原因及排除方法见表16-4。

表 16-4　装盒机常见故障、原因及排除方法

故障现象	故障原因	排除方法
说明书出现双张或多张或吸下说明书时带出上张说明书	1. 说明书有刀连现象 2. 说明书托板角度不适 3. 说明书与带纸轮已接触 4. 说明书挂刀已钝或位置不当	1. 重新整理疏松说明书纸张，检查是否有刀切胶黏现象 2. 调节说明书折叠机左右两个吸头的偏离角，以吸下单张为宜 3. 调节说明书前端的挡板，下端靠紧说明书，使说明书吸下时受到一定的阻力 4. 更换说明书折页机的拉刀或调节拉刀上下距离
说明书吸不下来	1. 真空吸力不够 2. 说明书吸头与带纸轮时间不准 3. 说明书吸头与说明书角度不适 4. 说明书有刀连现象	1. 检查说明书真空吸头的吸力或是否有真空源 2. 调整吸头与带纸轮时间，以吸下为宜 3. 调节说明书障条前后距离，托板角度 4. 尽量疏松说明书或更换说明书
产生误剔除或误停机	1. 说明书进盒前位置不当，不被光电检测 2. 说明书检测头灵敏度不当或失灵	1. 调整说明书推爪，使说明书正好落下能被光电检测 2. 调整灵敏度或更换检测头
纸盒吸不下或纸盒吸下却不张开	1. 真空吸力不够 2. 吸盘已坏 3. 纸盒内有胶黏现象 4. 纸盒拉刀位置不当 5. 纸盒尺寸不统一	1. 检查真空管路是否泄漏 2. 更换新吸盘 3. 更换无胶黏的合格纸盒 4. 调整开盒拉刀位置 5. 更换合格纸盒
纸盒成型不良或插舌不良	1. 纸盒尺寸、纸质改变 2. 纸盒插舌部分位置不当	1. 更换合格纸盒 2. 调整纸盒插舌部分位置
纸盒检测失控或虽有盒却显示缺盒	1. 压盒板接近开关检测失控 2. 压盒板整形上下距离不当	1. 检查和调整压盒板接近开关的灵敏度 2. 调节压盒板整形上下距离，以正方形为宜
物料推不到位	1. 推头前后距离不当 2. 被包装物位置不当	1. 调节被包装物推头前后距离 2. 调节被包装物自身的前后距离
料低情况下不停机	1. 光电失灵 2. 料低检测位置不当	1. 修复或更换电器 2. 调整料低光电检测位置

岗位对接

本章主要介绍了包装生产工艺以及生产专用设备的结构、原理、标准操作、维护与保养、常见故障及排除方法等内容。

常见包装生产人员相对应国家职业工种是《中华人民共和国职业分类大典》(2015 年版)药物制剂工(6-12-03-00)。从事的工作内容是制备符合国家制剂标准的不同产品的剂型。相对应的工作岗位有检验和包装等岗位。其知识和技能要求主要包括以下几个方面：

(1) 进行生产前的准备和作业确认；

(2) 使用衡器、量器，计量、配制原辅料；

(3) 操作制剂设备及辅助设备；

(4) 操作空气净化设备，制备洁净空气，并进行环境、设备、器具消毒；

(5) 操作包装设备，进行成品分装、包装、扫码；

(6) 判断和处理制剂生产中的故障，维护保养生产设备；

(7) 进行生产现场的清洁作业；

(8) 填写操作过程的记录。

思考题

在线测试

1. 药品包装机械一般由哪几个部分组成？
2. 简述泡罩包装机的工艺流程及结构形式。

（庞心宇）

第十七章

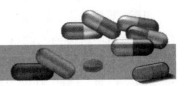

生物制药生产设备

学习目标

1. 掌握糖化锅与发酵罐的结构和工作原理。
2. 掌握糖化锅与发酵罐的日常维护保养。
3. 能按照 SOP 正确操作糖化锅与发酵罐。
4. 熟悉常见培养基灭菌设备的结构和工作原理。
5. 了解生物反应器的分类。

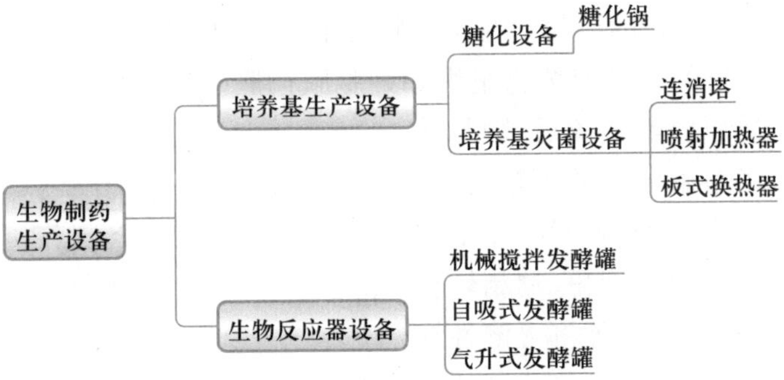

第一节 培养基生产设备

一、概述

不同物种的生物体为了维持正常的生理功能，其体内的细胞代谢过程会产生各种与生物体代谢紧密相关的调控物质，人们利用这些物质来预防、诊断、治疗疾病，这些物质称为生物药物。随着人类社会的不断发展，生物体内天然产生的生物药物早已无法满足人们的实际需求。利用基因工程、细胞工程、发酵工程、酶工程、蛋白质工程等现代生物技术手段大规模生产生物药品已成为新常态。要想从生物体细胞内获得有药用价值的物质，就必须给生物体细胞提供必要的生存环境和营养物质。生物反应器的作用是给细胞提供体外生存环境，而培养基的作用则是给细胞提供体外生存所必须的营养物质。

培养基由人工配制而成，供给生物细胞或组织生长繁殖所需营养物质，包括碳源、氮源、微量元素、维生素等。碳源作为最主要的营养物质为细胞提供碳骨架以及细胞生命活动所必需的能量。由于淀粉等糖类物质较容易获取，可作为细胞培养碳源的主要来源。但很多生物细胞不能直接摄取淀粉作为碳源，仅能利用葡萄糖等小分子糖类物质。因此，在配置培养基之前就必须对含淀粉质的原料进行处理，将其转化成能为细胞所利用的葡萄糖等小分子糖类物质。

利用含淀粉类原料制备培养基的工艺过程，主要包括原料的筛选、粉碎、糊化、糖化、灭菌、冷却等工序。具体生产流程如图 17–1 所示。

图 17–1　生产工艺流程图

二、常用培养基生产设备

（一）糖化设备

生物质原料中所含的淀粉存在于原料的细胞之中，受到细胞壁的保护，不呈溶解状态。蒸煮的目的就是使植物组织和细胞膜彻底破裂，使淀粉成为溶解状态进行液化。淀粉质原料经蒸煮后，颗粒状态的淀粉变成了溶解状态的糊精，糊精如还不能被细胞直接利用，就必须采取添加糖化剂把醪液中的淀粉、糊精转化为可发酵性糖等物质，这种将可溶性淀粉、糊精转化为糖的过程，生产中就叫作糖化。淀粉糖化设备称为糖化锅。如图 17–2 所示，糖化锅由锅体、锅盖、排气管、风帽、人孔、下粉管、搅拌器、糖液排出口等结构组成。糖化锅的工作原理是把糊化醪与水稀释，并与糖化酶混合，在一定温度下维持一定时间，保持流动状态，将淀粉水解成葡萄糖。

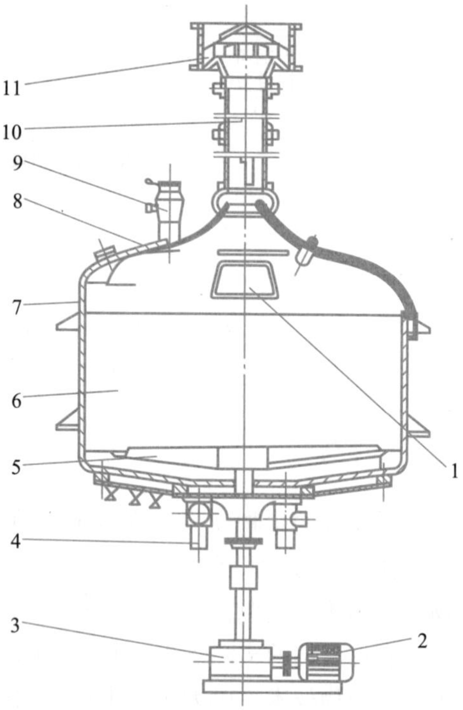

1. 人孔单拉门；2. 电动机；3. 减速器；4. 出料阀；5. 搅拌器；6. 锅身；7. 锅盖；8. 人孔双拉门；9. 下粉管；10. 排气管；11. 筒形风帽。

图 17–2　糖化锅结构示意图

（二）培养基灭菌设备

生物制药生产一般采用纯种培养模式，这样可以提高产品的产量与质量，并能减少产品中的杂质含量。因此，培养基的灭菌显得尤为重要。培养基灭菌是指利用物理或化学方法杀灭或除去培养基中一切微生物的过程。工业生产中培养基的灭菌普遍采用湿热灭菌法，因为湿热灭菌使用的蒸汽价廉、易得、操作易于控制，是一种既简单价廉又非常有效的灭菌方法。湿热灭菌可分为分批灭菌和连续灭菌两种方法。

培养基的分批灭菌是将配制好的培养基放置在发酵罐或其他灭菌容器内，通入蒸汽将培养基和设备一起进行加热灭菌的过程，此过程也可称为实罐灭菌，是间歇式灭菌操作。培养基的连续灭菌是将配好的培养基向发酵罐等生物反应器输送的同时进行灭菌的操作。分批灭菌不需要额外的设备，操作简单，小规模的发酵罐往往采用分批灭菌的方法。连续灭菌与间歇式灭菌相比，加热、保温、冷却时间更短，加热温度更高，有利于减少培养基中营养物质的破坏，更适合大规模生产。

连续灭菌设备主要由蒸汽加热设备、保温维持设备、冷却设备、输送设备组成。维持设备根据工艺不同可采用具有保温功能的维持罐或维持管。冷却设备可采用喷淋式冷却器、套管式冷却器、真空冷却器。

培养基连续灭菌的核心设备是加热设备，常用的有以下三种：

1. 连消塔　如图 17-3 所示，连消塔是用两根直径不同的管内外套合而成，内管管壁上开有 45° 倾斜向下的供蒸汽喷出加热孔。加热孔孔径一般为 6 mm，孔距沿内管由上到下逐渐减小，使蒸汽加热更为均匀。培养基由塔底进料口进入，与加热孔中喷出的蒸汽连续混合后从塔上部流出，在塔内停留时间控制在 30 s 内。

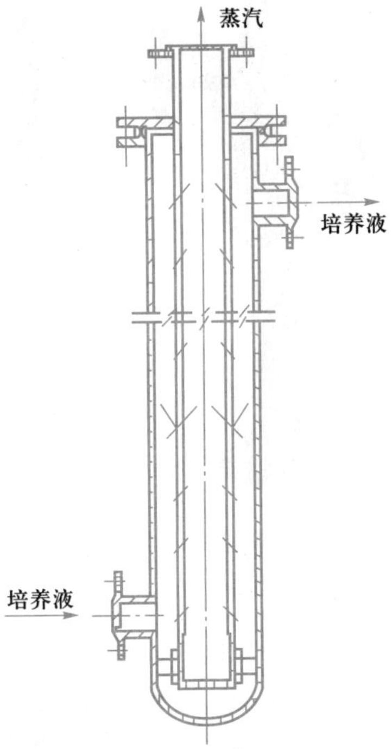

图 17-3　连消塔结构示意图

2. 喷射加热器　如图 17-4、图 17-5 所示，喷射加热器主要由进料阀、培养基进口、喷嘴、蒸汽吸入口、扩压管等组成。当被加热的液体培养基通过喷射加热器的喷嘴时，压力降低，流速增加，在喷嘴的出口处形成低压区，在此压差作用下加热蒸汽被吸入加热器吸入室内，与液体培养基进行混合并加热培养液，然后气液混合物进入喉管进一步均匀混合，最后气液混合物进入扩压管，流速降低，压力升高，完成加热过程。

3. 板式换热器　板式换热器属于连续灭菌，灭菌系统采用板式换热器作为培养液的加热器和冷却器，可使培养基的预热、加热灭菌及冷却过程在同一设备内完成。如图 17-6、图 17-7 所示，板式换热器的结构包括板片、内衬、垫片、前后端板、上下导杆以及紧固螺栓。工作时，设备中的蒸汽加热段使培养液的温度升高，经维持段保温一段时间，然后在薄板换热器的另一段冷却。

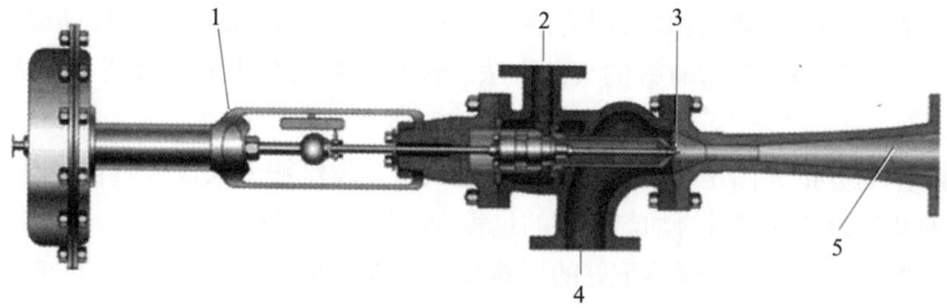

1. 进料阀；2. 培养基进口；3. 喷嘴；4. 蒸汽吸入口；5. 扩压管。

图 17-4　喷射加热器结构图

图 17-5　喷射加热器实物图

1. 支柱；2. 后端板；3. 下导杆；4. 螺栓；5. 地脚；6. 前端板；7. 上导杆；8. 内衬；9. 板片；10. 垫片。

图 17-6　板式换热器结构示意图

图 17-7　板式换热器连续灭菌设备实物图

三、糖化锅的操作

（一）开机前准备

(1) 检查设备状态标志。
(2) 检查各管路阀门是否处于正确的位置。
(3) 检查减速器油箱油量是否充足，油位不能低于油杯 1/3。
(4) 检查罐体及周围环境是否清洁。
(5) 检查进料成分是否符合工艺指标。

（二）设备操作

(1) 关闭排污阀及出料阀，打开进料阀待物料进入糖化锅内 1/2 以上时开启搅拌器，加料完成后关闭进料阀。开启蒸汽加热，按工艺要求调整加热温度。

(2) 出料前，关闭出料泵出口阀，慢慢打开糖化锅出料阀，开启出料泵，然后缓慢开启出料泵出口阀。罐内物料剩余 1/2 时，关闭搅拌器，出料完成后，关闭出料泵，关闭出料阀。

(3) 生产结束，按设备清洁程序清洗设备。

操作注意事项：① 检查阀门开关是否正常，确定罐内无人方可加料。② 开蒸汽阀时，身体要侧对手轮，阀门要缓慢开关，以免阀体损坏，喷出蒸汽伤人。③ 蒸汽阀门不能漏气，禁止带压检修，以免烫伤。④ 搅拌运转时，禁止把手和异物伸入罐内。⑤ 电动机运转时，严禁湿手触摸或湿布擦拭。严禁靠近设备转动部位。⑥ 糖化锅操作时严禁温度骤升骤降。⑦ 保温层严禁用水冲洗。

（三）设备的维护与保养

(1) 经常保持设备及周围环境的清洁，不允许堆放杂物与工具。
(2) 及时清除设备、管路及阀门上黏附的糖液及污物，保持设备清洁。
(3) 及时对搅拌器主轴轴承进行清洗，并更换钙基润滑脂。
(4) 定期检查接管、法兰、阀门，更换泄漏处的垫圈、阀门，并紧固松动的螺栓。
(5) 检查搅拌器传动系统各部件有无松动，搅拌摆动量是否过大。
(6) 检查各仪表是否正常并校验。
(7) 检查换热器有无泄漏、穿孔。
(8) 检查罐体表面有无明显破损与腐蚀处。
(9) 检查电动机接线是否完好，电动机、电线绝缘是否完好。
(10) 保持糖化锅保温层完好，并定期检查。
(11) 发现设备故障应及时检修，检修时应先切断电源，入罐维修前应向罐内通入足够的新鲜空气，并保证良好照明，配备安全设施，并设专人监护。

（四）常见故障及排除方法

糖化锅常见故障、原因及排除方法见表 17-1。

表 17-1　糖化锅常见故障、原因及排除方法

故障现象	故障原因	排除方法
密封不严漏料	1. 阀门、法兰等密封面不严 2. 设备本体发生腐蚀 3. 设备连接管件、阀门泄漏	1. 更换阀门、法兰等密封垫片 2. 修理、更换罐体 3. 更换管件、阀门
罐内发生异常响声	1. 搅拌器摩擦罐内附件，搅拌轴弯曲变形或搅拌器松动 2. 轴承损坏 3. 罐内有异物	1. 停车检查，校正、修理并紧固螺栓 2. 修理或更换轴承 3. 停车并清理异物
连轴节响声大或震动	1. 连轴节螺栓松动 2. 连轴节间隙大	1. 紧固连轴节螺栓 2. 调整连轴节间隙或更换连轴节

第二节　生物反应器设备

一、概述

生物反应器是利用生物体自身功能或体内活性物质，在体外进行生化反应，以生产某种产品或进行特定反应的装置。生物反应器类型多样，按以下方式进行分类：

1. 按反应器内有机体分类　可分为微生物反应器、细胞反应器、酶反应器。细胞反应器还包括动物细胞反应器和植物细胞反应器。

2. 按反应器内气液混合方式分类　可分为机械搅拌式混合反应器、泵循环混合反应器、直接通气混合反应器和连续气相反应器。

机械搅拌式混合反应器是靠搅拌器将通入反应器培养基中的空气打碎成大量微小气泡与液相充分接触。泵循环混合反应器是依靠反应器外循环泵让反应器内液体循环流动与反应器内气体充分混合。直接通气混合反应器是通过罐底部气体分布器将气体直接通入液体中实现气液相充分接触。连续气相反应器是利用气体流过液体表面而实现气液接触的反应器。

3. 按反应器结构分类　可分为罐式反应器、管式反应器、塔式反应器、膜式反应器。

4. 其他分类方式　按操作方式可分为间歇反应器、半连续反应器和连续反应器。按照反应器内相态可分为均相反应器和非均相反应器。按照反应器内流体流动类型可分为理想反应器和非理想反应器。

知识拓展

抗 生 素

抗生素是指由微生物(包括细菌、真菌、放线菌属)或高等动植物在生活过程中所产生的具有抗病原体或其他活性的一类次级代谢产物,能干扰其他生物活细胞发育功能的化学物质。抗生素对病原微生物具有抑制或杀灭作用,是防治感染性疾病、抗肿瘤以及杀虫除草的重要药物。1928 年,英国细菌学家弗莱明偶然发现青霉素,这是第一种被发现的抗生素,也是 20 世纪科学史上最伟大的发现之一。青霉素在第二次世界大战末期横空出世,拯救了数以千万人的生命。我国是生产、使用、出口抗生素的第一大国,年产抗生素原料约 21 万吨,中国供应了全球 90% 的抗生素原料药。

抗生素给人们带来了健康,但是滥用抗生素也给人类带来了危机。G20 杭州峰会期间,《二十国集团领导人杭州峰会公报》就将抗生素耐药性与英国脱欧、气候变化、难民、恐怖主义等五项内容列为影响世界经济的其他重大全球性挑战因素,明确指出"抗生素耐药性严重威胁公共健康、经济增长和全球经济稳定"。

二、常用生物反应器设备

(一) 机械搅拌发酵罐

机械搅拌发酵罐(又称通用式发酵罐)是利用机械搅拌器的作用,使空气和发酵液充分混合,促使氧在发酵液中溶解,以保证供给微生物生长繁殖、发酵所需要的氧气。机械搅拌发酵罐主要由罐体、搅拌器、轴封、消泡器、联轴器、挡板、空气分布管、换热装置、人孔以及管路组成(图 17-8、图 17-9)。

1. 罐体　罐体一般由钢制(碳钢或不锈钢)圆柱体及椭圆形封头焊接而成。罐体上设有人孔,罐顶装有视镜及灯镜,在其内表面装有压缩空气或蒸汽吹管。在罐顶上安装有进料管、补料管、排气管、接种管和压力表接管等。罐身上设有冷却水进出管、进气管、取样管、温度计管和测控仪表接口。罐体上有换热器,常见的换热装置有夹套式换热器、管式换热器。夹套式换热器多应用于小容积的发酵罐和种子罐。大型发酵罐内外壁可安装螺旋形蛇管作为加热装置,也可采用多组竖式的蛇管安装于发酵罐内。

2. 搅拌器　搅拌器的作用是打碎气泡,使空气与发酵液均匀接触,增加溶氧量。如图 17-10~ 图 17-12 所示,搅拌器有轴向式(推进式搅拌器、轴向流型搅拌器)和径向式(涡轮式)两种。为防止液面中央产生涡流,改变液流的方向,促使液体充分流动,增加溶解氧,发酵罐内还可安装挡板。发酵罐内竖立的列管、排管或蛇管等换热器也可起到与挡板相同的作用。

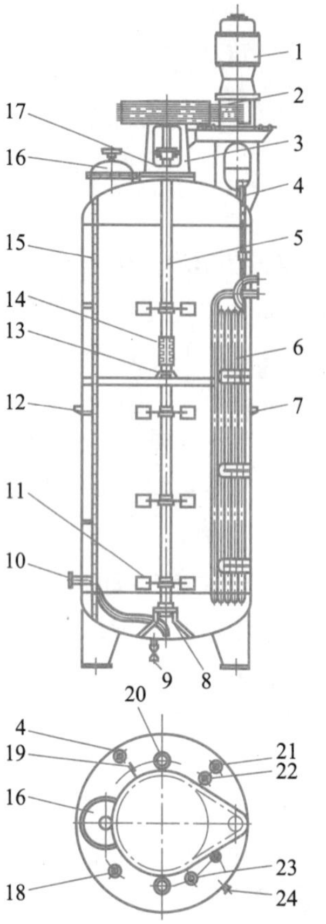

1. 电动机；2. 传动皮带；3. 轴承座；4. 取样口；5. 轴；6. 换热器；7. 温度计；8. 底轴承；9. 放料口；10. 通风管；11. 搅拌器；12. 热电偶接口；13. 中间轴承；14. 联轴器；15. 梯子；16. 人孔；17. 轴封；18. 进料口；19. 压力表；20. 窥镜；21. 回流口；22. 气口；23. 补料口；24. 空气进口。

图 17-8　机械搅拌发酵罐结构示意图

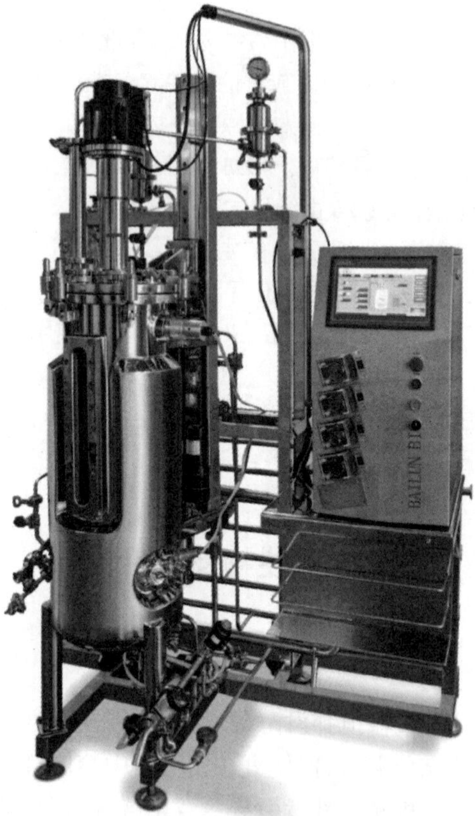

图 17-9　机械搅拌发酵罐实物图

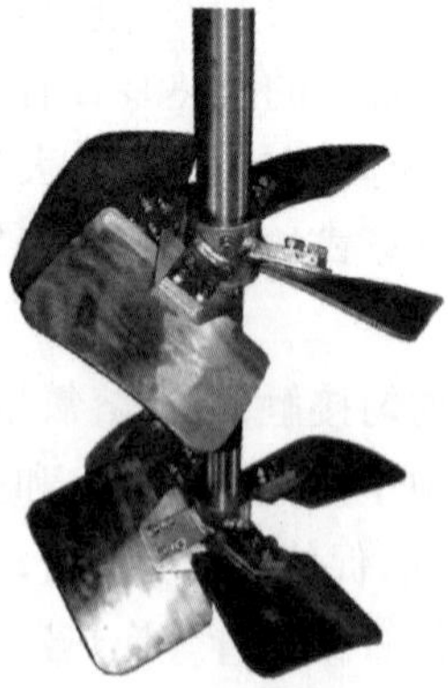

图 17-10　推进式搅拌桨实物图

图 17-11　轴向流型搅拌桨实物图

图 17-12　径向式搅拌桨实物图

3. 轴封 发酵罐的搅拌轴与静止罐体之间存在缝隙。轴封是安装在搅拌轴与设备之间的装置，其作用是密封罐顶或罐底与轴之间的缝隙，防止发酵液和罐内气体沿搅拌轴泄漏和感染杂菌。常用的轴封有填料函式轴封和端面轴封两种。填料函式轴封是由填料箱体、填料底衬套、填料压盖和压紧螺栓等零件构成。端面式轴封又称机械轴封，是靠弹性元件（弹簧、波纹管等）的压力使垂直于轴线的动环和静环光滑表面紧密地相互贴合，并作相对转动而达到密封。

4. 消泡器 培养基中含有蛋白质等易发泡物质，发酵生产时在通气搅拌条件下会产生泡沫，发泡严重时会发生泡沫夹带现象，使发酵液随排气而溢出，大大增加了染菌概率。为防止这种现象，一般在发酵罐内搅拌轴的上部或发酵罐排气系统上安装消泡器。消泡器是一种能破碎泡沫并将泡沫破碎分离成液态和气态两相的装置（图 17-13、图 17-14）。

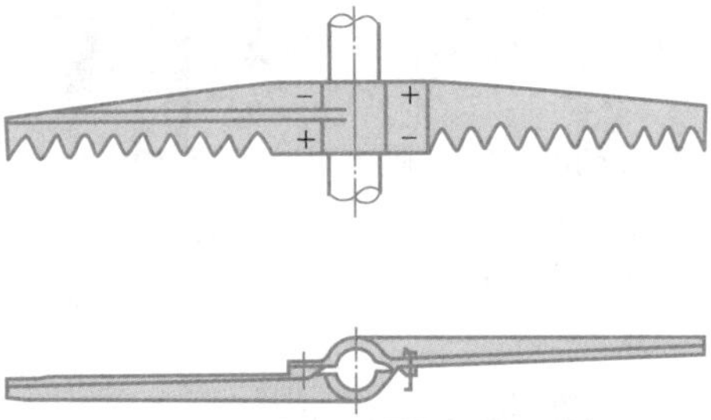

图 17-13 搅拌轴上安装的消泡器示意图

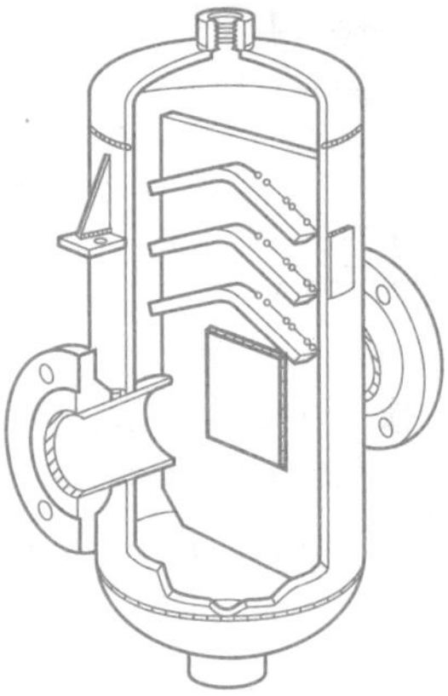

图 17-14 排气管路上安装的消泡器示意图

（二）自吸式发酵罐

自吸式发酵罐主要由罐体、自吸搅拌器（叶轮或转子）、导轮（定子）、轴封、换热装置、消泡器等构成（图 17-15、图 17-16）。自吸式发酵罐采用带中央吸气口的搅拌器。搅拌器由从罐底向上伸入罐体的主轴带动，叶轮旋转时叶片间的液体不断排出叶轮中心形成负压，因此将罐外空气通过搅拌器中心的吸气管而吸入罐内，吸入的空气与发酵液充分混合后在叶轮末端排出，并立即通过导轮向罐壁分散，经挡板折流涌向液面，均匀分布。

（三）气升式发酵罐

气升式发酵罐是一种以空气为动力进行气液混合而无需搅拌器的发酵设备（图 17-17、图 17-18）。这类反应器具有结构简单，染菌率低，溶氧好，节约投资等优点，可用于抗生素、氨基酸、酶制剂、维生素、有机酸等药物的发酵过程，主要由罐体、上升管、空气喷嘴（或环型空气分布管）、导流筒等结构组成。气升式发酵罐是把高压无菌空气通过喷嘴或喷孔喷射进发酵液中形成气液混合物，在湍流流动下气液混合物中形成大量气泡，导流筒内气液比较大的发酵液密度较小而向上流动，导流筒外气液比较小的发酵液密度较大而下沉，形成循环流动，从而实现混合与溶氧传质。

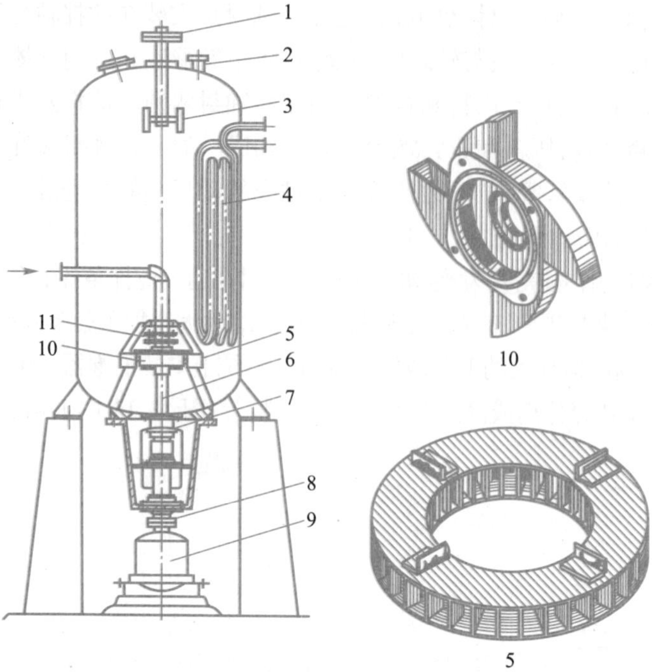

1. 皮带轮；2. 排气管；3. 消泡器；4. 冷却管；5. 定子；6. 轴；7. 双端面轴封；8. 联轴器；9. 电动机；10. 转子；11. 端面轴封。

图 17-15　自吸式发酵罐示意图

图 17-16　自吸式发酵罐实物图

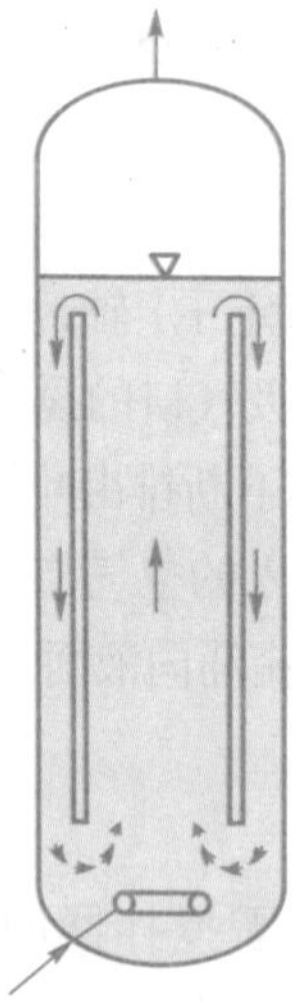

图 17-17　气升式发酵罐结构示意图

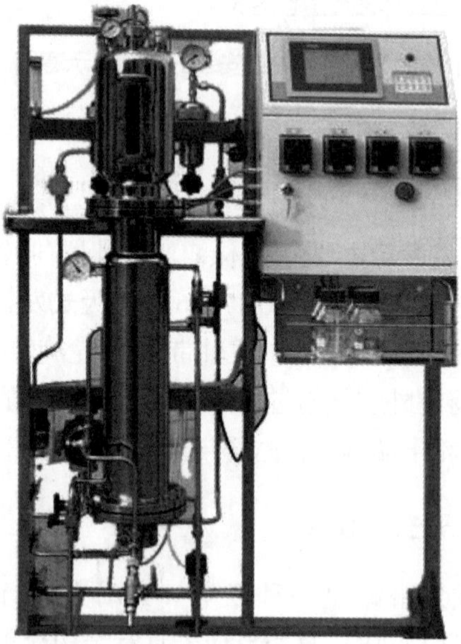

图 17-18　气升式发酵罐实物图

课堂讨论

制备生物药采用哪种发酵设备比较好？说说你的观点。

三、100 L 机械搅拌式发酵罐的操作

（一）开机前准备

（1）检查电源是否正常，空压机、控制系统和供水系统是否正常工作。

（2）检查发酵罐上的阀门、接头及紧固螺钉是否拧紧。

（3）开启空压机，用 0.15 MPa 压力检查种子罐、发酵罐、过滤器、管路、阀门等有无泄漏。检查罐体夹套与罐内是否密封，确保除电磁阀前方阀门外的所有阀门处于关闭状态。

（4）检查冷却水、电、空气、蒸汽能否正常供应。冷却水进水压维持在 0.12 MPa，允许在 0.15~0.2 MPa 范围变动，不能超过 0.3 MPa，冷却水温度应低于发酵温度 10℃；单相电源 AC220 V ± 10%，频率 50 Hz，罐体可靠接地；输入蒸汽压力应维持在 0.4 MPa，进入系统后减压为 0.24 MPa。空压机压力值 0.8 MPa，空气进入压力应控制在空气初级过滤器允许的压力范围内 0.25~0.30 MPa。

（5）进行温度、溶氧电极、pH 电极校正及标定。

（6）检查各电动机能否正常运转，各电磁阀能否正常吸合。

视频

小型发酵罐实罐灭菌

（二）灭菌操作

1. 清洗　可将酸碱罐、补料罐、种子罐等罐体上方的法兰卸开，先手动清洗，结束后排尽罐内的污水，再反复用水冲洗几遍。发酵罐的清洗可采用自来水管通过手孔向罐体内壁冲洗，当水位上升到搅拌轴的第二片叶轮时停止冲洗，开动电动机搅拌清洗。各管路可以先采用清水冲洗，再根据相应功能采用相应的清洗介质冲洗。如果发酵系统长时间不用或培养的菌体与上一批次的不相同时，可采用浓度为 2% 的 NaOH 溶液清洗，清洗后对整个系统进行空罐灭菌。

2. 空气管路的灭菌　采用高压热蒸汽直接通入空气管路进行灭菌。灭菌时间应持续 30 min，当设备初次使用或长期不用后启动时，可进行间歇操作灭菌，即第一次灭菌后，隔 3~5 h 再一次进行灭菌，以便消除芽孢。当蒸汽通入空气管路上的除菌过滤器时，由于空气除菌过滤器的滤芯不能承受高温高压，将除菌过滤器前蒸汽减压阀调整在 0.13 MPa，不得超过 0.15 MPa。除菌过滤器下端的排气阀应微微开启，排除冷凝水。经灭菌后的过滤器，应通气 30 min 进行吹干，然后将空气管路上阀门关闭并维持空气管路正压，以防染菌。

3. 空罐灭菌

（1）空罐灭菌前，将溶氧、pH 电极取出。

（2）通入蒸汽前将夹套排出阀打开，以防夹套超压。关闭除菌过滤器下与进气管连接的阀门，微开进气管道放气阀，防止蒸汽进入空气管路。打开蒸汽阀门向罐内通蒸汽，打开通过取样口蒸汽阀向罐内通蒸汽。

（3）微开取样口、罐体排污管上的阀门，当温度达到 122℃后开始计时，调整发

酵罐放气口、罐体进气口与取样口阀门的开度，保持罐内温度为 122~128℃，压力在 0.11~0.15 MPa。

(4) 加热 30 min 后，关闭罐体进气口、进气管排气口、取样口阀，然后再关闭罐体蒸汽阀门、取样口蒸汽阀，打开空气管路上的阀门，向罐内通空气冷却，让罐内保持正压在 0.03~0.05 MPa 之间。如需快速冷却可向夹套通冷却水，到达常温后关闭冷却水。

4. 实罐灭菌

(1) 空罐灭菌后，关闭罐体进口阀，打开罐体，放气卸压。卸压安装的 pH、溶氧电极。尽快从加料口将配好的培养基加入发酵罐，发酵液总量一般不超过罐体容积的 75%。

(2) 打开机械搅拌，使之低速转动，混匀罐内物料。

(3) 打开夹套进汽阀向夹套通入蒸汽，预热罐内培养基。当罐内温度升到所需温度时，关闭夹套进汽阀，关闭空气管路进气阀。打开罐体、取样口、罐底三路蒸汽阀门，向罐内通入蒸汽，微开罐体放气阀，关闭电动机搅拌。

(4) 当温度升至 121℃左右，罐压升至 0.12 MPa 时，控制罐体、取样口、罐底三路蒸汽阀门与罐体放气阀的开度，维持温度与罐压，开始计时，灭菌 30 min。期间微开火焰接种口向外排蒸汽，灭菌结束前，先关闭火焰接种口，再关闭罐体、取样口、罐底三路蒸汽阀门，停止供汽。

(5) 关闭夹套排污阀门，打开夹套冷却水阀，打开电动机搅拌，给发酵罐降温。当压力降到 0.05 MPa 时，打空气管路进气阀向罐内通空气，加快冷却速度，并保持罐压为 0.05 MPa。直到罐内培养基温度降至接种温度，停止通入冷却水。

（三）接种操作

(1) 维持罐内表压略大于零。将乙醇棉围在接种口周围并点燃，将菌种瓶口在火焰上烧一会儿，用扳手拧开接种口，迅速将菌种倒入罐内。

(2) 将接种口盖在火焰上灭菌后拧紧。接种后，调节空气流量维持罐内压力 0.03~0.07 MPa。

（四）取样操作

(1) 全开取样口蒸汽阀，微开取样口，保持 15 min。

(2) 将乙醇棉围在取样口周围并点燃，关闭取样口，关闭取样口蒸汽阀。打开取样与罐体连接阀，打开取样口，将取样管内的液体排光。

(3) 将准备好的取样瓶在火焰边打开，快速取样并盖好。

(4) 关闭取样口，打开取样口蒸汽阀对取样口清洗并灭菌，5 min 后关闭取样口与取样口蒸汽阀。

（五）发酵操作

取样完成后检测发酵液的 pH 并校正。当接种完成，按工艺调节发酵灌内温度、压力、搅拌器转速，在控制系统内设定好 pH、溶氧工艺参数进行发酵。

（六）出料操作

(1) 控制罐内压力在 0.05~0.1 MPa，打开出料口利用发酵罐内外压差将发酵液从出料管道排出。

(2) 出料后取出溶氧、pH 电极，进行清洗与保养。

(3) 出料结束后，应立即放水清洗发酵罐及料路管道阀门，开动空压机，向发酵罐供气并搅拌，将管路中的发酵液冲洗干净。

(4) 如果发酵罐暂时不用，则对发酵罐进行空罐灭菌，并排空罐内、夹套及管道内的水。

（七）设备的维护与保养

(1) 发酵罐应保持清洁，使用后及时清洗，防止发酵液干结在发酵罐及管路、阀门内。

(2) 若发酵罐长时间停止使用，应将罐体清洗、吹干。过滤器的滤芯应取出清洗、晾干，妥善保管。法兰压紧螺母应松开，防止密封圈永久变形。

(3) 各类仪表应按规定要求保养存放，压力表、安全阀、温度表应每年校验。

(4) 过滤器应定期检查，通气量减小时要及时检修。

(5) 空压机机体表面保持干净。定期打开空气储存罐底的排污阀，排掉罐内的冷凝水。

（八）常见故障及排除方法

发酵罐常见故障、原因及排除方法见表 17–2。

表 17–2　发酵罐常见故障、原因及排除方法

故障现象	故障原因	排除方法
关闭阀门，罐压不能保持	1. 罐盖法兰的紧固螺钉没有拧紧或螺钉的松紧度不一样 2. 密封圈损坏或接口处有缝隙 3. 管道接头或阀门漏气 4. 机械密封磨损	1. 拧紧螺钉，保持松紧度一致 2. 检查密封圈或更换 3. 拧紧螺母或更换 4. 更换密封装置
蒸汽灭菌时，升温太慢	1. 蒸汽压力低 2. 供气量不足	1. 检查蒸汽发生器电加热管是否烧坏 2. 分气缸上方的压力表值是否正常
发酵液从空气管路中倒流	罐内压力大于管道压力	严禁将过滤器的排水阀突然打开
温控失灵	1. 传感器或引线损坏 2. 仪表损坏	1. 检查传感器 2. 检查仪表或更换

续表

故障现象	故障原因	排除方法
溶氧量太低	1. 供气量不足 2. 过滤器堵塞 3. 管道阀门漏气	1. 开大阀门或提高供气压力 2. 检查过滤器，更换滤芯 3. 检查管道阀门
pH 显示失灵	1. pH 电极损坏 2. pH 电极堵塞	1. 检查 pH 电极或更换 2. 清洗 pH 电极
溶氧显示失灵	溶氧电极膜损坏	更换溶氧电极膜

岗位对接

本章主要介绍了生物制药生产专用设备的结构、原理、标准操作、维护与保养、常见故障及排除方法等内容。

生物制药生产人员相对应国家职业工种是《中华人民共和国职业分类大典》(2015 年版)发酵工程制药工(6-12-05-02)。从事的工作内容是从事菌种培育及控制发酵过程生产发酵工程药品。其知识和技能要求主要包括以下几个方面：

(1) 使用配料罐或其他容器、输送泵等设备或器皿配制工艺需要的培养基；

(2) 使用消毒锅或消毒柜等，对培养基、压缩空气或其他材料、设备、器皿等进行消毒、灭菌；

(3) 采用微生物方法培养、制备各级生产菌种，复壮、选育优质高产生产菌株；

(4) 操作发酵设备和控制仪器、仪表，根据发酵代谢指标适当调节发酵工艺条件，完成发酵过程；

(5) 加入工具酶和中间体，控制工艺条件，完成抗生素的酶解、转化工序；

(6) 使用固液分离设备进行发酵液或浸提液的固液分离；

(7) 使用溶剂、交换树脂等进行有效药用成分的提取、纯化；

(8) 使用除菌过滤、结晶、干燥等方法进行药品的精制；

(9) 使用衡器将原料药按规定量包装在专用容器中；

(10) 制备符合原料药生产标准的工艺用水。

思考题

在线测试

1. 简述糖化锅操作的注意事项。
2. 简述发酵罐实罐灭菌的操作方法。

(刘　健)

第十八章 制药设备验证与确认

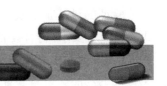

学习目标

1. 掌握确认与验证的区别，明确设备确认与验证的范围。
2. 掌握验证的分类，充分理解验证与 GMP 之间的关系。
3. 掌握设计确认（DQ）、安装确认（IQ）、运行确认（OQ）和性能确认（PQ）的要求。
4. 掌握验证的流程、验证的内容及验证的文件。
5. 了解气雾剂灌装生产线验证与确认全过程和表格填写标准。

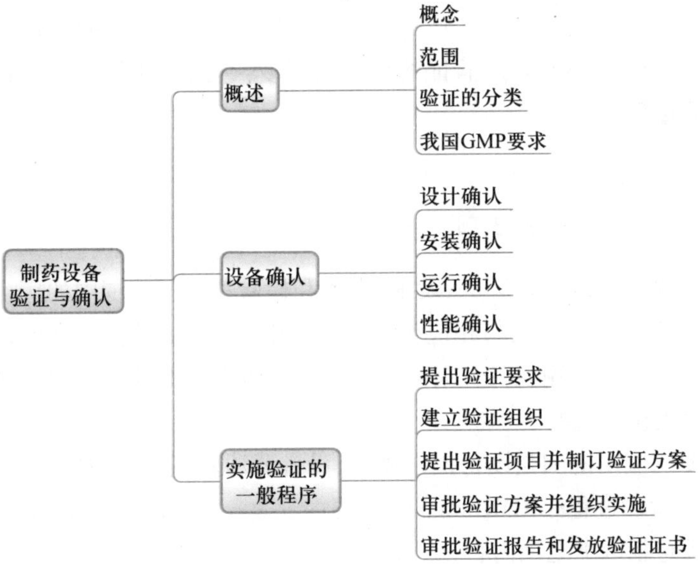

第一节 概 述

一、确认与验证的概念

确认是有文件证明厂房、设施、设备能正确运行并可达到预期结果的一系列活动。验证是有文件证明任何操作规程（或方法）、生产工艺或系统能达到预期结果的一系列活动。

验证的目的是确认设备制造、安装、运行性能各个环节是否达标，以证实机器是否符合设计要求，符合设备的药品生产工艺要求，保证药品正确地进行生产和质量管理，并证明药品生产全过程是准确和牢靠的，且具有重现性，以保证最后获得符合质量标准的药品。设备验证的依据及采用文件包括：《药品生产质量管理规范（2010 年修订）》、设备档案、设备标准操作规程、设备标准清洁规程、设备维护保养规程等。

在确认与验证系统中，确认位于验证的前一环节，是对单个系统、设备、厂房进行适应性的确认，如厂房、设施、设备（空白物料设备的性能确认）、公用系统的确认。验证多用于复杂系统或多系统的目的性确认，引入了通过风险评估确定确认和验证的应用体系。验证是通过风险分析确定哪些具体操作步骤和重要环节是决定产品的关键质量属性。验证过程中应注意这些关键的步骤和操作，通过进一步统计分析来识别关键的技术参数。中国 GMP 2010 年修订版在中国 GMP 1998 年版的基础上对验证进行了重新的诠释，并从验证概念中将确认分离出来，作为一个独立概念。

验证和确认本质上是相同的概念，确认通常用于厂房、设施、设备和检验仪器，而验证则用于操作规程和检验方法、生产工艺或系统。在此意义上，确认是验证的一部分。

大中型制药企业通常根据生产药品的工艺特点，运用合理的风险管理工具进行风险评估，制订验证计划，确定验证的范围与程度，达到控制药品风险和完善药品生产过程中的质量管理。

二、确认与验证的范围

确认的主要应用范围是厂房、设施、设备和检验仪器。范围中的厂房和设施主要指药品生产所需的车间以及与相应生产工艺配套的空调系统、水处理系统等公用配套体系。生产、包装、运输、清洁、灭菌所应用的设备以及对药品质量进行分析检测的设备等也都是确认的范畴。

验证主要的应用范围是设备操作规程、设备清洁验证、产品验证及工艺验证和再验证等方面。验证过程是 GMP 认证的重要内容之一。GMP 对药品生产过程的验证内容规定必须包括以下七项内容：

(1) 空气净化系统验证。

(2) 工艺用水系统验证。

(3) 生产工艺及其变更验证。

(4) 设备清洗验证。

(5) 主要原辅料变更验证。

(6) 灭菌设备验证（对无菌药品生产）。

(7) 药液过滤及灌封或分装系统验证（对无菌药品生产）。

计算机化系统在新版中国 GMP 中进行了定义，虽然目前对计算机化系统未明确规定验证的要求，但在 21 世纪制药行业中通常将计算机化系统也归属于验证的考察范围。

三、验证的分类

（一）前验证

前验证是指药品生产线在投入使用前必须完成并达到设定要求的验证。这种方式通常应用于一些在以往历史生产中并无参照资料或缺乏资料的药品，仅通过生产调控与成品质检来保证药品的重现性和药品质量的生产工艺。

前验证通常也应用于新型药品（不限剂型）制药设备及其生产工艺的引入。前验证的成功代表着新型药品及其生产工艺从研发部门转向生产部门的必要条件。对于一种新品及新工艺来说，前验证的成功意味着研发过程的结束，也是批量生产的开始。由于前验证的目的是确认与验证新药品及新工艺的重现性及稳定性，并未涉及处方与生产工艺方面的最优化。因此，在前验证之初必须具有比较完善的处方与生产工艺研发资料。研发资料应完成以下内容：

(1) 药品处方的设计、筛选及优化已完成。

(2) 结束中试性生产全过程，制定好关键的工艺及工艺变量，得到相应参数的控制限。

(3) 药品生产工艺方面的详细技术资料，包括有文件记载的产品稳定性考察资料。

(4) 至少完成了一个批号的试生产。

此外，从中试放大至试生产中应无明显的“数据漂移”或“工艺过程的因果关系发生畸变”现象。新型药品在前验证之前应对所有参与生产、质检和管理的人员进行新药品的相关培训，进行前验证的人员应当熟练掌握新型药品生产工艺及其重点、难点，避免形式主义的前验证。

（二）同步验证

同步验证是指在工艺常规运行的同时进行的验证，即从工艺实际运行过程中获得的数据来确立文件的依据以证明某项工艺达到预计要求的活动。工艺验证实际是在特殊规定的条件下试生产，在其进行工艺验证过程的同时可以得到符合企业要求的药品和工艺验证的客观结果，若客观结果能够有效地证明此生产工艺的重现性和可靠性，则能有力地证实该项工艺条件的控制已经达到预计的要求。

同步验证并不是在所有的情况下都能有效地进行，例如在生产一些新型口服制剂的过程中有着比较复杂的新工艺，采用同步验证方式会存在较大质量的风险，在无菌药品生产工艺中采用同步验证方式同样也存在太大风险。企业须根据自己的实际情况作出合理的选择，在什么条件下可以采用同步验证方式取决于企业需要生产药品的剂型、生产环境等条件，对整个生产过程应做到主客观的情况分析，并预计验证结果对保证质量是否可靠的风险程度。同步性验证方法通常适用于以下情况：

(1) 间断性生产需求很小的产品，即用来治疗罕见疾病的药物或每年生产少于 3 批的产品。

(2) 生产量很小的产品，如放射性药品。

(3) 遗留工艺过程此前并未经过有效验证，且没有重大工艺改变的情况下。

(4) 已存在工艺过程发生较小的改变，此前该原始工艺已经得到过验证。

(5) 已验证的工艺过程进行周期性再验证时。

（三）回顾性验证

回顾性验证是指以历史数据的统计分析为基础，旨在证实正式生产工艺条件适用性的验证。采用回顾性验证方式的前提条件是具备充分可以利用的历史数据。相对于前验证在几个批次或较短时间内生产获得的数据，回顾性验证则是基于多批次或很长时间内积累的生产资料。通过回顾分析大量生产数据，得出药品工艺控制的整体状况，使药品生产工艺的回顾性验证具有很高的可靠性。回顾性验证应具备以下必要的条件：

(1) 具备大量的历史数据（不少于 20 个连续批号的数据）及成品检验的结果、批生产记录中各种偏差的说明、中间控制检查的结果、各种偏差调查报告等。若回顾性验证的批次少于 20 批，应有充分理由对进行回顾性验证的有效性作出评价。

(2) 对于检验方法需要经过验证，检验的结果采用数值的方式表达，便于进行数理统计分析。

(3) 具备符合 GMP 要求的批记录，包含明确的工艺条件。若大量的历史数据中没有明确的工艺条件，则回顾性验证将无法进行。例如，在得到的成品药质量检测结果中存在明显的偏差，但批生产记录中没有任何对偏差的解释说明，则这种缺乏可追溯性的质量检测结果不能用作回顾性验证。

(4) 具备标准化的相关工艺参数，并一直处于控制状态，如温度、湿度、洁净程度、质量分析方法等。

回顾性工艺验证通常可以通过对大量数据进行分析，得出生产工艺中可能存在的故障隐患以及能够满足生产的最低生产工艺条件。回顾性工艺验证往往都不需要提前制订相应生产工艺的验证方案，但必须具备一套较为完整的生产及质量监控计划，为回顾性验证的总结提供大量的资料和数据支持。

（四）再验证

再验证是指一项工艺、一个过程、一个系统、一个设备或一种材料已经过验证并运行数个阶段后进行的，旨在证实已验证的状态没有产生飘移而进行的验证。根据再验证的原因，可以将再验证分为下述三种类型：

1. 强制性再验证　指药品监督部门或者药品管理法规要求进行的验证。

2. “改变性”再验证　指生产过程中主客观原因发生变更时进行的验证。

3. “定期”再验证　指对产品的质量和安全起决定作用的关键工艺、关键设备，在生产一定周期后进行的验证。

设备再验证是指设备经过确认与验证或设备清洁 SOP 经过验证后，某些验证过的内容发生了较大的变化，原来的相关验证失去了意义，需要重新验证。设备再验证一般在下列情况下进行：

(1) 在制药设备清洁的过程中，更换符合 GMP 要求的清洁剂或根据生产工艺而改变的清洁程序。

(2) 由于设备、环境等条件的改变，导致产品的质量发生改变或生产的药品更难以清洁。

(3) 发生重大故障并维修后的制药设备或设备结构发生重大改变。

(4) 清洗 SOP 有定期再验证的要求。

(5) 达到制药设备的有效期时（通常为 1 年）。

四、我国 GMP 对制药设备确认与验证的要求

制药设备是否符合 GMP 标准是评价一个药品生产企业实施 GMP 质量好坏的重要指标。为保证生产出的药品质量安全，制药设备的保障极为重要，只有按 GMP 的规定，将制药设备的各种因素考虑全面，才能确保生产过程更好地符合 GMP 要求，杜绝因人为操作失误等因素造成药品不合格的情况，确保生产出安全、有效、稳定、符合 GMP 要求的药品。评价一台制剂设备是否符合 GMP 确认与验证标准，需要药厂有关人员与制药设备的供应商、安装单位共同配合完成，通常包括以下几方面：

1. 确认与验证设计方案的准备。

2. IQ——安装确认　制药设备的安装应符合 GMP、安全以及供货单位的相关要求，技术说明书与维修手册齐全存档。

3. OQ——运行确认　证明设备（系统）适合于执行特定的分析任务。它只能采用用户的样品，按照用户的方法规定，对照设备标准操作的 OQ 和相应的仪器手册，由设备生产厂家协助客户进行认证。

4. PQ——性能确认　制药设备在规定的技术指标范围内运行，建立设备管理程序。

5. PV——过程确认　所有相关制造过程的设备通过工艺验证结果，以证实设备技术指标的实际性和可行性。

通常不同制药设备因生产药品的种类、特点不同，IQ、OQ、PQ 和 PV 都有所差异，设备生产企业必须对药品生产设备的验证要求进行了解。掌握验证项目、指标、生产工艺的技术特点以及药品的特殊药效，配合药厂验证自己生产的制剂设备，便于药厂更好地按 GMP 要求正确使用制剂设备，提高生产效率，有利于制剂设备运行达到最佳效果。

第二节　设备确认

设备确认通常包括设计确认（DQ）、安装确认（IQ）、运行确认（OQ）、性能确认（PQ）和再确认 5 个步骤。设备的设计、安装、运行和性能确认，既是 GMP 的要求，也是对设备供应商的考核，同时也是药品生产企业降低药品生产风险行之有效且必不可少的方法之一。

设备确认的目的是对药品生产企业所使用的厂房、设施与设备进行验证，根据药品生产所需要的工艺，对生产所用设备的设计与选型、安装、运行与性能的准确性和对生产工艺的合理性作出评估。这里的设备包括共用设施（如纯化水系统、压缩空气系统和空气净化系统）和实验室分析仪器。在实际工作中，预确认环节已经对设备设计和生产工艺的选择进行了属性认定，后续设备确认工作包括安装、运行与性能是否达到药品生产企业的使用要求，最后还需要编制出设备运行的 SOP，编制预防性维修计划，验证设备清洁规程（图 18-1）。

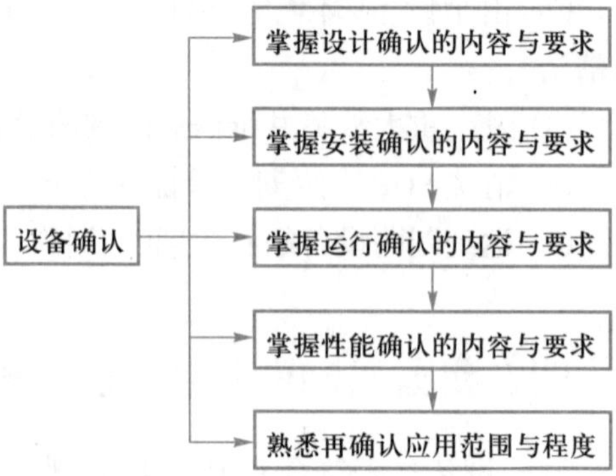

图 18-1　设备确认管理流程图

一、设备的设计确认

设计确认是指对欲订购设备技术指标适用性的审查及对供应商的选定。其目的是确保设备设计符合药品生产企业所提出的生产要求，从设备的性能、工艺参数、价格方面考查对工艺操作、校正、维护保养、清洗等是否符合生产要求。通常设计确认中包括以下的项目：

1. 药品生产企业需求说明文件　是指从药品生产企业角度对厂房、设施、设备等所提出的设计要求。对于设备的需求程度和精细程度应与生产风险、复杂程度相匹配，其中可以对待设计的设备考虑以下内容：

（1）设计文件方面的要求（供应商应提供的文件及格式要求，如计算书、设计图纸、维护计划、技术说明书、备件清单等）。

（2）GMP 符合性方面的要求。

（3）设备安装方面的要求和限制（尺寸、材质、动力类型等）。

（4）设备功能方面的要求（生产产品的剂型、服用方法等）。

2. 设备技术规格说明文件　是从设备供应商的角度对于设备如何满足药品生产企业需求所进行的解释说明，应基于药品生产企业需求说明文件中的内容提出，通常应包括所需设备的技术图纸、功能应用范围、设备关键参数控制范围及公差等方面。

3. 对比药品生产企业需求说明和技术规格说明　利用表格的形式对药品生产企业需求项目与设计项目进行精细比对，并将对比的结果进行记录分析，证实设计文件中的各项要求已完全满足了药品生产企业需求。通常对每一条需求和设计项目进行单独编号，便于后期对比及对相应项目的引用。

4. 风险分析　通过风险分析来确定后续确认工作的范围和程度，并制订降低风险的措施。降低风险的措施通常包括确认每个项目的具体测试、增加相应的控制或检查规程等，并在后续的检查活动中对这些措施的运行情况进行确认。

对于标准化的设备(类型、规格、性能、尺寸、制图、公差和配合、技术文件编号与代号、技术语言、计量单位以及所用材料与工艺设备等都按统一标准制造出来的机械设备)的“设计”,通常是指不同型号设备的选择。在这样的情况下,设计确认的内容可以根据药品生产企业所需设备的技术参数进行相对简化认定。例如,低“风险”标准的设备,可以将药品生产企业需求文件在采购文件之中列出,不需要单独建立药品生产企业的需求和规范说明文件。

二、设备的安装确认

安装确认是指机器设备安装后进行的各种系统检查及技术资料文件化工作。其目的在于保证工艺设备和辅助设备在操作条件下性能良好,能正常持续运行,并检查影响工艺操作的关键部位,检查设备安装环境及位置、部件安装、公用介质连接、仪器仪表的校验、主要技术参数的确认、供应商提供的设备操作指导、维护和清洁的要求等文件应在安装确认过程中收集并归档。新设备的校准需求和预防性维护的需求,用这些数据制订设备的校正、维护保养和编制SOP草案。通常安装确认涉及以下的检查项目:

1. 到货检查　将到货设备的材料与订单、设计确认等文件进行对比,检查设备到货部件的名称、型号、数量、是否有损坏及腐蚀;检查设计确认文件中所规定的文件(如操作规程、备件清单、设备图纸等)是否齐全;检查是否符合药品生产企业需求说明文件。

2. 材质和表面　检查制药设备材质是否具备安全性、辨别性及适当的使用强度,不得对药品性质、纯度等质量因素产生影响;检查制药设备表面的光滑程度;检查会对药品质量产生影响的因素,例如润滑剂的规格是否符合要求。

3. 安装和连接情况　检查制药设备电气控制系统、机械传动系统等方面是否符合图纸要求;检查焊接、盲管等方面的加工精细程度;检查设备编码标示是否齐全;检查设备与药厂压缩空气系统、水系统等公用设施的连接牢固情况。

4. 初始清洁　检查到货设备是否进行初始清洁、消毒确认;检查清洁效果及清洁、消毒记录。

5. 校准　检查所有的仪器仪表、衡器的规格是否符合生产使用要求;检查设备上的计量仪表、记录仪、传感器是否进行校验并制订校验计划、制定校验仪器的标准;检查是否有校验记录且在校验期内;完成初始校准。

6. 文件　具备供应商资质材料(是否为合法的企业,是否具有生产本类制药设备的资质等);将供应商提供的操作指导、维护方面的材料进行收集及整理归档;建立设备设施的工作日志。

三、设备的运行确认

设备的运行确认是指确认设备的运行是否确实符合设定的标准,即单机试车及系统试车是否能够达到预期的技术要求,主要包括开机、停机、平稳性检查(主要检查开机、关机的指示灯情况及噪声等),空运转情况检查(主要检查设备安装稳固性、电源连接、各运转部件及调节按钮的灵活性、速度和频率等显示屏的显示是否正常)、仪表工作状态检查、记录检查等。运行确认全过程必须依据 GMP 执行,通过一系列数据证明制药设备可以达到预期设定的要求,更重要的是确定可能影响产品质量的关键因素(润滑剂、冷却剂等)。

空载运行即设备在没有负荷的条件下运行,加载运行是在使用本设备生产某种药品的实际状况下的设备运行。空载模拟试验通常依据良好工程管理规范(GEP)执行,是在工程技术方面对设备进行的测试,主要检测工程学方面的要求(电路系统、液压系统等),同时根据设备 SOP 草案对设备的每一部分及整体进行试验,检测设备 SOP 草案的适用性、设备运行参数的波动情况、仪表的可靠性以及设备运行的稳定性是否符合要求,达到规定的技术指标。

四、设备的性能确认

性能确认指加载模拟生产试验。性能确认中可以使用与药品生产企业实际生产相同的物料,也可以使用有代表性的替代物料(如空白剂),测试中应包含极端测试条件,例如在设备最大压力条件下测试,通过性能确认来初步确定设备的适用性。对简单和运行稳定的设备,可以依据产品特点直接采用生产实际物料进行验证。

性能确认通常在运行确认达到标准之后进行,将性能确认视为一个独立单元进行检测确认,但有些情况下也可以将性能确认与运行确认结合在一起进行。性能确认主要考虑以下因素:① 进一步确认运行确认过程中考虑的因素;② 对产品外观质量的影响;③ 对产品内在质量的影响。

设备性能确认通常由供应商与药品生产企业一起进行,有时药品生产企业也可单独进行。性能确认是对预确认的再确认,也就是机器在药品生产企业处,正式模拟实际生产状态来检查机器的使用性能。对设备供应商来说应在订购设备前说明,并且在购销合同中注明。

就生产设备而言,性能确认是指通过设备整体运行的方法,考察工艺设备运行的稳定性、主要运行参数的稳定性和运行结果重现性的一系列活动。根据需要验证设备的参数,选择适当的原料、辅料等进行模拟生产,验证全过程至少需要重复 3 次。待机器运行正常后,根据验证设备选择适当的取样点、取样间隔、检查项目进行验证,最终确认设备是否能够达到供应商说明书标明的性能,是否能够满足药品生产企业的要求。如果非药效组分具有良好的代表性,有时也可以用其来进行验证试验,如胶囊填充机性能确认通常用空白颗粒或空胶囊模拟,确认设备的计量、装填等性能。也可根据药品生产企业和设备的实际情况,采用相近似生产批号的产品来确认验证的批次及成品的规格。

第三节 实施验证的一般程序

通常药品生产企业验证程序分为以下几方面：提出验证要求、建立验证组织、提出验证项目并制订验证方案、审批验证方案并组织实施、审批验证报告和发放验证证书、验证文件归档等。验证程序的制订应由工程部组织质量保证部、生产技术部、制剂车间等部门共同协作完成。详细程序如图 18-2 所示。

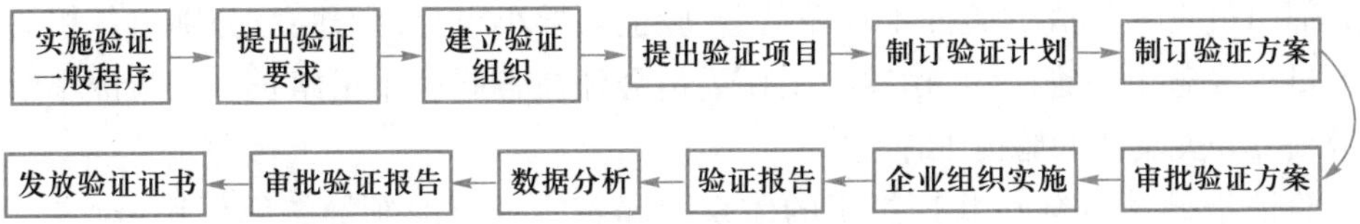

图 18-2 验证程序示意图

一、提出验证要求

对于药品生产企业而言，验证是一项涉及面广、数据量大、精细化程度高、综合知识性很强的工作。提出的验证要求应符合 GMP 的要求，设备的材质、结构、功能、安装等方面应达到各种标准，确认设备制造、安装、运行性能各个环节是否达标，以证实机器是否符合设计要求，符合设备的药品生产工艺要求，保证药品能正确地进行生产和质量管理，并证明药品生产全过程是准确的、可靠的、具有重现性的，以保证最后获得符合质量标准的药品。

设备确认与验证或设备清洁 SOP 验证要求可以由药品生产企业相关部门如研究开发、生产技术、质量检验管理、工程维护、生产车间等提出，也可以由有关的项目小组以书面方式提出，报企业负责验证机构审核，由企业相关负责人批准立项。

通常药品生产企业提出验证要求应使其生产所用物料、方法、生产工艺和设备、设施等方面能够得到预期的结果，以达到稳定的生产条件和无缺陷的生产管理。凡是直接或间接接触药品，对药品质量可能造成影响的生产设备，均应制定设备的清洁 SOP。一般设备确认与验证在下列情况下提出：

(1) 新购进或新生产的设备准备投入药品生产之前。

(2) 生产药品的质量发生改变，排除原材料、生产工艺、人员操作、环境等因素外，怀疑因设备原因引起时。

(3) 设备结构有重大改变或设备出现重大故障经过大修后，原来的相关验证失去意义。

(4) 设备清洁 SOP 所规定的清洁剂改变或清洁程序有重要改变。

(5) 清洁 SOP 有定期再验证的要求。

(6) 设备验证达到有效期时。

二、建立验证组织

（一）验证组织的构建

验证是药品生产企业的基础工作，也是日常工作，需要药品生产企业内部各部门之间相互协调进行，通常一套完整的验证组织由两种形式构成。一种是常设机构，即在厂一级可组成由各部门负责人参加的验证指导委员会，明确职责，下设一个常设的职能部门来负责验证管理。另一种是临时验证机构，也可根据不同的验证对象由各有关部门负责人组成的验证工作委员会（验证领导小组）分别建立，分别由各相关专业人员组成若干验证小组，由验证工作委员会任命各验证小组组长。在验证小组长的带领下开展具体的验证工作。

验证指导委员会在验证组织的体系中起着宏观上的领导统筹作用，对各个部门制定明确的验证职责，使各部门在验证体系中具有最基本的管理原则，有利于达到各部门的共同目标。在满足GMP要求的前提下，通过验证管理、生产、质量管理、工程和研究开发部门的协同合作，完成验证任务。常设验证机构适应一般正常运行的制药企业对验证的需要，例如药品生产企业常设验证机构，其结构如图18-3所示。

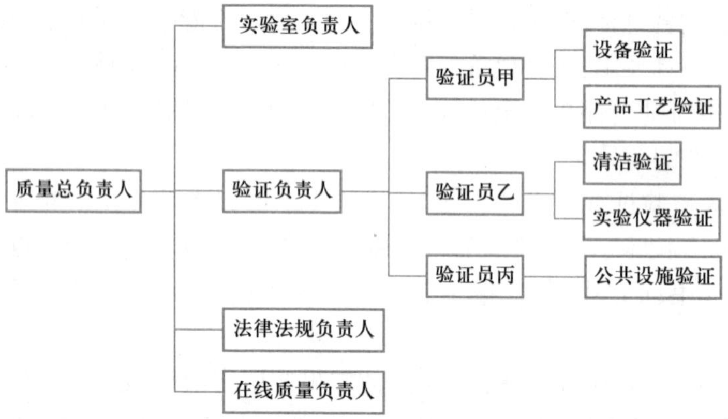

图18-3　药品生产企业常设验证机构结构图

通常临时验证机构为适应新建制药厂或药品生产企业较大的技改项目的需要，会在较短时间内完成大量的验证工作，包括负责验证的总体策划与协调，制订验证方案并予以审核实施，为验证提供充足的资源。临时验证机构兼验证办公室，在人员构成体系上，通常由生产副总经理或总工程师担任主任委员，验证管理部门的主管担任秘书长，设计或咨询单位的专家（组）担任顾问，各车间主任、工程部主管、仓储部主管以及质量管理部负责人担任委员。例如某新建药品生产企业的验证工作需在较短时间内完成，那么就需要成立一个临时的验证组织机构，如图18-4所示。

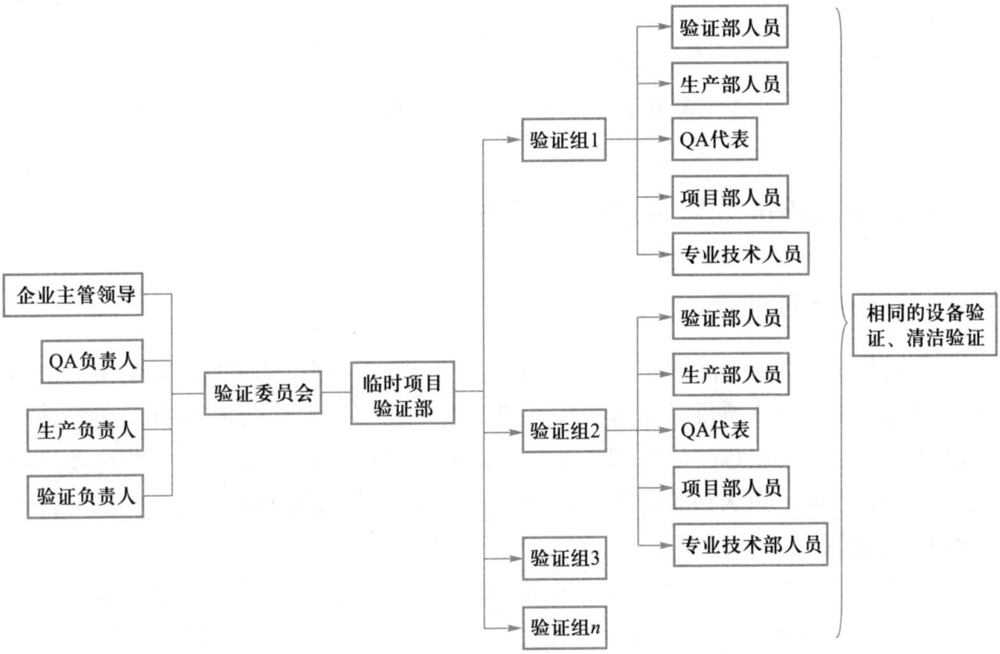

图 18-4 临时验证机构结构图

(二) 验证组织体系中各部门的职责

药品生产企业的验证组织体系中主要职能部门的职责概括如下：

1. 设备验证工作领导小组 参加验证方案的会签、终审和批准，参加验证报告的批准，领导协调验证项目的实施，协调验证工作领导小组及专家的工作，对验证过程的技术和质量负责。

2. 质量管理部门 制订验证总计划；起草验证方案；检验方法验证；负责对验证全过程实施监控；负责验证的协调工作，以保证本验证方案规定项目的顺利实施；取样与检验；环境监测；结果评价，验证报告；验证文件管理，负责建立验证档案，及时将批准实施的验证资料收存归档。

3. 生产部门 参与制订验证方案；实施验证；培训考核人员；起草生产有关规程；收集验证资料、数据；会签验证报告，配合工程部完成验证工作。

4. 工程部门 设备预确认；确定设备标准、限度、能力和维护保养要求；进行设备操作、维护保养方面的培训；设备安装及验证中提供技术服务，负责设备的安装、调试及仪器仪表校正，并作好记录；负责收集各项验证记录，报验证工作领导小组；负责建立设备档案；负责起草设备的操作和维护的SOP。

5. 中心化验室 负责验证过程中的取样、检验、测试及结果报告，起草有关的检验规程和操作规程。

6. 研究开发部门 对一个开发的新产品，确定待验证的工艺条件、标准、限度及检测方法；起草新产品、新工艺的验证方案；指导生产部门完成首批产品验证等。

7. 制剂车间 负责起草设备的清洁规程，负责生产环境的清洁处理，配合验证的各项工作。

8. 供应部　为验证过程提供物质支持。

9. 其他部门　涉及环境监控、统计、培训、安全等方面，也需要进行验证。

三、提出验证项目并制订验证方案

（一）提出验证项目

通常药品生产企业在验证前需要制订一个验证总计划以确定待验证的项目范围及时间进度表。验证项目是由各有关部门如生产、技术、质量、工程等部门或验证小组提出药品生产企业总结确认和验证的整体策略、目的和方法的文件。验证项目需确定药品生产企业确认和验证的策略、职责以及整体的时间框架。对于验证项目的一般要求包括：

(1) 应对所有的厂房、设施、设备、计算机化系统、与生产、测试或储存相关的规程、方法是否需要确认或验证进行评估。

(2) 应能反映上述确认和验证活动的状态。

(3) 应定期回顾。

(4) 应及时更新。

符合上述药品生产企业的验证项目一般可分为四大类：厂房设施及设备、检验及计量、生产过程、产品。

（二）制订验证方案

药品生产企业制订的验证方案应具备的内容包括：验证目的、要求、质量标准、实施所需条件、测试方法和时间进度表等。制订方法一般分为两种形式。

(1) 由外单位提供草案，本企业会签。此方式适应于新建制药厂或药品生产企业较大的技改项目的需要。这些项目的验证方案通常由设计单位或委托咨询单位提供。验证委员会通过对草案进行讨论论证，修订得到符合本企业实际生产特点、可实行性强的验证方案。

(2) 由本企业具体部门共同起草，由工程部组织质量保证部、生产技术部、制剂车间等部门会签验证方案。起草验证方案初期需要查阅大量相关文献资料，制定设备验证、检查所遵照的标准与范围，以及详细的验证方案内容，审批方案。

药品生产企业验证方案应包括：对验证对象的简介描述；验证对象的背景（对待验证的系统进行描述，最好结合图文说明系统的关键功能及操作步骤）；验证的目标和范围；验证的有关人员及其职责；挑战性试验的内容；分别介绍进行安装确认、运行确认、性能确认时所需进行的试验或检查、检验方法以及认可的标准；验证进度计划；验证记录；审批所需的各种表格。验证的每个阶段，如安装确认、运行确认、性能确认等都应有各自的验证方案。验证方案具体内容如下：

1) 验证项目名称、编号、制订部门、审核部门人员及批准人签名、签署日期。

2）验证目的、要求等。

3）验证范围。

4）验证小组组成及职责。

5）验证项目相关质量标准。

6）验证前准备工作。

7）验证实施。

8）验证数据要求及评估方法。

9）偏差处理。

10）验证报告样张。

11）验证证书。

四、审批验证方案并组织实施

验证方案是对药品生产企业确认和验证的整体策略、目的和方法的总结性文件，通常采用书面的验证方案，经过严格的审查分析和批准后才能组织实施。验证方案是重要的 GMP 文件，所有的验证文件都必须按照企业的文件管理规程进行管理（包括文件的生效、借阅、复印、报废等）。验证的每个阶段（如安装确认、运行确认、性能确认）都应有各自的验证方案。在实施确认和验证活动前，必须制订好相应的验证方案。验证方案应根据需要验证的系统或产品剂型不同而有所改变，但所有的验证方案均应符合 GMP 的规定且满足药品生产企业的质量要求，一般验证方案应包含以下内容（不局限于此）：

1. 作者和批准人　方案应遵循“谁用谁起草”的原则，因此验证文件的作者通常为验证对象的使用者；批准人通常包括技术批准人和质量批准人，并且应该由质量批准人进行最终批准。方案的任何变更应在变更实施前经过批准。

2. 简介　简介主要包括需要验证对象的简要介绍和起草该文件的目的。

3. 验证的范围　确定需要验证的范围，对于设备整体性的验证需要详细列出该设备唯一的编号和型号等内容，可以参考相关的图纸或在图纸上标注出验证的范围。

4. 职责　验证方案中应详细列出各个部门的职责，也可列出相关人员的姓名，但是对于复杂的设备建议按照部门进行分工，以减少人员变动对该文件的影响。

5. 流程、过程、内容　这是验证方案的重点，各个文件应根据文件的性质进行描述和起草。例如，验证方案需要详细描述该验证活动所需要的验证文件和遵循的法规，运行确认方案则需要详细描述测试的步骤、标准和方法。

6. 相关文件　阐述验证项目应遵循的标准操作规程等。

7. 验证前准备工作。

8. 验证实施。

9. 验证数据要求及评估方法。

10. 偏差处理。

11. 验证报告评审。

在验证方案审批的过程中，首先要检查验证方案的所有书面文件内容是否完整和清晰；其次比对验证的整体流程是否与生产质量标准一致；最后要研究验证试验对GMP的遵循情况。验证方案中所有涉及的SOP、生产质量标准及相关参考资料都需要进行严格审查，所有的验证材料必须由下述人员审核、批准并签注姓名和日期。

(1) 文件起草人：通常是验证组的人员，将对文件的准确与否承担直接责任，包括文件中的数据、结论、陈述及参考标准。因此，文件起草人员往往是有一定资质的专业技术人员或管理人员。

(2) 质量管理部经理：文件须经过质量管理部经理签字批准，以保证验证方法、有关试验标准、验证实施过程及结果符合GMP规范和企业内控标准的要求。

(3) 质量管理负责人：验证文件是重要的质量体系文件，它直接关系到验证活动的科学性、有效性以及将来的产品质量水平。因此，必须得到最高管理机构的认可和批准。

(4) 生产部或工程部经理：他们是生产运行的负责人，应当通过验证熟悉并掌握保持稳定生产的关键因素，以便履行各自的职责。此外，他们应提供验证所必需的资源，如：人员、材料、时间及服务。他们的签字意味着实施验证试验的可行性，或对验证报告和验证小结中的结果、建议及评估结论的认可。

(5) 验证实施人员：按文件要求实施验证，观察并作好验证原始记录，对实施验证的结果负责。

(6) 审核(项目部或合适的专业人员)：审核人员的签字确保文件准确可靠，并同意其中的内容。审核人员通常是专业技术人员。

五、审批验证报告和发放验证证书

药品生产企业所有的验证工作完成以后，各参与单位需要将验证的结果进行汇总，验证收集部门将全部验证报告整理后与总负责人共同进行审查，同时完成相应的验证报告，该报告通常采用技术报告的形式汇总验证的结果，根据验证的最终结果得出结论。验证报告应包括以下内容：

1. 简介　概述验证总结的内容和目的。

2. 系统描述　对所验证的系统进行简要描述，包括其组成、功能以及在线的仪器仪表等情况。

3. 相关的验证文件　将相关的验证计划、验证方案、验证报告列成索引，以便必要时进行追溯调查。

4. 人员及职责　说明参加验证的人员及各自的职责，特别是外部资源的使用情况。

5. 验证合格的标准　在标准情况下采用数据形式表示。如系法定标准、药典标准或规范的通用标准(如洁净区的级别)，应注明标准的出处，以便复核。

6. 验证的实施情况　预计要进行哪些试验，具体实施情况如何。

7. 验证实施的结果

(1) 验证方案的实施情况：主要陈述验证方案所规定的各项指标或指标误差范围

的实现情况。

(2) 数据综述：综述试验过程中所得到的各项关键性数据，一般情况下原始记录不包括在报告中，但可附在验证报告之后或存档于验证资料档案中。

(3) 偏差情况分析：验证过程中的特殊或异常情况应在报告中加以说明。例如，某些验证试验没有完成或将在今后完成，若在验证过程中某些试验结果与标准有偏差也应在报告中加以分析说明。

(4) 图表：必要的图表有利于分析评价。例如，干热灭菌器的灭菌过程验证中，负载时的装载状态图、热电偶的分布图、微生物指示剂或细菌内毒素的位置图。又如尘埃粒子监测位置分布图及各种数据表，在验证过程中发生的异常情况，如有必要亦应有图表说明。

8. 偏差及措施　阐述验证实施过程中所发现的偏差情况以及所采取的措施。

9. 验证的结论　明确说明被验证的子系统是否通过验证并能否交付使用。

10. 附件　根据 GMP 要求进行验证和审批的验证报告确信已达到 GMP 要求，由企业负责人发放验证证书。最后验证文件应归档管理。

岗位对接

本章主要介绍了制剂设备验证与确认意义上的区别，即在我国 GMP(2010 年修订) 中对验证进行了重新的定义，并将确认作为一个独立的概念从验证中分离出来。

验证与确认在实际药品生产企业中需要掌握确认与验证的范围、验证的具体分类以及我国 GMP 对制药设备确认与验证的要求。

在设备确认方面需要对设备的设计、安装、运行、性能四个方面进行准确详细的确认。

对于从事验证方面工作的人员应熟知岗位要求，严格按 GMP 要求进行验证工作，能够熟练掌握相应技能主要包括以下几个方面：

(1) 如何提出验证要求；

(2) 怎样按药品生产企业实际情况建立验证组织；

(3) 如何准确提出验证项目并制订验证方案；

(4) 按标准审批验证方案并组织实施；

(5) 符合 GMP 标准的审批验证报告和发放验证证书。

思考题

1. 简述设备验证分类。
2. 简述设备确认包括哪些步骤。
3. 简述实施验证的一般流程。

在线测试

(赵威彧)

参考文献

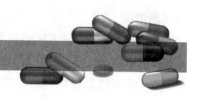

[1] 杨成德 . 制药设备使用与维护[M]. 北京:化学工业出版社,2017.
[2] 杨宗发,董天梅 . 药物制剂设备[M].2 版 . 北京:中国医药科技出版社,2017.
[3] 王沛 . 药物制剂设备[M]. 北京:中国医药科技出版社,2016.
[4] 王沛 . 中药制药工程原理与设备[M]. 北京:中国中医药出版社,2015.
[5] 朱宏吉,张明贤 . 制药设备与工程设计[M].2 版 . 北京:化学工业出版社,2011.
[6] 董天梅,张维洲 . 药剂设备应用技术[M]. 北京:中国医药科技出版社,2015.
[7] 张洪斌 . 药物制剂工程技术与设备[M].2 版 . 北京:化学工业出版社,2010.
[8] 杨宗发 . 药物制剂设备[M]. 北京:人民军医出版社,2014.
[9] 刘书志,陈利群 . 制药工程设备[M]. 北京:化学工业出版社,2008.
[10] 路振山 . 药物制剂设备[M]. 北京:化学工业出版社,2013.
[11] 王泽,杨宗发 . 制剂设备[M]. 北京:中国医药科技出版社,2013.
[12] 罗合春 . 生物制药设备[M].2 版 . 北京:人民卫生出版社,2013.
[13] 朱国民 . 药物制剂设备[M].2 版 . 北京:化学工业出版社,2018.
[14] 邓才彬,王泽 . 药物制剂设备[M].2 版 . 北京:人民卫生出版社,2013.
[15] 张劲 . 药物制剂技术[M]. 北京:化学工业出版社,2005.
[16] 许彦春,严永江 . 制药设备及其运行维护[M]. 北京:轻工业出版社,2018.
[17] 何国强 . 制药用水系统[M]. 北京:化学工业出版社,2012.
[18] 姜爱霞 . 制药设备概论[M]. 北京:中国医药科技出版社,2011.
[19] 谢淑俊 . 药物制剂设备[M]. 北京:化学工业出版社,2015.
[20] 崔福德 . 药剂学[M].7 版 . 北京:中国医药科技出版社,2011.
[21] 任晓文 . 药物制剂工艺及设备选型[M]. 北京:化学工业出版社,2010.
[22] 刘精婵 . 中药制药设备[M]. 北京:人民卫生出版社,2009.
[23] 孙传瑜 . 药物制剂设备[M]. 济南:山东大学出版社,2010.
[24] 张衍,王存文,汪铁林 . 制药设备与工艺设计[M].2 版 . 北京:高等教育出版社,2018.
[25] 朱盛山 . 药物制剂工程[M].2 版 . 北京:化学工业出版社,2009.

郑重声明

高等教育出版社依法对本书享有专有出版权。任何未经许可的复制、销售行为均违反《中华人民共和国著作权法》，其行为人将承担相应的民事责任和行政责任；构成犯罪的，将被依法追究刑事责任。为了维护市场秩序，保护读者的合法权益，避免读者误用盗版书造成不良后果，我社将配合行政执法部门和司法机关对违法犯罪的单位和个人进行严厉打击。社会各界人士如发现上述侵权行为，希望及时举报，本社将奖励举报有功人员。

反盗版举报电话　(010) 58581999　58582371　58582488

反盗版举报传真　(010) 82086060

反盗版举报邮箱　dd@hep.com.cn

通信地址　北京市西城区德外大街4号

高等教育出版社法律事务与版权管理部

邮政编码　100120

高等职业教育药学专业教学资源库平台使用说明

1. 打开www.icve.com.cn首页，实名注册账号登录。

2. 在搜索栏输入课程名称，如“药物制剂设备使用与维护”，可查找到资源库中相应的在线课程。

3. 点击课程图片，进入课程主页，选择“参加学习”，即可参与在线学习，使用课程教学资源。